"十三五"国家重点出版物出版规划项目

国家出版基金项目
NATIONAL PUBLICATION FOUNDATION

高超声速科学与技术丛书

高超声速流动中的激波及相互作用

杨基明　李祝飞　朱雨建　张恩来　王军　等编著

国防工业出版社

·北京·

内 容 简 介

本书以高超声速流动为背景,以激波的相互作用为主题,介绍相关的分析方法和理论,寻求能突出重点、分解难点以进行合理分析和解决问题的途径,提供具有参考价值的概念指导与方法支撑。

全书共分9章,第1章到第4章作为基础部分,主要介绍激波的基本理论、典型的相互作用类型和分析方法;第5、第6章围绕高超声速具有共性特征的激波干扰和激波/边界层干扰展开讨论;第7、第8章主要针对激波干扰理论和方法在吸气式高超声速飞行器研究中的应用给出示例性介绍;第9章主要针对非定常波系干扰在脉冲型高超声速实验设备原理和新设备创新发展中的应用进行了几个有代表性案例的展示。

本书可作为航空航天和高速流动等领域的科技工作者、高等院校的师生以及相关工程部门的工程技术人员参考。

图书在版编目(CIP)数据

高超声速流动中的激波及相互作用 / 杨基明等编著.
—北京:国防工业出版社,2019.6
(高超声速科学与技术丛书)
ISBN 978 - 7 - 118 - 11926 - 8

Ⅰ. ①高… Ⅱ. ①杨… Ⅲ. ①高超音速流动 - 激波 -
研究 Ⅳ. ①O354.4

中国版本图书馆 CIP 数据核字(2019)第 126951 号

※

*国防工业出版社*出版发行
(北京市海淀区紫竹院南路 23 号 邮政编码 100048)
天津嘉恒印务有限公司印刷
新华书店经售
*
开本 710×1000 1/16 印张 27¼ 字数 513 千字
2019 年 6 月第 1 版第 1 次印刷 印数 1—1500 册 定价 161.00 元

(本书如有印装错误,我社负责调换)

国防书店:(010)88540777 发行邮购:(010)88540776
发行传真:(010)88540755 发行业务:(010)88540717

丛书编委会

序

　　高超声速飞行器是指在大气层内或跨大气层以马赫数 5 以上的速度远程巡航的飞行器,其巡航飞行速度、高度数倍于现有的飞机。以超燃冲压发动机为主的高超声速飞行器,其燃料比冲高于传统火箭发动机,能实现水平起降与重复使用,从而大大降低空间运输成本。高超声速飞行器技术将催生高超声速巡航导弹、高超声速飞机和空天飞机等新型飞行器的出现,成为人类继发明飞机、突破音障、进入太空之后又一个划时代的里程碑。

　　在国家空天安全战略需求牵引下,国家自然科学基金委员会分别于 2002 年、2007 年启动了"空天飞行器的若干重大基础问题""近空间飞行器的关键基础科学问题"两个重大研究计划,同时我国通过其他计划(如 863 计划、重大专项等),重点在高超声速技术领域的气动、推进、材料、控制等方面进行前瞻布局,加强中国航天航空科技基础研究,增强高超声速科学技术研究的源头创新能力,这些工作对我国高超声速技术的发展起到了巨大的推动和支撑作用。

　　由于航空航天技术涉及国防安全,美国航空航天学会(American Institute of Aeronautics and Astronautics, AIAA)每年举办的近 30 场系列国际会议大都仅限于美国本土举办。近年来,随着我国高超声速技术的崛起,全球高超声速业界都将目光聚焦中国。2017 年 3 月,第 21 届国际航天飞机和高超声速系统与技术大会首次在中国厦门举办,这也标志着我国已成为高超声速科学与技术领域的一支重要力量,受到国际同行高度关注。

　　高超声速技术作为航空和航天技术的结合点,涉及高超声速空气动力学、计算流体力学、高温气动热力学、化学反应动力学、导航与控制、电子信息、材料结构、工艺制造等多门学科,是高超声速推进、机体/推进一体化设计、超声速燃烧、热防护、控制技术、高超声速地面模拟和飞行试验等多项前沿技术的高度综合。高超声速飞行器是当今航空航天领域的前沿技术,是各航空航天强国激烈竞争的热点领域。近年来国内相关科研院所、高校等研究机构广泛开展了高超声速相关技术的研究,取得了一大批基础理论和工程技术研究成果，推动了我国高超声速科学技术的蓬勃发展。

在当前国际重要航空航天强国都在全面急速推进高超声速打击武器实用化发展的时代背景下，我国在老中青几代科研工作者的传承和发展下，形成了具有我国自主特色的高超声速科学技术体系，取得了举世瞩目的成果。从知识传承、人才培养和科技成果展示的视角，急需总结提炼我国在该领域取得的研究成果，"高超声速科学与技术丛书"的诞生恰逢其时。本套丛书的作者均为我国高超声速技术领域的核心专家学者，丛书系统地总结了我国近 20 年高超声速科学技术领域的理论和实践成果，主要包括进排气设计、结构热防护、发动机控制、碳氢燃料、地面试验、组合发动机等主题。

相信该丛书的出版可为广大从事高超声速技术理论和实践研究的科技人员提供重要参考，能够对我国的高超声速科研和教学工作起到较大的促进作用。

"高超声速科学与技术丛书"编委会
2018 年 4 月

前　言

　　激波的传播及其相互作用现象在自然界和人类活动中广泛存在,针对性地深入机理研究、规律认识和系统性理论体系的建立与航空航天领域的发展密不可分,尤其是新一代大气层内高空长航时飞行所面临的激波 – 激波干扰、激波 – 边界层干扰等造成的流场品质恶化和热力载荷剧增问题,作为目前高超声速飞行器研究所面临的最具挑战性难题之一,正在给激波动力学的发展不断注入新的内涵。

　　本书是"高超声速科学与技术丛书"中的一分册,对飞行器的构型、部件或试验设备等具体对象涉及较少,以高超声速流动中所广泛存在的激波问题为关注对象,力求突出特点、简化难点、综合共性,在适当引用必要的气体动力学和激波动力学等成熟理论的基础上,尽可能多地汲取和梳理近期取得的最新成果与进展,因此更具有基础和机理探讨的特点。主要目的是力图发掘激波相互作用分析方法和理论的研究潜力,在正确认识激波相互作用特征规律的基础上,针对吸气式高超声速飞行器内外流耦合流动可能出现的复杂流场,提炼和抽象出具有代表性的激波及其相互作用现象的共性特征,寻求能突出重点、分解难点以进行合理分析和解决问题的途径,形成具有参考价值的概念指导与方法支撑。期望能够有益于高超声速领域科研人员从事科研、教学活动,有利于人才培养和相关学科的发展。

　　本书在撰写过程中,得到了作者所在实验室同事和同学们的大力支持和积极参与。尤其是除了作者之外,还有石晓峰、黄蓉、张志雨、李一鸣、聂宝平、马印锴、周炳康、侯自豪、洪雨婷、姬隽泽、司东现、闫波、冒家钰等同学都投入了大量的精力,从文献资料的搜集整理到文字、公式和图形等编辑,没有他们的全力投入,书稿几乎无法按期成文。此外,该书从构思、框架的搭建到修改完善,也有幸吸纳了于达仁教授、姜宗林研究员、刘伟雄研究员等专家们的宝贵意见。在此,作者向他们一并表示衷心的感谢!

由于作者水平有限,经验不足,书中不当之处在所难免,恳请读者不吝指正。

编著者

2019 年 1 月

目 录

第**1**章 绪 论

1.1 激波及其基本概念

激波是在可压缩介质中传播的一种强冲击性压缩波。能量的瞬时集中释放、扰动在约束空间中的累积以及比所处介质声速更快的速度行进的强扰动等均会产生激波。雷电、地震、火山或陨星撞击地球等都是自然界常见的激波产生形式;而人造的各种激波则更为普遍,战争时期与和平时期利用的各种爆炸与冲击、航空航天工程中的超/高超声速飞行等可以说与激波现象形影不离。因此,深入认识激波传播及其作用机理,正确把握其运动规律并加以有效利用,既可望为造福人类提供关键支撑和指导,也可能成为克敌制胜的智慧源泉。

1.2 激波的研究概况

关于激波的传播与干扰的研究极其丰富,较具代表性的著作有:1948 年,Courant 和 Friedrichs 编写的 *Supersonic Flow and Shock Waves*[1] 系统地总结了截至第二次世界大战时期的研究成果;1975 年 Glass 编写的 *Shock Wave and Man*[2] 进一步整理了第二次世界大战后的代表性进展;1995 年高山和喜[3]、2001 年 Ben-Dor[4] 前后分别组织撰写了力图能够全面反映当时该领域进展的《激波手册》;按照激波作用类型、牵涉领域或研究方法等,有针对性的专著则更多,如 1992 年 Han 和 Yin 的 *Shock Dynamics*[5]、2007 年 Ben-Dor 的 *Shock Wave Reflection Phenomena*[6]、2011 年 Babinsky 等的 *Shock Wave-Boundary-Layer Interactions*[7] 等。然而,随着研究的不断深入和拓展,新的成果不断涌现。除了相关领域的学术杂志和论文在持续不断地展现研究进展外,每两年一次的国际激波学术会议在一定程度上反映了该领域的研究状况和发展趋势。例如,2017 年 7 月在日本名古屋大学举行的第 31 届国际激波学术会议,就有来自 32 个国家约 430 位代表参与交流。在我国,历届全国力学大会上都设有激波与激波管分会。此外,与力学大会相间之年还举行更大规模的系列激波学术会议,如 2018 年 6 月在北京召开的全国第 18 届激波学术会议约有 128 篇文章参与交流。在这些学术与工程界普遍关心和研究的问题中,与高速流动相关的内容一直是最受关注的主题之一。尤其是近些年来,随着国内外高超声速飞行器相关研究的发展,对高速流动所伴随的激波及其相互作用问题研究既提供了难得的机遇,也不断带来新的挑战。

1.3 高超声速流动与激波

对于以吸气式发动机为动力的高超声速飞行器而言,其流动特征与传统再入式高超声速飞行器相比,有着更为复杂的特点。主要表现在以下几个方面:

（1）从外形上看,再入式航天飞行器通常采用大钝体外形设计,大多是球头加锥、柱、裙的结构;而吸气式高超声速飞行器由于一体化设计的需要,一般利用前体预压缩来流产生升力,并捕获来流供给燃烧室所需空气、燃料和空气混合燃烧后,经尾喷管喷出,产生足够的推力。因此内外流并存,而且飞行操纵与动力推进密切交织和耦合,复杂的波系相互作用与干扰难以避免。

（2）对再入式航天飞行器来说,减阻问题一般不是关注的要点,通常采用增加前缘钝度以降低热流,高气动力/热载荷状态飞行时间也较短。但吸气式高超声速飞行器要在大气层内长时间飞行,减阻和降低热流之间存在矛盾,需权衡利弊,综合考虑。就气动热而言,再入式航天飞行器热载荷最严重的部位多是位于头部驻点附近,而吸气式高超声速飞行器前体与进气道处于迎风面,可能存在边界层转捩、激波－激波干扰、激波－边界层干扰以及这些复杂干扰引起的高温射流、流动分离与再附等,其结果是造成的局部热流可能会大大高于其他部位,而且这些热载荷的峰值和部位还会随着飞行器几何构型以及飞行条件的不同而改变,与之相关的概念把握和定量预测极具挑战性。

（3）为了使飞行器在不同的速度、高度环境下仍能保持良好的升阻力特性和推进效能,其气动外形、内流道构型以及操纵、燃料供给等往往需要做与之相适应的调整,而各部件产生的激波及其与壁面边界层、燃料混合乃至点火燃烧的复杂相互作用伴随着整个飞行和控制过程。

此外,在相关的简化机理研究中,不管是试验方案的设计、计算条件的设置,还是在研究结果的处理和分析过程中,对高超声速流动中激波及其相互作用概念的深刻认识、正确把握和灵活运用都将会起到事半功倍之效。不过,令人遗憾的是,尽管迄今的相关成果十分丰富,但据笔者所知,要想找到一本将之进行系统梳理的公开发行物并不容易。

1.4 本书主要章节安排

本书以高超声速流动为背景,以激波的相互作用为主题,因此,其特点与传统的气体动力学等专门的基础教材有所不同。与高超声速飞行相关的激波运动与干扰现象十分丰富,既有形式多样的定常驻定激波的相互交织和干扰问题,又有瞬息万变的非定常运动激波传播以及与其他波系的相互作用现象,还可能存在二者兼而有之、难分彼此的情况。正因为如此,本书既不宜过于纠缠工程中千变万化的具体实际问题,避免面临错综复杂、无从下手和有失共性的缺陷,又要突破过度简化、不切实际和难以应用的局限,力求由浅入深、简繁结合、理实交融,并适度体现多种因素的影响与耦合机理以及共性规律。基于以上考虑,形成的章节安排如下:

继第1章绪论之后,作为全书的基础理论和方法铺垫,前面的第2~4章分别按照激波的形成及其描述、用于激波相互作用的分析方法,以及几种典型的简化激波干扰示例的顺序进行介绍。需要说明的是,不少章节大多采用非定常流和定常流穿插的形式进行展开,以有助于在实际错综复杂的流动分析研究中抓住主要矛盾和合理地简化问题,这也是本书有别于其他相关教材的特殊之处。后续的第5~8章汇集了与高超声速飞行器直接相关的几类典型的激波相互作用问题。其中:第5章针对可能产生局部极高热力载荷或严重流动损失的激波-激波干扰典型示例以及部分新进展进行了讨论;第6章介绍的激波-边界层干扰内容属于几乎所有高超声速构型,尤其是内外流耦合流动中广泛存在,而且关乎飞行器成败的关键问题;第7章介绍的乘波体、流线追踪等内容属于利用激波相互作用来充分提高飞行器气动和推进性能的典型案例;第8章以高超声速飞行器的核心部件——超燃冲压发动机——为背景,有选择性地讨论了发动机各部件可能出现的激波干扰以及如何兴利除弊问题。此外,高超声速脉冲型试验设备的研制和设计过程中,对激波及其干扰概念的把握与灵活运用,可以说是诞生新型低代价、高收益设备的最好智慧体现。因此,在最后的第9章针对脉冲型试验方法和设备适当选取了具有代表性的案例进行介绍。

总体来说,本书的前半部分属于基本沉淀为知识的相对成熟的内容,而后半部分则仍处于日新月异的发展和进步之中,新的成果正在不断地涌现。因此,建议读者对这些内容要持以批判的审视态度进行参考。

参考文献

[1] Courant R,Friedrichs K O. Supersonic flow and shock waves[M]. New York:Interscience Publishers,1948.

[2] Glass I I. Shock wave and man[M]. Toronto：University of Toronto Press,1975.

[3] 高山和喜. 衝撃波ハンドブック[M]. 东京：Springer,1995.

[4] Ben – Dor G,Igra O,Elperin T. Handbook of shock waves[M]. New York：Academic Press,2001.

[5] Han Z Y,Yin X Z. Shock dynamics[M]. Beijing：Science Press,1992.

[6] Ben – Dor G. Shock Wave reflection phenomena [M]. 2rd ed. New York：Springer, 2007.

[7] Babinsky H,Harvey J K. Shock wave-boundary-layer interactions[M]. Cambridge：Cambridge University Press,2011.

第2章 激波的基础知识和理论描述

本章作为激波的"入门"章节,为突出重点和分解难点,将主要介绍基于一维的简化流动,以充分突出和刻画垂直于激波面方向的参数变化。首先,借助经典的一维非定常流动理论,介绍从小扰动波到有限压缩形成激波的物理过程及数学描述,一方面加深对连续扰动与激波等概念的理解,另一方面搭建起相关的特征线和激波关系等分析方法。在此基础上,进一步给出非定常运动激波与定常驻激波以及定常斜激波的关系描述,希望这些内容的穿插介绍能有助于读者加速和加深对激波基本特征的了解、认识以及相应的描述方法,以利于后续各种复杂激波相互作用问题的梳理、分析、预测和应用[1,2]。

为便于分析,除了专门有针对性的讨论外,一般略去气流的黏性和热传导作用,并且假定气体为常比热完全气体(即量热完全气体)。

2.1 一维非定常流与激波的形成

2.1.1 小扰动等熵流与声波

本书所研究的流体是一种具有弹性的连续介质,在这种介质中,任何一个微弱的扰动借助介质的弹性以波的形式向四周传播。"波"实质上是扰动的传播,而波阵面则是已受扰动影响的质点与未受扰动影响的质点的"分界面"。所以,必须把波的传播速度与质点的运动速度加以区别。"微弱扰动"是指气流的速度和热力学参量的相对变化量都很小。例如,在气体中,很响的声音所产生的扰动速度也不过每秒几厘米而已。声波是一种小扰动波,它以声速传播,因此,通常人们把小扰动(不包括熵的扰动)在介质中的传播速度称为声速。

对介质扰动的形式是很多的,但归纳起来不外乎速度不平衡和压力不平衡,如:活塞运动引起的速度不平衡所产生的波;在激波管流动中,则是由于压力不平衡产生的波。扰动除了产生波,引起介质的热力学参量发生变化外,还将引起介质本身的运动。

1. 小扰动波的产生

小扰动波包括小扰动压缩波和小扰动稀疏波。下面通过活塞简化模型来讨论它们产生的机理及其性质。如图 2-1 所示,在一个等截面无限长的直管中,初始时刻,活塞及其两边的气体处于静止状态。设活塞在极短时间内突然向右产生一微小运动,速度增加至 du。此后,它以 du 匀速向右持续运动。由此,活塞右边的气体受到一个微弱的压缩,其结果是以小扰动波的形式向右传播,传播速度为声速 a。小扰动波通过以后,气流速度等于活塞的移动速度 du。同时,气体压力增加一个微小量 dp,因而该波称为小扰动压缩波。活塞左边的气体同样受到一个微弱的扰动,紧靠活塞的气体因为活塞的移动而变稀疏,其效果也以波的形式向左传播,速度也为声速 a(假定活塞两边的气体介质和初始状态相同)。该扰动波通过后,气体由静止转变为以活塞的速度 du 向右运动,以填补由于活塞抽吸而不断让出的空间。波后气体压力将减少一个微量 dp,因此该扰动波称为小扰动稀疏波。

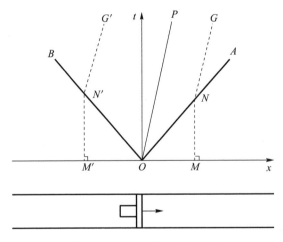

图 2-1 小扰动波传播示意图

上述两类小扰动波的传播过程在 $x-t$ 平面上,其中 OA 表示压缩波的波面迹线。由图 2-1 可见,当压缩波未到达时,气体质点保持不动,其迹线 MN 与 Ox 轴垂直。当压缩波通过以后,波后气流速度等于活塞移动速度,质点迹线 NG 与活塞迹线 OP 平行。该过程可归纳如下:压缩波通过以后,波后流速方向与波面传播方向一致,质点迹线偏向波面迹线;稀疏波通过以后,波后气流速度方向与波面传播方向相反,质点迹线偏离波面迹线。在一般情况下,当压缩波顺气流方向传播,稀疏波逆气流方向传播时,波后气流被加速;反之,波后气流被减速。

小扰动波是一种等熵波,在完全气体假设下,满足下述关系式:$p = C\rho^{\gamma}$(式中 C 为常数,γ 为比热比),$p = \rho RT$ 和 $a^2 = \gamma RT$,微分形式为

$$\frac{\mathrm{d}\rho}{\rho} = \frac{1}{\gamma}\frac{\mathrm{d}p}{p} = \frac{1}{\gamma-1}\frac{\mathrm{d}T}{T} = \frac{2}{\gamma-1}\frac{\mathrm{d}a}{a} \tag{2-1}$$

由式(2-1)可见:当压缩波通过以后,由于 $\mathrm{d}p > 0$,则 ρ 、T 、a 均增大;而稀疏波通过以后,由于 $\mathrm{d}p < 0$,则 ρ 、T 、a 均减小。

2. 小扰动波的传播

如前所述,在静止的气体中,小扰动波传播的速度为声速。如图 2-1 所示,如果把 x 轴的正方向定义为指向右,则: $\frac{\mathrm{d}x}{\mathrm{d}t} = a$ 的波是向右传播的,其波面迹线为 OA ; $\frac{\mathrm{d}x}{\mathrm{d}t} = -a$ 的波是向左传播的,波面迹线为 OB 。

如果气体本身以速度 u 在运动,而小扰动波就在这种运动着的气体中传播,在与气体一起运动的坐标系上观察波的传播,其结果与静止气体中相同。如果在绝对坐标系上观察波的传播,则必须计入气体本身的速度。因此,波的传播速度为

$$\frac{\mathrm{d}x}{\mathrm{d}t} = u \pm a \tag{2-2}$$

式中:" $+$ "表示向右传播的波;" $-$ "表示向左传播的波。

需要指出的是,由于计入气体本身速度 u (代数值),则以 $u+a$ 的速度传播的波并不一定向右,而以 $u-a$ 的速度传播的波也不一定向左。因此,有必要引入"右行波"和"左行波"的概念。

定义以速度 $u+a$ 传播的波为右行波,对于右行波来说,气流质点一定是从右边进入波面的;定义以速度 $u-a$ 传播的波为左行波,对于左行波来说,气流质点一定是从左边进入波面的。由此可见,"右行"和"左行"完全是相对于运动气体而言的,即站在与气体一起运动的坐标系上观察波的传播方向,而与气体本身的运动速度无关。

综上所述得出以下结论:

(1)小扰动波在静止的气体中传播时,右行波必向右传播,左行波必向左传播。

(2)小扰动波在运动的气体中传播时,在绝对坐标系上观察波的传播,由于计入气体本身速度,故右行波可能向左传播,而左行波也可能向右传播。

(3)判别右行波和左行波的方法:在 $x-t$ 图上,根据气流质点进入波面的方向而定;在波面的迹线方程中,根据 a 前面的正负号而定, a 总是正值。

3. 小扰动波的简化物理分析

假定一道右行小扰动波(压缩波或者稀疏波),以 $u+a$ 的速度传播,声速 a 为常数。波后气流速度、密度和压力的改变量分别为 $\mathrm{d}u$ 、$\mathrm{d}\rho$ 、$\mathrm{d}p$ (代数值),见图 2-2(a)。若把坐标系取在波面上,则变成驻波,见图 2-2(b)。此时,波前的气流相对于驻波

以 $-a$ 的速度流进波面,而波后的气流相对于驻波以 $-a+\mathrm{d}u$ 的速度流出波面。热力学静参量(ρ、p、T 等)与坐标变换无关。取一个包括驻波在内距离很短的控制面,由连续性方程可得

$$\rho(-a) = (\rho + \mathrm{d}\rho)(-a + \mathrm{d}u)$$

略去二阶小量可得

$$\frac{\mathrm{d}\rho}{\rho} = \frac{\mathrm{d}u}{a} \qquad (2-3\mathrm{a})$$

将声速 $a^2 = \left(\dfrac{\mathrm{d}p}{\mathrm{d}\rho}\right)_s$ 代入式(2-3),则有

$$\frac{\mathrm{d}p}{\rho} = a\mathrm{d}u \qquad (2-3\mathrm{b})$$

这里,关于气流方向和小扰动波的类型均未做任何假定,因此,式(2-3a)和式(2-3b)既适用于在 x 轴正负方向运动的气体,也适用于压缩波和稀疏波。

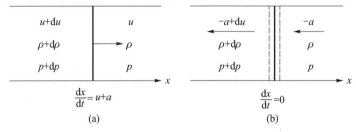

图 2-2　右行小扰动波传播示意图

由式(2-3b)还可以进一步解释小扰动波的特性:如果是压缩波通过,压力上升,$\mathrm{d}p > 0$,可推出 $\mathrm{d}u > 0$,即波后气流质点受到加速;如果是稀疏波通过,压力下降,$\mathrm{d}p < 0$,则可推出 $\mathrm{d}u < 0$,即波后气流质点减速。

同理,对于左行小扰动波来说,如图 2-3(a)所示,也可以得到类似的关系式,即

$$\frac{\mathrm{d}\rho}{\rho} = -\frac{\mathrm{d}u}{a} \qquad (2-4\mathrm{a})$$

$$\frac{\mathrm{d}p}{\rho} = -a\mathrm{d}u \qquad (2-4\mathrm{b})$$

式(2-3b)和式(2-4b)也称为"波头关系",它们是一维非定常连续流动中的重要关系式。将式(2-1)代入式(2-3a)、式(2-4a),可得

$$\mathrm{d}u = \pm\frac{2}{\gamma - 1}\mathrm{d}a \qquad (2-5)$$

其中:"+"代表"右行波";"−"代表"左行波"。

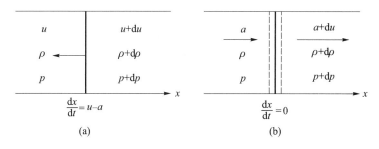

图 2 – 3 左行小扰动波传播示意图

上面讨论的是小扰动波的情况。在实际中通常遇到的是有限幅值的大扰动波,它属于非线性波。例如,在图 2 – 1 中,若活塞由静止向右连续加速,那么,在活塞右边将连续产生小扰动压缩波,在汇聚成激波之前产生一个简单波区(单向传播);同理,活塞左边将产生一个简单稀疏波区。通过简单波区,气流参数将发生有限量的变化。为了直观起见,作为一种近似,不妨把扰动线化理论所得到的结果加以推广,就是说,由式(2 – 5)直接积分可得

$$u = \pm \frac{2}{\gamma - 1}a + K \qquad (2 - 6)$$

对于右行简单波、左行简单波,分别有

$$\begin{cases} \dfrac{\mathrm{d}x}{\mathrm{d}t} = u + a\,(\text{波面迹线方程}) \\ u - \dfrac{2}{\gamma - 1}a = K_1\,(\text{波区两边气流参数关系}) \end{cases} \qquad (2 - 7)$$

$$\begin{cases} \dfrac{\mathrm{d}x}{\mathrm{d}t} = u - a\,(\text{波面迹线方程}) \\ u + \dfrac{2}{\gamma - 1}a = K_2\,(\text{波区两边气流参数关系}) \end{cases} \qquad (2 - 8)$$

式中 K_1, K_2——黎曼不变量。

后面将会介绍,在 $x – t$ 平面上小扰动波的波面迹线就是第一族和第二族特征线。关于简单波和特征线方法等问题将在 2.1.2 节中展开讨论。

2.1.2 连续有限扰动的特征线方法

在可压缩流体中,有限幅值连续波流动所满足的方程是一组非线性偏微分方程。解决这类流动问题,通常可采用以下方法:在小扰动情况下,非线性方程组可以线性化,从而得到线性波(声波)的解;根据线性方程解的可加性,可以很方便地解决线性波的反射和干扰等问题。然而,在大扰动情况下,非线性偏微分方程组不

能再采用小扰动线性化方法;否则,所造成的误差可能会难以接受。针对这类问题,在不借助较大规模数值计算的情况下,通常快捷、高效地分析和解决的途径是采用解析解法和特征线法。一般情况下,求解非线性偏微分方程组需要通过一系列的变量变换,将非线性方程线性化,运算过程比较烦琐。相对而言,特征线法根据数学上特征线所具有的性质,运用数值解法或者图解法,为解决这类问题提供了一种比较简便而实用的计算方法。因此,这里着重围绕特征线方法进行展开讨论。

1. 基本方程

一维非定常等熵流动满足下列基本方程:

(1)连续性方程。在等截面管中,有

$$\frac{\partial \rho}{\partial t} + \frac{\partial}{\partial x}(\rho u) = 0 \qquad (2-9)$$

(2)动量方程。在忽略体积力和黏性力情况下,有

$$\frac{\mathrm{d} u}{\mathrm{d} t} = \frac{\partial u}{\partial t} + u\, \frac{\partial u}{\partial x} = -\frac{1}{\rho}\, \frac{\partial p}{\partial x} \qquad (2-10)$$

(3)能量方程。流体忽略黏性和热传导作用,流动过程是等熵的,热力学第二定律可写成

$$\frac{\mathrm{d} q}{\mathrm{d} t} = T\, \frac{\mathrm{d} s}{\mathrm{d} t} = 0$$

或者

$$\frac{\mathrm{d} s}{\mathrm{d} t} = \frac{\partial s}{\partial t} + u\, \frac{\partial s}{\partial x} = 0 \qquad (2-11)$$

式(2-11)表示,对于速度为 u 的某一流体微团来说,熵保持不变。但需要指出的是,式中 $\frac{\partial s}{\partial t}$ 和 $\frac{\partial s}{\partial x}$ 不一定等于零。而当 $\frac{\partial s}{\partial t} = 0$,并且 $\frac{\partial s}{\partial x} = 0$ 时,即在流场中任何时刻、任何地点的熵值保持相等,则流场称为均熵的。

(4)状态方程。

$$p = f(\rho, s) \qquad (2-12\mathrm{a})$$

对于多方气体来说,等熵关系为

$$p = C\rho^{\gamma} \qquad (2-12\mathrm{b})$$

式中常数 $C = \frac{p_0}{\rho_0^{\gamma}}\mathrm{e}^{(s-s_0)/c_v}$,其中下标"0"表示某一个参考状态。只有在均熵条件下,C 对于各个流体微团才是同一常数。

为了便于应用,可将式(2-9)~式(2-11)写成统一用 u、a、s 参量表示的形式。下面对此进行展开讨论。

在完全气体条件下,声速可表示成

$$a^2 = \left(\frac{\partial p}{\partial \rho} \right)_s = \gamma \frac{p}{\rho} = \gamma R T = (\gamma - 1) h \tag{2-13}$$

则有

$$\mathrm{d}h = \frac{2a}{\gamma - 1} \mathrm{d}a \tag{2-14}$$

$$T = \frac{a^2}{\gamma R} \tag{2-15}$$

由热力学第一定律和第二定律可得

$$\frac{\mathrm{d}p}{\rho} = \mathrm{d}h - T\mathrm{d}s \tag{2-16}$$

将式(2-14)和式(2-15)代入式(2-16)可得

$$\frac{\mathrm{d}p}{\rho} = \frac{2}{\gamma - 1} a\mathrm{d}a - \frac{a^2}{\gamma R}\mathrm{d}s \tag{2-17}$$

由式(2-17)可直接推导出

$$\frac{1}{\rho} \frac{\partial p}{\partial t} = \frac{2a}{\gamma - 1} \frac{\partial a}{\partial t} - \frac{a^2}{\gamma R} \frac{\partial s}{\partial t} \tag{2-18}$$

$$\frac{1}{\rho} \frac{\partial p}{\partial x} = \frac{2a}{\gamma - 1} \frac{\partial a}{\partial x} - \frac{a^2}{\gamma R} \frac{\partial s}{\partial x} \tag{2-19}$$

将式(2-19)代入式(2-10),可得到另一种形式的动力学方程,即

$$\frac{\partial u}{\partial t} + u \frac{\partial u}{\partial x} + \frac{2a}{\gamma - 1} \frac{\partial a}{\partial x} - \frac{a^2}{\gamma R} \frac{\partial s}{\partial x} = 0 \tag{2-20}$$

接下来,推导用 u、a、s 参量表示的连续性方程。

若将状态方程写成 $\rho = \rho(s,p)$,并且对 t 和 x 分别求偏导数,则有

$$\frac{\partial \rho}{\partial t} = \frac{\partial \rho}{\partial s} \frac{\partial s}{\partial t} + \frac{\partial \rho}{\partial p} \frac{\partial p}{\partial t} = \frac{\partial \rho}{\partial s} \frac{\partial s}{\partial t} + \frac{1}{a^2} \frac{\partial p}{\partial t} \tag{2-21}$$

$$\frac{\partial \rho}{\partial x} = \frac{\partial \rho}{\partial s} \frac{\partial s}{\partial x} + \frac{1}{a^2} \frac{\partial p}{\partial x} \tag{2-22}$$

将式(2-21)和式(2-22)代入式(2-9),可得

$$\frac{\partial \rho}{\partial s}\left(\frac{\partial s}{\partial t} + u\,\frac{\partial s}{\partial x}\right) + \frac{1}{a^2}\,\frac{\partial p}{\partial t} + \frac{u}{a^2}\,\frac{\partial p}{\partial x} + \rho\,\frac{\partial u}{\partial x} = 0 \qquad (2-23)$$

利用式(2-11),并将式(2-18)和式(2-19)代入式(2-23),可得到另一种形式的连续性方程,即

$$\frac{\partial a}{\partial t} + u\,\frac{\partial a}{\partial x} + \frac{\gamma-1}{2}a\,\frac{\partial u}{\partial x} = 0 \qquad (2-24)$$

综上所述,一维非定常等熵流动所满足的方程组为

$$\begin{cases} \dfrac{\partial a}{\partial t} + u\,\dfrac{\partial a}{\partial x} + \dfrac{\gamma-1}{2}a\,\dfrac{\partial u}{\partial x} = 0 \\[2mm] \dfrac{\partial u}{\partial t} + u\,\dfrac{\partial u}{\partial x} + \dfrac{2a}{\gamma-1}\,\dfrac{\partial a}{\partial x} - \dfrac{a^2}{\gamma R}\,\dfrac{\partial s}{\partial x} = 0 \\[2mm] \dfrac{\partial s}{\partial t} + u\,\dfrac{\partial s}{\partial x} = 0 \end{cases} \qquad (2-25)$$

至此,由 u、a 和 s 所表示的连续性方程、动量方程虽然物理含义并不直观,但为后续的特征线讨论奠定了基础。

2. 在 $x-t$ 平面上的特征线

关于特征线的数学问题是这样提出的:假如给定式(2-25)在 $x-t$ 平面上沿着某一曲线 $x_0 = x_0(t)$ 上各点的 u_0、a_0 和 s_0 值,问有没有可能单值地决定 $x_0 = x_0(t)$ 曲线附近任何点的 u、a 和 s 值? 如果不能单值地决定 u、a 和 s 值,则表示曲线 $x_0(t)$ 是弱间断线,它就是所要求的特征线。

为了解决上述数学问题,在 $x_0(t)$ 附近任取一点 Q,令它与曲线上 P 点的距离为一微量,用坐标 $(\Delta x, \Delta t)$ 表示(图2-4),则 Q 点的 u、a、s 值利用泰勒级数可表示为

$$\begin{cases} u = u_0 + \left(\dfrac{\partial u}{\partial t}\right)_0 \Delta t + \left(\dfrac{\partial u}{\partial x}\right)_0 \Delta x + \cdots \\[2mm] a = a_0 + \left(\dfrac{\partial a}{\partial t}\right)_0 \Delta t + \left(\dfrac{\partial a}{\partial x}\right)_0 \Delta x + \cdots \\[2mm] s = s_0 + \left(\dfrac{\partial s}{\partial t}\right)_0 \Delta t + \left(\dfrac{\partial s}{\partial x}\right)_0 \Delta x + \cdots \end{cases} \qquad (2-26)$$

由此可见,要单值地决定 Q 点的 u、a、s 值,其关键在于根据给定的 u_0、a_0、s_0 值,在 $x_0(t)$ 曲线上能否求出式(2-26)中 $\left(\dfrac{\partial u}{\partial t}\right)_0$ 等六个偏导数。如果这些偏导数

是确定的,则能单值地确定 Q 点的 u、a、s 值;如果这些偏导数不能唯一确定,则 $x_0(t)$ 曲线是弱间断线,也就是特征线。下面通过求解上述偏导数,确定特征线方程以及参数的相容关系。

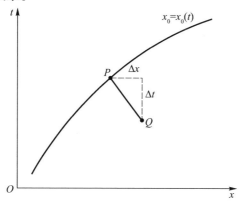

图 2 - 4 $x - t$ 平面上某曲线

由于在 $x_0 = x_0(t)$ 曲线上,u_0、a_0、s_0 是给定的,则有

$$\begin{cases} u_0 = u_0(x_0,t) = u_0(t) \\ a_0 = a_0(x_0,t) = a_0(t) \\ s_0 = s_0(x_0,t) = s_0(t) \end{cases} \quad (2-27)$$

将方程组(2 - 27)中各参量对 t 求导数,得到

$$\begin{cases} \left(\dfrac{\mathrm{d}u}{\mathrm{d}t}\right)_0 = \left(\dfrac{\partial u}{\partial t}\right)_0 + \left(\dfrac{\partial u}{\partial x}\right)_0 \left(\dfrac{\mathrm{d}x}{\mathrm{d}t}\right)_0 \\[2mm] \left(\dfrac{\mathrm{d}a}{\mathrm{d}t}\right)_0 = \left(\dfrac{\partial a}{\partial t}\right)_0 + \left(\dfrac{\partial a}{\partial x}\right)_0 \left(\dfrac{\mathrm{d}x}{\mathrm{d}t}\right)_0 \\[2mm] \left(\dfrac{\mathrm{d}s}{\mathrm{d}t}\right)_0 = \left(\dfrac{\partial s}{\partial t}\right)_0 + \left(\dfrac{\partial s}{\partial x}\right)_0 \left(\dfrac{\mathrm{d}x}{\mathrm{d}t}\right)_0 \end{cases} \quad (2-28)$$

根据给定条件,在 $x_0 = x_0(t)$ 曲线上,$\left(\dfrac{\mathrm{d}u}{\mathrm{d}t}\right)_0$、$\left(\dfrac{\mathrm{d}a}{\mathrm{d}t}\right)_0$、$\left(\dfrac{\mathrm{d}s}{\mathrm{d}t}\right)_0$ 和 $\left(\dfrac{\mathrm{d}x}{\mathrm{d}t}\right)_0$ 都是已知的,然而式(2 - 28)中六个偏导数却是未知的。因此,可把式(2 - 28)写成

$$\begin{cases} \left(\dfrac{\partial u}{\partial t}\right)_0 = \left(\dfrac{\mathrm{d}u}{\mathrm{d}t}\right)_0 - \left(\dfrac{\partial u}{\partial x}\right)_0 \left(\dfrac{\mathrm{d}x}{\mathrm{d}t}\right)_0 \\[2mm] \left(\dfrac{\partial a}{\partial t}\right)_0 = \left(\dfrac{\mathrm{d}a}{\mathrm{d}t}\right)_0 - \left(\dfrac{\partial a}{\partial x}\right)_0 \left(\dfrac{\mathrm{d}x}{\mathrm{d}t}\right)_0 \\[2mm] \left(\dfrac{\partial s}{\partial t}\right)_0 = \left(\dfrac{\mathrm{d}s}{\mathrm{d}t}\right)_0 - \left(\dfrac{\partial s}{\partial x}\right)_0 \left(\dfrac{\mathrm{d}x}{\mathrm{d}t}\right)_0 \end{cases} \quad (2-29)$$

将式(2-29)代入式(2-25),得到

$$
\begin{cases}
(u_0 - x_0')\left(\dfrac{\partial u}{\partial x}\right)_0 + \dfrac{2a_0}{\gamma - 1}\left(\dfrac{\partial a}{\partial x}\right)_0 = \dfrac{a_0^2}{\gamma R}\left(\dfrac{\partial s}{\partial x}\right)_0 - \left(\dfrac{\mathrm{d}u}{\mathrm{d}t}\right)_0 \\[3mm]
\dfrac{\gamma - 1}{2}a_0\left(\dfrac{\partial u}{\partial x}\right)_0 + (u_0 - x_0')\left(\dfrac{\partial u}{\partial x}\right)_0 = -\left(\dfrac{\mathrm{d}a}{\mathrm{d}t}\right)_0 \\[3mm]
(u_0 - x_0')\left(\dfrac{\partial s}{\partial x}\right)_0 = -\left(\dfrac{\mathrm{d}s}{\mathrm{d}t}\right)_0
\end{cases}
\qquad (2-30)
$$

其中

$$
x_0' = \left(\frac{\mathrm{d}x}{\mathrm{d}t}\right)_0
$$

1)特征线方程

式(2-30)中有三个未知数$\left(\dfrac{\partial u}{\partial x}\right)_0$、$\left(\dfrac{\partial a}{\partial x}\right)_0$和$\left(\dfrac{\partial s}{\partial x}\right)_0$,正好有三个方程,因此,它是封闭的,其中,第三个方程为

$$
(x_0' - u_0)\left(\frac{\partial s}{\partial x}\right)_0 = \left(\frac{\mathrm{d}s}{\mathrm{d}t}\right)_0
$$

当$u_0 - x_0' = 0$,并且$\left(\dfrac{\mathrm{d}s}{\mathrm{d}t}\right)_0 \neq 0$时,属于非等熵流动,$\left(\dfrac{\partial s}{\partial x}\right)_0$无法确定,这种情况不代表实际流动,无意义。

当$u_0 - x_0' = 0$且$\left(\dfrac{\mathrm{d}s}{\mathrm{d}t}\right)_0 = 0$时,即等熵流动,$\left(\dfrac{\partial s}{\partial x}\right)_0$不能唯一确定,其中$u_0 - x_0' = 0$称为第三族特征线,即$\left(\dfrac{\mathrm{d}x}{\mathrm{d}t}\right)_{03} = u_0$,它刚好就是流体质点的运动迹线,由此可见,沿着第三族特征线,熵是不变的。

当$u_0 - x_0' \neq 0$时,可得

$$
\left(\frac{\partial s}{\partial x}\right)_0 = \frac{1}{x_0' - u_0}\left(\frac{\mathrm{d}s}{\mathrm{d}t}\right)_0
\qquad (2-31)
$$

将式(2-31)代入方程组(2-30)中第一个方程,便可得到

$$
\begin{cases}
(u_0 - x_0')\left(\dfrac{\partial u}{\partial x}\right)_0 + \dfrac{2a_0}{\gamma - 1}\left(\dfrac{\partial a}{\partial x}\right)_0 = \dfrac{a_0^2}{\gamma R}\dfrac{1}{x_0' - u_0}\left(\dfrac{\mathrm{d}s}{\mathrm{d}t}\right)_0 - \left(\dfrac{\mathrm{d}u}{\mathrm{d}t}\right)_0 \\[3mm]
\dfrac{\gamma - 1}{2}a_0\left(\dfrac{\partial u}{\partial x}\right)_0 + (u_0 - x_0')\left(\dfrac{\partial a}{\partial x}\right)_0 = -\left(\dfrac{\mathrm{d}a}{\mathrm{d}t}\right)_0
\end{cases}
\qquad (2-32)
$$

从方程组(2-32)中求解$\left(\dfrac{\partial u}{\partial x}\right)_0$或者$\left(\dfrac{\partial a}{\partial x}\right)_0$,可以得到用行列式符号表示的解,即

$$\left(\frac{\partial u}{\partial x}\right)_0 = \frac{\begin{vmatrix} \dfrac{a_0^2}{\gamma R}\dfrac{1}{x_0' - u_0}\left(\dfrac{\mathrm{d}s}{\mathrm{d}t}\right)_0 - \left(\dfrac{\mathrm{d}u}{\mathrm{d}t}\right)_0 & \dfrac{2a_0}{\gamma - 1} \\ -\left(\dfrac{\mathrm{d}a}{\mathrm{d}t}\right)_0 & (u_0 - x_0') \end{vmatrix}}{\begin{vmatrix} (u_0 - x_0') & \dfrac{2a_0}{\gamma - 1} \\ \dfrac{\gamma - 1}{2}a_0 & (u_0 - x_0') \end{vmatrix}}$$

$\left(\dfrac{\partial u}{\partial x}\right)_0$ 不确定的条件是上述表达式中的分母为零。因为 $\left(\dfrac{\partial u}{\partial x}\right)_0$ 不能为无限值,所以上式的分子也必须为零。若令分母和分子同时为零,便可得到特征线方程及其相容关系。

令分母行列式 $\Delta = 0$,可得

$$(u_0 - x_0')^2 - a_0^2 = 0$$

由此不难推导出

$$\left(\frac{\mathrm{d}x}{\mathrm{d}t}\right)_{01} = u_0 + a_0 \tag{2-33}$$

$$\left(\frac{\mathrm{d}x}{\mathrm{d}t}\right)_{02} = u_0 - a_0 \tag{2-34}$$

式(2-33)和式(2-34)分别表示第一族特征线和第二族特征线。

2)特征线相容关系

令分子行列式 $\Delta u = 0$,可得

$$-\frac{a_0^2}{\gamma R}\left(\frac{\mathrm{d}s}{\mathrm{d}t}\right)_0 - (u_0 - x_0')\left(\frac{\mathrm{d}u}{\mathrm{d}t}\right)_0 + \frac{2a_0}{\gamma - 1}\left(\frac{\mathrm{d}a}{\mathrm{d}t}\right)_0 = 0 \tag{2-35}$$

将式(2-33)和式(2-34)代入式(2-35),得到以下关系式:

第一族特征线相容关系为

$$\left(\frac{\mathrm{d}u}{\mathrm{d}t}\right)_0 + \frac{2}{\gamma - 1}\left(\frac{\mathrm{d}a}{\mathrm{d}t}\right)_0 = \frac{a_0}{\gamma R}\left(\frac{\mathrm{d}s}{\mathrm{d}t}\right)_0 \tag{2-36}$$

第二族特征线相容关系为

$$\left(\frac{\mathrm{d}u}{\mathrm{d}t}\right)_0 - \frac{2}{\gamma - 1}\left(\frac{\mathrm{d}a}{\mathrm{d}t}\right)_0 = -\frac{a_0}{\gamma R}\left(\frac{\mathrm{d}s}{\mathrm{d}t}\right)_0 \tag{2-37}$$

综上所述,有以下关系式(为方便表示新的含义,这里略去原有下标"0"):

第一族特征线为

$$\begin{cases} \left(\dfrac{\mathrm{d}x}{\mathrm{d}t}\right)_1 = u + a \\ \mathrm{d}u + \dfrac{2}{\gamma-1}\mathrm{d}a = \dfrac{a}{\gamma R}\mathrm{d}s \end{cases} \tag{2-38}$$

第二族特征线为

$$\begin{cases} \left(\dfrac{\mathrm{d}x}{\mathrm{d}t}\right)_2 = u - a \\ \mathrm{d}u - \dfrac{2}{\gamma-1}\mathrm{d}a = -\dfrac{a}{\gamma R}\mathrm{d}s \end{cases} \tag{2-39}$$

第三族特征线为

$$\begin{cases} \left(\dfrac{\mathrm{d}x}{\mathrm{d}t}\right)_3 = u \\ \mathrm{d}s = 0 \end{cases} \tag{2-40}$$

至此,已经导出了特征线方程及其相容关系,也就解决了本节开始所提出的数学问题。应当指出,在解决上述数学问题时,不是直接求 $x_0(t)$ 曲线附近的确定解,而是首先寻找具有不确定性的特征线。读者的第一印象很可能误解为,它似乎给求解带来不确定性,但由于特征线是一种弱间断线,在特征线上参量的相容关系具有连续性。因此,得到更简便形式的确定解,这种相辅相成的关系,也体现了特征线理论的意义和价值。

由式(2-38)~式(2-40)可以看出,气流的速度和声速等热力学参量的扰动沿着第一族特征线和第二族特征线传播,即以声速传播,而熵的扰动却沿着第三族特征线传播,第三族特征线刚好是流体质点的运动迹线。这就表明,熵的扰动并不是以声速传播的,流体的熵值随着流体质点运动而变化,即对于某一个理想流体质点,在运动过程中熵值将保持不变。

在均熵条件下, $\left(\dfrac{\partial s}{\partial t}\right)_0 = 0$、$\left(\dfrac{\partial s}{\partial x}\right)_0 = 0$,因而,在全流场的任何时刻都有 $\mathrm{d}s = 0$。此时,第三族特征线已经失去意义,流场只存在第一族特征线和第二族特征线。相应地,关系式可以简化如下:

第一族特征线为

$$\begin{cases} \left(\dfrac{\mathrm{d}x}{\mathrm{d}t}\right)_1 = u + a \\ \mathrm{d}u + \dfrac{2}{\gamma-1}\mathrm{d}a = 0 \end{cases} \tag{2-41}$$

第二族特征线为

$$\begin{cases} \left(\dfrac{\mathrm{d}x}{\mathrm{d}t}\right)_2 = u - a \\[2mm] \mathrm{d}u - \dfrac{2}{\gamma - 1}\mathrm{d}a = 0 \end{cases} \qquad (2-42)$$

此时,特征线相容关系可以直接积分,即

$$u + \frac{2}{\gamma - 1}a = K_1 \qquad (2-43)$$

$$u - \frac{2}{\gamma - 1}a = K_2 \qquad (2-44)$$

式中　K_1,K_2——黎曼不变量。

$\left(\dfrac{\mathrm{d}x}{\mathrm{d}t}\right)_1$ 和 $\left(\dfrac{\mathrm{d}x}{\mathrm{d}t}\right)_2$ 代表 $x-t$ 平面上两族特殊曲线(特征线),沿着 $\left(\dfrac{\mathrm{d}x}{\mathrm{d}t}\right)_1$ 曲线 K_1 保持不变,沿着 $\left(\dfrac{\mathrm{d}x}{\mathrm{d}t}\right)_2$ 曲线 K_2 保持不变。因此,$\left(\dfrac{\mathrm{d}x}{\mathrm{d}t}\right)_1$ 和 $\left(\dfrac{\mathrm{d}x}{\mathrm{d}t}\right)_2$ 称为物理平面上的特征线,而 K_1 和 K_2 也在 $u-a$ 平面上构成两族特征线,称为状态平面特征线。在 $x-t$ 平面上,第一族特征线中的每一根对应于一个确定的 K_1 值。第一族特征线有无穷多根,一般情况下,K_1 也有无穷多个值。同样,对应于第二族特征线,K_2 也有无穷多个值,见图 2-5(a)。$u-a$ 平面上的特征线为两族直线,见图 2-5(b),其斜率分别为

$$\begin{cases} \left(\dfrac{\mathrm{d}a}{\mathrm{d}u}\right)_1 = -\dfrac{\gamma - 1}{2} \\[3mm] \left(\dfrac{\mathrm{d}a}{\mathrm{d}u}\right)_2 = \dfrac{\gamma - 1}{2} \end{cases} \qquad (2-45)$$

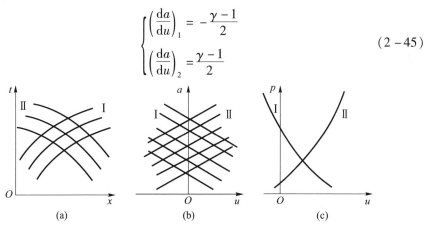

图 2-5　平面特征线

Ⅰ—第一族特征线;Ⅱ—第二族特征线。

由此可见,$u-a$ 平面上的特征线与具体的流动无关,只取决于物性,即绝热指数 γ。对于空气,$\gamma = 1.4$,则

$$\left(\frac{\mathrm{d}a}{\mathrm{d}u}\right)_{1,2} = \mp 0.2 \qquad (2-46)$$

概括起来,可以写出以下关系式:

第一族特征线为

$$\begin{cases} \left(\dfrac{\mathrm{d}x}{\mathrm{d}t}\right)_1 = u + a \\ u + \dfrac{2}{\gamma - 1}a = K_1 \end{cases} \qquad (2-47)$$

第二族特征线为

$$\begin{cases} \left(\dfrac{\mathrm{d}x}{\mathrm{d}t}\right)_2 = u - a \\ u - \dfrac{2}{\gamma - 1}a = K_2 \end{cases} \qquad (2-48)$$

3) 特征线的物理意义与一维非定常均熵流动的分类

在 $x-t$ 平面上的特征线表达了小扰动波的位置随时间的变化关系。其中,第一族特征线对应于右行波,第二族特征线对应于左行波。不过,此时流场中气流质点的速度 u 和声速 a 均不一定是常数。在不同的位置 x 和时间 t,u 和 a 可能是不同的。在一般情况下,方程由 $\left(\dfrac{\mathrm{d}x}{\mathrm{d}t}\right)_1$ 和 $\left(\dfrac{\mathrm{d}x}{\mathrm{d}t}\right)_2$ 积分得到第一族特征曲线和第二族特征曲线,见图 2-5(a)。

一维非定常均熵流动可分为三类:

第一类:黎曼不变量 K_1 和 K_2 均恒为常数(K_{10} 和 K_{20}),称为定常均匀流动。由式(2-47)和式(2-48)得到 $u = \dfrac{K_{10} + K_{20}}{2}$,$\left(\dfrac{\mathrm{d}x}{\mathrm{d}t}\right)_{1,2} = u \pm a$,$u$ 和 a 均为常数。也即在 $u-a$ 平面上的一个点就能代表整个流场,在这种情况下,流场没有任何扰动存在(如静止区)。在 $x-t$ 平面上的特征线没有具体的物理意义,只保留 $\left(\dfrac{\mathrm{d}x}{\mathrm{d}t}\right)_{1,2} = u \pm a$ 的数学形式。

第二类:黎曼不变量 K_1 和 K_2 中,若有一个恒为常数 K_{10}(或者 K_{20}),则称为简单波流动,这时流场中只有单向传播的波,或者左行波,或者右行波,但两者不会同时出现。在 $x-t$ 平面上,有一族特征线为直线,在 $u-a$ 平面上,只需用一条直线就能表示这种流动。

第三类:黎曼不变量 K_1 和 K_2 均不恒为常数,称为双波流动。在流场中既有左行波,也有右行波。在 $x-t$ 平面上,两族特征线均为曲线($\gamma = 3$ 的情况除外)。这

种流动与在 $u-a$ 平面类似,在 $u-p$ 平面上,也有两族特征线,利用特征线相容关系和等熵关系,可以得到

$$\frac{a}{a_1} = 1 \pm \frac{\gamma-1}{2}\left(\frac{u-u_1}{a_1}\right)$$

和

$$\frac{p}{p_1} = \left[1 \pm \frac{\gamma-1}{2}\left(\frac{u-u_1}{a_1}\right)\right]^{\frac{2\gamma}{\gamma-1}} \qquad (2-49)$$

其中:"$+$"代表第一族特征线;"$-$"代表第二族特征线。

将式(2-49)对 u 求导数,有

$$\frac{\mathrm{d}p}{\mathrm{d}u} = \pm\frac{\gamma}{a_1}\left[1 \pm \frac{\gamma-1}{2}\left(\frac{u-u_1}{a_1}\right)\right]^{\frac{\gamma+1}{\gamma-1}} \qquad (2-50)$$

不难看出,在 $u-p$ 平面上的两族特征线是曲线,见图 2-5(c)。

有关这三类非定常流动的具体示例,可参见后续的波系相互作用分析与讨论(如 3.2.4 节中的 2.),以获得直观印象。

2.1.3 压缩波形成激波

压缩波和稀疏波是两种典型的简单波。二者除了压缩和稀疏的扰动区别外,在 $x-t$ 平面上,压缩波的波面迹线是收敛的,因而最后会形成一道压缩激波,而稀疏波的波面迹线是发散的,参数变化更趋平缓。下面对此进行展开讨论。

1. 简单波传播速度与气体压力的关系

对于右行简单波,可以得出以下的关系式:

$$\begin{cases} x = (u+a)t + f(u) \\ u - \dfrac{2a}{\gamma-1} = K_{10} \end{cases} \qquad (2-51)$$

式中 $u+a$——右行简单波的传播速度,它与气体压力的关系可写为

$$\frac{\mathrm{d}}{\mathrm{d}p}(u+a) = \frac{\mathrm{d}u}{\mathrm{d}p} + \frac{\mathrm{d}a}{\mathrm{d}p} \qquad (2-52)$$

由式(2-3a)可得

$$\frac{\mathrm{d}u}{\mathrm{d}p} = \frac{1}{\rho a} \qquad (2-53)$$

声速 $a^2 = \left(\dfrac{\mathrm{d}p}{\mathrm{d}\rho}\right)_s$,对 p 求导数(注意推导过程隐含了均熵条件)可得

$$2a\frac{\mathrm{d}a}{\mathrm{d}p} = \frac{\mathrm{d}}{\mathrm{d}p}\left(\frac{\mathrm{d}p}{\mathrm{d}\rho}\right)_s = \frac{\mathrm{d}\rho}{\mathrm{d}p}\cdot\frac{\mathrm{d}}{\mathrm{d}\rho}\left(\frac{\mathrm{d}p}{\mathrm{d}\rho}\right) \tag{2-54}$$

将式(2-53)和式(2-54)代入式(2-52)可得

$$\frac{\mathrm{d}}{\mathrm{d}p}(u+a) = \frac{1}{\rho a}\left[1 + \frac{\rho}{2}\frac{\frac{\mathrm{d}}{\mathrm{d}\rho}\left(\frac{\mathrm{d}p}{\mathrm{d}\rho}\right)}{\left(\frac{\mathrm{d}p}{\mathrm{d}\rho}\right)}\right] \tag{2-55}$$

比容 $v = \frac{1}{\rho}$，有

$$\frac{\mathrm{d}}{\mathrm{d}\rho} = \frac{\mathrm{d}v}{\mathrm{d}\rho}\cdot\frac{\mathrm{d}}{\mathrm{d}v} = -\frac{1}{\rho^2}\cdot\frac{\mathrm{d}}{\mathrm{d}v} = -v^2\frac{\mathrm{d}}{\mathrm{d}v} \tag{2-56}$$

将此变换应用于式(2-55)，得

$$\frac{\mathrm{d}}{\mathrm{d}p}(u+a) = -\frac{v^2}{2a}\frac{\left(\frac{\mathrm{d}^2 p}{\mathrm{d}v^2}\right)_s}{\left(\frac{\mathrm{d}p}{\mathrm{d}v}\right)_s} \tag{2-57}$$

对处于热力学平衡态的气体来说，由式(2-56)可得

$$\left(\frac{\mathrm{d}p}{\mathrm{d}v}\right)_s = -\rho^2\left(\frac{\mathrm{d}p}{\mathrm{d}\rho}\right)_s = -\rho^2 a^2 \tag{2-58}$$

将式(2-58)代入式(2-57)可得

$$\frac{\mathrm{d}}{\mathrm{d}p}(u+a) = \frac{1}{2\rho^4 a^3}\left(\frac{\mathrm{d}^2 p}{\mathrm{d}v^2}\right)_s \tag{2-59}$$

式(2-59)表达了右行简单波传播速度与气体压力之间的关系。由式(2-59)可见，$\frac{\mathrm{d}}{\mathrm{d}p}(u+a)$ 的符号仅由 $\left(\frac{\mathrm{d}^2 p}{\mathrm{d}v^2}\right)_s$ 的符号来决定，也就是仅取决于压力-比容图上熵曲线是向上凸还是向下凹。下面分三种情况讨论。

（1）若

$$\left(\frac{\mathrm{d}^2 p}{\mathrm{d}v^2}\right)_s > 0 \tag{2-60}$$

则 $\frac{\mathrm{d}}{\mathrm{d}p}(u+a) > 0$。也就是说，压缩波尾部的高压部分总能追上头部的低压部分，从而压缩波变陡;同理，稀疏波尾部的低压部分则被头部的高压部分甩开，即稀疏波变平。在图2-6中的实曲线代表等熵绝热线。在一般情况下，气体总满足

式(2-60)。例如,完全气体的绝热过程 $pv^\gamma = C$,微分两次可得

$$\left(\frac{\mathrm{d}^2 p}{\mathrm{d}v^2}\right)_{\mathrm{s}} = \frac{\gamma(\gamma+1)p}{v^2} \qquad (2-61)$$

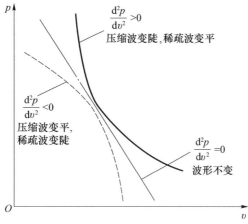

图 2-6　压力-比容图的等熵曲线

在目前已知的气体中,γ 都是正值。所以,由式(2-61)可以得出结论:在完全气体中,压缩波变陡,能够形成激波,而稀疏波变平。

(2) 若

$$\left(\frac{\mathrm{d}^2 p}{\mathrm{d}v^2}\right)_{\mathrm{s}} = 0 \qquad (2-62)$$

则 $\dfrac{\mathrm{d}}{\mathrm{d}p}(u+a) = 0$。也就是说,有限幅值的波以不变的波形在气体中传播,对式(2-62)积分两次,可得到使波形不变的唯一等熵关系式:

$$p = A + Bv \qquad (2-63)$$

式中　A,B——常数。

在压力-比容图上的等熵线为直线,而且它标志着压缩波变陡的气体与压缩波变平的气体之间等熵线曲率的分界线。

(3) 若

$$\left(\frac{\mathrm{d}^2 p}{\mathrm{d}v^2}\right)_{\mathrm{s}} < 0 \qquad (2-64)$$

则有 $\dfrac{\mathrm{d}}{\mathrm{d}p}(u+a) < 0$,这将导致压缩波变平,稀疏波变陡,这在实际流动中是不可能出现的。在图 2-6 上,以虚线表示。

2. 压缩波形成激波的过程

由图 2-7 可见,初始时刻,活塞及其右边的气体均处于静止状态。然后,活塞向右连续加速,压缩气体,当活塞达到某一速度 u_p 后,保持匀速前进。活塞连续加速,由于速度不平衡连续产生压缩波。通过压缩波以后,气体的压力升高,由波头部至波尾部压力连续增加,见图 2-7(b)。由 $\dfrac{\mathrm{d}}{\mathrm{d}p}(u+a)>0$ 可知,压缩波的传播速度也将连续增加,波头的传播速度最小,它以静止区的声速($a_H=a_1$)传播。波尾的传播速度最大,它以 u_T+a_T 的速度传播($a_T>a_H$)。因此,最高压力点(波尾)越来越靠近最低压力点(波头),偏导数 $\dfrac{\partial p}{\partial x}$、$\dfrac{\partial u}{\partial x}$、$\dfrac{\partial T}{\partial x}$ 等将越来越大,波尾最终将赶上波头,整个简单压缩波区变成一个很窄的区域。此时,上述偏导数趋向于无穷大,简单波的性质已经不存在,代之以一道运动激波出现在流场中,见图 2-7(d)。

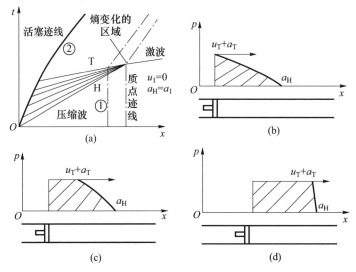

图 2-7 压缩波形成激波示意图

T—波尾; H—波长。

在所研究的理想流体流动中(忽略黏性和热传导作用),激波可以看作一个不连续面,通过激波以后,气流的压力、密度、温度和速度等参量将发生突跃,熵将增加。然而,在实际流体的流动中,当压缩波变得越来越陡时,见图 2-7(a),简单波区越来越窄。在该区的偏导数 $\dfrac{\partial u}{\partial x}$ 和 $\dfrac{\partial T}{\partial x}$ 等将变得相当大。此时,不管流体的黏性系数和热导率多么小,轴向黏性应力和热传导最后必将变得与动力学方程及能量方程中的其他项相比不可忽略。因而,上述的等熵流动假定已经不再成立,由于流体的黏性和热传导效应的存在,使激波不再是一个数学上的不连续面,而是一个厚度与分子平均自由程同量级的区域。显然,在激波区域内,流体微团状态参量的变化是不等熵的,所有的流体特性参量存在着很大的梯度,只是参量本身仍然不是间断的。如果仅仅是研究通过激波以后流体参量的变化规律,那么由于激波区非常薄,可以不必去考虑其内部的流动,而且可以忽略从气流外部的物体(如管壁)通过激波区加进来的热量以及摩擦作用,把激波作为一个数学上的突跃面来看待。从突跃面的一边(初始状态)到另一边(最终状态)的变化过程,可以当作没有摩擦和热传导作用的过程来处理。这种简化假定,反映在气体动力学基本方程组中,定常化的激波前后,气流的相对总能量是相等的。

3. 激波形成的时间和地点

由上述的分析可知,在理想流体中激波是一个强间断面。通过激波时,气流的参量将发生不连续变化,偏导数 $\left(\dfrac{\partial u}{\partial x}\right)_t$ 等均趋向无穷大。因此,可以推导出

$$\left(\frac{\partial x}{\partial u}\right)_t = 0 \tag{2-65}$$

如果运动激波在静止的气体中传播,并且此激波形成于简单波头部,则式(2-65)可写成

$$\left.\left(\frac{\partial x}{\partial u}\right)_t\right|_{u=0} = 0 \tag{2-66}$$

有简单波关系式(右行波)

$$\begin{cases} x = (u+a)t + f(u) \\[2mm] u - \dfrac{2a}{\gamma-1} = K_{10} \end{cases} \tag{2-67}$$

将方程(2-67)的第一式代入式(2-66),得到

$$\left.\left(\frac{\partial x}{\partial u}\right)_t\right|_{u=0} = \left(1 + \frac{\partial a}{\partial u}\right)t + f'(u)\,|_{u=0} = 0 \tag{2-68}$$

由方程(2-67)的第二式,得到

$$\frac{\mathrm{d}a}{\mathrm{d}u} = \frac{\gamma-1}{2} \tag{2-69}$$

因此,可以得到激波形成的时间和地点:

$$\begin{cases} t = -\dfrac{2}{\gamma+1}f'(0) \\[3mm] x = a_1 t + f(0) = -\dfrac{2a_1}{\gamma+1}f'(0) + f(0) \end{cases} \tag{2-70}$$

由式(2-70)可以看出,随着活塞加速过程的缩短,激波形成的时间和距离也会随之减少。其极限情况是,如果活塞突然加速至均匀速度,活塞所发出的扰动波迹线也就缩小到 $x-t$ 图的坐标原点发出的一束压缩波。若把它看成中心型的简单波,则式(2-67)中的任意常数 $f(u)=0$。由式(2-70)可知,激波形成的时间和地点为

$$\begin{cases} t=0 \\ x=0 \end{cases}$$

也就是说,由于活塞突然加速,在 $x-t$ 图坐标原点处发出的压缩波立即形成一道运动激波。在实际激波管流动中,隔膜破裂以后,需要经过一段时间才能在离开隔膜一段距离 x 处形成激波。

2.2　定常驻(正)激波和非定常运动激波关系

通常把静止不动的激波称为定常驻激波,如超声速风洞中模型头部的激波。然而在多数情况下,激波将在介质中传播,此类激波称为非定常运动激波。例如,炸药爆炸,在空气中产生一道强激波向四周传播等。激波作为一个间断面,理想情况下,在流场中的传播是等速的;然而在实际流动中,由于黏性和热传导作用等因素,激波的传播是不等速的。在等速传播情况下,激波的波面迹线在 $x-t$ 图上是一条直线,激波的强度是不变的。通过坐标变换,可以将运动激波的问题变成驻激波来处理。当然,在不等速传播情况下,波后参数会随时间而变化。虽然这种流动好像无法转换为定常流,但值得注意的是,由于激波的厚度极薄,气流参数对时间的变化率与通过激波面的相应变化量比较,可以忽略不计。因此,可以将通过激波的气流当作准定常流来处理(在每一个瞬时都可把这种流动看作定常流),仍然是一种很好的近似。基于此,下面只讨论等速传播的运动激波。

2.2.1　运动激波与驻激波

这里定义气流进入波面的一侧为波前,用下标"1"表示,气流离开波面的一侧为波后,用下标"2"表示。

与前文类似,运动激波也有"左行"和"右行"之分,用 $\pm W$ 表示激波相对于波前气体的传播速度(W 为正值),$+W$ 表示右行激波,$-W$ 表示左行激波。值得注意的是,正负号的选择与 x 轴的方向有关(这里取向右为 x 轴正向)。"右行"和"左行"完全是相对于气流而言的。由此可知,在绝对坐标系中,右行激波的传播速度为 $\frac{dx}{dt}=u_1+W$,左行激波的传播速度为 $\frac{dx}{dt}=u_1-W$。对于右行激波来说,气流

质点进入波面的一侧(即波前)一定在波面的右边;同理,对于左行激波来说,气流质点进入波面的一侧一定在波面的左边。

对于右行运动激波来说,若把坐标系取在运动激波的波面上,也就是相当于在流场中叠加一个速度为 $-(u_1+W)$ 的速度场。此时,在与波面一起运动的相对坐标系上观察,激波变成静止的,见图 2-8(b)。将运动激波转换为驻激波以后,驻激波前气流速度 $v_1' = -W$,波后的气流速度 $v_2' = -W - u_1 + u_2$。为了运算统一,可将图 2-8(b)所示的坐标平面绕 t 轴转 $180°$,即 x 轴的正方向指向左(图 2-8(c)),相应的气流速度为

$$\begin{cases} v_1 = W \\ v_2 = W + u_1 - u_2 \end{cases} \qquad (2-71)$$

对左行运动激波来说,通过坐标变换以后,驻激波前后的气流速度为

$$\begin{cases} v_1 = W \\ v_2 = W - u_1 + u_2 \end{cases} \qquad (2-72)$$

左行运动激波见图 2-9。

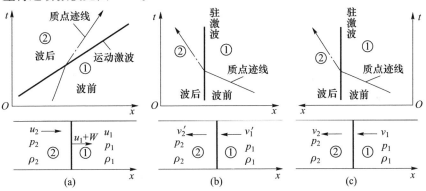

图 2-8　右行运动激波

(a)运动激波;(b)驻激波;(c)统一坐标系后。

把右行运动激波和左行运动激波转换成驻激波以后,气流的速度可归纳为

$$\begin{cases} v_1 = W \\ v_2 = W \pm (u_1 - u_2) \end{cases} \qquad (2-73)$$

其中:"+"表示右行激波;"-"表示左行激波。

运动激波的马赫数可定义为

$$Ma_s = \frac{W}{a_1} \qquad (2-74)$$

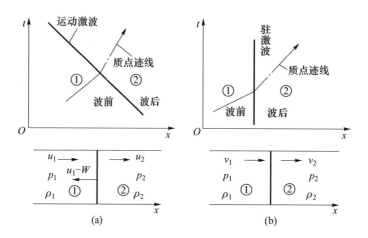

图 2-9　左行运动激波

(a)运动激波；(b)驻激波。

气体热力学静参量 p、ρ、T 等与坐标变换无关，声速 a 也是如此。利用式(2-73)和式(2-74)，可以定义驻激波前后气流马赫数为

$$Ma_1 = \frac{v_1}{a_1} = \frac{W}{a_1} = Ma_s \qquad (2-75)$$

$$Ma_2 = \frac{v_2}{a_2} = \frac{W \pm (u_1 - u_2)}{a_2} \qquad (2-76)$$

需要注意的是，坐标变换虽然不改变气体热力学静参量(包括声速)，但使热力学总参量(p_0、ρ_0、T_0、a_0 等)发生变化，因为这些总参量均与激波前后的气流速度有关。

2.2.2　驻激波的基本关系

如前所述，激波可以作为一个间断面来处理。在定常坐标系下，或对驻激波来说，气流通过激波时，应该满足质量守恒、动量守恒和能量守恒。由于气流通过间断面，因此上述守恒方程适合用其积分形式，即

$$\rho_1 v_1 = \rho_2 v_2 \qquad (2-77)$$

$$p_1 + \rho_1 v_1^2 = p_2 + \rho_2 v_2^2 \qquad (2-78)$$

$$h_1 + \frac{1}{2} v_1^2 = h_2 + \frac{1}{2} v_2^2 \qquad (2-79)$$

1. 普朗特(Prandtl)关系式

驻激波前后气流的总能量相等，在完全气体假定下，激波前后气流的总温相

等,临界声速 a^* 也相等。因此,可将式(2-79)写成

$$\frac{\gamma}{\gamma-1}\cdot\frac{p_1}{\rho_1}+\frac{v_1^2}{2}=\frac{\gamma}{\gamma-1}\cdot\frac{p_2}{\rho_2}+\frac{v_2^2}{2}=\frac{\gamma+1}{2(\gamma-1)}a^{*2} \quad (2-80)$$

由式(2-77)和式(2-78)可得

$$v_1-v_2=\frac{p_2}{\rho_2 v_2}-\frac{p_1}{\rho_1 v_1}$$

由式(2-80)分别解出 $\frac{p_1}{\rho_1}$ 和 $\frac{p_2}{\rho_2}$,并代入上式可得

$$v_1-v_2=\frac{1}{v_2}\left(\frac{\gamma+1}{2\gamma}a^{*2}-\frac{\gamma-1}{2\gamma}v_2^2\right)-\frac{1}{v_1}\left(\frac{\gamma+1}{2\gamma}a^{*2}-\frac{\gamma-1}{2\gamma}v_1^2\right)$$

整理以后可得

$$(v_1-v_2)\frac{\gamma+1}{2\gamma}\left(\frac{a^{*2}}{v_1 v_2}-1\right)=0 \quad (2-81)$$

由于气流通过激波时速度发生了跃变,$v_1\neq v_2$,则由式(2-81)可得出

$$v_1 v_2=a^{*2} \quad (2-82)$$

式(2-82)称为普朗特关系式。由式(2-82)可见,在驻激波中,波前气流是超声速的,而波后气流是亚声速的。

若用无量纲速度 $\lambda\left(\lambda=\frac{v}{a^*}\right)$ 数表示,则式(2-82)可写成

$$\lambda_1\lambda_2=1 \quad (2-83)$$

根据 λ 数的定义和式(2-80),可以推导出

$$\frac{a^2}{a^{*2}}=\frac{\gamma+1}{2}-\frac{\gamma-1}{2}\lambda^2 \quad (2-84)$$

由于 $Ma^2=\frac{v^2}{a^2}=\frac{v^2}{a^{*2}}\cdot\frac{a^{*2}}{a^2}$,因此可得

$$\lambda^2=\frac{(\gamma+1)Ma^2}{(\gamma-1)Ma^2+2} \quad (2-85)$$

将式(2-85)代入式(2-83)可得

$$Ma_2^2=\frac{(\gamma-1)Ma_1^2+2}{2\gamma Ma_1^2-(\gamma-1)} \quad (2-86)$$

对于空气,$\gamma=1.4$,当 $Ma_1\rightarrow\infty$ 时可得

$$(Ma_2)_{Ma_1\rightarrow\infty}=\left(\sqrt{\frac{\gamma-1}{2\gamma}}\right)_{\gamma=1.4}=0.378$$

2. 激波前后热力学状态参数比的变化

根据气流马赫数定义和声速的计算式,有

$$\rho v^2 = \rho Ma^2 a^2 = \gamma p Ma^2 \qquad (2-87)$$

将式(2-87)代入式(2-78),得

$$p_1 + \gamma p_1 Ma_1^2 = p_2 + \gamma p_2 Ma_2^2$$

或者

$$\frac{p_2}{p_1} = \frac{1 + \gamma Ma_1^2}{1 + \gamma Ma_2^2} \qquad (2-88)$$

将式(2-86)代入式(2-88),得到激波前后的压比为

$$\frac{p_2}{p_1} = \frac{2\gamma Ma_1^2}{\gamma + 1} - \frac{\gamma - 1}{\gamma + 1} \qquad (2-89)$$

由于驻激波前后气流的总温相等,即

$$T_{01} = T_{02} = T_0 \qquad (2-90)$$

驻激波前后均分别为等熵流场,根据一维定常等熵流关系式,有

$$\frac{T_0}{T} = 1 + \frac{\gamma - 1}{2} Ma^2 \qquad (2-91)$$

可推导出

$$\frac{T_2}{T_1} = \frac{1 + \dfrac{\gamma - 1}{2} Ma_1^2}{1 + \dfrac{\gamma - 1}{2} Ma_2^2} \qquad (2-92)$$

将式(2-86)代入式(2-92)可得到激波前后的温度比为

$$\frac{T_2}{T_1} = \left(\frac{a_2}{a_1}\right)^2 = 1 + \frac{2(\gamma - 1)}{(\gamma + 1)^2}\left[\gamma Ma_1^2 - \frac{1}{Ma_1^2} - (\gamma - 1)\right] \qquad (2-93)$$

或者写成

$$\frac{T_2}{T_1} = \left(\frac{a_2}{a_1}\right)^2 = \frac{[2\gamma Ma_1^2 - (\gamma - 1)][(\gamma - 1)Ma_1^2 + 2]}{(\gamma + 1)^2 Ma_1^2} \qquad (2-94)$$

由式(2-77)、式(2-83)和式(2-85)可得到激波前后的密度比为

$$\frac{\rho_2}{\rho_1} = \frac{v_1}{v_2} = \frac{v_1^2}{a^{*2}} = \lambda_1^2 = \frac{(\gamma + 1)Ma_1^2}{(\gamma - 1)Ma_1^2 + 2} \qquad (2-95)$$

由于

$$\frac{p_{02}}{p_{01}} = \frac{p_{02}}{p_2} \cdot \frac{p_2}{p_1} \cdot \frac{p_1}{p_{01}} \qquad (2-96)$$

和

$$\frac{p_0}{p} = \left(1 + \frac{\gamma-1}{2} Ma^2\right)^{\frac{\gamma}{\gamma-1}} \qquad (2-97)$$

再利用式(2-89)可得

$$\frac{p_{02}}{p_{01}} = \left(\frac{2\gamma}{\gamma+1} Ma_1^2 - \frac{\gamma-1}{\gamma+1}\right)^{-\frac{1}{\gamma-1}} \left[\frac{(\gamma+1)Ma_1^2}{(\gamma-1)Ma_1^2+2}\right]^{\frac{\gamma}{\gamma-1}} \qquad (2-98)$$

对于空气,按完全气体可取 $\gamma = 1.4$,根据上述关系式很容易得到热力学参数比随 Ma_1 的变化规律。驻激波前后,$\frac{p_2}{p_1}$、$\frac{T_2}{T_1}$ 和 $\frac{\rho_2}{\rho_1}$ 随 Ma_1 的增大而增大,总温 T_0 不变,而总压比却随 Ma_1 的增加急剧下降,这表明机械能的损失显著。

3. 气流通过激波的流动损失

气流通过驻激波以后,虽然气流的总能量 T_0 是不变的,但由于一部分机械能变成热能,因此,总机械能下降,热能增加。机械能的损失可用总压比或熵增值来表示。后面章节就会看到,这一概念对高超声速流动来说尤为重要。

由热力学第二定律,熵可表示为

$$s = s_0 + \int\left[c_p \frac{\mathrm{d}T}{T} - \left(\frac{\partial v}{\partial T}\right)_p \mathrm{d}p\right] \qquad (2-99)$$

对于量热完全气体,式(2-99)可简化为

$$s = c_p \ln T - R\ln p + \mathrm{const} \qquad (2-100)$$

则激波前后熵的变化为

$$s_2 - s_1 = s_{02} - s_{01} = c_p \ln \frac{T_{02}}{T_{01}} + R\ln \frac{p_{01}}{p_{02}} \qquad (2-101)$$

因为 $T_{01} = T_{02}$,将式(2-98)代入式(2-101)可得

$$\frac{s_2 - s_1}{R} = -\ln \frac{p_{02}}{p_{01}} = \ln\left\{\left[1 + \frac{2\gamma}{\gamma+1}(Ma_1^2 - 1)\right]^{\frac{1}{\gamma-1}} \left[\frac{(\gamma+1)Ma_1^2}{(\gamma-1)Ma_1^2+2}\right]^{-\frac{\gamma}{\gamma-1}}\right\}$$

$$(2-102)$$

最后,引出弱激波情况下的熵增关系式。弱激波是指 $\frac{p_2-p_1}{p_1}$ 和 $Ma_1^2 - 1$ 是小量。令 $\varepsilon = Ma_1^2 - 1$,把式(2-102)写为用小量 ε 表示的易于展开的形式,即

$$\frac{s_2 - s_1}{R} = \ln\left[\left(1 + \frac{2\gamma}{\gamma + 1}\varepsilon\right)^{\frac{1}{\gamma-1}} (1 + \varepsilon)^{-\frac{\gamma}{\gamma-1}} \left(\frac{\gamma - 1}{\gamma + 1}\varepsilon + 1\right)^{\frac{\gamma}{\gamma-1}}\right] \quad (2-103)$$

式(2-103)等号右边的三个圆括号内都有类似于 $1 + \varepsilon$ 的形式。可以发现,最终剩下的只有 ε^3 项,即

$$\frac{s_1 - s_2}{R_1} \approx \frac{2\gamma}{(\gamma + 1)^2} \frac{(Ma_1^2 - 1)^3}{3} \quad (2-104)$$

从式(2-104)可以看出,在弱激波情况下,熵的变化与 ε^3 成正比。因此,在粗略计算中,可近似地认为通过弱激波的熵值不变。

弱激波时,总压比的近似式为

$$\frac{p_{02}}{p_{01}} = e^{-\frac{\Delta s}{R}} \approx 1 - \frac{\Delta s}{R} = 1 - \frac{2\gamma}{(\gamma + 1)^2} \frac{(Ma_1^2 - 1)^3}{3} \quad (2-105)$$

最后,作为驻激波前后参数关系的直观展示,图 2-10 给出了 Ma_2、p_2/p_1、p_{02}/p_{01}、ρ_2/ρ_1、T_2/T_1 等随来流马赫数的变化。从该图也可以看出,总压损失在 Ma_1 接近于 1 时十分微弱;但需要注意的是,随波前来流马赫数的上升,总压损失急剧上升。

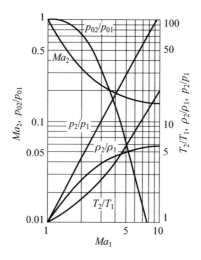

图 2-10 正激波前后参数比随波前来流马赫数 Ma_1 的变化($\gamma = 1.4$)

2.2.3 运动激波的基本关系

前面已经推导出关于驻激波的一系列参数关系式。对于等速传播的运动激波来说,通过坐标变换将它变成驻激波,可以运用驻激波的某些结果。为了实际应用方便,下面从守恒方程组出发直接推导出运动激波的基本关系式。

通过坐标变换,把运动激波转换为驻激波,$v_1 = W$、$v_2 = W \pm (u_1 - u_2)$,定常流动的守恒方程组为

$$\begin{cases} \rho_1 W = \rho_2 [W \pm (u_1 - u_2)] & (2-106) \\ p_1 + \rho_1 W^2 = p_2 + \rho_2 [W \pm (u_1 - u_2)]^2 & (2-107) \\ h_1 + \dfrac{W^2}{2} = h_2 + \dfrac{[W \pm (u_1 - u_2)]^2}{2} & (2-108) \end{cases}$$

量热完全气体的关系式为

$$h_2 - h_1 = c_p(T_2 - T_1) \qquad (2-109\text{a})$$

$$c_p - c_V = R \qquad (2-109\text{b})$$

$$\frac{c_p}{c_V} = \gamma \qquad (2-109\text{c})$$

$$a^2 = \gamma R T \qquad (2-109\text{d})$$

$$p = \rho R T = \rho a^2 / \gamma \qquad (2-109\text{e})$$

同前面的分析一样,"$+$"表示右行激波,"$-$"表示左行激波。

由式(2-109a) ~ 式(2-109d)四式,得到

$$h_2 - h_1 = \frac{1}{\gamma - 1}(a_2^2 - a_1^2) \qquad (2-110)$$

将式(2-110)代入式(2-108)整理后得到

$$a_2^2 - a_1^2 = -\frac{\gamma - 1}{2}(u_1 - u_2)[(u_1 - u_2) \pm 2W] \qquad (2-111)$$

由式(2-106)和式(2-107)联立,有

$$p_1 - p_2 = \pm \rho_1 W(u_1 - u_2) \qquad (2-112)$$

将式(2-109e)代入式(2-112),得

$$-\rho_2 a_2^2 = \pm \gamma \rho_1 W(u_1 - u_2) - \rho_1 a_1^2 \qquad (2-113)$$

将式(2-106)代入式(2-113),消去 ρ_2 / ρ_1,可得

$$a_1^2 - \frac{W}{[W \pm (u_1 - u_2)]}a_2^2 = \pm \gamma W(u_1 - u_2) \qquad (2-114)$$

由式(2-111)可得

$$a_2^2 = a_1^2 - \frac{\gamma - 1}{2}(u_1 - u_2)[(u_1 - u_2) \pm 2W] \qquad (2-115)$$

把式(2-115)代入式(2-114),经过整理可得

$$\frac{u_2 - u_1}{a_1} = \pm \frac{2}{\gamma + 1}\left(\frac{W}{a_1} - \frac{a_1}{W}\right) = \pm \frac{2}{\gamma + 1}\left(Ma_s - \frac{1}{Ma_s}\right) \quad (2-116)$$

利用式(2-116)及式(2-106)消去 $u_2 - u_1$,可得到运动激波前后的密度比为

$$\frac{\rho_2}{\rho_1} = \frac{1}{1 - \frac{2}{\gamma + 1}\left[1 - \left(\frac{a_1}{W}\right)^2\right]} = \frac{(\gamma + 1)Ma_s^2}{(\gamma - 1)Ma_s^2 + 2} \quad (2-117)$$

将式(2-116)代入式(2-112),并且应用式(2-109e),可得到运动激波前后的压比为

$$\frac{p_2}{p_1} = 1 + \frac{2\gamma}{\gamma + 1}\left[\left(\frac{W}{a_1}\right)^2 - 1\right] = 1 + \frac{2\gamma}{\gamma + 1}(Ma_s^2 - 1) \quad (2-118)$$

将式(2-116)中的 $u_2 - u_1$ 代入式(2-111),化简后得到运动激波前后的温度比为

$$\frac{T_2}{T_1} = \left(\frac{a_2}{a_1}\right)^2 = 1 + \frac{2(\gamma - 1)}{(\gamma + 1)^2}\left[\gamma\left(\frac{W}{a_1}\right)^2 - \left(\frac{a_1}{W}\right)^2 - (\gamma - 1)\right]$$

$$= 1 + \frac{2(\gamma - 1)}{(\gamma + 1)^2}\left[\gamma Ma_s^2 - \frac{1}{Ma_s^2} - (\gamma - 1)\right] \quad (2-119)$$

将运动激波关系式与驻激波关系式比较,可发现 $\frac{p_2}{p_1}$、$\frac{\rho_2}{\rho_1}$ 和 $\frac{T_2}{T_1}$ 的表达式完全相同(因为 $Ma_1 = Ma_s$)。这里应当强调指出,上述关系式都是在量热完全气体条件下推导出来的。当 Ma_s 较小时,与实际情况符合得较好。但是,当 Ma_s 较大时(如 $Ma_s > 4$),激波后面的气体就应当考虑非完全气体效应。

2.2.4 运动激波波后的伴随运动

在上述推导中,已经得到波后气流伴随速度的计算式,即

$$\frac{u_2 - u_1}{a_2} = \pm \frac{2}{\gamma + 1}\left(Ma_s - \frac{1}{Ma_s}\right) \quad (2-120)$$

在驻激波中,波前气流必定是超声速的,波后气流必定是亚声速的。但对于运动激波而言,情况就不同了。运动激波前面的气流既可以是静止的,也可以是亚声速和超声速,运动激波后面的气流同样既可以是亚声速(或者静止)的,也可以是超声速的。这是因为,在驻激波中,激波本身是静止的,但在运动激波中,激波相对于波前的气流而言是以超声速传播的。而激波的传播将引起波后气体的伴随运

动。在讨论简单波时已经介绍过,小扰动压缩波通过静止的气体时,波后气体将以极小的速度伴随压缩波而运动。对于运动激波的情况,波后气流的伴随速度往往是很大的。下面应用式(2-120)计算不同 Ma_s 数的右行激波,在15℃($T=288$K)的静止空气中传播时波后气流的伴随速度。

在静止空气中,$u_1=0$、$T_1=288$K、$\gamma_1=1.4$、$a_1=340$m/s,式(2-120)可写成

$$\frac{u_2}{a_1}=\frac{2}{\gamma+1}\left(Ma_s-\frac{1}{Ma_s}\right) \tag{2-121}$$

计算结果见表2-1。

表 2-1　室温空气条件下不同强度激波的诱导伴随运动

Ma_s	$u_2/(\text{m/s})$	$a_2/(\text{m/s})$	Ma_s	$u_2/(\text{m/s})$	$a_2/(\text{m/s})$
1.09	49	350	2.12	467	456
1.20	104	360	2.30	528	476
1.65	295	405	2.96	744	551

由表2-1中数据可见,激波 $Ma_s=2.96$ 时,波后气流伴随速度可达744m/s,是波后声速的1.35倍(超声速)。即使当运动激波的传播速度稍大于前波声速,即 $Ma_s=1.09$,波后气流的伴随速度也可达49m/s,超过12级台风的速度。

激波后面气流马赫数定义为

$$Ma_2=\frac{u_2}{a_2}=\frac{u_2}{a_1}\cdot\frac{a_1}{a_2}$$

由式(2-119)和式(2-121),得

$$Ma_2=2(Ma_s^2-1)\{[2\gamma Ma_s^2-(\gamma-1)][(\gamma-1)Ma_s^2+2]\}^{-0.5} \tag{2-122}$$

为了便于进行工程估算,在激波极强和极弱时,忽略上述关系式中的次要项可以得到一系列的简化式。

1. 激波极强时

由于 $Ma_s^2\gg1$,因此有

$$\frac{\rho_2}{\rho_1}\approx\frac{\gamma+1}{\gamma-1} \tag{2-123}$$

$$\frac{p_2}{p_1}\approx\frac{2\gamma}{\gamma+1}Ma_s^2 \tag{2-124}$$

$$\frac{a_2}{a_1}\approx\frac{\sqrt{2\gamma(\gamma-1)}}{\gamma+1}Ma_s \tag{2-125}$$

$$\frac{u_2-u_1}{a_1}\approx\pm\frac{2}{\gamma+1}Ma_s \tag{2-126}$$

由上述各式可见,当激波极强时,$\dfrac{\rho_2}{\rho_1}$ 近似常数,$\dfrac{p_2}{p_1}$ 正比于 Ma_{s}^2,$\dfrac{a_2}{a_1}$ 正比于 Ma_{s}。应指出,在此情况下式中 γ 已不能再作为常数看待。

2. 激波极弱时

由式(2-118)得到启示,激波极弱时,Ma_{s} 接近于 1,从数学上考虑,就是 $Ma_{\mathrm{s}}-1\ll1$。根据这个条件,前面各式可简化为

$$\frac{\rho_2}{\rho_1}\approx1+\frac{4}{\gamma+1}(Ma_{\mathrm{s}}-1) \tag{2-127}$$

$$\frac{p_2}{p_1}\approx1+\frac{4}{\gamma+1}(Ma_{\mathrm{s}}-1) \tag{2-128}$$

$$\frac{a_2}{a_1}\approx1+\frac{2(\gamma-1)}{\gamma+1}(Ma_{\mathrm{s}}-1) \tag{2-129}$$

$$\frac{u_2-u_1}{a}\approx\pm\frac{4}{\gamma+1}(Ma_{\mathrm{s}}-1) \tag{2-130}$$

由于激波极弱,可令 $u_2=u_1+\Delta u$,因此由式(2-130)可得

$$\frac{\Delta u}{a_1}\approx\pm\frac{4}{\gamma+1}(Ma_{\mathrm{s}}-1) \tag{2-131}$$

同理,可得

$$\frac{\Delta\rho}{\rho_1}\approx\frac{4}{\gamma+1}(Ma_{\mathrm{s}}-1) \tag{2-132}$$

$$\frac{\Delta p}{p_1}\approx\frac{4\gamma}{\gamma+1}(Ma_{\mathrm{s}}-1) \tag{2-133}$$

$$\frac{\Delta a}{a_1}\approx\frac{2(\gamma-1)}{\gamma+1}(Ma_{\mathrm{s}}-1) \tag{2-134}$$

式(2-134)除以式(2-131)可得

$$\Delta u\approx\pm\frac{2}{\gamma-1}\Delta a \tag{2-135}$$

可以看出,式(2-135)与在第1章中对小扰动波进行线性化处理以后,推导出的式(2-5)是完全相似的,这说明了极弱的激波已退化为一道小扰动压缩波。

2.3 定常斜激波与等熵波

2.3.1 定常斜激波关系

本章的上述内容重点针对以非定常流动为主要特征的扰动传播以及运动激波

与定常驻激波的关联性进行了较详细的介绍和讨论,目的是希望通过这些非定常与定常激波关系的穿插介绍能有助于对复杂多变的波系流场的认识和把握。此外,为了使得本书不失系统性,也有必要围绕经典的定常超声速流场中常见的波系问题作一定的介绍。这里选取定常斜激波问题进行简要介绍,以免与一般气体动力学书籍重复过多。

斜激波是指激波面与来流方向倾斜的平面激波。斜激波与正激波(或驻激波,前文中因其与运动激波对比,则称驻激波;此处对比的是斜激波,用正激波更合适)有共性,也各有特点。有必要找出斜激波与正激波之间的联系,以便利用正激波的已得结论来推导斜激波的关系式,同时要着重于探讨斜激波的特点。

首先列出斜激波的基本方程,然后与正激波的基本方程比较,由此可以找出斜激波与正激波的关系。

根据图 2 - 11 中虚线所示选择控制面,则有以下方程。

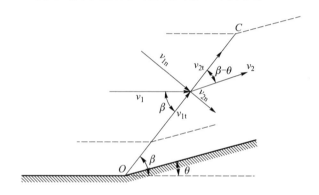

图 2 - 11　对斜激波取控制面

(1) 连续性方程,即

$$\rho_1 v_{1n} = \rho_2 v_{2n} \tag{2-136}$$

(2) 在激波面的法向 n 和切向 t 的动量方程分别为

$$\rho_1 v_{1n}^2 + p_1 = \rho_2 v_{2n}^2 + p_2 \tag{2-137}$$

$$(-\rho_1 v_{1n}) v_{1t} + (\rho_2 v_{2n}) v_{2t} = 0 \tag{2-138}$$

将式(2 - 138)除以式(2 - 136),可以得到斜激波理论的基本等式为

$$v_{1t} = v_{2t} = v_t \tag{2-139}$$

由式(2 - 139)可知,气体穿过斜激波后,其流速的切向分量保持不变,产生突跃变化的只是流速的法向分量。

（3）能量方程（假设不计激波后气流的真实气体效应），有

$$p_1 v_{1n} - p_2 v_{2n} = -\rho_1\left(u_1 + \frac{v_1^2}{2}\right)v_{1n} + \rho_2\left(u_2 + \frac{v_2^2}{2}\right)v_{2n} \qquad (2-140)$$

或

$$\left(h_1 + \frac{v_1^2}{2}\right)\rho_1 v_{1n} = \left(h_2 + \frac{v_2^2}{2}\right)\rho_2 v_{2n} \qquad (2-141)$$

将式（2-141）代入式（2-136），即得

$$h_1 + \frac{v_1^2}{2} = h_2 + \frac{v_2^2}{2} \qquad (2-142)$$

由 $v^2 = v_t^2 + v_n^2$ 和 $v_{1t} = v_{2t}$，式（2-142）变为

$$h_1 + \frac{v_{1n}^2}{2} = h_2 + \frac{v_{2n}^2}{2} \qquad (2-143)$$

把式（2-136）、式（2-137）、式（2-143）与前节中的正激波基本方程相比，可见，只要把斜激波中的 v_{1n} 和 v_{2n} 代换正激波中的 v_1 和 v_2，可知两组方程是一致的。可见，斜激波前后的气流在激波面上的法向分量符合正激波的规律，或者说，斜激波是由正激波与一个流速为 v_t 的均匀气流叠加而成。所以，斜激波与正激波在本质上是一样的，只是在不同的惯性参考系观察流动引起的差异而已。

由此，可以从正激波的关系式中推导出斜激波的关系式，只要把 v_1 和 v_2 分别换成 v_{1n} 和 v_{2n}，由图 2-12（b）可得

$$\begin{cases} v_{1n} = v_1 \sin\beta \\ v_{2n} = v_2 \sin(\beta - \theta) \end{cases} \qquad (2-144)$$

或

$$\begin{cases} Ma_{1n} = Ma_1 \sin\beta \\ Ma_{2n} = Ma_2 \sin(\beta - \theta) \end{cases} \qquad (2-145)$$

斜激波的特点是新引入了两个参数：一个是激波角 β，即来流速度与激波面的夹角；另一个是气流偏转角 θ，即 v_1 和 v_2 的夹角。

根据式（2-139），由图 2-12（b）中可得

$$v_t = v_{1n}\cot\beta = v_{2n}\cot(\beta - \theta) \qquad (2-146)$$

由于

$$v_{1n} > v_{2n}$$

故

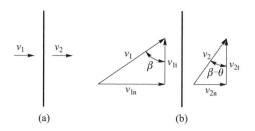

图 2 - 12　斜激波与正激波的关系

$$\beta > \beta - \theta$$

或

$$\theta > 0 \qquad (2-147)$$

式(2-147)说明,气流通过斜激波后,向贴近激波面一边偏转。

1. 兰金 - 许贡纽关系

如前所述,斜激波可以通过参考系的转换变为正激波,热力学参数不变。因此斜激波的兰金 - 许贡纽关系与正激波一致,即

$$\frac{\rho_2}{\rho_1} = \frac{\dfrac{\gamma+1}{\gamma-1}\dfrac{p_2}{p_1}+1}{\dfrac{\gamma+1}{\gamma-1}+\dfrac{p_2}{p_1}} \qquad (2-148)$$

或

$$\frac{p_2}{p_1} = \frac{\dfrac{\gamma+1}{\gamma-1}\dfrac{\rho_2}{\rho_1}-1}{\dfrac{\gamma+1}{\gamma-1}-\dfrac{\rho_2}{\rho_1}} \qquad (2-149)$$

因此,如果经过斜激波后密度的变化和经过正激波后的变化相同,那么其压力的变化也相同。

2. 普朗特关系式

正激波的普朗特关系式在这里可以改写为

$$v_{1n}v_{2n} = a_n^{*2} \qquad (2-150)$$

由式(2-142)可得

$$\frac{\gamma+1}{\gamma-1}\frac{a^{*2}}{2} = \frac{v_1^2}{2} + \frac{1}{\gamma-1}a_1^2 \qquad (2-151)$$

$$\frac{\gamma+1}{\gamma-1}\frac{a_n^{*2}}{2} = \frac{v_{1n}^2}{2} + \frac{1}{\gamma-1}a_1^2 \qquad (2-152)$$

以上两式相减得

$$a_n^{*2} = a^{*2} - \frac{\gamma - 1}{\gamma + 1}v_t^2 \qquad (2-153)$$

于是可得斜激波的普朗特关系式为

$$v_{1n}v_{2n} = a^{*2} - \frac{\gamma - 1}{\gamma + 1}v_t^2 \qquad (2-154)$$

或

$$\lambda_{1n}\lambda_{2n} = 1 - \frac{\gamma - 1}{\gamma + 1}\left(\frac{v_t}{a^*}\right)^2 \qquad (2-155)$$

由式(2-155)可见,对于斜激波,因 $\lambda_{1n} > 1$,则 λ_{2n} 必将小于1,即 $v_{2n} < a^*$。λ_{1n} 和 λ_{2n} 相差的程度除了要看 λ_{1n} 比1大多少外,还取决于 $\frac{v_t}{a^*}$ 的大小。但必须注意,虽然 $v_{2n} < a^*$,但 v_2 是可以大于 a_2 的,即在斜激波后的气流可以是超声速的,也可以是亚声速的。

3. 其他斜激波热力学参数关系

根据正激波理论所得到的结果,将 $Ma_1\sin\beta$ 代换 Ma_1,可得斜激波密度比为

$$\frac{\rho_2}{\rho_1} = \frac{\frac{\gamma + 1}{2}Ma_1^2\sin^2\beta}{1 + \frac{\gamma - 1}{2}Ma_1^2\sin^2\beta} = \frac{(\gamma + 1)Ma_1^2\sin^2\beta}{2 + (\gamma - 1)Ma_1^2\sin^2\beta} \qquad (2-156)$$

压比为

$$\frac{p_2}{p_1} = 1 + \frac{2\gamma}{\gamma + 1}(Ma_1^2\sin^2\beta - 1) \qquad (2-157)$$

温度比为

$$\frac{T_2}{T_1} = \frac{[2\gamma Ma_1^2\sin^2\beta - (\gamma - 1)][(\gamma - 1)Ma_1^2\sin^2\beta + 2]}{(\gamma + 1)^2 Ma_1^2\sin^2\beta} \qquad (2-158)$$

熵增值为

$$\frac{s_2 - s_1}{R} = -\ln\frac{p_{02}}{p_{01}} = \ln\left\{\left[1 + \frac{2\gamma}{\gamma + 1}(Ma_1^2\sin^2\beta - 1)\right]^{\frac{1}{\gamma - 1}} \times \left[\frac{(\gamma + 1)Ma_1^2\sin^2\beta}{(\gamma - 1)Ma_1^2\sin^2\beta + 2}\right]^{-\frac{\gamma}{\gamma - 1}}\right\}$$

$$(2-159)$$

4. 激波角与气流偏转角的关系

由图 2-12(b)可知,有

$$\tan\beta = \frac{v_{1n}}{v_{1t}} \qquad\qquad (2-160)$$

$$\tan(\beta-\theta) = \frac{v_{2n}}{v_{2t}} \qquad\qquad (2-161)$$

但 $v_{1t}=v_{2t}=v_t$，由式$(2-136)$和式$(2-156)$可得

$$\frac{\tan\beta}{\tan(\beta-\theta)} = \frac{v_{1n}}{v_{2n}} = \frac{\rho_2}{\rho_1} = \frac{(\gamma+1)Ma_1^2\sin^2\beta}{2+(\gamma-1)Ma_1^2\sin^2\beta} \qquad\qquad (2-162)$$

经过整理后得

$$\tan\theta = 2\cot\beta\,\frac{Ma_1^2\sin^2\beta-1}{Ma_1^2(\gamma+\cos2\beta)+2} \qquad\qquad (2-163)$$

由式$(2-156)$~式$(2-159)$可见，在 Ma_1 为定值下，激波角 β 越大，激波越强。因此，有必要说明 β 与 θ 值的变化规律。式$(2-163)$表明，当 $\beta=90°$ 或 $\beta=\arcsin\dfrac{1}{Ma_1}$ 时，$\theta=0°$，即在正激波的情况下以及当激波弱化为马赫波时，气流偏转角为 $0°$。当 β 从马赫角 μ 增加到 $\dfrac{\pi}{2}$ 时，θ 总是正值，那么在这个范围内，θ 角必有一极大值 θ_{max}。β_m 和 θ_{max} 可通过式$(2-163)$微分得出，即

$$\sin^2\beta_m = \frac{1}{\gamma Ma_1^2}\left[\frac{\gamma+1}{4}Ma_1^2-1+\sqrt{(1+\gamma)\left(1+\frac{\gamma-1}{2}Ma_1^2+\frac{\gamma+1}{16}Ma_1^4\right)}\right]$$

$$(2-164)$$

$$\tan\theta_{max} = \frac{2\left[(Ma_1^2-1)\tan^2\beta_m-1\right]}{\tan\beta_m\left[(\gamma Ma_1^2+2)(1+\tan^2\beta_m)+Ma_1(1-\tan^2\beta_m)\right]} \qquad (2-165)$$

式$(2-163)$~式$(2-165)$已由前人制成数值表，供计算查用。为了直观起见，式$(2-163)$也可作成图线（图 $2-13$）。

为何当 β 从 μ 增到 $\dfrac{\pi}{2}$ 时，θ 先增加后减小呢？由图 $2-12$(b)可见，θ 值取决于 v_{2n} 和 v_t 的大小，当 v_{2n} 越小而 v_t 越大时，θ 值越大。随着 β 的增大，激波越来越强，v_{2n} 不断减小，而 $v_t=v_1\cos\beta$，也随着 β 增大而减小。在前一阶段，v_{2n} 的减小率大于 v_t 的减小率，因而 θ 变大；在后一阶段，v_{2n} 的减小率小于 v_t 的减小率，因而 θ 变小。当 $\theta>\theta_{max}$ 时，就没有斜激波解，而出现脱体激波。

这里顺便介绍一下怎样利用式$(2-163)$，按给定的 Ma_1 和 θ 值计算 β。为此，

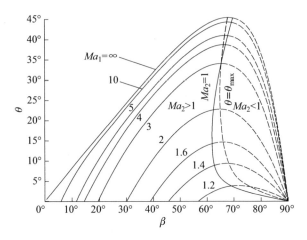

图 2 - 13 斜激波的 $\theta-\beta$ 关系曲线

先把式(2 - 163)改写为

$$\tan^3\beta + A\tan^2\beta + B\tan\beta + C = 0 \qquad (2-166)$$

式中

$$\begin{cases} A = \dfrac{1 - Ma_1^2}{\tan\theta\left(1 + \dfrac{\gamma-1}{2}Ma_1^2\right)} \\[4mm] B = \dfrac{1 + \dfrac{\gamma+1}{2}Ma_1^2}{1 + \dfrac{\gamma-1}{2}Ma_1^2} \\[4mm] C = \dfrac{1}{\tan\theta\left(1 + \dfrac{\gamma-1}{2}Ma_1^2\right)} \end{cases} \qquad (2-166a)$$

因为这个方程不能直接求解,所以用逐步试解法在计算机上进行计算,得出各种 Ma_1 和 θ 值下的 β 值。这是个三次方程,对应于某一 θ 值可得到三个 β 值。其中有一个解将在后面讲的激波极线中说明,它是无意义的。另外两个解,从图 2 - 13 中可以看出,一个是较小的 β,激波后的 $Ma_2 > 1$(或略小于 1),称为弱斜激波;另一个是较大的 β,激波后的 $Ma_2 < 1$,称为强斜激波(这个解在图中用虚线表示)。

在具体问题中究竟发生哪一种情况,是强激波解还是弱激波解,要由产生激波的具体条件——气流的来流 Ma 和边界条件来决定。在超声速气流中产生激波有下列三种情况:

(1) 气流的偏转角所规定的激波。这类情况出现在物体绕流的外部流动问题中。例如图 2 – 14(a)所示的超声速气流绕楔流动,来流穿过激波后,气流方向应平行于物面,才能满足物面边界条件,因此这类激波是由来流 Ma_∞ 和气流偏转角 θ 规定的。但是如上所述,这时求解的激波会出现两个解。经无数的试验观察认定,凡是由气流偏转角 θ 规定的激波强度,只要是附体激波,都是取弱激波解。

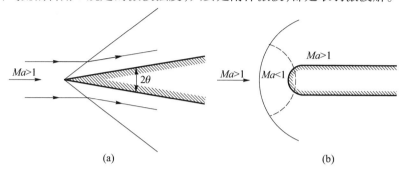

图 2 – 14　斜激波示意图

(a)绕楔流动的斜激波;(b)绕钝头体流动的曲线激波。

(2)压力条件所决定的激波。这涉及具有自由边界的一类问题。例如,超声速气流从喷管射出时,如果气流的出口压力 p_e 低于背压 p_B,那么超声速气流会产生斜激波以提高压力,这时激波的强度由压比 p_B/p_e 所决定,这就是自由边界上的压力条件。总之,解这类问题,要根据 Ma_1 和压比 p_B/p_e 来决定激波的强度,答案是唯一的。

(3)壅塞所决定的激波。在气体动力学中讲过,在管道流动中可能发生某种壅塞现象。这时会迫使超声速的上游气流在某处发生激波,使气流做某种调整。这种激波的强度既不是由气流方向决定,也不是由环境压力决定,而是由最大流量的极限条件所决定,答案也是唯一的。

5. 激波前后气流马赫数关系

以 $Ma_2\sin(\beta-\theta)$ 和 $Ma_1\sin\beta$ 分别代换正激波关系中的 Ma_2 和 Ma_1,则得

$$Ma_2^2\sin^2(\beta-\theta)=\dfrac{1+\dfrac{\gamma-1}{2}Ma_1^2\sin^2\beta}{\gamma Ma_1^2\sin^2\beta-\dfrac{\gamma-1}{2}} \qquad (2-167)$$

由此得

$$Ma_2^2=\csc^2(\beta-\theta)\dfrac{1+\dfrac{\gamma-1}{2}Ma_1^2\sin^2\beta}{\gamma Ma_1^2\sin^2\beta-\dfrac{\gamma-1}{2}}=\left[1+\cot^2(\beta-\theta)\right]\dfrac{1+\dfrac{\gamma-1}{2}Ma_1^2\sin^2\beta}{\gamma Ma_1^2\sin^2\beta-\dfrac{\gamma-1}{2}}$$

$$(2-168)$$

由

$$\frac{\tan\beta}{\tan(\beta-\theta)} = \frac{(\gamma+1)Ma_1^2\sin^2\beta}{2+(\gamma-1)Ma_1^2\sin^2\beta} \tag{2-169}$$

得

$$\cot^2(\beta-\theta) = \left[\frac{(\gamma+1)Ma_1^2\sin^2\beta}{2+(\gamma-1)Ma_1^2\sin^2\beta}\cot\beta\right]^2 \tag{2-170}$$

故

$$Ma_2^2 = \left\{1 + \left[\frac{(\gamma+1)Ma_1^2\sin\beta\cos\beta}{2+(\gamma-1)Ma_1^2\sin^2\beta}\right]^2\right\}\frac{1+\frac{\gamma-1}{2}Ma_1^2\sin^2\beta}{\gamma Ma_1^2\sin^2\beta-\frac{\gamma-1}{2}}$$

$$= \frac{Ma_1^2+\frac{2}{\gamma-1}}{\frac{2\gamma}{\gamma-1}Ma_1^2\sin^2\beta-1} + \frac{\frac{2}{\gamma-1}\left(\frac{2\gamma}{\gamma-1}Ma_1^2\sin\beta-1\right)Ma_1^2\cos^2\beta}{\left(\frac{2\gamma}{\gamma-1}Ma_1^2\sin^2\beta-1\right)\left(\frac{2}{\gamma-1}+Ma_1^2\sin^2\beta\right)}$$

$$= \frac{Ma_1^2+\frac{2}{\gamma-1}}{\frac{2\gamma}{\gamma-1}Ma_1^2\sin^2\beta-1} + \frac{Ma_1^2\cos^2\beta}{\frac{\gamma-1}{2}Ma_1^2\sin^2\beta+1} \tag{2-171}$$

则得激波前后气流马赫数的关系为

$$Ma_2^2 = \frac{Ma_1^2+\frac{2}{\gamma-1}}{\frac{2\gamma}{\gamma-1}Ma_1^2\sin^2\beta-1} + \frac{Ma_1^2\cos^2\beta}{\frac{\gamma-1}{2}Ma_1^2\sin^2\beta+1} \tag{2-172}$$

由式(2-172)可以看出,对于一定的 Ma_1 来讲,如果 β 增大,Ma_2 就降低。β 很小时,$Ma_2 > 1$;β 大过一定值时,$Ma_2 < 1$。

2.3.2 普朗特-迈耶尔膨胀波

当超声速二维直管均匀流出口外界背压小于管内压力时,超声速气流离开喷管后将继续膨胀。当气体离开管口后,截面面积增大,穿越拐角扇形区域的气体密度有明显降低,而在该区域外,存在气体密度没有变化的均匀区域,这便是普朗特-迈耶尔(Prandtl-Meyer)膨胀波或称稀疏波(简称 P-M 膨胀波)。这是膨胀波中最简单,也是最基本的一种单向波,研究这种特殊问题,能帮助我们了解等熵波的一般性质。

1. 超声速定常气流绕凸角的平面流动图像

下面研究超声速定常气流绕凸角的平面流动。设超声速来流以 Ma_1 平行于

壁面 AO 流动(图 2 – 15),在 O 点由于壁面突然向外折转,相当于截面面积增大,超声速气流便膨胀加速。气流经过一系列逐渐加速转向的过程,最后气流平行于壁面 OB,较来流偏转了 θ 角,马赫数变为 Ma_2。

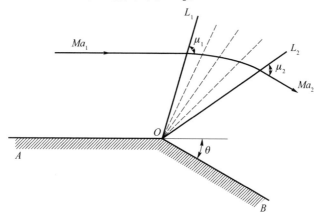

图 2 – 15　P – M 膨胀波

气流的等熵膨胀过程是在扇形 L_1OL_2 范围内完成的,O 点相当于扰动源,OL_1 是对应于来流 Ma_1 的第一道马赫波,OL_2 是对应于 Ma_2 的最后一道马赫波。OL_1 和 OL_2 与流速所夹的马赫角分别为

$$\begin{cases} \mu_1 = \arcsin \dfrac{1}{Ma_1} \\ \mu_2 = \arcsin \dfrac{1}{Ma_2} \end{cases} \quad\quad (2 - 173)$$

因为 $Ma_2 > Ma_1$,所示 $\mu_2 < \mu_1$。可见,OL_1 在上游,OL_2 在下游,因此是合理的。

由于来流是均匀的,第一道马赫波 OL_1 便是直线,气流经过 OL_1,流速和偏转角均有微小增加,而且沿 OL_1 线的增量是相同的,也就是说,沿 OL_1 线的扰动参数不变。因此,自 OL_1 以后直到 OL_2 为止的以 O 为顶点的无数马赫波均依次为直线,而且沿各马赫波的扰动参数相等。又由于这个流场是等能均熵的,因而也是无旋的。

2. P – M 膨胀波关系式

下面导出 P – M 膨胀波流动的速度和气流转折角 $\Delta\theta$ 之间的关系,为此要建立相应的数学模型。根据上面的分析,在 P – M 流动的扇形膨胀区内,流动参数沿直线马赫波方向不发生变化,这说明 P – M 流动与径向尺度无关,只是由于气流转折角的变化 $d\theta$ 这一扰动产生马赫波,使波后的各流动参数都有了变化。所以,原来是一个平面流动问题就可简化为求解单个自变量 θ 的自相似解问题来处理。

建立 P – M 关系式的途径之一是:从极坐标形式的理想气体定常等熵流基本方程出发,利用上述数学模型求得精确解。

这里采用几何法来推导,比较直观和简便。如图 2 – 16 所示,速度大小为 v 的气体质点穿过马赫波后,速度大小变为 $v + \mathrm{d}v$,速度的方向顺时针折转了 $\mathrm{d}\theta$(大于 0);但波前和波后的速度在马赫波方向上的投影必须相等,其理由是流动参数沿马赫波方向不变化。

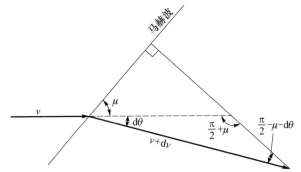

图 2 – 16 马赫波前后的速度关系

利用正弦定理,有

$$\frac{v + \mathrm{d}v}{v} = \frac{\sin\left(\dfrac{\pi}{2} + \mu\right)}{\sin\left(\dfrac{\pi}{2} - \mu - \mathrm{d}\theta\right)} = \frac{\cos\mu}{\cos\mu\cos\mathrm{d}\theta - \sin\mu\sin\mathrm{d}\theta} \tag{2-174}$$

因为 $\mathrm{d}\theta$ 是微量,$\sin(\mathrm{d}\theta) \approx \mathrm{d}\theta$,$\cos(\mathrm{d}\theta) \approx 1$,于是式(2 – 174)可写为

$$1 + \frac{\mathrm{d}v}{v} = \frac{\cos\mu}{\cos\mu - \mathrm{d}\theta\sin\mu} = \frac{1}{1 - \mathrm{d}\theta\tan\mu} \tag{2-175}$$

利用级数展开式,当 $x < 1$ 时,有

$$\frac{1}{1-x} = 1 + x + x^2 + x^3 + \cdots \tag{2-176}$$

于是式(2 – 175)的右边可用级数展开,在略去二次以上小量后,有

$$\mathrm{d}\theta = \frac{1}{\tan\mu}\frac{\mathrm{d}v}{v} \tag{2-177}$$

由于 $\sin\mu = \dfrac{1}{Ma}$,因此

$$\tan\mu = \frac{1}{\sqrt{Ma^2 - 1}} \tag{2-178}$$

将式(2 – 178)代入式(2 – 177),可得到 P – M 膨胀流动的微分方程:

$$d\theta = \sqrt{Ma^2 - 1}\frac{dv}{v} \qquad (2 - 179)$$

因为 dθ→0,所以式(2 – 179)是一个精确的等式。这个微分方程适用于任何气体,包括非完全气体。

再来导出积分关系式,为此需对式(2 – 179)进行积分。为了使算式具有通用性,假定膨胀过程的起点定在 $\theta = 0$, $Ma = 1$ 处,因此积分式写为

$$\int_0^\theta d\theta = \int_1^{Ma} \sqrt{Ma^2 - 1}\frac{dv}{v} \qquad (2 - 180)$$

式(2 – 180)右边的$\frac{dv}{v}$可用 Ma 表示,因为

$$v = Ma \cdot a \qquad (2 - 181)$$

取对数,再微分,可得

$$\frac{dv}{v} = \frac{dMa}{Ma} + \frac{da}{a} \qquad (2 - 182)$$

对于量热完全气体,在定常绝热条件下,有关系式

$$a = a_0\left(1 + \frac{\gamma - 1}{2}Ma^2\right)^{-\frac{1}{2}} \qquad (2 - 183)$$

取对数,再微分,可得

$$\frac{da}{a} = -\left(\frac{\gamma - 1}{2}\right)Ma\left(1 + \frac{\gamma - 1}{2}Ma^2\right)^{-1}dMa \qquad (2 - 184)$$

将式(2 – 184)代入式(2 – 182),有

$$\frac{dv}{v} = \frac{1}{\left(1 + \frac{\gamma - 1}{2}Ma^2\right)}\frac{dMa}{Ma} \qquad (2 - 185)$$

式(2 – 185)代入式(2 – 180)中,可得

$$\theta = \int_1^{Ma} \frac{\sqrt{Ma^2 - 1}}{\left(1 + \frac{\gamma - 1}{2}Ma^2\right)}\frac{dMa}{Ma} \qquad (2 - 186)$$

经过积分,即得 P – M 膨胀波关系式为

$$\theta = \upsilon(Ma) \qquad (2 - 187)$$

而

$$\upsilon(Ma) = \sqrt{\frac{\gamma+1}{\gamma-1}}\arctan\sqrt{\frac{\gamma-1}{\gamma+1}(Ma^2-1)} - \arctan\sqrt{Ma^2-1} \quad (2-188)$$

需要注意,式(2-188)成立的条件是:①规定膨胀过程的起点在 $\theta=0,Ma=1$ 处,式中用到了 $\upsilon(Ma=1)=0$;②只适用于量热完全气体。

对于任何两个马赫数 Ma_1 和 Ma_2 的膨胀区间,P-M 流动关系式可表示为

$$\Delta\theta = \theta_2 - \theta_1 = \upsilon(Ma_2) - \upsilon(Ma_1) \quad (2-189)$$

若 $\Delta\theta$、Ma_1、T_1、p_1、ρ_1 给定,则利用式(2-189)可确定 Ma_2,再利用等熵流关系式求出 T_2、p_2、ρ_2。

对于完全膨胀过程,即膨胀到真空状态 $p=0,T=0$,这时 $Ma\to\infty$,气流转折角达到最大值,由式(2-188)和式(2-189)可求出

$$\Delta\theta_{max} = \left(\sqrt{\frac{\gamma+1}{\gamma-1}}-1\right)\frac{\pi}{2} \quad (2-190)$$

对于空气,$\gamma=1.4$,则 $\Delta\theta_{max}=130.5°$。

需要注意的是,这只是理想和简化条件下的极限,实际上在极大 Ma 时,量热完全气体模型已不适用;而且接近真空极限时,稀薄气体效应矛盾显现,基于连续性假设的结论也不成立。

另外,值得庆幸的是,上述 P-M 膨胀流动的 $\theta-Ma$ 关系虽然是基于尖凸角的简化条件得出,但对于连续光滑的缓变凸角同样成立,甚至还可以把这一关系推广到缓变凹曲面压缩波上(图2-17(a))。超声速均匀气流遇到连续压缩波压缩时,在凹曲面上会产生持续不断的等熵压缩波。在这些压缩波汇聚形成激波(图2-17(b)中的粗实线)之前,其下方近壁流道处于等熵可逆过程,因此仍可应用 P-M 膨胀波关系,不过此处的气流折转角 $\Delta\theta$ 取为负值,以体现其与膨胀方向相反的逆向计算。

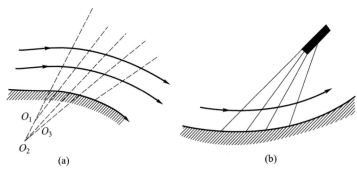

图2-17　膨胀波与压缩波的关系
(a)膨胀波;(b)压缩波。

2.3.3　定常超声速特征线方法

对于双曲型的非线性偏微分方程,可以用特征线方法进行数值求解。在气体动力学中,该方法可用来解决定常超声速流动问题,也可以解决定常跨声速流动的有关问题,包括亚声速非定常流动和超声速非定常流动,只要描述流动的方程是拟线性双曲型的均可。而利用复特征线法还可以解决定常跨声速流动的某些问题。因为特征线法是从无黏流的精确方程出发进行数值求解的,被认为是一个精确方法。这种方法计算量较大,但有了高速电子计算机以后,应用这种方法解决实际工程问题已成为现实。并且有人针对各种情况,已编制了若干典型的计算程序,使用起来非常方便。

在计算机时方面,有人用特征线法和有限差分法对美国航天飞机构型进行数值计算的比较表明,就计算单点而言,精细的三维特征线法所需时间比简便的有限差分法约多 4 倍,但为了精确地定出激波位置,有限差分法要求的格点数比特征线法多 6 倍。所以,对于定常超声速流场的数值解而言,这两种方法所需机时大体处于同等地位。另外,特征线法能细致地刻画流场,在这一点上它优于其他数值方法。

前面从数学上引进了特征线的概念;它们是一些弱间断线,跨过这些曲线,未知函数本身是连续的,但它们的法向导数可能是间断的。在定常二维超声速流场中,就存在这样的弱间断线,如上述 P – M 流中的马赫线就是弱间断线。沿着这些线的法向,速度、压力等因变量是连续的,但它们的法向导数可以是间断的(也可以是不间断的)。下面以图 2 – 18 所示的 P – M 流为例来加以说明。第一条马赫波 OL_1 的上游是均匀流场,所有流动参数的导数均为零。而在 OL_1 的下游,各项参数均产生连续变化,其法向导数不为零。所以 OL_1 是流动参数的法向导数间断线。

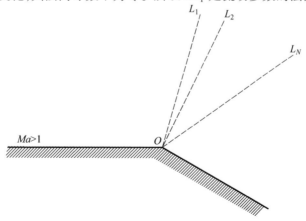

图 2 – 18　P – M 膨胀波

最后一条马赫波 OL_N 也是如此。它们中间的任一条马赫波 OL_2 上,各参数的法向导数并不间断。这些马赫波都是特征线,以后还需要进一步证明这一点。弱间断线所反映的物理实质是:马赫波前的流动参数不能单值地决定波后的参数。例如,在 P - M 膨胀波中,第一条马赫波 OL_1 上的数据给定了,下游流场并不能唯一确定。这是因为,在超声速气流中,上游的扰动可影响下游,下游的扰动却不能影响上游。因此波后的参数不仅与波前有关,而且更主要的是取决于波后当地的边界条件。与当地的具体边界条件结合起来,其解也就唯一确定了。

上面所说的 P - M 膨胀波也称简单波。在简单波中,所有的马赫波(特征线)都是延伸到无穷远的直线。对于实际问题中遇到的非均匀流场,由于各处流速的大小和方向以及当地声速都不相同,因此以流场中不同点作为顶点的扰动马赫波的方向不一样。为此,引入马赫波包线的概念。它是这样一对曲线,以扰动源点 P 为起点,线上各点的马赫波之一均与之相切,如图 2 – 19 所示。包线上各点的切线斜率为 $\lambda = \tan(\theta \pm \mu)$。因此,马赫波包线是由无数个马赫波的微元段所组成的

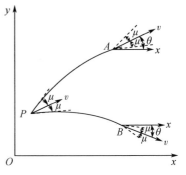

图 2 – 19 马赫波的包线

曲线。在定常流场中,这些包线(特征曲线)的位置是不变的。以后将会看到,这一对马赫波包线也就是非均匀流场中两条不同族的特征线。

上面说明了简单波流中(或定常均匀流中)的马赫波以及非均匀流场中的马赫波包线,就是数学上所定义的特征线在气体动力学中的实际体现。在简单波流动中还将看到,从有旋流的方程组出发,可以推导出流线也是该方程组的一族特征线。前面曾说过,特征线是其上因变量的法向导数可能间断的线,但并没有说一定间断。在流线上,速度 v、压力 p 和密度 ρ 等因变量的法向导数是连续的,或者说间断值为零。

综上所述,朗道[3] 从物理上给特征线下了这样的定义:特征线是所有适合几何声学条件的扰动沿之传播的射线。例如,定常超声速气流绕过一个微小障碍物时,由该障碍物发出的扰动就是沿特征线传播的。应当指出,对于气体的熵和涡量的扰动(即对熵和涡量引起的微小变化)并不是以声速传播的,而是与气体微团一起移动。因此,流线是熵与涡量扰动的特征线,有时称它为第三族特征线。以上从物理上所下的定义,不仅适用于定常超声速流场中的马赫波包线和流线,也适用于不定常流场中的特征线。

总之,特征线的物理性质可概括为:它是流场中任一点上信息沿之传播的曲线,或者说定常超声速流场中的特征线是信息在该流场中传播的载体。

有关定常二维超声速流动的特征线描述,一般气体动力学书籍多有介绍(如文献[4,5]);另外,2.1.2 节围绕一维非定常的特征线问题也已有较细致的描述,所不同的只是,前者关注的是 x、t 变量,此处关注的是 x、y 变量。因此,为了节省幅面,这里只是给出最终所得到的特征线方程和相容关系。

这里用速度的模 v 和速度矢与 x 轴的夹角 θ 来表示速度分量 v_x 和 v_y,用马赫角 μ 来表示马赫数 Ma,即

$$\begin{cases} v_x = v\cos\theta, v_y = v\sin\theta, \theta = \arctan\left(\dfrac{v_y}{v_x}\right) \\ \mu = \arcsin\left(\dfrac{1}{Ma}\right), \sqrt{Ma^2 - 1} = \cot\mu, a^2 = v^2\sin^2\mu \end{cases} \quad (2-191)$$

将式(2-191)代入二维超声速流场的特征线方程,得

$$\lambda_\pm = \left(\frac{\mathrm{d}y}{\mathrm{d}x}\right)_\pm = \frac{v^2\sin\theta\cos\theta \pm a^2\cot\mu}{v^2\cos^2\theta - a^2} = \frac{\sin\theta\cos\theta \pm \cot\mu\sin^2\mu}{\cos^2\theta - \sin^2\mu} \quad (2-192)$$

再用三角恒等式做简单运算后,可得

$$\lambda_\pm = \left(\frac{\mathrm{d}y}{\mathrm{d}x}\right)_\pm = \tan(\theta \pm \mu) \quad (2-193)$$

式(2-193)说明,特征线上各点的切线与该点流速方向的夹角为马赫角 μ(图 2-20)。由此证明,在定常二维超声速流场中的特征线就是马赫波包线。按照观察者的目光顺着流速方向规定,特征线 c_+ 称为左伸特征线或第一族特征线;特征线 c_- 称为右伸特征线或第二族特征线。

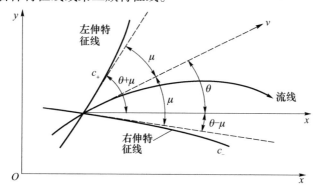

图 2-20　定常二维无旋超声速流动的特征线

类似地,可将相容关系分别用 v 和 θ 表示为

$$\frac{\mathrm{d}v_\pm}{v} \mp \tan\mu \mathrm{d}\theta_\pm - \delta\frac{\sin\theta\sin^2\mu}{\cos\mu\cos(\theta\pm\mu)}\frac{\mathrm{d}x_\pm}{y} = 0 \quad (2-194)$$

$$\frac{1}{v}\left(\frac{\mathrm{d}v}{\mathrm{d}\theta}\right)_{\pm} = \pm\tan\mu + \delta\frac{\sin\mu\tan\mu\sin\theta}{\sin(\theta\mp\mu)}\frac{1}{y}\left(\frac{\mathrm{d}y}{\mathrm{d}\theta}\right)_{\pm} \qquad (2-195)$$

对于特征线 c_+,式(2-195)中的正负号均取上面的一个;对于 c_- 取下面的一个。

2.4　本章小结

本章作为相关的基础理论铺垫,着重针对一维非定常流动理论,包括从小扰动波到有限压缩形成激波的过程进行了较详细的讨论,进而给出非定常运动激波与定常驻激波以及定常斜激波的关系描述,最后对较为常见的定常斜激波理论作了一定程度的简介。其特点与传统的气体动力学等专门的基础教材有所不同,希望能够摒弃传统的定常固化思维模式,重新认识激波与传播介质间的相对变化关系,以有助于分析各种复杂多变的波系作用机理。

参考文献

[1] Courant R,Friedrichs K O. Supersonic flow and shock waves[M]. New York:Interscience Publishers,1948.

[2] Glass I I,Hall J G. [M] Section 18,shock tubes[R]//Handbook of Supersonic Aerodynamics,Washington D. C.,1959.

[3] 朗道 L D,栗弗席茨 E M. 流体力学[M].孔祥言,徐燕侯,左礼贤,译. 北京:高等教育出版社,1983.

[4] 童秉纲,孔祥言,邓国华.气体动力学[M].北京:高等教育出版社,2011.

[5] 夏皮罗. 可压缩流的动力学与热力学:上、下册[M]. 陆志芳,译. 北京:科学出版社,1977.

第3章 激波干扰分析基本理论
——激波极线方法

基于第 2 章建立的激波等相关理论,一般来说,在流场结构和波系已给定或明确的情况下,贯穿这些结构之中的跨越关系和参数变化,基本上就能用追根溯源的途径来进行求解。然而,一旦流场中的波系相互作用变得复杂,仅采用通常概念难以判定作用之后的波系结构时,上述理论就可能因流场作用区域间的不确定性而无法关联。这时,借助激波极线方法往往可以使得波系干扰的分析变得直观和清晰。

波系相互作用可以视为流场中原有的稳定结构或平衡遭到破坏,通过调整以重新达到稳定格局的过程。压力和速度作为反映力学平衡的关键因素,无疑在波系干扰中起着决定性作用。由这两个参数所描述的激波极线图,一方面构造出跨越不同波系所应遵循的路径,另一方面在一定程度上定位出达到新的平衡状态的指向,这一特点使得相关的激波极线方法在波系干扰的分析中起着独到的作用。这也是本书专门单列此章节展开介绍的主要原因。3.1 节和 3.2 节阐述一维非定常问题激波极线的特征、含义及一些性质,并给出若干典型的激波相互作用案例,应用激波极线方法分析其流场特性。同样地,3.3 节和 3.4 节介绍了具有代表性的二维激波相互作用示例,作为引入定常激波极线分析方法的基础和铺垫内容。更加复杂的激波干扰问题将在后续章节中逐步展开介绍。

3.1 一维激波极线方法

气流通过简单波以后的参数变化关系可以用 $u-a$ 图或 $u-p$ 图的状态平面来描述。而且,在简单波中全部状态可描绘成状态平面上的一条特征线。同理,也可以把运动激波前后的状态参数关系表示在 $u-a$ 图或 $u-p$ 图上,称为激波极线。在利用激波极线进行激波干扰分析之前,有必要对相关的概念和性质给予铺垫。

3.1.1 $u-a$ 图上的激波极线

在 2.2 节中已经得到下面两个关系式,即

$$\frac{u_2 - u_1}{a_1} = \pm \frac{2}{\gamma + 1}\left(Ma_s - \frac{1}{Ma_s}\right) \tag{3-1}$$

$$\left(\frac{a_2}{a_1}\right)^2 = 1 + \frac{2(\gamma - 1)}{(\gamma + 1)^2}\left[\gamma Ma_s^2 - \frac{1}{Ma_s^2} - (\gamma - 1)\right] \tag{3-2}$$

若将上述两式联立,消去 Ma_s,则可给出运动激波前后声速比 $\frac{a_2}{a_1}$ 与无量纲气流速度 $\frac{u_2 - u_1}{a_1}$ 的关系,即

$$\left(\frac{a_2}{a_1}\right)^2 = 1 + \left[\frac{\gamma - 1}{2}\left(\frac{u_2 - u_1}{a_1}\right)\right]^2 \pm$$

$$\frac{\gamma - 1}{2}\left(\frac{u_2 - u_1}{a_1}\right)\sqrt{\left(\frac{\gamma + 1}{\gamma - 1}\right)^2\left[\frac{\gamma - 1}{2}\left(\frac{u_2 - u_1}{a_1}\right)\right]^2 + 4} \tag{3-3}$$

式(3-3)便是运动激波在 $u - a$ 图上的激波极线方程。式中"±"号中的负号对应于 $\frac{a_2}{a_1} < 1$ 的解,对于激波来说没有物理意义,因此激波极线方程为

$$\left(\frac{a_2}{a_1}\right)^2 = 1 + \left[\frac{\gamma - 1}{2}\left(\frac{u_2 - u_1}{a_1}\right)\right]^2 +$$

$$\frac{\gamma - 1}{2}\left(\frac{u_2 - u_1}{a_1}\right)\sqrt{\left(\frac{\gamma + 1}{\gamma - 1}\right)^2\left[\frac{\gamma - 1}{2}\left(\frac{u_2 - u_1}{a_1}\right)\right]^2 + 4} \tag{3-4}$$

1. $u - a$ 激波极线的形状及绘制方法

在激波极线方程式(3-4)中,无量纲气流速度 $\frac{u_2 - u_1}{a_1}$ 由 Ma_s 决定,见式(3-1)。对于任意选定的 Ma_s 来说,可以在 $\frac{u_2 - u_1}{a_1} - \frac{a_2}{a_1}$ 关系图上找到对应点,图3-1给出一条标有 Ma_s 值的通用形式的无量纲激波极线。

在具体(有量纲)情况下,若给定运动激波前的状态 u_1 和 a_1 值,即可将图3-1改画成图3-2所示的 u_2 和 a_2 的通用曲线(适当地改变水平和垂直比例尺),称为特殊的 $u - a$ 激波极线。右边一支表示从状态1(波前)通过右行激波所可能达到的全部状态(用 u_2 和 a_2 表示)。而每一个状态2(波后)处的 Ma_s 值则表示激波马赫数。与此类似,左边一支曲线表示从状态1通过左行激波所可能达到的全部状态。两支曲线的交点坐标为 (a_1, u_1),表示波前的状态。在交点处 $Ma_s = 1$,由式(3-1)和式(3-2)可知,$a_2 = a_1$、$u_2 = u_1$。当 u_1 和 a_1 选择不同值时,就得到不同的 $u - a$ 激波极线。因此,有无穷多条特殊的激波极线布满在 $u - a$ 图上。根据关

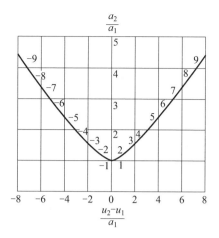

图 3-1 $\dfrac{u_2-u_1}{a_1}-\dfrac{a_2}{a_1}$ 激波极线 $(\gamma=1.4)$

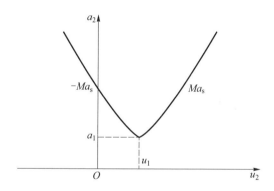

图 3-2 $u-a$ 激波极线

系式(3-1),当 a_1 给定,改变 u_1 时,只要把曲线沿水平方向移动某一距离,即可得到一条特殊的激波极线。所以只要画出 $u_1=0$ 及不同 a_1 值下的激波极线,那么便很容易得到其他 u_1 值下的激波极线。在画图时,往往把特殊的 $u-a$ 激波极线的下标"2"去掉,改成 u 和 a。

在使用特殊激波极线时需要注意的是,当 u_1 和 a_1 给定时,曲线上的点只表示通过某一道激波所达到的状态,而绝不是通过两道以上的激波所达到的状态。因为通过两道以上的激波时,状态的变化已经不是图 3-2 所示的曲线。从这个角度来说,激波极线与等熵波的特征线有本质的差别。此外,激波极线与特征线在直观特征上也有明显的差异:在比热比 γ 不变的情况下,等熵波的特征线在 $u-a$ 图上为直线(可参见图 2-5(b)),且相对于 (u_1, a_1) 点既可以上升(压缩波)也可以下降(稀疏波)。

2. $u - a$ 激波极线的性质

由于特殊激波极线是由通用激波极线变换得到的,因此,这里只需要讨论通用激波极线的性质就可了解其一般规律。

可以发现,从交点往下延长曲线是没有意义的。因为此时 $Ma_s < 1$,即对应于式(3-3)的负号情况。

下面来求曲线交点处 $(Ma_s = 1)$ 的斜率。将式(3-4)对 $\dfrac{u_2 - u_1}{a_1}$ 求导数,得到

$$\left[\frac{\mathrm{d}\left(\dfrac{a_2}{a_1}\right)}{\mathrm{d}\left(\dfrac{u_2 - u_1}{a_1}\right)}\right]_{Ma_s \to 1} = \left[\frac{\mathrm{d}\left(\dfrac{a_2}{a_1}\right)}{\mathrm{d}Ma_s} \bigg/ \frac{\mathrm{d}\left(\dfrac{u_2 - u_1}{a_1}\right)}{\mathrm{d}Ma_s}\right]_{Ma_s \to 1} \to \frac{\dfrac{2(\gamma - 1)}{\gamma + 1}}{\pm \dfrac{4}{\gamma + 1}} = \pm \frac{\gamma - 1}{2}$$

$$(3-5)$$

这就说明了,当 $Ma_s = 1$ 时,对应于弱激波,激波极线的斜率与等熵波中 $u - a$ 特征线的斜率是一样的,见式(2-45)。若对式(3-5)再微分,可得

$$\left[\frac{\mathrm{d}^2\left(\dfrac{a_2^2}{a_1}\right)}{\mathrm{d}\left(\dfrac{u_2 - u_1}{a_1}\right)^2}\right]_{Ma_s \to 1} \to 0 \qquad (3-6)$$

$$\left[\frac{\mathrm{d}^3\left(\dfrac{a_2}{a_1}\right)}{\mathrm{d}\left(\dfrac{u_2 - u_1}{a_1}\right)^3}\right]_{Ma_s \to 1} \neq 0 \qquad (3-7)$$

由此可见,在 $Ma_s = 1$ 处,一直到 $\dfrac{u_2 - u_1}{a_1}$ 的二阶项,激波极线与特征线完全一样。换句话说,为了便于计算,弱激波可以合理地当作等熵简单压缩波形来处理,即

$$\frac{a_2}{a_1} = 1 \pm \frac{\gamma - 1}{2}\left(\frac{u_2 - u_1}{a_1}\right) \qquad (3-8)$$

对于极强的激波来说,有

$$\left[\frac{\mathrm{d}\left(\dfrac{a_2}{a_1} \right)}{\mathrm{d}\left(\dfrac{u_2 - u_1}{a_1} \right)} \right]_{Ma_{\mathrm{s}} \to \infty} \to \pm \sqrt{\frac{\gamma(\gamma - 1)}{2}} \qquad (3-9)$$

所以,通用激波极线的渐近方程为

$$\frac{a_2}{a_1} \approx \pm \sqrt{\frac{\gamma(\gamma - 1)}{2}} \left(\frac{u_2 - u_1}{a_1} \right) \qquad (3-10)$$

3.1.2　$u-p$ 图上的激波极线[1]

气流通过激波必然出现熵增。如果通过各个激波的强度不一样,其熵增值就不同,在流场中就有可能出现这样两个相邻区域:压力相等,速度相等,而声速(或者温度和熵值)却不相等。此时,利用 $u-p$ 激波极线通常比上述的 $u-a$ 激波极线更便于分析流场的力学平衡状态和波系相互作用之后的走势。

由下列关系式

$$\frac{u_2 - u_1}{a_1} = \pm \frac{2}{\gamma + 1}\left(Ma_{\mathrm{s}} - \frac{1}{Ma_{\mathrm{s}}} \right)$$

$$\frac{p_2}{p_1} = 1 + \frac{2\gamma}{\gamma + 1}(Ma_{\mathrm{s}}^2 - 1)$$

消去 Ma_{s},可得

$$\frac{p_2}{p_1} = 1 + \frac{\gamma(\gamma + 1)}{4}\left(\frac{u_2 - u_1}{a_1} \right)^2 \left\{ 1 + \sqrt{1 + \left[\frac{4}{(\gamma + 1)\left(\dfrac{u_2 - u_1}{a_1} \right)} \right]^2} \right\} \qquad (3-11)$$

$$u_2 = u_1 \pm a_1(p_{21} - 1)\left\{ \frac{2}{\gamma\left[(\gamma + 1)p_{21} + (\gamma - 1) \right]} \right\}^{1/2} \qquad (3-12)$$

1. $u-p$ 激波极线的形状

式(3-11)表示 $u-p$ 图上通用的激波极线,见图 3-3。其中,u_1、p_1 和 a_1 表示激波波前的状态,一般是给定的。对于每一个 Ma_{s},由图 3-3 便可得到相应的 p_2 和 u_2 值,改变 Ma_{s},可得到一系列的 p_2 和 u_2 对应值,这就可画出一条 $u-p$ 曲线(两支),去掉下标,便得到一条对应于给定 u_1、p_1 和 a_1 的特殊激波极线,见图 3-4。其绘制方法与 $u-a$ 激波极线相同。由此可见,对于某种给定的气体(γ 一定),$u-p$ 激波极线的形状不仅取决于 u_1 和 p_1,而且还与波前区域的声速 a_1 或者温度有关。

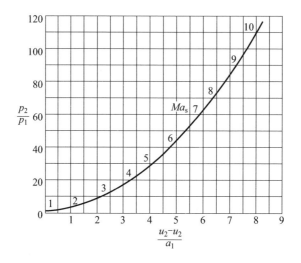

图 3 - 3　$\dfrac{u_2 - u_1}{a_1} - \dfrac{p_2}{p_1}$ 激波极线($\gamma = 1.4$)

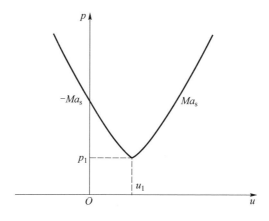

图 3 - 4　$u - p$ 激波极线

2. $u - p$ 激波极线的性质

与 $u - a$ 激波极线类似,这里只讨论通用 $u - p$ 激波极线的性质即可了解其一般规律。

(1)当激波前气流的压力和速度相等,声速不等(或者对于同一种气体情况下温度不等)时,两根激波极线的形状不同。

以右行波为例,假定 $u_1 = 0$,由式(3 - 11)可知,当 p_1、u_1 以及激波强度 p_{21} 均相等时,若 a_1 越大,则波后气流速度 u_2 也越大。这就是说,波前声速大的激波极线位于波前声速小的激波极线下面,见图 3 - 5。同理,对于左行波以及 $u_1 \neq 0$ 的情况,可以用类似的方法讨论。

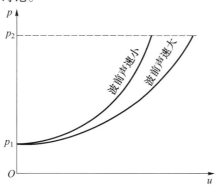

图 3 – 5 不同波前声速的激波极线

值得指出的是,简单波的 u – p 特征线也有类似的性质,读者可利用式(2 – 49)自行考查分析。对于右行压缩波情况,a_1 大所对应的特征线位于 a_1 小所对应的特征线下面。对于右行稀疏波,情况正好相反。

（2）在相同初始状态下,u – p 图上的激波极线与等熵波特征线的关系见图 3 – 6。假定 $u_1 = 0$,由式(2 – 49)可得

$$\frac{p_2}{p_1} = \left[1 \pm \frac{\gamma - 1}{2} \frac{u_2}{a_1} \right]^{\frac{2\gamma}{\gamma - 1}}$$

$$\frac{p_2}{p_1} = 1 + \frac{\gamma(\gamma + 1)}{4} \left(\frac{u_2}{a_1} \right)^2 \left\{ 1 + \sqrt{1 + \left[\frac{4}{(\gamma + 1)\left(\frac{u_2}{a_1} \right)} \right]^2} \right\}$$

由此可见,u – p 激波极线位于 u – p 特征线下面。

（3）u – p 激波极线具有方向性,即只能压缩。激波极线上的点只表示由初始状态(波前)出发,通过一道激波压缩以后所达到的状态(波后)。然而,等熵波的 u – p 特征线是没有方向性的,既可压缩也可膨胀。特征线上的点也没有限制压缩和膨胀的次数(只要求保持等熵)。

由此可以得出结论:在 u – p 图上,如果由状态 1(波前)出发,通过一道激波与通过两道激波所达到的状态不在同一条激波极线上,见图 3 – 7。图中,1 点是第一道激波前的状态,2 点是第一道激波后的状态,也是第二道激波前的状态,3 点是第二道激波后的状态。而 3' 点则表示由状态 1(对应于 1 点)出发,仅通过一道激波压缩所达到的波后状态。在一般情况下,若要求 $p_3' = p_3$,那么,$u_3 < u_3'$。

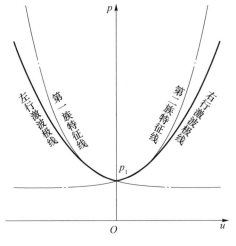

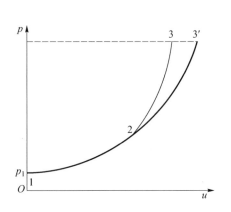

图 3-6　激波极线与特征线　　　图 3-7　一道和两道激波压缩的激波极线

▪3.2　一维激波极线的应用[2]

3.2.1　压缩波形成激波

我们已经知道,连续产生的压缩波,波尾最终将会赶上波头,形成运动激波。图 3-8 给出了通过活塞压缩形成激波的过程。该过程可以通过 u-p 激波极线描述。当活塞向右连续加速运动时,速度的不平衡会导致连续不断产生右行压缩波。因为流体经过压缩波的过程中熵值保持不变,所以波前气流经过压缩波的过程可以画在 u-p 特征线上。随着压缩波束的追赶,最终形成激波,流体的运动成为熵增过程。气流经过激波的过程又可以通过 u-p 激波极线来描述。

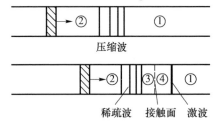

图 3-8　活塞压缩形成激波的过程示意图

如果将两个过程同时绘制在一个 u-p 图上,则如图 3-9(a)所示。由 3.1 节已经知道,等熵的 u-p 特征线在 u-p 激波极线上方,两者没有交点,即气流经过等熵波压缩和激波压缩后无法达到流动的速度和压力的同时匹配。因此,经过压缩波的气体和经过激波的气体,必须通过等熵膨胀波的膨胀加速作用,达到力学平衡状态。此外,由于气流经过激波后的熵与气流经过压缩波后的熵不同,因此在经过激波的气流和经过压缩波的气流之间会有一道接触面。

该过程的波系运动的 $x - t$ 图见图 3 - 9(b),波前静止①区气体经过压缩波后为②区气体,压缩波追赶形成激波之后,波前气体经过激波成为④区气体。②区气体经过膨胀波成为③区气体,使得③区气体和④区气体满足匹配关系。接触面将不同熵值的③区气体和④区气体分开。

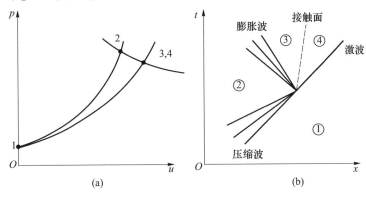

图 3 - 9　压缩波形成激波

3.2.2　激波的反射

1. 激波在固壁上反射

假定一道初始右行激波(一般称为入射激波),以 W 的速度在静止的①区中传播,波后气流的伴随速度为 u_2,当激波遇到固壁时,②区运动着的气体与不动的固壁相接触,为了满足边界条件,将反射一道以 W_r 的速度在②区逆气流传播的左行激波,使反射激波后面的③区的气流速度 $u_3 = 0$,见图 3 - 10(a)。

运用 $u - p$ 激波极线图可对上述流动图像进行定性分析,见图 3 - 10(b)。根据①区的气流参数,在 $u - p$ 图上可找到 1 点,由入射激波强度或者马赫数,在过 1 点的右行激波极线上可以找到 2 点。反射激波属于左行波,过 2 点作一左行激波极线与 p 轴交于 3 点,由于 $u_3 = 0$,则 3 点代表反射激波后面③区的状态。由图 3 - 10(b)可见,$p_3 > p_2 > p_1$。

2. 激波在开口端反射

激波与管道开口端相互作用可能会产生几种不同的结果,这取决于管内流体的速度和压力。下面只讨论激波与开口端作用之后,管内流动仍为亚声速的情况。

设有一道右行激波向开口端运动(图 3 - 11(a)),入射激波通过后,波后气体

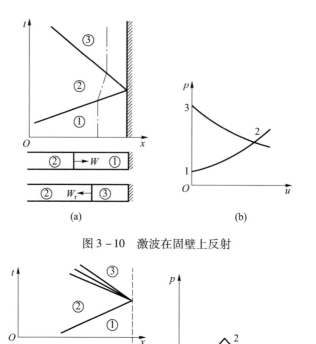

图 3－10　激波在固壁上反射

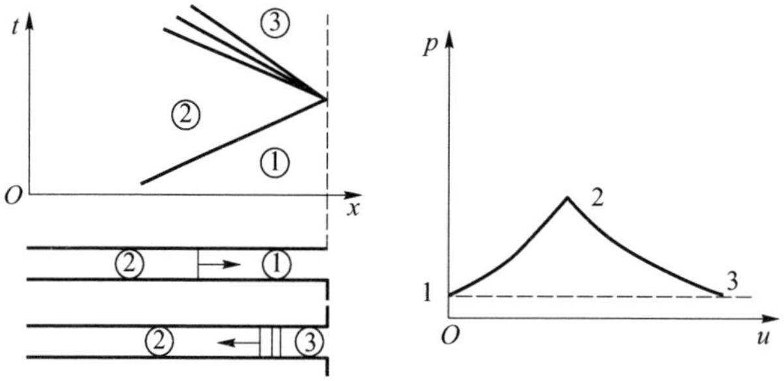

图 3－11　激波在开口端反射

压力升高。激波到达开口端时，波后②区的气体直接与外界接触。由于管口内气体压力高于外界压力，则开口端给予气体一个膨胀扰动，在开口端反射出一系列稀疏波。又因为开口端的压力是突然下降的，所以稀疏波是中心稀疏波。此外，开口端可认为是无限大空间，环境压力不受管内压力波动影响，即管口处压力一直稳定维持在初始压力。因此，在稀疏波后的③区内，$p_3 = p_1$，见图 3－11(b)。

　　需要说明的是，如果入射激波过强，使得诱导气流达到 $u_2 > a_2$，则开口端作用无法回传至管内；即使对于 $u_2 < a_2$ 的波后为亚声速的情况，也可能存在理论上反射稀疏波后出现 $u_3 > a_3$ 的情况，此时产生的管外膨胀波已经不属于一维流动的研究范围。因此，上述结论仅适用于 $u_2 < a_2$ 且 $u_3 < a_3$ 的情形。

3.2.3　激波与接触面作用

　　在一维非定常流动中，接触面是某些物理量(温度、密度、声速和熵等)的不连续面。在接触面两边，可以是两种不同的气体，也可以是同一种气体的某些物理量不相等,或两者兼而有之。这一类间断面需要满足的相容条件是接触面两边气流的速度相等(即气流对于接触面没有相对运动)和压力相等。下面分析将可发现,非定常波在这种接触面上折射时,由于存在非线性干扰,将产生一道与入射波同类型的透射波,它可以比入射波更强或者更弱;而反射波则可以是与入射波同类型的波,也可以是与入射波相反类型的波,甚至没有反射波产生。

假定一道右行激波在传播中遇到一静止的接触面 C,其中接触面两边的区域记为①区和⑤区,则有 $p_1 = p_5$,$u_1 = u_5 = 0$。可能出现三种情况:一是右行激波穿过接触面,形成一道透射激波在⑤区中传播,其强度比入射激波弱,同时在接触面上反射一束左行中心稀疏波,见图 3 – 12(a);二是右行激波穿过接触面,形成一道透射激波在⑤区中传播,其强度比入射激波强,同时在接触面上反射一道左行激波,见图 3 – 13(a);三是右行激波穿过接触面,形成一道与入射激波等强度的透射激波在⑤区中传播,而在接触面上不反射有限扰动的非定常波。

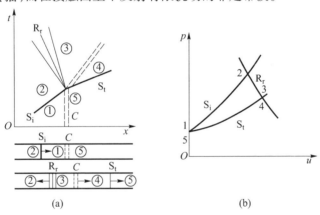

(a) (b)

图 3 – 12 激波在接触面上反射中心稀疏波

由 $u-p$ 激波极线的性质知道,若激波前气流的压力和速度相等,则波前声速大的激波极线位于声速小的激波极线下面(假定比热比相同的情况下)。由接触面相容关系,$u_1 = u_5 = 0$,$p_1 = p_5$,若 $a_5 > a_1$,则在图 3 – 12(b)中,曲线 54(对应于透射波)位于曲线 12(对应于入射激波)的下面,这就是说透射激波比入射激波更弱。为了满足作用后接触面的相容关系,则需反射一束中心稀疏波。在 $u-p$ 图上,过 2 点作一条第一族特征线交曲线 54 于 4 点,3 点与 4 点重合。说明从②区到③区,压力从 p_2 降低至 p_3,从而达到 $p_3 = p_4$,而速度却从 u_2 增加至 u_3,达到 $u_3 = u_4$。

应当注意,根据式(3 – 11)可知,激波后面气流的伴随速度与激波强度的平方根以及波前声速成正比,因此虽然透射激波比入射激波弱,但由于 $a_5 > a_1$,仍有 $u_4 > u_2$,见图 3 – 12(b)。

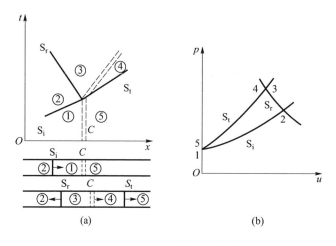

图 3 – 13　激波在接触面上反射激波

有关激波在接触面上反射激波的情况,读者可以利用 $u-p$ 图激波极线自行分析。此时相当于激波从较"稀疏"的气体进入较"稠密"的气体。为了满足接触面相容条件,它除了直接穿过接触面,还要在接触面上反射一道激波。在这种情况下,透射激波反而比入射激波更强,见图 3 – 13(b)。

如果运动激波在强度不变的情况下穿过接触面,那么此时不反射非定常波。这种接触面称为"缝合接触面"。在反射型激波风洞中,"缝合接触面"的运行状态可以大大延长有效试验时间,这方面更详细的论述将在第 9 章与激波风洞相关的章节中展开介绍。

3.2.4　反向激波、稀疏波干扰

1. 两束不等强度激波迎面相互作用

一束右行激波 S_2 和一束左行激波 S_1 同时向气体静止的①区传播,已知两束激波的强度和①区的参数(图 3 – 14(a))。当两束激波相碰时,波后气体直接接触,为了满足相邻区域气流的压力和速度分别相等的相容条件(温度和熵等可以不等),需透射两道非定常波 S_3、S_4。通过 $u-p$ 激波极线图分析可知,透射波仍为激波。由于两道激波的强度不等,引起的熵增也不同。因此,在两束透射波后面区域的熵值不相等,从而形成一道接触面,其运动方向取决于原来两束激波的强度,见图 3 – 14(b)。

2. 两束不等强度稀疏波迎面相遇

两束不等强度的稀疏波反向传播进入气体静止的①区,已知①区的参数和两束稀疏波的强度。当它们相互透射时,除了形成一个穿透区域(非简单波的双波

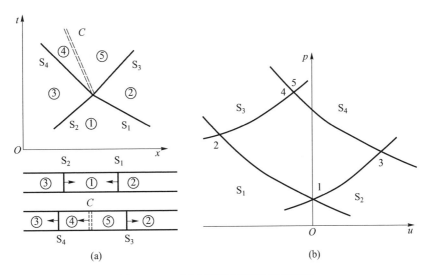

图 3 - 14　两束不等强度激波迎面干扰

区)外,透射稀疏波仍为简单波,见图 3 - 15(a)。由图 3 - 15(b)可见,④区气体压力最低,气流速度(大小和方向)取决于两束稀疏波的强度差异,若两稀疏波强度完全相等,则作用后的气流速度也将回到 0。

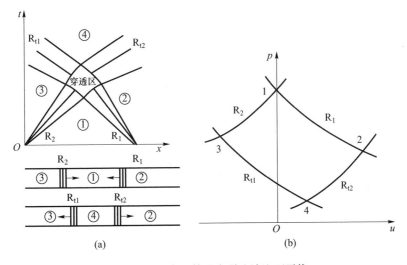

图 3 - 15　两束不等强度稀疏波迎面干扰

3. 激波与稀疏波迎面相遇

假定一道右行激波 S 和一道左行稀疏波 R 同时传入气体静止的①区,当它们相遇以后,便形成一束右行透射激波 S_t 和一束左行透射稀疏波 R_t,见图 3 - 16(a)。

由图可见,④区和⑤区的气流速度比③区的气流速度大;透射激波的压力比 p_{52} 是增加的,即透射激波增强了。然而,透射激波后面⑤区的绝对压力却更低了($p_5 < p_3$);同样,透射稀疏波的压力比 p_{43} 是降低的,也就是说,透射激波减弱了($p_4/p_3 < p_2/p_1$),见图 3 – 16(b)。

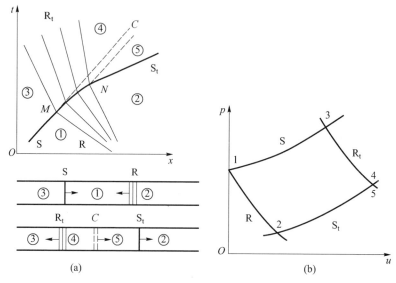

图 3 – 16 激波与稀疏波迎面干扰

应当指出,由于激波穿过稀疏波区时,其强度是逐渐增强的,因此,在透射激波和透射稀疏波之间形成的不是间断的接触面,而是一个连续熵非均匀的接触区,并向右运动。

3.2.5 同向激波、稀疏波追赶

1. 两束同向激波追赶

如前所述,后面的激波总能赶上前面的同向激波(图 3 – 17(a)),在一般情况下,当两道激波互相赶上以后,会形成一束新的同向波,并且一定是激波,而反射波可以是稀疏波,也可能是激波,还可能是没有反射波产生。对于 $\gamma < \dfrac{5}{3}$ 的气体来说,反射波始终是稀疏波。只有对于 $\gamma > \dfrac{5}{3}$ 的情况才有可能反射激波,这里仅讨论前者(关于 $\gamma < \dfrac{5}{3}$ 的推论似乎有一系列的问题,甚至可能牵涉激波极线与特征线重合的问题)。

若已知①区的参数以及两束激波的强度,则应用 3.1 节中给出的非定常的一

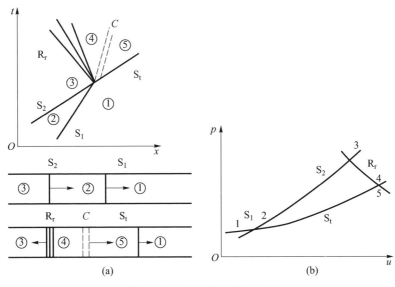

图 3 – 17　两束同向激波追赶

般关系式和接触面相容条件,可以导出 p_{51} 所满足的代数方程,即

$$F\left\{(p_{51}-1)\left[\frac{p_{12}(\alpha+p_{12})}{\alpha p_{51}+1}\right]^{0.5}-G\right\}+p_{13}^{\beta}p_{51}^{\beta}-1=0 \qquad (3-13)$$

其中常数

$$F=\left[\frac{\beta(\alpha p_{32}+1)}{p_{32}(\alpha+p_{32})(\alpha p_{12}+1)}\right]^{0.5}$$

$$G=(p_{32}-1)\left(\frac{\alpha p_{12}+1}{\alpha p_{32}+1}\right)^{0.5}-(1-p_{12})$$

式(3 – 13)只有 p_{51} 是未知量。运用 $u-p$ 图(图 3 – 17(b))可以得到 p_{51} 的定性结果。根据①区的已知参数,在 $u-p$ 图上可找到 1 点。根据第一束激波 S_1 的强度在过 1 点的右行激波极线上找到 2 点,利用第二束激波 S_2 的强度在过 2 点的另一条右行激波极线上找到 3 点,显然,上述两条激波极线并不重合。当气体的 $\gamma\leqslant\dfrac{5}{3}$ 时,形成的透射激波的强度总比原来两束激波合起来的强度小,即 $p_{51}<p_{32}$ p_{21}。在 $u-p$ 图上 $p_5<p_3$,因此,会反射一束左行稀疏波 R_r。过 3 点作第一族状态特征线和过 1 点所作的右行激波极线交于 4 点。另外,由①区到⑤区,通过一道透射激波所产生的熵增总比从①区经②区和③区再到④区,通过两道激波所产生的熵增要大,因此,在④区和⑤区之间存在着一个接触面,由接触面相容条件知道,$u_4=u_5,p_4=p_5$,则 $u-p$ 图上,4 点和 5 点应当重合。

值得指出的是,当两束同向传播的激波相互赶上以后,在 $x-t$ 平面上的波系图与简单激波管破膜以后的波系图十分相似。其中 p_{31} 类似于激波管的隔膜压力比,因此,透射激波 S_1 的强度 p_{51} 一定比 p_{31} 小。但是,气流的速度 $u_4 = u_5 > u_3$,这是由于受到一束左行反射稀疏波加速的结果。

2. 两束同向稀疏波不能互相追赶

两束稀疏波同时向右传播(图 3 – 18(a)),②区是两束稀疏波相邻的均匀区,稀疏波 R_1 的波尾与稀疏波 R_2 的波头将以相同的速度传播,即

$$\left(\frac{\mathrm{d}x}{\mathrm{d}t}\right)_{1T} = \left(\frac{\mathrm{d}x}{\mathrm{d}t}\right)_{2H} = u_2 + a_2 \tag{3 – 14}$$

式中　下标 T——波尾;

　　　下标 H——波头。

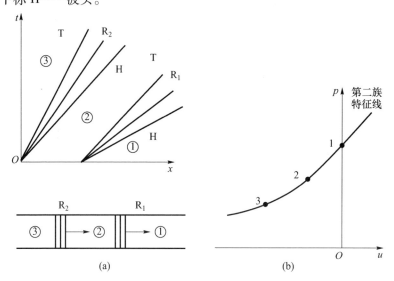

图 3 – 18　两道同向稀疏波

H—波头;T—波尾。

因此,稀疏波 R_1 的波尾与稀疏波 R_2 的波头始终保持相同的距离。也就是说,后面的稀疏波赶不上前面的稀疏波。由图 3 – 18(b)可知,在某种意义上,②区仅仅是在任一条包含着 R_1 波的波尾与 R_2 波的波头特征线上的状态。并且,两束稀疏波可以连接起来形成一束单一的稀疏波,其强度 $p_{31} = p_{32}p_{21}$。根据 $u – p$ 特征线的性质,③区和①区的状态处于同一条状态特征线上。

3. 稀疏波赶上同向激波

以右行波为例分析稀疏波赶上同向激波以后的物理图像(图 3 – 19(a))。假如赶上激波的稀疏波比较弱,激波将被衰减,变成比原来更弱的激波继续向前传播,即 $p_{51} < p_{21}$(图 3 – 19(b))。而稀疏波将从激波上反射。由于激波衰减,强度不

断减弱,通过激波以后,熵增也在减小,因此,将形成一个具有非均匀熵值的接触区向右运动。

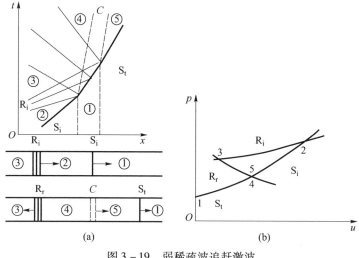

图 3 – 19 弱稀疏波追赶激波

(a)$x-t$ 图;(b)$u-p$ 图。

如果赶上激波的稀疏波足够强,那么,激波在稀疏波作用下不断衰减,以致变成稀疏波区中的一条特征线。这样一来,作用后的整个波系就可能仅由透射稀疏波和反射稀疏波组成,见图 3 – 20。一般来说,由于激波强度衰减比较严重,并最终被稀疏波所取代,因此具有非均匀熵值的接触区是向左运动的。

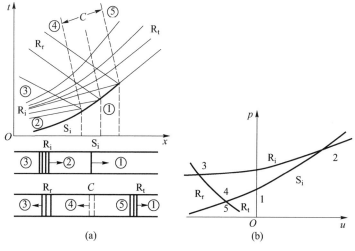

图 3 – 20 强稀疏波追赶激波

(a)$x-t$ 图;(b)$u-p$ 图。

4. 激波赶上同向稀疏波

如前所述,激波会赶上同向传播的稀疏波,如果追赶的激波比较弱,则作用之后的同向透射波一般还是稀疏波,而反射波可能是汇聚成激波的压缩波,见图 3 – 21。由于追赶激波强度不断衰减,以致最后变成稀疏波区中的一条特征线。因此,在激波的衰减部分形成一个向左运动的具有非均匀熵值的接触区。

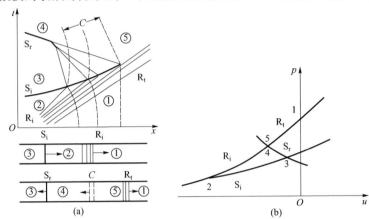

图 3 – 21　激波追赶强稀疏波

(a)$x-t$ 图；(b)$u-p$ 图。

如果追赶的激波足够强,那么,它将穿过整个稀疏波区,形成一道比原来弱的透射激波。这种情况下,反射波仍然是向激波发展的压缩波,见图 3 – 22。由于追赶的激波其强度不断衰减,因此同样形成一个向右运动的具有非均匀熵值的接触区。

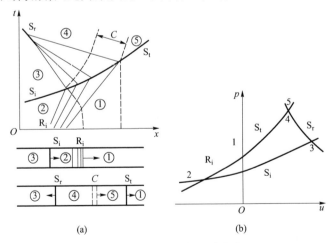

图 3 – 22　激波追赶弱稀疏波

(a)$x-t$ 图；(b)$u-p$ 图。

3.3　二维激波极线方法[1]

3.3.1　$p - \theta$ 激波极线

如果说 $u - p$ 激波极线有助于分析一维非定常激波干扰,那么在定常超声速流的二维波系相互作用下,描述压力与气流偏转角关系的 $p - \theta$ 激波极线是极为有用的分析工具,尽管其理论描述仅需气体动力学中所熟知的斜激波关系:

$$\begin{cases} \dfrac{p_2}{p_1} = \dfrac{2\gamma}{\gamma + 1} Ma_1^2 \sin^2\beta - \dfrac{\gamma - 1}{\gamma + 1} \\[3mm] \tan\theta = 2\cot\beta \dfrac{Ma_1^2 \sin^2\beta - 1}{Ma_1^2(\gamma + \cos2\beta) + 2} \end{cases} \tag{3-15}$$

由式(3-15)易知,在超声速来流 Ma_1 给定的条件下,气流经斜激波折转的角度 θ 与斜激波前后的压比 p_2/p_1 有着确定的关系,所有可能的 $p_2/p_1 - \theta$ 解用 $p - \theta$ 图示的方法就能得到清晰明了的激波极线。如图 3-23(a)所示,水平方向来流 $(Ma = 5)$ 经过激波角为 β 的斜激波,气流发生角度为 θ 的偏转。对应的 $p - \theta$ 激波极线即图 3-23(b),横轴是气流偏转角 θ,纵轴是斜激波前后的压比 p_2/p_1,第一象限气流偏转角为正,第二象限气流偏转角为负。激波极线与纵轴有两个交点(a 和 b),均是气流穿过激波不发生偏转的解。a 点的解表示气流穿过斜激波既不发生偏转,也不发生压力突跃,此时激波角等于来流马赫角 $\mu = \arcsin \dfrac{1}{Ma_i}$。$b$ 点的解表示气流穿过正激波后不发生偏转,但对应最大的压升比。$p - \theta$ 激波极线上 s 点对

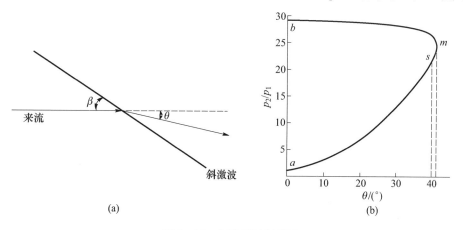

图 3-23　气流经过斜激波

(a)斜激波示意图;(b)$p - \theta$ 激波极线。

应的是波后气流马赫数 $Ma_2 = 1$ 的解,该点将激波极线分为 as 和 sb 两段,分别为弱解和强解。极线上最大的气流偏转角在 m 点,与 s 点非常接近。

3.3.2 $\lambda_x - \lambda_y$ 激波极线[3]

还有一类人们熟知的 $\lambda_x - \lambda_y$ 激波极线。$\lambda_x - \lambda_y$ 激波极线是在速度平面上表示 v_1 和 v_2 关系的速度曲线,借助它可以直观地了解斜激波前后的速度变化关系,在一定程度上也可以用它来表示激波的相交与反射等现象。

下面简单介绍 $\lambda_x - \lambda_y$ 激波极线。利用斜激波的普朗特关系式,即

$$v_{1n}v_{2n} = c^{*2} - \frac{\gamma - 1}{\gamma + 1}v_t^2 \qquad (3-16)$$

速度 v 在 x 轴和 y 轴上的分量分别用 v_x 和 v_y 来表示,取 x 轴的方向与 v_1 相同(图3-24)。由斜激波几何关系:

$$v_{1n} = v_1\sin\beta \qquad (3-17)$$

$$v_t = v_1\cos\beta \qquad (3-18)$$

$$v_{2n} = v_{1n} - \sqrt{v_{2y}^2 + (v_{2y}^2 + (v_1 - v_{2x})^2)} \qquad (3-19)$$

$$\sin\beta = \frac{v_1 - v_{2x}}{\sqrt{v_{2y}^2 + (v_1 - v_{2x})^2}} \qquad (3-20)$$

$$\cos\beta = \frac{v_{2y}}{\sqrt{v_{2y}^2 + (v_1 - v_{2x})^2}} \qquad (3-21)$$

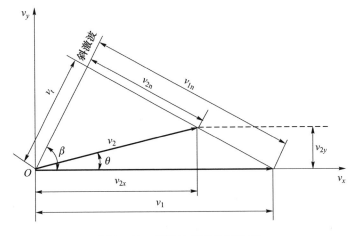

图3-24 斜激波前后几何关系

把上述关系式代入斜激波的普朗特关系,经过整理,得激波极线方程为

$$v_{2y}^2 = (v_1 - v_{2x})^2 \frac{v_{2x} - \dfrac{c^{*2}}{v_1}}{\dfrac{2}{\gamma + 1}v_1 - \dfrac{c^{*2}}{v_1} - v_{2x}}$$

或者

$$\lambda_{2y}^2 = (\lambda_1 - \lambda_{2x})^2 \frac{\lambda_1 \lambda_{2x} - 1}{\dfrac{2}{\gamma + 1}\lambda_1^2 - \lambda_1 \lambda_{2x} + 1} \qquad (3-22)$$

由式(3-21)可知,在给定了 λ_1 后,就可以在速度平面上画出 λ_{2x} 和 λ_{2y} 的曲线,如图 3-25 所示。如果给定激波前的来流参数以及激波后的偏转角 θ 或激波角 β,就可以从激波极线图上求得激波后的流速 λ_2,从而可以得到激波后的其他参数,用它来说明激波的相交和反射有时也很直观和方便。

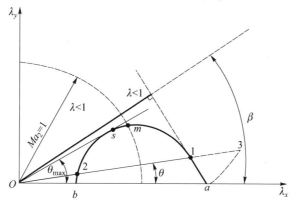

图 3-25　$\lambda_x - \lambda_y$ 激波极线

从激波极线图上可以看出,在某一给定的 λ_1 下,对应某一偏转角 θ,有 3 个解,即图中的 3 个交点 1、2、3。点 3 相当于膨胀的情况(因 $v_2 > v_1$),这违反热力学第二定律,因为如果有此解存在,则可以说明熵是减小的。所以点 3 没有实际意义,应该去掉。点 1 相当于弱激波的情况,点 2 相当于强激波情况。

从激波极线图上还可以看出以下性质:

在图 3-25 中,在激波极线的 a 点和 b 点,$\theta = 0$,即气流不偏转。在 a 点处,$v_2 = v_{2x}$,这相当于马赫波的情况,气流通过马赫波时速度不发生有限量的变化。可以证明,激波极线上 a 点的切线与 λ_x 轴的夹角 $\dfrac{\pi}{2} - \mu$,其中 μ 为马赫角。在 b 点处,$v_2 = \dfrac{c^{*2}}{v_1}$,即 $v_{1n}v_{2n} = c^{*2}$,这对应于正激波的情况。

在某一给定的 λ_1 下,有一 θ_{max} 角,即与激波极线相切的 λ_2 与水平轴 λ_x 的夹角。当 $\theta > \theta_{max}$ 时,没有斜激波解,此时产生脱体激波。换一种说法是:在某一给定的 θ 下,有一最小的 λ_1,小于此数时,也没有斜激波解。如果增大来流 λ_1,则 θ_{max} 也增大。当 $\theta = \theta_{max}$ 时,激波波后的气流为亚声速。虚线半圆($\lambda_2 = 1$)与激波极线的交点 s 表示激波后产生 $Ma_2 = 1$ 的工况,此时气流的偏转角即为 θ^*,从图中可见,θ^* 稍小于 θ_{max}。

3.4　二维激波极线的典型应用

运用二维的激波极线解决激波反射、激波的相交和干扰以及激波在界面的折射等问题是十分便捷的。由于后续章节中有较为详细的关于激波反射和折射、激波干扰等专门讨论以及激波极线在实际工程中遇到的激波相互作用问题应用,本节仅简单介绍激波极线方法侧重在一些典型激波作用问题中的应用,以起入门铺垫之效。

3.4.1　激波壁面反射[4,5]

作为示例,图 3-26 和图 3-27 给出了二维定常激波极线法分析激波反射问题的典型案例。结合流场图和激波极线图可以看出,斜劈所产生的贴体头激波将来流从(0)状态压缩至(1)状态,分别在两类激波极线中,对应激波极线 I 的(0)点到(1)点;由于反射激波以(1)区状态作为来流参数,因而反射激波极线 R 也就以激波极线 I 上的(1)点作为起始点;而反射波后流动参数能否满足壁面约束条件则给反射类型(如规则反射或马赫反射)的多样化提供了丰富的素材。

1. 激波壁面规则反射

从 $p-\theta$ 激波极线图(图 3-26(a))看,入射激波将来流从(0)状态压缩至(1)状态,(1)状态 θ 则是气流经过入射激波后与斜劈平行的偏转角,p_2/p_1 是气流经过入射激波的压比。由于再次受到上壁面的约束作用,(1)区气流又将经过反射激波偏转至与上壁面平行,即由(1)状态压缩至(2)状态,(2)状态对应于激波极线则是与 p_2/p_1 轴相交的点。如图 3-26(b)所示,激波极线 II 与 p_2/p_1 轴交于(2w)和(2s)两点,分别是"弱解"和"强解",在规则反射中通常取弱解,图 3-26(a)示意的就是弱解情况。需要注意的是,在强内外流耦合和高背压情况下,不能忽视强解的出现。

从 $\lambda_x-\lambda_y$ 激波极线图(图 3-26(c))看,气流在从(0)状态通过入射激波后偏转了 θ,与斜劈表面平行,沿此方向与激波极线 I 相交,对应于(1)状态。O 到(1)的连线表示通过入射激波后的气流 λ_1,由于上壁面对气流的约束又好似一个

半顶角为 θ 的斜劈,产生一道使气流偏转 $-\theta$ 反射斜激波,对应的激波极线 II 与 λ_x 交于 $(2w)$ 和 $(2s)$ 两点,分别对应"弱解"和"强解",这里 $(2w)$ 对应弱解。

从这个案例讨论可以看出, $p-\theta$ 激波极线和 $\lambda_x-\lambda_y$ 激波极线分析方法各有特点。不过笔者的倾向性看法是,对于激波作用后,气流方向已知的干扰(如图 3 -26 所示的情况)来说,在 $\lambda_x-\lambda_y$ 激波极线图上表示直观,简单明了。但如果干扰后气流方向未知或需要通过其他途径确定(如马赫反射),在 $\lambda_x-\lambda_y$ 激波极线图上确定作用后的状态点就不太方便。因此,后续更多复杂的波系干扰主要还是利用 $p-\theta$ 激波极线图进行分析。

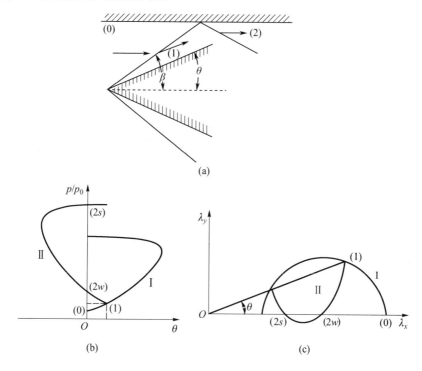

图 3 -26　激波壁面规则反射
(a)激波壁面规则反射示意图;(b) $p-\theta$ 激波极线图;(c) $\lambda_x-\lambda_y$ 激波极线图。

2. 激波壁面马赫反射

如果斜劈的半顶角 θ 大于入射斜激波波后气流马赫数 Ma_1 所允许的斜激波 $\theta_{\max}$ 值,这时反射类型变为马赫反射。从 $p-\theta$ 激波极线图看,如图 3 -27(a)所示,来流经过入射激波从 (0) 状态被压缩至 (1) 状态。马赫反射形成的三波结构将经过反射激波和马赫杆的气流分成两部分:一部分气流经反射激波,由 (1) 状态被压缩至 (2) 状态;另一部分气流经过马赫杆,由 (0) 状态被压缩至 (3) 状态。此外,

（2）状态和（3）状态的气流在三波点附近还满足气流偏转角和压力相等条件。又因为（3）状态处于激波极线Ⅰ，（2）状态处于激波极线Ⅱ，所以三波点附近的解在 $p - \theta$ 激波极线上对应于激波极线Ⅰ和激波极线Ⅱ的交点，即（2,3）点，如图 3 - 27（b）所示。

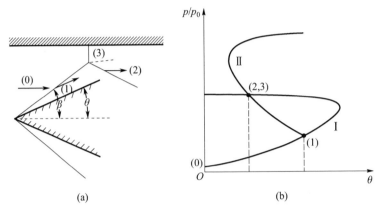

图 3 - 27　激波壁面马赫反射

（a）激波壁面马赫反射示意图；（b）$p - \theta$ 激波极线图。

3.4.2　激波异侧相交

在上述激波反射结构中，固壁反射的作用主要来自壁面对气流方向的约束。更进一步，多激波相交的情况则较为复杂，因为多波间相互作用后所能达到的平衡状态由流动自身来协调，这一复杂性使得 $p - \theta$ 激波极线分析的优越性得到进一步展现。具体表现在，多道激波相交和相互作用后，最终能达到的平衡状态应该是相邻流体质点间压力相等、流动方向相同，而 $p - \theta$ 激波极线图示方法正是提供流动状态是否平衡的快捷分析手段。

1. 激波异侧规则相交

图 3 - 28 所示为激波异侧规则相交。以一般的非对称入射激波为例，来流首先受到两道入射激波压缩，入射激波 I_1 将来流压缩至（1）状态，入射激波 I_2 将来流压缩至（2）状态。因为气流偏转角的符号相反，所以（1）和（2）状态分别处于 $p - \theta$ 激波极线的第一象限和第二象限。反射激波 R_1 波前的气流参数为（1）状态，则激波极线 R_1 从（1）开始；反射激波 R_2 同理。经过反射激波 R_1，气流由（1）状态压缩至（3）状态；经过反射激波 R_2，气流由（2）状态压缩至（4）状态。在反射波后，（3）状态和（4）状态应满足平衡条件，即压力相等以及气流偏转角相等，在 $p - \theta$ 激波极线图上表示即为激波极线 R_1 和 R_2 的交点（3,4）。

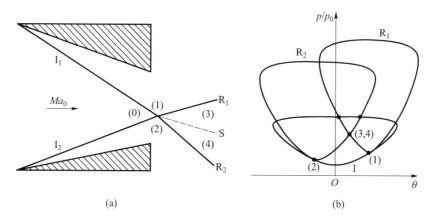

图 3 – 28　激波异侧规则相交

（a）激波异侧规则相交示意图；（b）p - θ 激波极线图。

2. 激波异侧马赫相交

图 3 – 29 为激波异侧马赫相交，入射激波 I_1 和入射激波 I_2 对来流的压缩效果分别是使来流变为（1）状态和（2）状态。由（1）和（2）两个状态分别作为来流所确定的激波极线 R_1 和 R_2 此时没有交点，即无规则解。两激波非规则相交形成两个三波结构，T_1 和 T_2 为三波点，那么在三波附近则有（3）状态和（5）状态的压力和气流偏转角相同，（4）状态和（6）状态的压力和气流偏转角相同。由于（5）状态和（6）处于激波极线 I 上，而（3）状态和（4）状态则分别在激波极线 R_1 和 R_2 上，因此三波点附近的解分别为激波极线 R_1 和 R_2 与激波极线 I 的交点。

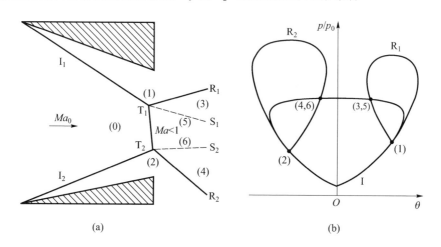

图 3 – 29　激波异侧马赫相交

（a）激波异侧马赫相交示意图；（b）p - θ 激波极线图。

3.4.3　激波同侧相交

1. 激波同侧规则相交

激波同侧规则相交是由同侧两道弱斜激波相交产生的干扰情况,如图 3-30 所示,其典型特征是原同侧激波 S_1 和 S_2 与生成的透射激波 S_3 交于同一点 T。其中激波 S_1 和 S_2 相交后,流动(1)经过激波 S_1 变为流动(2),流动(2)再经过激波 S_2 变为流动(4),而流动(1)经过激波 S_3 后形成的流动(3),与流动(4)并不一定匹配。因此,在流动(3)、(4)之间可能会经历干扰形成过渡状态流动(6)来与流动(3)达到平衡。通过 $p-\theta$ 激波极线图分析可以发现存在两种情况:一种是经过初始入射激波 S_1 和 S_2 的流动(4)经过稀疏波膨胀后成为流动(6),与激波 S_3 后的流动(3)达到平衡,此时虽然 S_3 强度比 S_1 和 S_2 都要高,但仍处于激波极线 I 的弱

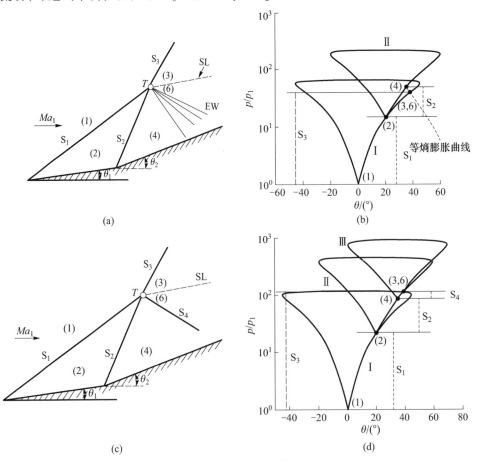

图 3-30　同侧激波规则相交

解分支(图 3-30(a)、(b));另一种是经过初始入射激波 S_1 和 S_2 的流动(2)和流动(4)经过激波进一步压缩成为流动(6),与激波 S_3 后的流动(3)达到平衡,此时不仅 S_3 强度比 S_1 和 S_2 都高,而且流动(3)还处于激波极线 I 的强解分支上(图 3-30(c)、(d))。

2. 激波同侧马赫相交

激波同侧马赫相交是一种比较少见的类型,Olejniczak 等通过数值模拟揭示了一种复杂的结构,如图 3-31 所示。这类干扰结构在高马赫数和大压缩角(尤其是第二压缩面的强压缩作用)情况下可能出现。虽然第一压缩面产生的激波 S_1 波后明显为超声速,而且第二压缩面的前缘激波 S_2 也呈现明显超声速特征,但第二压缩面下游产生的大范围高背压区域已经前传至 S_1 与 S_2 交点的上游,并迫使激波 S_1 在 T_1 点出现拐折而由弱解分支 S_1 跃迁至强解分支 S_3,与之对应的波后状态也从流动(2)跳至流动(3)。为了满足与壁面及下游流场的匹配,自上至下又出现了 S_4 和 S_7 与 S_2 进行过渡衔接,在 T_1 和 T_2 点附近形成两个多波结构,其中流经 S_4/S_5 和 S_2、S_6 的气流为超声速,而流经 S_7 和 S_3 中靠近 T_1 的邻近区域气流则为亚声速。考虑到本章的特点,这里仅作简要介绍,相关的详细讨论将在后续章节展开。

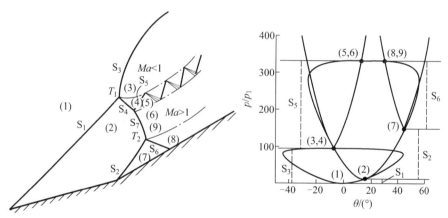

图 3-31　激波同侧马赫相交

3.4.4　激波在界面上的折射[6]

关于二维非定常运动激波的折射问题,相对于一维的激波与界面(接触面)迎面相互作用来说复杂得多。随着激波与界面交角以及界面两侧声速等参数的不同,既有可能出现透射波的传播速度快于交点的移动速度,也有可能出现入射波在触及界面之前过早地受到界面扰动的情况,这些非规则折射给简化的波系分析带来较大难度[6]。但对于较为理想的入射波、透射波和反射波均交于界面的规则折射，以固连于交点的参考系可获得邻近区域的准定常化流场，也可以采用上述类似的分析方法对折射可能出现的丰富波系干扰类型进行分析。仅以激波在"慢 – 快"声速界面的规则折射为例(图 3 – 32)，即便在入射激波和界面两侧参数确定的情况下，随着激波与界面交角的不同，二者相互作用既可能出现反射稀疏波(图 3 – 32(a))，也可能出现反射激波(图 3 – 32(b))的情况。鉴于第 4 章中有关激波与界面的相互作用问题还有更为详细的介绍，这里不再赘述。

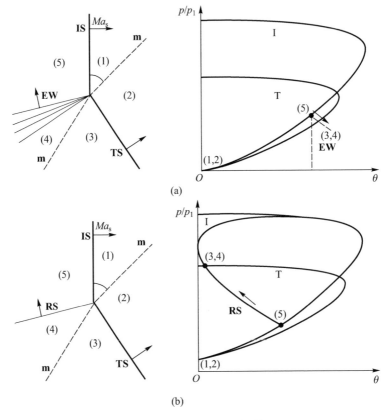

图 3 – 32　激波在界面折射

3.5　本章小结

本章集中介绍了较为适合激波相互作用过程中，用于波系干扰分析的激波极线方法。

作为一维激波极线方法的简单应用，首先通过 $u - p$ 激波极线分析了压缩波追赶形成运动激波的过程,从中可知,压缩波的追赶结果并不是一个简单的合并成激波的过程,而是存在产生反射稀疏波等现象。后续的若干示例通过更加多样化的波系相互作用,包括激波的反射、激波与接触面作用、激波与稀疏波干扰等过程均可以从 $u-p$ 激波极线分析中得到简明的展示。

对于二维定常激波干扰问题,采用 $p-\theta$ 激波极线进行分析有其独到的优势。为不失一般性,本章围绕常见的二维定常激波反射、折射以及相交现象中的典型案例也作了简要的介绍。当然,与之相关的更多挑战性难题仍属目前的研究热点,因此,更加深入和细致的讨论也将在后续章节中展开。

参考文献

[1] Courant R, Friedrichs K O. Supersonic flow and shock waves[M]. New York: Interscience Publishers, 1948.

[2] 杨基明, 李祝飞, 朱雨建, 等. 激波的传播与干扰[J]. 力学进展, 2016, 46:541 – 587.

[3] 童秉纲, 孔祥言, 邓国华. 气体动力学[M]. 北京:高等教育出版社, 2011.

[4] Ben – Dor G. Shock wave reflection phenomena [M]. 2rd ed. New York:Springer, 2007.

[5] 杨旸, 姜宗林, 胡宗民. 激波反射现象的研究进展[J]. 力学进展, 2012, 42(2):141 – 160.

[6] Henderson L F. On The refraction of shock waves[J]. J. Fluid Mech., 1989, 198:365 – 386.

第4章 二维激波干扰——典型的激波反射与折射

4.1 概述

当激波传播过程中的传播条件发生改变,包括壁面条件、传播介质的属性以及流场参数等出现变化时,激波都难免会与之产生相互作用。其中激波受壁面"压缩"作用产生的反射,穿越声抗变化介质出现的折射以及与其他波系相遇产生的相交等现象作为典型的干扰形式而受到关注和较为系统的研究。尽管自然界和工程实际中的激波干扰一般均具有三维性,但鉴于激波面极薄以及在垂直于波面法向的参数变化和作用剧烈的特征,前人为突出重点和分解难点,巧妙地寻求出基于激波法向剖面内进行二维简化的分析方法,从而为这类相互作用的简明理论描述和分析提供了一条简洁的途径。本章就以典型的二维激波反射和折射为例进行介绍,期望能在基础理论和相关应用之间起到承上启下的效果。

大家知道,当给定马赫数 Ma_0 的超声速来流经过尖楔时,随楔角的不同,既可能出现附体激波,包括强解和弱解,也可能出现脱体激波,具体情况分别如图 4-1(a)、(b)所示。为便于描述,这里姑且仅考虑其中相对简单的附体弱解斜激波的情况,不过需要提醒注意的是,对于内外流耦合较强的流动来说,下游的强约束或高背压等条件常常会导致强解的结果,希望下面的选择性简化分析和讨论不致误导读者。

对于弱解分支的斜激波(楔角 θ_w 不大的情况下)来说,气流在经历斜激波压缩后,波后流动大多仍为超声速。当该激波与平行于来流的固壁(或对称面)相遇时,壁面作用将等同于又一个压缩面,使得波后气流再次偏转至来流方向,从而在相交处形成激波的反射,如图 4-2(a)所示。在无黏假设下,这类流场波系结构一般不随时间变化,因而通常称为定常激波反射;此外,还有另一种情况,一道平面运动激波(激波马赫数 Ma_s)传播至倾斜固壁时,同样会在固壁表面产生反射,而且也可能存在反射激波与入射激波同交于壁面(壁面倾角 θ_w 足够大的情况下)的规则反射的结构,如图 4-2(b)所示。虽然此时入射激波、反射激波和交点都在沿斜壁

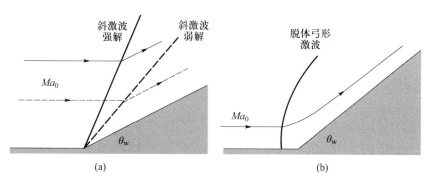

图 4 - 1　高超声速气流在不同条件下绕压缩拐角流动
(a)附体激波情况；(b)脱体激波情况。

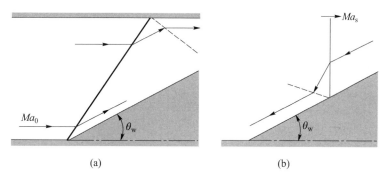

图 4 - 2　激波反射示意图
(a)定常激波情况；(b)运动激波情况。

面向上扫掠,但如果将坐标系安置于交点上,则此时交点邻近区域即可视为定常结构:波前气流方向与压缩面平行,气流方向在跨越激波后发生偏转,经反射激波后将再次改变方向与固壁平行。因此,这一准定常化方法使得斜激波理论和激波极线方法在分析这类问题时同样适用。不过,值得注意的是,从全流场的角度来看,非定常运动激波的传播和干扰与定常超声速流场中的激波相互作用是有差异的。因此,为避免混淆,这里特意将上述两类激波反射分为定常激波反射和非定常激波反射。

　　激波反射问题广泛存在于以超/高超声速流动为代表的航空航天以及爆炸与安全等工程应用领域。作为简要示例,图 4 - 3 给出了超燃冲压发动机进气道与隔离段的典型流动结构照片[1],超声速气流进入进气道后形成的定常激波在上下壁面间来回反射,形成一系列反射波系或激波串结构对来流进行压缩,并阻止燃烧室燃烧释热过程所伴随的背压变化对上游造成不利影响。合理地配置这些波系不仅是提高压缩效率的关键环节,也是维持发动机稳定运行和避免出现颠覆性流场结构变化(如进气道不起动)的重要保证。图4-4则是一种很典型的高超声速发射装置——冲压加速器的原理示意[3]和代表性实验照片[4]。从图中可以看出,如果将坐标系置于冲压加速器模型上,其流动与冲压发动机非常类似,其中图4-4(a)、(b)[3]分别对应于亚燃和超燃冲压发动机流动。不同之处在于,此时来流为处于管内的静止可燃预混气体,由超/高声速运动的加速弹丸所产生的运动斜激波在管壁和弹体之间的来回反射产生高温高压环境引起加速器底部燃烧,从而获得更高的推进驱动压力并"跟随"弹丸加速运动,这也是其摒弃传统的轻气炮压力驱动方式低效弊端的创新之处。但同时也必须看到,这种以激波相互作用为主导的燃烧释热过程对可燃来流属性以及流动热力参数非常敏感。图4-4(c)[4]所给出的试验照片表明,波系与燃烧的耦合作用极其复杂,从中不难发现相关研究所面临的挑战性。

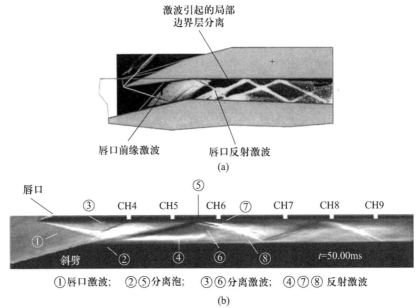

(a)

(b)

图4-3　超燃冲压发动机进气道及其隔离段内波系结构[1,2]

(a) $Ma_\infty = 4$; (b) $Ma_\infty = 5.9$。

如果与激波相互作用的不是固壁或对称面,而是另一类具有接触间断或滑移面性质的气体界面,那么在激波/界面相交处也会形成相互干扰,可能产生透射和反射以匹配作用后的气流方向和压力。

图4-5[5]给出了人们所熟知的发动机超声速喷流的多次反射菱形结构。这些激波/膨胀波干扰和交替出现的流场结构,一方面直观地体现了发动机喷管出口流动与背景环境匹配关系,在一定程度上反映了其推进效能;另一方面,还可为研究相关的噪声、尾迹影响特性等提供源头信息。在许多工程应用中,激波折射有着

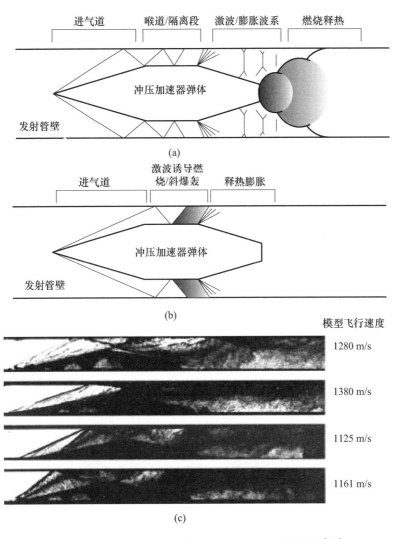

图 4 - 4　冲压加速器波系作用原理示意和试验阴影图[3,4]

(a)热壅塞冲压加速器模式；(b)超爆轰冲压加速器模式；

(c)不同速度下热壅塞冲压模式实验阴影照片。

重要的意义[6,7]，如在诱导界面失稳[8,9]以及湍流混合过程中的机理问题都是当今研究的热点和难点[10]。

　　本章作为激波基础理论向实际应用延伸的第一步，将选取几类典型的二维激波反射和折射现象进行简要介绍，以有助于读者初步建立对实际问题的简化和分析方法。激波反射主要分为定常激波反射和非定常激波反射两部分展开；激波折射则重点讨论运动激波在倾斜平面和定常激波在滑移面上的干扰情况。

 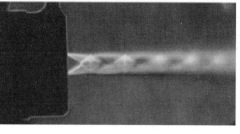

(a)   (b)

图4-5　发动机尾喷管射流中波系结构[5]

(a)试验图片；(b)纹影图。

4.2　定常斜激波的反射

定常斜激波的反射是高超声速飞行器内外流动中的重要现象，对飞行器的力热性能都有着重要的影响。本节主要介绍定常斜激波反射中经常出现的规则反射和马赫反射两种主要反射类型及其转变条件。

4.2.1　规则反射和马赫反射

超声速气流经历斜激波偏转后，在遭遇反射边界后气流方向将再次发生偏转。如果气流第二次偏转的角度满足斜激波关系，则可以只通过一道反射斜激波来匹配气流偏转关系，即规则反射，如图4-6(a)所示；但如果气流第二次偏转角大于斜激波所允许的$\theta_{\max}$，此时激波的反射点将会往远离壁面的方向移动，在反射点和壁面间形成一道近似正激波的马赫杆，马赫杆波后气流构成的"软"边界降低了入射激波波后气流的偏转要求，此时可以通过一道反射斜激波来完成入射激波波后气流的偏转匹配，也就是马赫反射，如图4-6(b)所示。在马赫反射中，马赫杆波后气流和反射激波波后气流虽然满足压力匹配关系，但由于气流经历波系不同，熵增存在差异，因此(2)区和(3)区的密度、温度、速度等流动参数均不同。其结果是，从反射点处产生一道滑移面，滑移面两边虽然满足压力和气流方向相同，但气流速度却不一定相等。鉴于马赫反射中的入射激波、反射激波和马赫杆三道激波相交于一点，该点通常被称为三波点。

针对规则反射和马赫反射的求解问题，von Neumann[11,12]早在1943年就分别提出了二激波理论和三激波理论的分析方法，该方法已成为激波反射问题的经典理论。下面进行简要的介绍。

1. 二激波理论

适用于规则反射。如图4-7(a)所示，在无黏假设条件下，整个流动区域被入

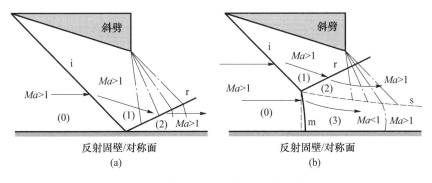

图 4-6 定常激波反射波系结构示意图

(a)规则反射(RR);(b)马赫反射(MR)。

i—入射激波;r—反射激波;m—马赫杆;s—滑移线。

射激波 i 和反射激波 r 分为 3 个区域,其中(0)区的流动作为来流条件可当作已知。将波前气流与激波间的夹角用 β 表示,气流经历激波后的偏转角用 θ 表示。当来流在跨越入射激波 i 时,连续性方程、波面法向和切向动量方程以及能量方程分别为

$$\rho_0 u_0 \sin\beta_1 = \rho_1 u_1 \sin(\beta_1 - \theta_1) \tag{4-1}$$

$$p_0 + \rho_0 u_0^2 \sin^2\beta_1 = p_1 + \rho_1 u_1^2 \sin^2(\beta_1 - \theta_1) \tag{4-2}$$

$$\rho_0 \tan\beta_1 = \rho_1 \tan(\beta_1 - \theta_1) \tag{4-3}$$

$$h_0 + \frac{1}{2} u_0^2 \sin^2\beta_1 = h_1 + \frac{1}{2} u_1^2 \sin^2(\beta_1 - \theta_1) \tag{4-4}$$

当气流在跨越反射激波 r 时,有

$$\rho_1 u_1 \sin\beta_2 = \rho_2 u_2 \sin(\beta_2 - \theta_2) \tag{4-5}$$

$$p_1 + \rho_1 u_1^2 \sin^2\beta_2 = p_2 + \rho_2 u_2^2 \sin^2(\beta_2 - \theta_2) \tag{4-6}$$

$$\rho_1 \tan\beta_2 = \rho_2 \tan(\beta_2 - \theta_2) \tag{4-7}$$

$$h_1 + \frac{1}{2} u_1^2 \sin^2\beta_2 = h_2 + \frac{1}{2} u_2^2 \sin^2(\beta_2 - \theta_2) \tag{4-8}$$

如果反射壁面是平直的,在经历激波反射后气流方向将与来流方向相同,因此有

$$\theta_1 - \theta_2 = 0 \tag{4-9}$$

此外,有能量方程

$$h_0 = f(RT_0) = f(p_0 \mid \rho_0) \tag{4-10}$$

$$h_1 = f(RT_1) = f(p_1 \mid \rho_1) \tag{4-11}$$

$$h_2 = f(RT_2) = f(p_2 \mid \rho_2) \tag{4-12}$$

上述 12 个方程联立成的方程组即为描述规则激波反射流动关系的二激波理论。在该方程组中总共有 p_0、p_1、p_2、ρ_0、ρ_1、ρ_2、u_0、u_1、u_2、h_0、h_1、h_2、β_1、β_2、θ_1 和 θ_2 等 16 个物理量,其中 p_0、ρ_0、u_0 和 θ_1 这 4 个参量为初始条件,是已知的。所以该方程组封闭,可以求出剩余的所有物理量。

对于完全气体,即 $\gamma = \text{constant}$,$h = f(RT) = \gamma / (\gamma - 1) \cdot RT$。Henderson[13] 得出,此时二激波理论的方程组可以转化为一元 6 次方程。这说明在规则反射下流动状态存在 6 组可能的解,Henderson 从中剔除了 4 组非物理的解。因此二激波理论得到的流动状态可能存在双解。

2. 三激波理论

它是针对马赫反射的,如图 4 - 7(b)所示,整个流动区域被入射激波 i、反射激波 r、马赫杆 m 和滑移线 s 大致分为了 4 个区域,其中(2)、(3)区可能具有参数变化的不均匀性,但这种变化相对于激波面尺度来说可近似忽略,因此在三波点邻近区域仍视为均匀从而可以应用激波关系求解。

当来流在跨越入射激波 i 时,有

$$\rho_0 u_0 \sin\beta_1 = \rho_1 u_1 \sin(\beta_1 - \theta_1) \tag{4-13}$$

$$p_0 + \rho_0 u_0^2 \sin^2\beta_1 = p_1 + \rho_1 u_1^2 \sin^2(\beta_1 - \theta_1) \tag{4-14}$$

$$\rho_0 \tan\beta_1 = \rho_1 \tan(\beta_1 - \theta_1) \tag{4-15}$$

$$h_0 + \frac{1}{2} u_0^2 \sin^2\beta_1 = h_1 + \frac{1}{2} u_1^2 \sin^2(\beta_1 - \theta_1) \tag{4-16}$$

当气流在跨越反射激波 r 时,有

$$\rho_1 u_1 \sin\beta_2 = \rho_2 u_2 \sin(\beta_2 - \theta_2) \tag{4-17}$$

$$p_1 + \rho_1 u_1^2 \sin^2\beta_2 = p_2 + \rho_2 u_2^2 \sin^2(\beta_2 - \theta_2) \tag{4-18}$$

$$\rho_1 \tan\beta_2 = \rho_2 \tan(\beta_2 - \theta_2) \tag{4-19}$$

$$h_1 + \frac{1}{2} u_1^2 \sin^2\beta_2 = h_2 + \frac{1}{2} u_2^2 \sin^2(\beta_2 - \theta_2) \tag{4-20}$$

当气流在跨越马赫杆 m 时,有

$$\rho_0 u_0 \sin\beta_1 = \rho_3 u_3 \sin(\beta_3 - \theta_3) \tag{4-21}$$

$$p_0 + \rho_0 u_0^2 \sin^2\beta_1 = p_3 + \rho_3 u_3^2 \sin^2(\beta_3 - \theta_3) \tag{4-22}$$

$$\rho_0 \tan\beta_3 = \rho_3 \tan(\beta_3 - \theta_3) \tag{4-23}$$

$$h_0 + \frac{1}{2}u_0^2\sin^2\beta_3 = h_3 + \frac{1}{2}u_3^2\sin^2(\beta_3 - \theta_3) \qquad (4-24)$$

（2）区和（3）区的气流在滑移线上进行匹配，气流方向和压强相同，因此有

$$\theta_1 - \theta_2 = \theta_3 \qquad (4-25)$$

$$p_2 = p_3 \qquad (4-26)$$

加上能量方程

$$h_0 = f(RT_0) = f(p_0/\rho_0) \qquad (4-27)$$

$$h_1 = f(RT_1) = f(p_1/\rho_1) \qquad (4-28)$$

$$h_2 = f(RT_2) = f(p_2/\rho_2) \qquad (4-29)$$

$$h_3 = f(RT_3) = f(p_3/\rho_3) \qquad (4-30)$$

这 18 个方程组成的方程组即为描述马赫反射下三波点附近流动状态的三激波理论。在该方程组中有 p_0、p_1、p_2、p_3、ρ_0、ρ_1、ρ_2、ρ_3、u_0、u_1、u_2、u_3、h_0、h_1、h_2、h_3、β_1、β_2、β_3、θ_1、θ_2 和 θ_3 等 22 个物理量，其中 p_0、ρ_0、u_0 和 θ_1 这 4 个参量已知。该方程组封闭，可以求出其他所有物理量。

Henderson[13]将三激波理论的方程组转化为一个一元 10 次方程组。三激波理论对应的有 10 组解。Henderson 证明其中 7 组解没有物理意义，而在剩下的 3 组解中有两组为重解。

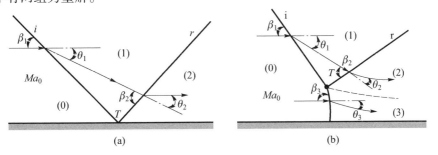

图 4-7 定常激波反射的激波关系示意图
（a）规则反射；（b）马赫反射。

Kawamura[14]应该是最早提议采用 $p-\theta$ 的激波极线方法进行分析的学者，这一思路为解决上述繁琐的求解过程提供了一条简明、高效和直观的途径。关于激波极线方法的具体内容在第 3 章中已经进行了详细的介绍，这里不再赘述。在二激波理论和三激波理论中，除了跨越激波关系和表示能量的方程外，都存在匹配条件方程。在二激波理论中是气流偏转角匹配，在三激波理论中不仅有气流偏转角匹配还有压强匹配。而气流偏转角和压强均是 $p-\theta$ 激波极线的主要参数，因此

$p-\theta$激波极线用来表示规则反射和马赫反射具有与生俱来的优势。

图4-8(a)是用激波极线表示的规则反射流动关系。右侧和左侧极线分别表示入射斜激波和反射斜激波关系。气流从(0)状态出发,在经历入射激波(i激波极线)后到达(1)状态,之后经历反射激波(r激波极线)到达(2w)或(2s)状态。(1)区状态位置的确定主要取决于入射激波的气流偏转角,即压缩拐角的角度。而(2)区状态则是由于反射激波的气流偏转角与入射激波波前气流方向相同,因此经历两道激波极线后气流状态必将回归到r极线与纵轴的交点上。此时可以看到,描述反射激波的r极线与纵轴有两个交点,分别对应了斜激波的强解和弱解,也就是Henderson提及的规则反射下流动状态双解。在下游扰动不是特别强的特殊流动机制下,(2)区的流动状态一般取弱解,即(2w)。

图4-8(b)是用激波极线表示的马赫反射流动关系。右侧和左侧极线分别表示入射斜激波和反射斜激波关系。气流从(0)状态出发,既可以通过斜激波弱解关系(入射激波)到达(1)状态,也可以通过强解关系(马赫杆)到达(3)状态。(1)区气流经历反射激波后到达(2)状态。(2)区气流状态与(3)区气流状态既要满足气流总的偏转角一致,又要满足压强匹配。而这体现在激波极线上就表示气流状态(2)区的点和(3)区的点重合。

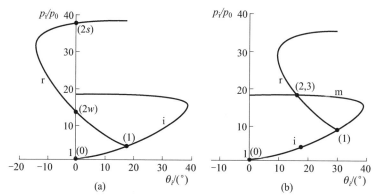

图4-8　激波反射的激波极线表示

(a)规则反射;(b)马赫反射。

以上介绍的都是反射面为壁面的情况,也可以看成是上下对称的斜激波在对称面上的干扰情况。此时反射的作用主要来自壁面对气流方向的约束,这种较为明确的约束条件在波系干扰的分析中相对容易得到体现。与之相比,非壁面约束的多激波相交的情况则相对较为复杂,这里给出两道异族激波相交的案例,如图4-9所示。因为多波间相互作用后所能达到的平衡状态由流动自身来协调,这一复杂性使得$p-\theta$激波极线分析的优越性得到进一步展现。具体表现在,多道激波相交和相互作用后,最终能达到平衡状态的应该是相邻流体质点间压力相等、流动方向相同,而 $p-\theta$ 图示正是提供流动状态是否平衡的快捷分析手段。图 4-10 相应给出了两异侧激波规则相交和非规则相交(出现马赫杆)的激波极线示例[15]。各区流动状态的确定与对称下激波反射情况类似,这里就不再赘述。

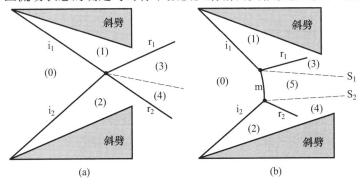

图 4-9　异侧非对称情况下激波反射结构示意图
(a)规则反射;(b)马赫反射。

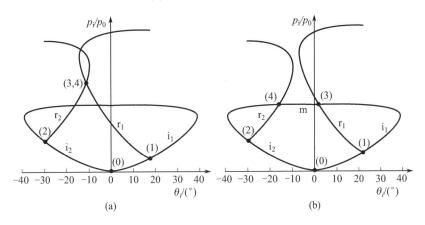

图 4-10　异侧非对称激波反射的激波极线表示
(a)规则反射;(b)马赫反射。

4.2.2　反射类型转变的判别

从激波反射的激波极线分析中可以看出,对于规则反射,入射激波和反射激波一般为弱解情况,波后大多为超声速流动;而在马赫反射中,马赫杆为斜激波的强解,波后流动为亚声速,因此,下游的扰动可能沿亚声速区往上游传播,从而对三波点附近的流动关系产生作用,进而对整体波系结构造成影响。比如在超燃冲压发动机隔离段内,如果出现了马赫反射,此时燃烧室的高反压以及边界层扰动很容易往上游传播,将隔离段中的激波串推向上游,严重时会造成进气道的不起动现象,对发动机性能产生颠覆性影响。因此,仅从这一案例也能看出,规则反射与马赫反射之间的转变问题不仅具有学术意义,其工程应用价值也无疑是十分重要的。

首先,基于二激波理论进行一定的分析讨论。从激波极线(图4-7(a))可以看出,二激波理论满足的条件在于反射激波的极线与纵轴存在交点。当入射压缩角抬升时,反射激波极线将不断向上(压力增加)和向右(气流偏转角增加)移动。此外,随着入射激波的增强,(1)区气流马赫数降低,相应地其气流最大偏转能力也降低,体现在激波极线$p-\theta$图上就是反射激波极线变窄。因此,将存在一个临界点,当入射激波气流偏转角达到该临界值时,反射激波极线与纵轴相切,如图4-11所示的r_{iii}激波极线。在临界点下方,反射激波与纵轴仍有交点,依然有规则反射的解存在;而在临界点上方,反射激波极线将远离纵轴而不存在交点,此时波系结构只能满足马赫反射关系。因此,该临界点可作为规则向马赫反射转变的判别,由于这一判别准则与尖楔头激波从贴体到脱体的转变判别类似,因此也被称为脱体准则。

其次,再从三激波理论出发进行分析。当反射激波极线位于r_{iii}激波极线上方时,反射激波极线与纵轴无交点,这时只能与入射激波极线在强解位置存在交点,参见图4-11中r_{iii}与i相交的(2,3)点,也就是说此时应为马赫反射;随着压缩角的减小,当反射激波处于图4-1所示的r_{ii}状态时,出现双解,即r_{ii}与纵轴交点(2′)(对应规则反射),以及r_{ii}与i相交的(2,3)点(对应马赫反射)。已有的研究表明[15],如果流动状态连续地由r_{iii}上方的马赫反射逐步减小压缩角至r_{ii}状态,其马赫反射的结构将得以维持;继续减小入射激波的压缩角,当反射激波极线到达r_i位置时,可以看出,原来的两个交点合二为一,此时由马赫反射向规则反射的转变将不会出现压力跳跃,因此该判别准则被称为力学平衡准则,或称为冯·诺依曼(von Neumann)准则。

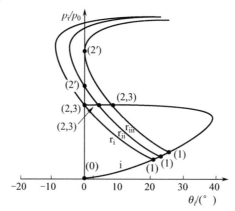

图4-11 激波反射类型转变条件示意图

通过以上分析可知,在定常激波反射中,规则反射与马赫反射的转变问题至少存在两个判据,一个是脱体条件,一个是冯·诺依曼条件。在脱体条件上方,激波反射只可能出现马赫反射;而在冯·诺依曼条件下方,激波反射则出现规则反射。至于脱体条件和冯·诺依曼条件中间的区域,规则反射和马赫反射都可能存在,也就是说二激波理论和三激波理论均有解。这个中间的区域被称为双解区,图 4 – 12 给出了双解区及转变边界所对应的气流偏转角随来流马赫数的变化关系。有关双解区及激波反射类型转变的展开讨论将在 4.3 节中进一步介绍。

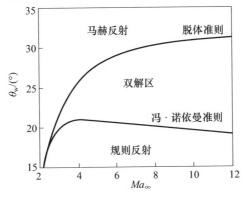

图 4 – 12　定常激波反射中反射类型相图

4.3　非定常运动激波斜壁反射

运动激波的反射现象是爆炸爆轰领域的关键问题,直接影响到爆炸波或爆轰波的传播演变过程。相较于定常激波反射来说,运动激波情况下,反射结构将随入射激波一起运动,流动具有非定常性。这种非定常性有时可能会随着激波与波后其他干扰因素相耦合而进一步加剧,比如爆轰波后的强烈释热过程、紧随爆炸波的稀疏波等。为了简化问题和突出共性,一般需要尽量选取既能体现问题的主要特征,又可以采用简单模型的办法,以便于分析机理和总结规律。例如,当平面运动激波绕平直楔面发生反射时,如图 4 – 13(a)所示,如果忽略黏性和高温非平衡等实际复杂次要因素,则此时的激波反射结构具有时空自相似性,也就是说流动结构的几何尺寸随时间线性增大,而各区流动参数随时间保持不变。这种反射类型一般被称为准定常激波反射。而对于弯曲激波沿平直壁面或平面激波沿弯曲壁面反射的情况,入射激波角随激波运动不断变化,流场结构不具备时空自相似性,相较准定常激波反射,其流动的非定常性更强。这类反射一般被作为典型非定常激波反射的代表而进行介绍,如图 4 – 13(b)所示。本节首先展开对准定常激波反射的论述,并逐步过渡到非定常激波反射。

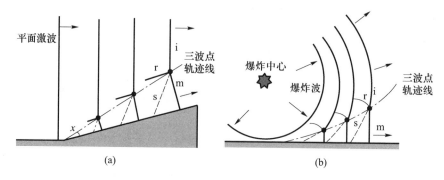

图 4 – 13　运动激波反射结构示意图

(a)平直运动激波绕斜直面反射(准定常激波反射);(b)爆炸波沿地面反射(非定常激波反射)。

4.3.1　规则反射和多种马赫反射

在运动激波反射的研究中,往往需要采用运动坐标系,将坐标架设在反射点上。此时波前的未扰动区将被转化为超声速的来流,从而得以如定常激波反射中一样,建立各区流动参数关系。但值得注意的是,运动激波中各结构点的运动速度往往不一致,因此在对各流动局部做进一步分析时,往往还需要建立局部坐标系。

在准定常激波反射中,激波的反射类型主要可以分为规则反射和非规则反射。而非规则反射还可以进一步细分为马赫反射和冯·诺依曼反射。Ben – Dor[15]对各反射类型进行了详细的论述,本节仅有选择性地针对 Ben – Dor[15] 中的相关内容进行简要介绍。

当平面运动激波绕射的斜劈倾角较大时,则运动坐标系中来流与入射激波的夹角较小,因此激波更易出现规则反射。图 4 – 14(a)箭头表示的是,跟随反射交点一起运动的相对坐标系下,反射点邻近区域的气流方向。不过需要提醒的是,对这类规则反射运用二激波理论时,其适用的范围仅限于反射点的邻近区域。从图 4 – 14(b)的激光全息干涉试验照片中不难看出,只有反射点附近的波系(入射波和反射波)较为平直,参数较为均匀(未见干涉条纹),而反射波的绝大部分波面呈现弯曲状态,被其覆盖的区域出现了明显的干涉条纹,表明该区域的参数是不均匀的。

随着斜劈倾角不断降低,反射类型将从规则反射向马赫反射转变。对于具有一定强度的入射激波和倾角不算太小的斜劈来说,三波点附近的波系结构主要取决于反射点当地的条件,而入射激波早期与斜劈头部产生的反射压缩扰动无法追上三波点,此时可能会出现双马赫反射结构,如图 4 – 15 所示。这主要是由于(2)

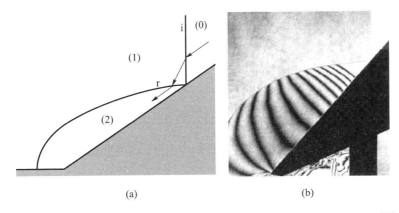

(a)   (b)

图 4-14 准定常激波反射中规则反射结构示意图(a)及其试验干涉图(b)[15]

区气流即使在经历了入射激波和反射激波两次压缩后,仍为超声速(跟随三波点一起运动的坐标系内)。此时尽管早期的斜劈前缘压缩扰动以激波的形式向外传播,但仍不能追赶上三波点。这样一来,前缘压缩扰动激波与当地马赫反射产生的反射激波相交,又构成了一个新的三波点。在这个新的三波结构中,原反射激波作为入射激波,新形成的激波为反射激波,与前缘激波相连的一段为马赫杆。

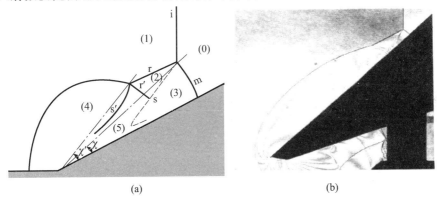

(a)   (b)

图 4-15 准定常激波反射中双马赫反射结构示意图(a)及其试验干涉图(b)[15]

当斜劈倾角进一步降低时,前缘压缩扰动强度也随之减弱。这时虽然前缘压缩扰动仍以激波的形式向外传播,但其强度与反射点当地产生的反射波强度相比已相差无几。此时前缘激波与反射激波将以光滑过渡的形式进行连接,如图 4-16 所示。反射激波和前缘激波相交处存在着一个曲率近乎连续变化的拐折点(kink)。

当斜劈倾角继续减小,随着(2)区气流速度(跟随三波点一起运动的坐标系下)降低至亚声速流动时,这时前缘的压缩扰动即可追赶上三波点,前缘压缩扰动激波也就与当地反射激波合二为一,其波系结构则呈现出通常所说的简单马赫反

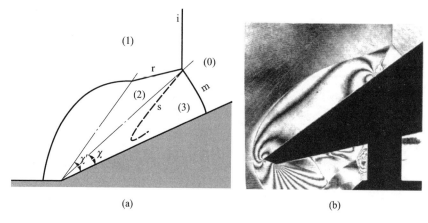

图 4-16　准定常激波反射中过渡马赫反射结构示意图(a)及其试验干涉图(b)[15]

射的典型特征,如图 4-17 所示。不过值得注意的是,由于这种情况下反射波后已包含着当地反射和前缘压缩扰动的全部信息,此时的反射激波是一道弯曲激波,气流在通过它后已不再均匀。

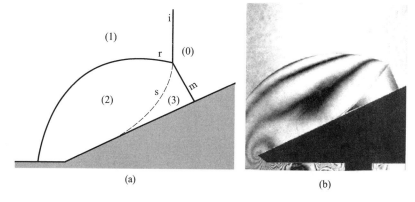

图 4-17　准定常激波反射中单反射结构示意图(a)及其试验干涉图(b)[15]

　　另外,还有一种值得说明的情况是,当入射激波强度很弱时,采用三激波理论和激波极线的方法可能出现无解,或即使有解也与试验结果有出入的情况,即弱激波反射中的冯·诺依曼疑题[16]。前人对此展开了一系列研究。Colella[17]提出反射激波在三波点附近可能会退化为一系列压缩波,从而满足匹配关系,他们称这种反射类型为冯·诺依曼反射,如图 4-18(a)所示;而 Guderley[18]则认为反射激波依然存在,但在紧靠反射激波的下游将形成一系列中心膨胀波;Skews 等[19]成功捕捉到了弱激波反射波后的膨胀波和超声速区,并发现膨胀波后超声速区长度仅为马赫杆高度的 2%,这种反射类型称为 Guderley 反射,如图 4-18(b)所示;Tesdall 等[20]在 Guderley 反射的基础上进一步研究发现,反射激波波后的超声速区都会存在一道激波作为终止边界,并且在马赫杆上还可以形成多个由膨胀波/激波构成的复合结构,而这种反射类型称为 Vasilev 反射[21],如图 4 - 18(c)所示。

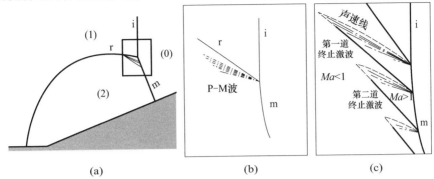

图 4 - 18　准定常弱激波反射中冯·诺依曼反射、Guderley 反射和 Vasilev 反射结构示意图

在非定常激波反射中,除了有上述的激波反射类型外,随着反射条件的不同,人们还总结出了逆马赫反射(InMR)和过渡规则反射(TRR)的反射结构,如图 4 - 19 所示[15]。这两种反射类型被发现存在于平面激波沿凹形壁面以及汇聚激波沿平直壁面的反射中。在这些情况下,入射激波的激波角随着激波的运动逐渐减小,从而造成马赫杆的长度也逐渐降低,此时三波点轨迹线的终点将落在壁面上,形成 InMR;而当三波点落于壁面之后,(2)区气流为超声速,此时在下游可能会形成一道近似的正激波,使得(2)区的压强得以与更下游的气流压强匹配,新形成的正激波将与反射激波耦合,从而在反射激波上形成了一个三波点,即 TRR 反射结构。

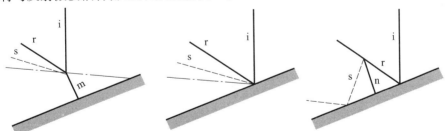

图 4 - 19　非定常激波反射中 InMR 和 TRR 形成的过程[15]

4.3.2　影响反射类型转变的因素及其与定常反射的异同

前文已提到,运动激波反射中流动参数关系也可采用二激波或三激波理论进行求解,所不同的是,求解时需要将参考系跟随反射点或三波点一起运动,如图 4 - 20 所示。可以看出,运动激波反射下的相对来流速度不仅与激波速度相关,还与压缩

拐角的角度或三波点的轨迹角相关。这里以马赫反射为例,介绍运动激波反射和定常激波在求解流动参数关系时的差异。

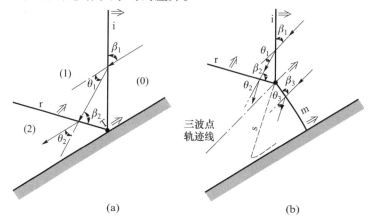

图 4 – 20　运动激波反射的激波关系示意图

(a)规则反射;(b)马赫反射。

在定常激波反射中,来流马赫数是已知的,可以直接画出入射激波的激波极线,并根据来流的入射激波角,得到(1)区气流参数,接着作反射激波的激波极线,就得到(2)区和(3)区的参数,如图 4 – 8(b)所示。这样就解出了定常激波反射中三波点附近各区的流动参数。但在运动激波反射中,等效的来流速度等于三波点的运动速度,而三波点的运动速度是未知待求的。以准定常激波反射为例,如图 4 – 13(a)所示,三波点的轨迹线可以认为一道源于压缩拐点的无限平直射线。根据几何关系,可以得到

$$Ma_0 = \frac{Ma_s}{\cos(\theta_w + \chi)} \qquad (4-31)$$

式中　χ——三波点轨迹线与壁面的夹角,称为三波点的轨迹角;

　　　Ma_0——基于三波点 T 的未扰动区相对来流马赫数。

这样虽然得到来流马赫数的表达式,但在原方程组中引入了一个额外的未知变量 χ。原本的方程组不再封闭。为了使得方程组能重新求解,需要额外增加一组关系。Ben – Dor[15]在准定常激波反射中假设马赫杆始终垂直于壁面,这样可以用 χ 表达 ϕ_3,即

$$\phi_3 = \frac{\pi}{2} - \chi \qquad (4-32)$$

这样与原三激波理论中的方程组联立,则可以求出准定常激波反射中三波点附近的流动关系。在实际求解中,需要先假定一个 χ 值,结合三激波理论可以作出

两道激波极线,如图 4 - 21 所示。由于(2)区和(3)区气流方向一致,因此可以得到(2)区的气体参数,通过比较 p_2 与 p_3 的大小关系,判断 χ 值是否过大或过小,进而迭代并缩小 χ 值的区间,直到得到一个满足精度要求的数值解为止。

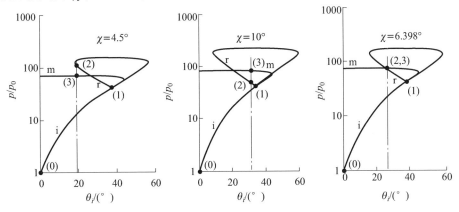

图 4 - 21　准定常马赫反射下选取不同 χ 时的激波极线

根据运动激波下的二激波或三激波理论,可以得到各区的流动参数。Ben - Dor[15] 对准定常激波反射中对准定常反射各类型间转变的临界值做出了总结,如图 4 - 22 所示。在主要的几类反射类型间,转变的临界条件基本遵循声速准则(与脱体准则相近)。这主要由于运动激波在反射过程中很容易产生扰动,此时如果波后流动为亚声速,则扰动很容易往上游传播,使得反射结构趋于马赫反射。

然而在随时间变化较为明显的非定常激波反射中,声速临界往往不适用。图 4 - 23(a)、(b)分别是平直激波绕凹形壁面和凸形壁面反射的示意图[15]。在激波运动中,激波与反射壁面的夹角不断变化,反射结构将经历 SMR→TMR→DMR →RR 或 RR→DMR→TMR→SMR 的转变过程。前人发现此时反射类型的转变临界存在较大的不确定性。图 4 - 24 是不同壁面曲率下的非定常激波反射的转变临界角,AB 是力学平衡准则结果,而 AC 是声速准则结果。随着壁面曲率的增大,壁面黏性效应减弱,绕凹形和凸形壁面的激波反射转变临界角将分别接近压力平衡准则和声速准则。而黏性边界层的作用将使得转变角分别增加和减小。可见在非定常激波反射中,转变临界还与激波扫掠的路径以及黏性边界层有关。

非定常激波反射现象及其分析方法,不仅仅在爆炸爆轰等运动激波传播现象的研究中普遍采用,在高超声速飞行很多的流动现象中也有类似应用。例如,杨旸等[22](图 4 - 25)在三维双楔面定常高超声速流动中发现 RR、SMR、TMR 和 DMR 等典型的准定常反射类型,并采用空间换时间的思想,将三维定常激波反射与二维准定常激波反射进行了类比;高波[23](图 4 - 26)在二维定常激波反射 RR→MR 的

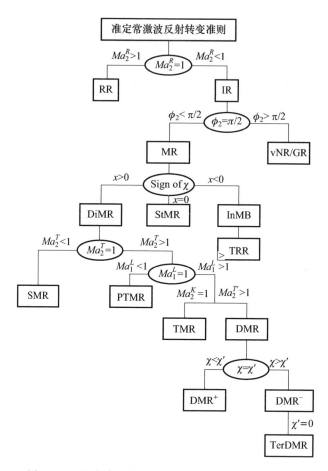

图4-22 准定常马赫反射下选取不同χ时的激波极线

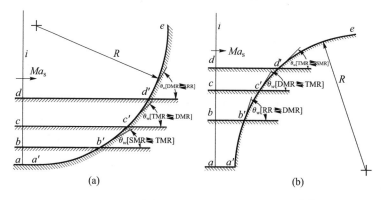

图4-23 两种典型的非定常激波反射示意图[15]

(a)平直激波绕凹形壁面反射;(b)平直激波绕凸形壁面反射。

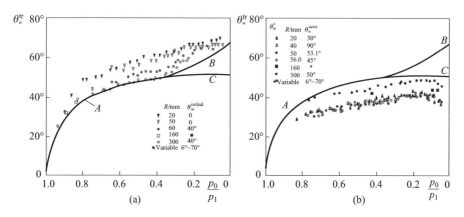

图 4-24　不同壁面曲率下的非定常激波反射的转变临界角[15]

（a）平直激波绕凹形壁面反射；（b）平直激波绕凸形壁面反射。

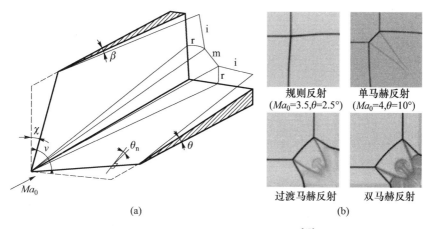

图 4-25　双楔面三维定常激波反射[17]

（a）双楔面三维定常激波反射示意图；（b）截面数值纹影图。

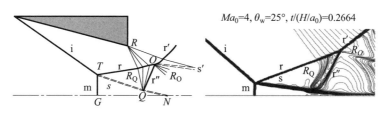

图 4-26　二维激波反射转捩过程中的双马赫反射结构[18]

转变过程中发现在一定条件下反射点附近的流动结构可能出现双马赫反射结构，通过采用运动坐标系进行分析，他们得到了较准确的转变条件的理论解。可见，非定常激波反射理论和分析方法在多维或瞬态流动中有着广泛的应用前景。

4.4 反射类型的多解与迟滞现象

前面曾提到,在反射类型的求解中可能存在双解的现象,即在双解区反射类型既可能为规则反射,也可能为马赫反射。Hornung 等[25]指出,规则——马赫反射相互转变时会出现迟滞现象,认为在定常斜激波反射情况下,当楔角逐渐增大时规则反射向马赫反射的转变会发生在对应脱体准则的 θ_w^D;而当楔角逐渐减小时,马赫反射向规则反射的转变会发生在对应冯·诺依曼准则的 θ_w^N。然而,Hornung 等[26]在随后的试验中发现规则——马赫反射间的相互转变都发生在 θ_w^N,而预测中的迟滞现象并没有出现。他们将此现象归结为风洞试验中存在着流场扰动的影响,并认为该迟滞现象是"无法证实的"。但是在十几年后,迟滞现象几乎同时在 Ivanov 等[27]的数值模拟及 Chpoun 等[28]的试验研究中得到了证实。Chpoun 等[28]通过试验发现,规则反射向马赫反射转变发生在激波角 37.2°,比脱体准则小 2°;而马赫反射向规则反射的转变则发生在激波角 30.9°,与冯·诺依曼准则相符。图 4 - 27 所示为 Chpoun 等的试验结果,在试验过程中楔角先逐渐减小(从(a)到(c)),而后再逐渐增大(从(c)到(e))。可以看到图(b)和图(d)中虽然楔角大小相同,却分别形成了马赫反射和规则反射。随后的许多数值结果也都证实了迟滞现象的存在[29-32],并与 Hornung 等[25]的预测基本吻合。Fomin 等[33]和 Ivanov 等[34]在封闭试验段风洞以及自由射流风洞中对该问题进行了试验研究,发现在封闭试验段风洞试验中几乎没有迟滞现象存在,而在自由射流风洞中存在有 3° ~ 4°的迟滞范围。Sudani 等[35]通过试验研究发现,在封闭试验段风洞试验中也会出现大约几度的迟滞区。

相对于试验来说,数值模拟结果比较容易得到与 Hornung 等[25]预测相吻合的迟滞现象;而对于风洞试验而言[26,29,33-35],不论采用哪一种风洞,尽管也在一定程度上发现迟滞现象,但试验结果总是与 Hornung 等[25]的预测存在不同程度的差别,具体表现在规则反射向马赫反射转变的角度明显低于 θ_w^D。对于风洞试验结果出现的这一问题,目前人们所普遍接受的原因有两个,即风洞中气流的扰动和试验中的三维效应。

关于风洞中气流扰动的影响,Ivanov 等[36]通过在数值模拟中反射点附近增加自由来流扰动的方法研究了规则反射和马赫反射的稳定性,发现在双解区马赫反射比规则反射更加稳定。Li 等[37]运用最小熵增原理分析了规则反射及马赫反射的稳定性,发现在双解区的绝大部分区域,规则反射及马赫反射都是稳定的,提出当流场完全无扰动时规则反射到马赫反射的转变将会在很靠近脱体准则 θ_w^D 的位置发生,而当流场中存在扰动时该转变可能在双解区任何位置发生,这取决于流场

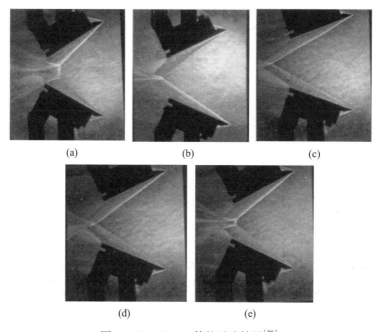

图4-27 Chpoun 等的试验结果[28]

(a) MR, $\beta = 42°$; (b) MR, $\beta = 34.5°$; (c) RR, $\beta = 29.5°$; (d) RR, $\beta = 34.5°$; (e) MR, $\beta = 37.5°$。

的不稳定效应及下游流场的影响。Hornung[38]通过对规则反射及马赫反射的激波极曲线的分析得出了类似的观点。Sudani 等[39]通过数值模拟验证了 Hornung 的观点,并研究了改变反射点下游反射壁面角度对两种激波反射结构间相互转变的影响。Ivanov 等[40]提出在双解区规则及马赫反射结构相对于小扰动而言都是稳定的,而对振幅超过一定阈值的较大扰动而言规则反射则变得不稳定,且该阈值的大小是随着楔角改变而变化的。因此在具有气流扰动的风洞试验中,规则反射向马赫反射转变的位置对扰动的大小变得敏感。随后,为了证实该观点,Ivanov 等[40]在低噪声风洞中进行了试验,发现了与 Hornung 等[25]的理论预测基本一致的迟滞现象。Kudryavtsev 等[41]通过在数值模拟中添加激波、膨胀波以及接触间断等多种扰动的方式研究扰动对反射结构转变的影响,发现在一定的扰动下规则反射及马赫反射之间可以相互转变,并提出风洞试验中在双解区之所以更容易形成马赫反射,不只是由于马赫反射更为稳定,还因为马赫反射向规则反射转变所需的扰动范围更大。Sudani 等[42]通过向风洞中加水的方法增加气流扰动,发现加水后规则反射在冯·诺依曼准则附近就转变为了马赫反射,而不加水时可以观察到明显的迟滞现象,由此通过试验支持了气流扰动对规则→马赫反射转变影响的解释。Yan 等[43]通过在试验流场中添加激光能量的方法研究了扰动的作用,发现通过该方法并不能实现马赫反射向规则反射的转变。Khotyanovsky 等[44]通过数值模拟进行了类似的研究,发现能量的添加可以促使规则反射转变为马赫反射,而相反方向的转变则未能实现。

Hu 等[50]通过理论分析提出了非对称楔面间激波反射的最大转角准则,认为此情况下规则反射向马赫反射的转变将发生在声速准则和脱体准则之间,并通过数值模拟对该理论进行了验证。Ivanov 等[51]通过数值模拟研究了来流马赫数变化对激波反射结构之间转变的影响,发现改变马赫数也可以观察到迟滞现象。图 4 – 28是 Ivanov 等的数值模拟结果,可以看到,虽然子图 2 和图 6、图 3 和图 5 中的来流马赫数相同,但是由于马赫数变化的路径不同而在相同马赫数下得到了不同的激波反射结构。Durand 等[52]通过试验对该问题进行了研究,然而并没有在试验中发现改变来流马赫数引起的迟滞现象,而在他们自己的数值模拟中,Durand 等也得到了与 Ivanov 等[51]相一致的结果,因此他们将该原因归结为风洞试验中气流扰动的影响。Ben – Dor 等[53,54]进一步对轴对称圆锥激波反射开展了数值和试验研究,因为对圆锥激波反射来说,至少可以排除二维试验模型有限展长的三维效应影响。他们的研究发现,当改变圆锥位置或来流马赫数时,圆锥激波反射也会出现类似定常斜激波平面反射的迟滞现象。Sudani 等[42]通过风洞试验发现,改变两个对称楔面之间的距离也会影响到规则→马赫反射间的转变,当减小或增大两个楔面间距离时,激波反射结构在双解区将会保持为规则反射或马赫反射,由此形成一种新的迟滞现象。

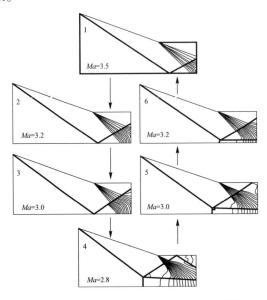

图 4 – 28　改变来流马赫数引起的迟滞[51]

除了来流的因素影响外,下游的背压改变也可能会波及上游的激波反射过程。Ben – Dor 等[56,57]通过数值模拟发现,当下游压力很高时会影响激波反射结构间的转变并引起迟滞现象。图 4 – 29 是 Ben – Dor 等的数值结果,其中 p_w 表示下游楔尾分离区的压力,p_0 表示来流压力。当无量纲下游压力 p_w/p_0 增大到 $18 \sim 20$ 时,规则反射转变为马赫反射;而当 p_w/p_0 减小到 $10 \sim 12$ 时,马赫反射转变为规则反射。我们知道,在高超声速内外流耦合流动中,进气道压缩过程中的压升以及燃烧室燃烧状态的变化都难免会以强背压扰动的方式对上游流场产生干扰,这类复杂

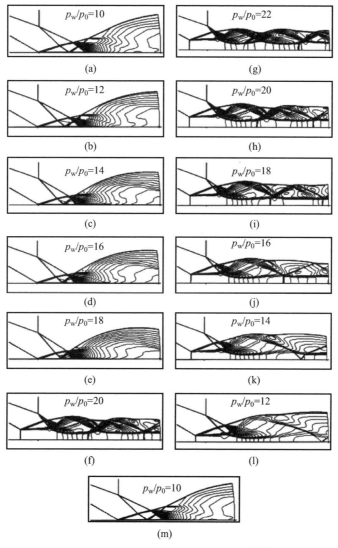

图 4 – 29 改变下游压力引起的迟滞[56,57]

耦合作用应该说是当前高超声速研究的热点和关键难点之一。限于篇幅,有关这方面的近期研究情况将在后续章节中适当介绍。

4.5 激波与界面的相互作用

4.5.1 平面运动激波在倾斜气体界面的折射

当运动激波遭遇两种不同气体的分界面时,由于介质的声阻抗 ρa(ρ 和 a 分别为气体的密度和声速)不同,会在界面上发生反射和折射现象,如图 4 - 30 所示。在高超声速飞行中,激波折射现象在激波—边界层干扰、发动机燃烧室内燃料预混等方面有着重要的应用。如果激波面的方向与界面方向平行,入射激波与界面的作用则仍表现为与原波面平行的透射激波和反射波,此时的流动现象可以认为是一维的;如果激波面与界面存在一定的倾角,入射激波和反射波将位于界面上方(即入射气体介质一方),而透射激波位于界面下方,激波折射具有二维性。

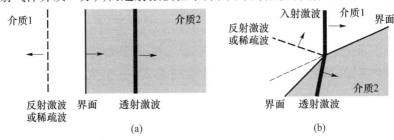

图 4 - 30　激波折射示意图
(a)一维;(b)二维。

由于气体组分、激波与界面夹角(入射角)和激波强度的多样性,激波在界面上的折射会形成多种波系结构[58]。就相互作用所产生的波系结构类型来说,与激波反射类似,激波折射的波系结构也可以大致分为两类,即规则折射和非规则折射。当入射激波、反射波和透射激波相交于界面的同一点时为规则折射;否则就是非规则折射。激波折射按界面的类型又分为两大类:一种是快/慢(轻/重)界面,即入射激波从声速快的气体经过界面运动到声速慢的气体;另一种是慢/快(重/轻)界面,即入射激波从声速慢的气体经过界面运动到声速快的气体。Jahn[59] 早在 1956 年通过由不锈钢框架固定硝化纤维膜隔离的气体界面研究了不同强度的平面激波在空气/CO_2(快/慢界面)以及空气/CH_4(慢/快界面)两种气体倾斜界面上的折射情况。研究发现,随着入射激波与界面的夹角变化,折射的波系结构也会随着改变。一般来说,基于准定常化方法的激波理论[60]仅能对规则折射的流动状态进行较好的预测。之后,Abd – El – Fattah&Henderson[61-63]在此基础上作了进一步的系统研究。他们将慢/快界面上的折射类型分为极弱、弱、强 3 种情况;而将快/慢界面上的折射类型分为极弱($\xi^{-1}=0.909$ 或者 $Ma=1.04$)、弱($\xi^{-1}=0.66$ 或者 $Ma=1.2$)、强($\xi^{-1}=0.25$ 或者 $Ma=1.87$)和极强($\xi^{-1}=0.143$ 或者 $Ma=2.5$)(ξ^{-1} 是入射激波前后的压强比)4 种情况展开研究。利用激波极线,Abd – El – Fattah&Henderson 对规则折射进行了较有成效的分析。另外,对多种非规则折射也进行了一定程度的探讨,并与试验中的激波角、气流偏转角以及三波点轨迹角等参量进行了对比和分析。

　　由于慢/快界面中出现的激波折射结构过于复杂,为了节省篇幅,这里仅对快/慢界面中的激波折射现象进行介绍。在快/慢界面下,激波折射可能出现以下 4 种波系结构,即反射波为激波的规则折射(RRR)、反射波为膨胀波的规则折射(Regular Refraction with reflected Expansion,RRE)、马赫折射(MRR)以及前曲折射(CFR),如图 4 – 31 所示。在入射激波极弱的情况下,随着入射角的增加(即界面倾角 θ_b 的减小),可以相继观测到 RRR、RRE 和 CFR 三种波系类型;而在弱激波、强激波和极强激波条件下观测到的则是 RRR、MRR 和 CFR 三种波系类型,其中MRR 存在的角度范围随激波强度增强而变大。具体相图如图 4 – 32 所示。对于规则折射,各区流动参数的关系可采用三激波理论进行求解。具体来说,采用的是与前文介绍的激波反射类似的准定常化方法,将坐标系跟随交点一起运动,从而获得交点邻近区域的定常流场。上侧的气流经历入射激波和反射波后会和下侧经历折射激波的气流在界面 d 进行压力和速度匹配。RRR 的激波极线如图 4 – 33(a)所示。在激波折射中有 3 条激波极线,分别对应的是入射激波极线 i、反射激波极线 r 和透射激波极线 t。而在激波的马赫反射中,马赫杆和入射激波是共用一道激波极线。由于是快/慢界面,透射激波对应的来流马赫数更高,其极线也就更加瘦

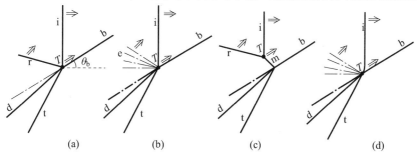

图 4 – 31　轻重界面上激波折射示意图

(a)规则折射(RRR);(b)规则折射(RRE);(c)马赫折射(MRR);(d)前曲折射(CFR)。

i—入射激波;r—反射激波;t—透射激波;e—膨胀波;m—马赫杆;b—反射前的界面;d—反射后的界面。

高。经过规则折射后,反射和透射激波极线的交点将位于反射点的左侧,这表明在激波折射后气体界面将向下方发生偏转。随着激波和界面角度的增大,反射激波的极线向右移动,同时反射激波极线的范围也在缩小,最终反射激波极线和折射激波极线将没有交点。此时 RRR 将转变为 MRR 如图 4-33(b)所示。

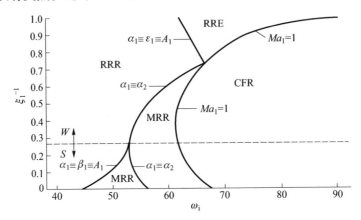

图 4-32　轻/重界面激波折射相图

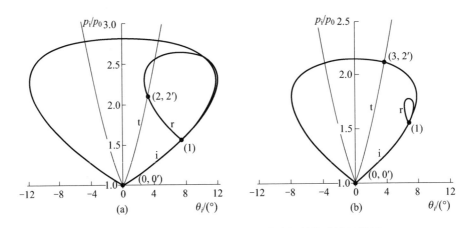

图 4-33　He/CO$_2$(快/慢)界面上激波折射的激波极线图

(a)规则折射(RRR,$Ma_s = 1.2$,$\theta_b = 40°$);(b)马赫折射(MRR,$Ma_s = 1.2$,$\theta_b = 30°$)。

4.5.2　斜激波与滑移面相互作用

斜激波与滑移面的相互作用也是高超声速流动中的重要流动现象之一。从图 4-4 中可以看出,在飞行器尾喷管出口处,射流边界内存在着复杂的激波/膨胀波的节状结构。图 4-34(a)作为示意,对应于超/高声速喷管过膨胀射流在出口处的流场波系结构,为便于分析,这里假设射流外部环境气体处于静止状态。由于喷管出口压强 p_1 低于环境背压 p_B,因此在出口上、下两侧(图中 A、B)将产生斜激波,通过斜激波以获得与环境背压的匹配。与此同时,喷管出口气流通过斜激波后还将向内拐折,相应地射流边界也与之平行地偏向内侧。随着射流向下游运动,当上、下两道斜激波相交(压力进一步上升)后,最终会分别与对方射流边界相遇(图中 C 和 D)。此时激波波后的压力将高于环境压力,因此在交点 C、D 会分别反射膨胀波,气流通过膨胀波后压力又与环境背压持平,同时气流和射流边界将向外扩张。随着这一过程的继续,两束膨胀波与对边射流边界相遇时又会反射压缩波,反射的压缩波(或汇聚的激波)又会再次与射流边界作用反射新的膨胀波,从而在喷管出口下游延续出激波(压缩波)/膨胀波相间的波节状结构。

上述激波与射流边界的相互作用可以简化为图 4 – 34(b)所示的形式[66]以便于分析讨论。气流在(1)区的压力 p_1 等于外界背压 p_B,通过斜激波 BC 后,气流的压力升高到 p_2,$p_2 > p_B$,产生压力不平衡。于是气流在激波和自由面的交点处发生一个绕外钝角的膨胀流动。气流通过 ECF 膨胀区后,压力降低($p_3 = p_B$),方向与射流的边界 CD 平行。同样,针对膨胀波在射流边界的反射问题也可进行类似的分析。总之,不管是激波、压缩波还是膨胀波,其在射流边界反射后将形成压力变化相反的反射波类型,因而在射流出口下游易于形成压缩/膨胀的反复循环过程。这一特点也决定了超/高超声速射流内部流场的不均匀性,或者说其内部流体质点大多会经历显著的压力起伏过程。

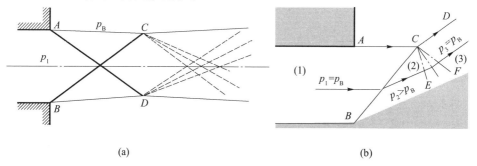

(a)　　　　　　　　　　　　　　(b)

图 4 – 34　激波与射流相互作用示意图[66]

(a)喷管过膨胀射流在出口处的流动结构示意图;(b)简化的激波/射流边界作用示意图。

需要特别强调的是,在高超声速流动中,上述激波/射流边界的相互作用不仅出现在喷管出口流动,在复杂的波系干扰、分离流动等情况下同样也可能会出现,而且后者的出现甚至可以说是"防不胜防"。

图 4 – 35 是典型的第Ⅳ类激波干扰示意图。斜激波与弓形激波干扰后产生透射激波 t 和滑移线(图中 s 所示);透射激波和下方的弓形激波产生进一步反射,又

产生一道滑移线。通过透射激波 t 的气流为超声速射流,而通过上下两侧弓形激波 b 的气流为亚声速。因此,在下射流边界起点处的反射激波将在两道射流边界间来回反射。

此外,在激波边界层干扰中,一旦有大分离的出现,一般多伴随着滑移边界的形成,而且对高超声速流动来说,主流大多也是超声速流动。因此,这类大分离流动中往往还会伴随着复杂的激波射流边界的相互作用。图 4-36 给出了人们所熟知的 λ 形式的驻激波与扩张喷管边界层干扰所出现的大分离流动。从图中可以看出,流经上下斜激波部分的气流为超声速,而上、下壁面的边界层分离流以及流经中部马赫杆部分的气流均为亚声速的低速流。因此整个流场中将形成上半部和下半部两个超声速射流区、上中下 3 个低速区以及作为射流边界的四道滑移面。作为 λ 激波后腿的反射激波也就成为与射流边界相互作用的主要来源,形成激波/压缩波与膨胀波交替出现的射流节状结构[65]。

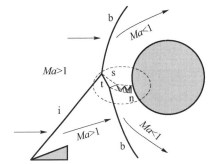

图 4-35   激波 - 激波干扰中激波在滑移线上的来回反射

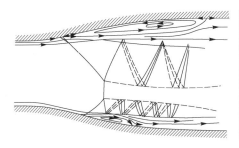 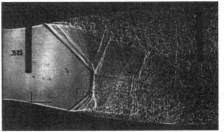

图 4-36   激波 - 边界层干扰中激波在滑移线上的来回反射[65]

4.6 本章小结

本章主要介绍和讨论了二维激波的典型反射和折射,包括定常斜激波的反射、非定常运动激波斜壁反射以及反射类型的多解和迟滞现象,最后对激波与界面的相互作用也进行了简要的介绍。需要说明的是,本章所给出的激波反射、折射等内容大多属于较为成熟的激波反射与折射理论,目的是让读者对几类最基本的二维激波相互作用现象及其分析方法有一定的认识与理解,从物理概念和分析手段上进行铺垫,为后续章节中遇到的更为复杂的激波干扰现象分析和讨论打下一定的基础。

参考文献

[1] Goonko Y P, Latypov A F, Mazhul I I, et al. Structure of flow over a hypersonic inlet with side compression wedges [J]. AIAA Journal, 2003, 41(3) : 436 − 447.

[2] Li Z , Gao W , Jiang H , et al. Unsteady behaviors of a hypersonic inlet caused by throttling in shock tunnel[J]. AIAA Journal, 2013, 51(10) : 2485 − 2492.

[3] Andrew J, Higgins A. Ram accelerators: outstanding issues and new directions[J]. Journal of Propulsion and Power, 2006, 22(6) : 1170 − 1187.

[4] Yatsufusa T, Taki S. Visualization of burning flow around a ram accelerator projectile by coaxial simultaneous shadow/direct photography[J]. Shock Waves, 2002, 12(3) : 235 − 240.

[5] Kleine H, Settles G S. The art of shock waves and their flowfields [J]. Shock Waves, 2008, 17 : 291 − 307.

[6] Lindl J, Landen O, Edwards J, et al. Review of the national ignition campaign 2009—2012 [J]. Physical of Plasmas, 2014, 21 :020501.

[7] Klaseboer E, Hung K C, Wang C, et al. Experimental and numerical investigation of the dynamics of an underwater explosion bubble near a resilient/rigid structure [J]. Journal of Fluid Mechanics, 2005, 537 : 387 − 413.

[8] 刘金宏, 邹立勇, 廖深飞, 等. 绕射激波和反射激波冲击下的 Richtmyer − Meshkov 不稳定性 [J]. 中国科学: 物理学, 力学, 天文学, 2014, 44 : 1203 − 1212.

[9] 张君鹏, 翟志刚. 不同强度平面激波冲击下正方形 air/SF6 界面演化的数值研究 [J]. 中国科学: 物理学, 力学, 天文学, 2016, 46 :064701.

[10] 李平, 柏劲松, 王涛, 等. 激波作用下气柱不稳定性发展诱发湍流大涡数值模拟 [J]. 中国科学: 物理学, 力学, 天文学, 2009, 39 :1241 − 1247.

[11] von Neumann J. Oblique reflection of shocks [R]. Explos ResRep 12, Navy Dept. Bureau of Ordinance, Washington D. C., USA, 1943.

[12] von Neumann J. Refraction, intersection and reflection of shock waves [R]. NAVORD Rep 203 − 45, Navy Dept Bureau of Ordinance, Washington D. C., 1943.

[13] Henderson L F. Exact expressions for shock reflection transition criteriain a perfect gas [J]. ZAMM, 1982, 62 : 258 − 261.

[14] Kawamura R, Saito H. Reflection of shock waves − 1 : Pseudo − stationary case [J]. J. Phys. Soc. Japan, 1956, 11 : 584 − 592.

[15] Ben − Dor G. Shock wave reflection phenomena [M]. 2nd ed. Berlin : Springer − Verlag Press, 2007.

[16] Sternberg J. Triple − shock − wave intersections [J]. Phys. Fluids, 1959, 2 : 179 − 207.

[17] Colella P, Henderson L F. The von Neumann paradox for the diffraction of weak shock waves [J]. J. Fluid Mech., 1990, 213 : 71 − 94.

[18] Guderley K G. Considerations on the structure of mixed subsonic – supersonic flow patterns [R]. Dayton,1947.

[19] Skews B W,Ashworth J T. The physical nature of weakshock wave reflection [J]. J. Fluid Mech. ,2005,542: 105 – 114.

[20] Tesdall A M,Hunter J K. Self – similar solutions for weakshock reflection [J]. Siam. J. Appl. Maths. ,2002, 63: 42 – 61.

[21] Vasilev E,Kraiko A. Numerical simulation of weak shock diffraction over a wedge under the von Neumann paradox conditions [J]. Comput. Math. Math. Phys. ,1999,39:1335 – 1345.

[22] 杨旸,滕宏辉,姜宗林. 三维双楔面定常超声速流动研究 [J]. 空气动力学学报,2012,30(6): 713 – 718.

[23] 高波. 二维定常超声速流中激波马赫反射的波系结构与转捩研究 [D]. 北京:清华大学,2010.

[24] 杨旸,滕宏辉,姜宗林. 激波反射现象的研究进展 [J]. 力学进展,2012,42(2):141 – 161.

[25] Hornung H G,Oetel H,Sandemann R J. Transition to Mach reflection of shock waves in steady and pseudo – steadyflow with and without relaxation [J]. J. Fluid Mech. ,1979,90: 541 – 560.

[26] Hornung H G,Robinson M L. Transition from regular to Mach reflection of shock waves. Part 2: the steady – flowcriterion [J]. J. Fluid Mech. ,1982,123: 155 – 164.

[27] Ivanov M S,Gimelshein S F,Beylich A E. Hysteresis effect in stationary reflection of shock waves [J]. Phys. Fluids,1995,7(4): 685 – 687.

[28] Chpoun A,Passerel D,Li H,et al. Reconsideration of oblique shock wave reflections in steady flows. Part 1: experimental investigation [J]. J. Fluid Mech. ,1995,301: 19 – 35.

[29] Chpoun A,Ben – Dor G. Numerical confirmation of the hysteresis phenomenon in the regular to the Mach reflection transition in steady flows [J]. Shock Waves,1995,5(4): 199 – 204.

[30] Ivanov M S,Zeitoun D,Vuilon J,et al. Investigation of the hysteresis phenomena in steady shock reflection using kinetic and continuum methods [J]. Shock Waves,1996,5(6):341 – 346.

[31] Hadjadj A,Kudryavtsev A N,Ivanov M S,et al. Numerical investigation of hysteresis effects and slip surface instability in the steady Mach reflection [C]//Proc. of 21stInt. Symp. on Shock Waves,Great Keppel,1998: 841 – 847.

[32] Ivanov M S,Markelov G N,Kudryavtev A N,et al. Numerical analysis of shock wave reflection transition insteady flows [J]. AIAA Journal,1998,36(11): 2079 – 2086.

[33] Fomin V M,Ivanov M S,Kharitonov A M,et al. The study of transition between regular and Mach reflection of shock waves in different wind tunnel [C]//Proc. of 12th Int. Mach Reflection Symp. ,Pilananesberg,1996: 137 – 151.

[34] Ivanov M S,Klemenkov G P,Kudryavtsev A N,et al. Experimental and numerical study of the transition between regular and Mach reflections of shock waves in steady flows [C]//Proc. of 21st Int. Symp. on Shock Waves,Great Keppel,1998.

[35] Sudani N,Sato M,Watanabe M,et al. Three – dimensional effects on shock wave reflections in steady flows [C]. AIAA Paper 1999 – 0148,1999.

[36] Ivanov M S,Gimenlshein S F,Markelov G N,et al. Numerical investigation of shock – wave reflection problems insteady flows [C]//Proc. of 20st Int. Symp. on Shock Waves,World Scientific,1996:471 – 476.

[37] Li H,Ben – Dor G. Application of the principle of minimumentropy production to shock wave reflection. I:

steady flows [J]. J. Appl. Phys. ,1996,80(4): 2027 - 2037.

[38] Hornung H G. On the stability of steady - flow regular and Mach reflection [J]. Shock Waves,1997,7: 123 - 125.

[39] Sudani N,Hornung H G. Stability and analogy of shock wave reflection in steady flow [J]. Shock Waves, 1998,8: 367 - 374.

[40] Ivanov M S,Kudryavtsev A N,Nikiforov S B,et al. Experiments on shock wave reflection transition and hysteresis inlow - noise wind tunnel [J]. Phys. Fluids,2003,15(6):1807 - 1810.

[41] Kudryavtsev A N,Khotyanovsky D V,Ivanov M S,et al. Numerical investigations of transition between regular and Mach reflections caused by free - stream disturbances [J]. Shock Waves,2002,12: 157 - 165.

[42] Sudani N,Sato M,Karasawa T,et al. Irregular effects on the transiti on from regular to Mach reflection of shockwaves in wind tunnel flow [J]. J. Fluid Mech. ,2002,459:167 - 185.

[43] Yan H,Adelgren R,Elliott G,et al. Laser energy deposition in intersecting shocks[C]. AIAA Paper 2002 - 2729,2002.

[44] Khotyanovsky D V,Kudryavtsev A N,Ivanov M S. Effects of a single - pulse energy deposition on steady shock-wave reflection [J]. Shock Waves,2006,15: 353 - 362.

[45] Skews B W. Aspect ratio effects in wind tunnel studies of shock wave reflection transition [J]. Shock Waves, 1997,7:373 - 383.

[46] Skews B W. Three - dimensional effects in wind tunnel studies of shock wave reflection [J]. J. Fluid Mech. , 2000,407: 85 - 104.

[47] Ivanov M S,Vandromme D,Fomin V M,et al. Transition between regular and Mach reflection of shock waves: new numerical and experimental results [J]. Shock Waves,2001,11: 199 - 207.

[48] Brown Y A,Skews B W. Three - dimensional effects on regular reflection in steady supersonic flows [J]. Shock Waves,2004,13: 339 - 349.

[49] Ivanov M S,Ben - Dor G,Elperin T,et al. The reflection of asymmetric shock waves in steady flows: a numerical investigation [J]. J. Fluid Mech. ,2002,469: 71 - 87.

[50] Hu Z M,Myong R S,Kim M S,et al. Downstream flow condition effects on the RR - MR transition of asymmetric shock waves in steady flows [J]. J. Fluid Mech. ,2009,620:43 - 62.

[51] Ivanov M S,Ben - Dor G,Elperin T,et al. Mach - number variation - induced hysteresis in steady flow shock wave reflections [J]. AIAA Journal. ,2001,39(5): 972 - 974.

[52] Durand A,Chanetz B,Benay R,et al. Investigation of shock waves interference and associated hysteresis effect at variable - Mach - number upstream flow [J]. Shock Waves,2003,12: 469 - 477.

[53] Ben - Dor G,Vasiliev E I,Elperin T,et al. Hysteresis phenomena in the interaction process of conical shockwaves: experimental and numerical investigations [J]. J. Fluid Mech. ,2001,448: 147 - 174.

[54] Ben - Dor G,Elperin T,Vasiliev I. Floe - Mach - number - induced hysteresis phenomena in the interaction of conical shock waves—a numerical investigation [J]. J. Fluid Mech. ,2003,496: 335 - 354.

[55] Li H,Chpoun A,Ben - Dor G. Analytical and experimental investigations of the reflection of asymmetric shock waves in steady flows [J]. J. Fluid Mech. ,1999,390: 25 - 43.

[56] Ben - Dor G,Elperin T,Li H,et al. The influence of the downstream pressure on the shock wave reflection phenomenon in steady flows [J]. J. Fluid Mech. ,1999,386: 213 - 232.

[57] Ben - Dor G,Elperin T,Li H,et al. Downstream pressure induced hysteresis in the regular - Mach reflection

transition in steady flows [J]. Phys. Fluids,1997,9: 3036.

[58] Henderson L F. The refraction of a plane shock wave at a gas interface [J]. J. Fluid Mech. ,1966,26: 607 – 637.

[59] Jahn R G. The refraction of shock waves at a gaseous interface [J]. J. Fluid Mech. ,1956,1: 457 – 489.

[60] Polachek H,Seeger R J. On shock – wave phenomena:refraction of shock waves at a gaseous interface [J]. Phys Rev,1951,84: 922 – 929.

[61] Abd – El – Fattah A M,Henderson L F,Lozzi A. Precursor shock waves at a slow – fast gas interface [J]. J. Fluid Mech. ,1976,76: 157 – 176.

[62] Abd – El – Fattah A M,Henderson L F. Shock waves at a fast – slow gas interface [J]. J. Fluid Mech. , 1978,86: 15 – 32.

[63] Abd – El – Fattah A M,Henderson L F. Shock waves at a slow – fast gas interface [J]. J. Fluid Mech. , 1978,89: 79 – 95.

[64] Adamson T C,Nicholls J A. On the structure of jets from highly underexpanded nozzles into still air [R], 1958 ERI Project 2397,1958.

[65] Reijasse P,Corbel B,Soulevant D. Unsteadiness and asymmetry of shock – induced separation in a planar two dimensional nozzle: a flow description [C]. AIAA Paper 99 – 3694,1999.

[66] 童秉纲. 气体动力学[M]. 2 版. 北京:高等教育出版社,2011.

第5章　激波－激波相互作用

　　吸气式高超声速飞行器较之航天飞机、飞船来说构型有着明显不同的特点,尤其是带发动机的内外流耦合流动将使得流场结构更显著地复杂化,这其中激波－激波干扰问题应该说是最具挑战性的难题之一。由激波相互作用所产生的激波、膨胀波、剪切层和射流等复杂流动结构,一方面会在干扰部位下游与壁面边界层作用,给物体表面带来极高的热、力载荷,使得飞行器的飞行安全和使用寿命面临严峻的考验;另一方面,激波/激波干扰也可能会伴随一系列的层流－湍流转捩、化学非平衡过程、非定常振荡等复杂现象,进一步使问题研究的难度增加。

　　在飞行器外流中,由典型部件(斜劈/圆柱构型、钝舵、支板、双楔等)引起的激波干扰问题研究已比较丰富,Edney[1]较早就系统地研究并归纳出典型的激波－激波干扰的6种类型,也对各干扰类型下的壁面热载分布进行了试验研究。近些年来,随着吸气式高超声速飞行器研究的深入,更多具有内外流耦合特征的激波干扰问题,如内转式进气道V形钝前缘位置的激波干扰、三面压缩进气道角区激波干扰等[2](图5-1),这些带有三维特征的复杂激波干扰问题也逐渐成为研究的热点,但相关的机理认识和揭示、系统性的规律总结与理论描述尚有较为漫长的路要走。

图5-1　高超声速飞行器复杂构型可能引起的激波干扰

本章将围绕高超声速飞行器研究背景,针对激波－激波相互作用问题,初步梳理迄今的相关研究成果,在对一些具有典型代表性的早期研究工作进行有侧重的介绍之后,也围绕目前的一些研究热点问题做些探讨。在章节安排上,5.1 节介绍典型的激波干扰分类,有选择地对第Ⅳ类激波干扰问题以及相关的降载措施稍作展开;5.2 节介绍高超声速飞行器外流中的一些典型的激波干扰问题;5.3 节则针对吸气式高超声速飞行器中具有内外流耦合特征的激波干扰热点问题进行讨论。

5.1　激波干扰分类及第Ⅳ类激波干扰问题

Edney[1]为突出重点和分解难点,以二维平面斜激波入射到圆柱形钝头体弓形脱体激波时的相互作用作为典型的简化模型,针对斜激波与弓形激波相对位置的不同,开展了这二者之间的激波－激波干扰问题研究,并从中归纳出六类具有代表性的激波干扰类型。这些类型基本涵盖了不同激波强度和激波位置之间所能产生的干扰波系结构。其中,第Ⅳ类激波干扰类型因其干扰区产生超声速射流直接冲击壁面,产生极高的热、力载荷而受到特别关注。本节首先对六类激波干扰类型进行介绍,继而针对第Ⅳ类激波干扰流场的高热力载荷产生机理、相关的非定常脉动特性以及减小相关的热力载荷的方法展开讨论。

5.1.1　激波干扰分类

图 5－2 给出了六类激波－激波干扰类型的示意图,其中,Ⅲ 和Ⅳ类的交点均位于弓形激波的亚声速段(即弓形激波的波后为亚声速流动);Ⅰ、Ⅱ、Ⅴ和Ⅵ类的交点位于弓形激波的超声速段(即弓形激波的波后为超声速流动)。这六类干扰类型除了在干扰区的波系结构具有明显不同的特征外,也表现出不同的近壁流动结构,其中Ⅰ、Ⅱ和Ⅴ类表现为激波与边界层相互作用;Ⅲ类表现为剪切层与边界层相互作用;Ⅳ类会形成超声速"喷流";Ⅵ类表现为膨胀扇与边界层相互作用。下面就对这六类激波干扰的流动特征稍做展开讨论。

第Ⅰ类激波干扰为异侧激波的规则反射,出现在入射斜激波与弓形激波强度较弱的部分相交时,这种干扰是分属对侧的两道斜直激波的直接干扰,入射激波 IS 和异侧弓形激波 BS 相交产生两道透射激波和一条沿着相交点向下游延伸的滑移线,透射激波 TS 的强度和角度以及滑移线可以通过代数求解。滑移线两侧气体压力相等、速度方向相同,速度大小、温度和密度可能不同。第Ⅰ类激波干扰发生时,干扰点上游的弓形激波形状几乎不受影响,根据斜激波关系可以计算出干扰流场的参数,该类型中,流动均为局部超声速。第Ⅰ类激波干扰产生的透射激波与壁面边界层相互作用会引起壁面热流、压力升高,升高的幅度主要与透射激波强度和

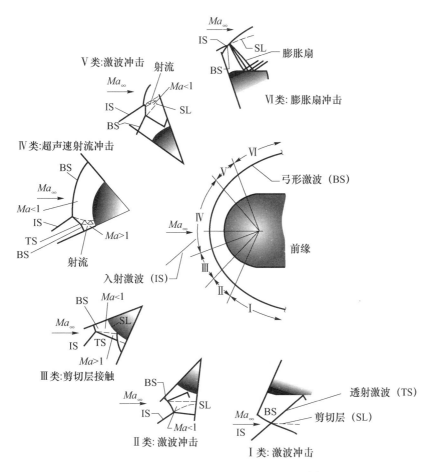

图 5 – 2　Edney 六类激波干扰示意图[3]

边界层是否发生分离有关。

　　在第 Ⅰ 类激波干扰的基础上,将入射斜激波 IS 与弓形激波的交点位置逐渐上移,随着入射斜激波与弓形激波波面倾角的逐渐增加,二者之间会从规则相交(一个交点)转变为非规则相交的两个三波点,之间由马赫杆相连,此时干扰类型成为第 Ⅱ 类激波干扰。其间虽然入射激波强度保持不变,但随着交点位置的上移,弓形激波部分的强度在不断增大,波后气流马赫数不断降低,以至于规则相交所需的反射波后气流偏转角超出了斜激波理论允许的最大值,因此简单的第 Ⅰ 类激波干扰不会维持,取而代之的是两个三波点通过一道准正激波的马赫杆相连。两个三波点位置产生两道剪切层,剪切层将超声速气流与亚声速气流隔开,两道剪切层之间为马赫杆后的亚声速气流。由于第 Ⅱ 类激波干扰中仍有透射激波传向壁面,因此,这时透射激波与壁面边界层作用与第 Ⅰ 类激波干扰类似,同样会引起壁面热流、压力的升高。

　　沿着图 5 - 2 所示的顺时针方向,当入射激波 IS 与弓形激波的交点位置继续上移时,干扰区终将到达弓形激波的亚声速区。此时整个上方的弓形激波区域都将感受到入射激波 IS 的作用,也就是说,连 IS 与 BS 交点的上方也已经不是干扰之前的弓形激波了。这时的干扰类型为第Ⅲ类激波干扰,在这类干扰中,三波点上方的弓形激波后的流动为亚声速,而入射激波 IS 和透射激波 TS 后气流则可以是超声速流,因此在交点向下游拖出一条滑移线直至物体表面,滑移线将当地亚声速流动和当地超声速流动上下分开,滑移线下方的当地超声速流动经复杂波系由物面转向。与第Ⅱ类激波干扰相比,此时马赫杆与弓形激波合并,弓形激波脱体距离因包含入射激波所给予的压升而小幅增大;此外,干扰产生的剪切层撞击壁面引起壁面热流、压力大幅升高,热流升高幅度与流动雷诺数和剪切层状态(层流或湍流)有关。

　　当入射斜激波 IS 与驻点前方接近正激波的弓形激波 BS 相交时,二者的相互作用最为剧烈,此时的干扰类型也就是最受关注的第Ⅳ类激波干扰。其显著特点是,在干扰区处于驻点的上游位置,形成一段强度较弱,连接上、下方弓形激波 BS 的透射激波 TS,其波后气流仍保持着较高的超声速,而上下弓形激波的波后气流均为较低的亚声速,因此形成了处于两道滑移面之间的超声速射流。而这束射流与驻点附近壁面的位置关系及相互作用过程也就成为人们所关心的焦点。当超声速射流近乎垂直地冲击驻点壁面时,将引起壁面热流、压力急剧上升;而当超声速射流位置稍有偏离,其对壁面的冲击作用出现倾斜和弯曲时,则壁面热流和压力的升高幅度相对较小。因此,第Ⅳ类激波干扰的流动特性也就自然成为激波干扰问题关注的重点内容之一。

　　当入射激波 IS 继续沿弓形激波顺时针向上方移动时,激波干扰点处所对应的局部弓形激波强度又会随之下降。一旦弓形激波波后气流达到超声速,其干扰类型又将出现新的变化,此时出现第Ⅴ类干扰类型。这时,从气流进入波面的方向来看,入射激波与其所相互作用的弓形激波已属于同侧激波干扰。只不过干扰点附近的弓形激波仍具有一定的强度,这两道同侧激波呈现的是非规则相交,伴随着马赫杆的出现,与前面第Ⅱ类激波干扰结构有一定类似之处,只不过前者属于异侧激波相交。

　　当入射激波 IS 与弓形激波的交点位置继续上移时,随着弓形激波的进一步减弱,这两道激波最终能转变为同侧激波的规则相交,这就是第Ⅵ类激波干扰。第Ⅵ类激波干扰主要特征是,交汇点在离弓形激波波后声速点较远的下游,交点位置会产生剪切层和膨胀波,干扰流场全场为超声速流动。虽然同第Ⅰ类干扰有类似之处,但不同的是,前者属于异侧激波相交,后者则属于同侧激波相交。因此,当看到第Ⅰ类干扰交点处为四道激波,而第Ⅵ类激波干扰在交点处却为三道激波再加一道膨胀波时也就不足为奇了。第Ⅵ类激波干扰中膨胀波与壁面相互作用可以降低壁面压力和热流。

5.1.2　第Ⅳ类激波干扰

如前所述,第Ⅳ类激波干扰问题是研究者们重点关注的内容之一,这里专门对此展开讨论。图5－3给出了第Ⅳ类激波干扰流场结构示意图,入射激波与弓形激波在近似垂直的部分相交,在相互干扰的局部区域内形成超声速"喷流"、激波、膨胀波及剪切层结构。超声速"喷流"上下两侧形成强剪切层,在物体壁面附近止于一道"喷流"激波,又称"滞止激波"。超声速"喷流"的非定常运动形成沿壁面向上或向下发展的两个剪切层。"喷流"激波后的圆柱表面会出现很小的滞止区,在这个区域内压力、温度和热流均非常高,这些特性使得第Ⅳ类激波干扰在六类干扰类型中对高速飞行器的影响最大。

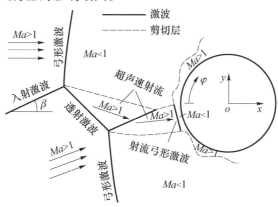

图5－3　Ⅳ类激波－激波干扰的流场结构示意图[4]

针对第Ⅳ类激波干扰,国内外学者做了大量的试验和数值研究工作。Wieting、Holden、和Glass[5-13]等较早针对热、力载荷问题最显著的第Ⅳ类激波干扰开展了细致的风洞试验研究,获得了大量的激波干扰流场照片,总结出壁面压力、热流分布规律。试验主要考察了来流马赫数、来流雷诺数、入射激波强度和位置、来流焓值等不同因素对壁面压力和热流分布的影响[5-9]。这一系列结果表明,随着来流马赫数的升高,压力和热流升高幅度有升高的趋势,干扰区域范围缩小。与低焓来流相比,高焓来流条件下[14,15](气体比热比减小),第Ⅳ类激波干扰产生的热流增幅并不会显著升高。同时,雷诺数升高引起的层流－湍流转捩对激波干扰壁面热流峰值影响明显,在湍流情况下壁面热流峰值升高约50%,而壁面压力受雷诺数影响较小。基于这一结果,Kolly等[16-18]发展了经验公式来描述壁面压力和热流的关系。

　　而在某些特定试验条件下,Holden 等发现,第Ⅳ类激波干扰流动可能存在非定常振荡现象(图 5 - 4),并给出试验条件下流动非定常振荡的频率在 3 ~ 10kHz之间[7],非定常压力、热流的峰值[16 - 18]能超出均值的 40% ~ 80%。事实上,激波干扰流场结构对来流条件极为敏感,干扰区域小使得所需传感器的空间分辨率要求高,较小的流场非定常振荡幅度也使纹影难以观测。这些因素都使试验中很难得到第Ⅳ类激波干扰的非定常结果,也导致了后续的试验研究在非定常振荡频率[14 - 19]方面难以达成共识。

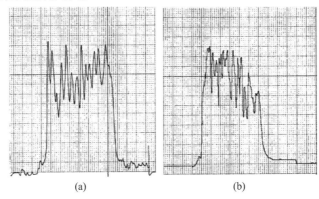

(a)　　　　　　　　　　(b)

图 5 - 4　第Ⅳ类激波干扰非定常振荡试验数据[7]
(a)热流;(b)压力。

　　随着数值计算方法的不断完善以及计算机技术的快速发展,数值模拟成为研究流体力学的重要手段。采用数值模拟方法研究激波 - 激波干扰可以获得更多的流场参数信息,有助于更深入地认识其流动机理。Gaitonde 和 Shang[20,21]采用改进的 Steger Warming 格式、van Leer 格式和 Roe 格式求解第Ⅳ类激波干扰的非定常流场,计算的振荡频率为 32kHz。基于有限体积方法的 3 阶 ENO(Essentially Non-oscillatory Schemes)格式求解 Navier - Stokes 方程。Zhong[22]计算第Ⅳ类激波干扰的非定常流动,结果表明非定常振荡现象是剪切层、超声速射流和弓形激波共同作用引起的,计算得到的壁面压力、热流分布与 Wieting 和 Holden 的试验结果吻合,遗憾的是其计算的振荡频率 30kHz 与试验仍相差较大。如图 5 - 5 所示,Chu 和 Lu[23]采用高阶格式考察了第Ⅳ类激波干扰的非定常特性,研究了激波干扰非定常运动的反馈机制,建立了与超声速射流相关的自激振荡机制,定量地分析了流动的非定常特征,认为下侧剪切层在反馈回路中起到了更为重要的作用。肖丰收[24]则认为第Ⅳ类激波干扰流动中无黏特征起主导作用,如图 5 - 6 所示,超声速射流冲击壁面时会产生压力扰动,扰动以压缩波的形式在弓形激波波后亚声速区域内向上游传播,直到与弓形激波相交,引起弓形激波和透射激波非定常振荡,弓形激波与透射激波的振荡会影响下游超声速射流的运动,从而形成完整的振荡反馈机制。上述研究结果也表明,第Ⅳ类激波干扰非定常振荡的机理仍未清晰,复杂的剪切、压缩和热力过程间的相互作用等仍有待进一步探索和揭示。

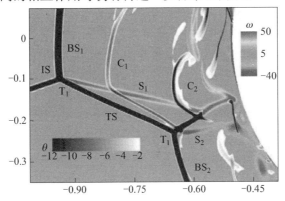

图 5 – 5　第Ⅳ类激波干扰的非定常瞬时流场

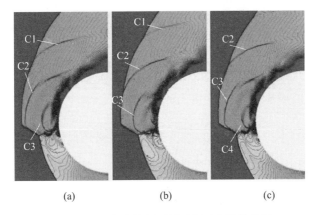

图 5 – 6　非定常算例不同时刻压力等值线图
（a）t 时刻；（b）$t + 10\mu s$；（c）$t + 20\mu s$。

5.1.3　激波干扰与热防护

由前面所讨论的激波干扰问题可知,一般来说,复杂的激波相互作用将可能引起飞行器某些部位热、力载荷的显著上升。因此,认识相关机理,有针对性地发展相应的热防护措施无疑是飞行器设计时需要着重考虑的问题。此外,新机理和现象的认识在工程应用中一般都有两面性,避其所短和用其所长应该是应用基础研究的重要宗旨之一。据笔者所知,目前与波系干扰较为密切的热防护和流动控制方法主要有激波针、反向喷流、迎风凹腔、变几何外形等。作为示例,本小节将选取几项相关的研究工作进行简要介绍。

1. 激波针

为了达到钝头体降热、减阻的目标,工程中采用钝头体"前向结构针"来削减超声速或高超声速飞行时的钝头体波阻和气动加热效应。图 5 - 7 给出了带激波针和不带激波针流场结构对比[25],从图中可以看出,激波针头部产生了圆锥激波,由于后面大钝头的阻滞使得波后气流承受很大的逆压梯度,再加上激波针壁面对气流的黏性摩擦作用,导致波后气流发生分离,在钝头体前方形成一个很大的低速回流区。分离区内的速度低而波后主流的速度高,圆锥激波与分离区之间的界面处产生了强剪切层。随着流动的发展,分离气流在钝头体肩部再附,从气流再附点开始在钝头体肩部附近形成了再附斜激波,并与激波针头部产生的圆锥激波发生相互干扰。由此可见,激波针可以将激波推离物面并在头部形成低压回流区,从而减小头部表面压力,是减小钝头体热载荷和阻力的有效方法。

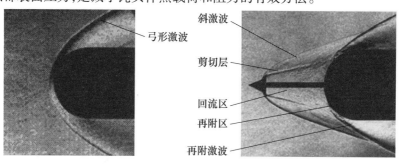

图 5 - 7 钝头体激波特征和带激波针时钝头体流场结构[25]

Grawford 在 1959 年就做了带激波针的钝头体在 Ma =6.8 条件下的绕流试验,详细研究了激波针的长度和雷诺数对钝头体表面压力及气动加热方面的影响[26]。后来,随着计算流体力学的快速发展,越来越多人运用试验和计算相结合的手段对带激波针的钝头体绕流进行研究,并且该项技术已经成功地应用到飞行器设计中。例如,美国 Lockheed 公司在"三叉戟"Ⅰ型导弹上安装可伸缩的激波针,在高超声速情况下减阻可达 52% 。目前,国内外的相关研究主要集中在激波针的长短和粗细对其气动特性的影响以及相关的优化设计等方面。

2. 反向喷流

大家知道,高超声速飞行器头部之所以采用钝头体设计,主要是为了降低热流的热防护角度考虑。尽管激波针方法具有减阻的潜力和价值,但激波针自身将面临"针尖"驻点的严重热烧蚀问题。一个替代的想法就是采用"空气针"。Stalder 和 Inouy[27]通过试验观测发现球柱体头部反向喷出冷态空气射流能够有效地减小气动加热效应。在试验和理论上系统地分析了冷态反向喷流的流动特征和减阻特性。

逆向喷流的主要流场结构如图 5－8 所示,高压气体由喷口喷射出来推动头部弓形激波远离物面,重构为多级弱激波,在飞行器头部前方形成细长的等效外形,同时喷流在自由来流的作用下又反向回流附着在物体表面,由于剪切作用在喷口附近形成低压回流区,壁面压力的降低使得阻力下降;气动热方面,喷流喷出后等熵膨胀加速,温度降低,经过马赫盘后速度降低,温度升高,自由来流向两侧沿剪切层流动,而喷流分叉后进入回流区,被喷流冷却剂覆盖的区域气动加热环境得到明显改善;从激波波系结构上看,来流与物面之间有一道强弓形激波,喷口前方有膨胀波,物面与再附点附近有再附激波。影响流场结构的参数包括来流条件(流动介质、马赫数、总压和总温)和喷流条件(气体、喷口几何形状、喷口马赫数、质量流率等),关联二者的重要参数为压比[28]。其模态与质量流率有着密切联系,在较低质量流率时,喷流穿透弓形激波形成不稳定的斜激波波系结构,随着质量流率的增加,喷流对前方弓形激波的干扰增强,当质量流率的增加超出了临界值,弱激波结构突然崩溃,弓形激波脱体距离骤减,喷流从长穿透模态(Long Penetration Mode,LPM)转换到短穿透模态(Short Penetration Mode,SPM)。在 LPM 喷流中,喷流有效地渗透到主流中,缩小了等效包络外形的锥角,在减阻效果上优于 SPM 喷流。但逆向喷流的局限性也较为明显,一般需要较大的压比才能在头部形成稳定的流场。最近,韩桂来等将激波针和反向喷流技术相结合,提出一种"军刺"的方法,即在激波针头部增加反向喷流的办法来获得激波针"保形"减阻和喷流热防护的双重优势,展示了较为诱人的潜力[30]。

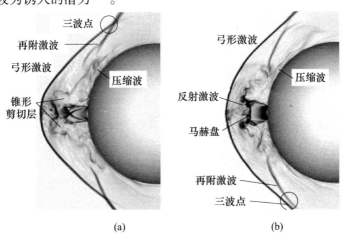

图 5－8　反向喷流的流场结构[29]

(a)LPM; (b)SPM。

3. 迎风凹腔

迎风凹腔结构具有设计简单的特点,展示了其在驻点热防护方面的潜力和优势。Saravanan 等通过试验给出了不同时刻迎风凹腔鼻锥的激波振荡纹影图(图5-9),指出对于迎风凹腔热防护,凹腔在超/高超声速流场中产生的激波振荡是其热防护效果的来源[31]。在凹腔内,剧烈的压力振荡引起激波位置的纵向振荡,激波位置在凹腔唇口与上游的某一位置(依赖于自由来流)之间振动。当激波向迎风凹腔唇口移动时,此时凹腔内的流动以与来流方向一致为主,弓形激波与鼻锥壁面间的空间变窄;激波的压缩变化越严重,激波两侧的流动参数变化越剧烈,在自由来流条件不变的情况下,波后气流的马赫数随激波向壁面靠近而下降,温度上升,真实气体定压比热容上升,在总焓值不变(能量守恒)的情况下,波后来流的滞止温度下降。波后来流携带的能量降低,削弱了鼻锥的气动加热。当激波向上游移动时,此阶段腔内气流流动以与来流方向反向为主,弓形激波与鼻锥壁面间的空间变宽,激波的压缩变得越来越弱。虽然此时波后气流的马赫数上升,滞止温度上升,但随着激波向上游移动,激波与鼻锥壁面之间多出的空间被下游气流填补,下游气体卷入激波与鼻锥壁面之间,流动出现分离和形成回流。下游空气的引入以及回流区的形成保护了鼻锥外表面免受极端热空气的载荷,降低了鼻锥滞止区域的气动加热。

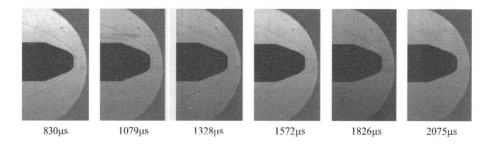

| 830μs | 1079μs | 1328μs | 1572μs | 1826μs | 2075μs |

图5-9　不同时刻迎风凹腔鼻锥的激波振荡纹影[30]

在轴对称带凹腔钝头体的流动研究中,Engblom 等[32]在试验中发现,在凹腔深度/直径比较大的情况下流动可能出现非定常振荡现象,振荡主要是由自由来流中的扰动引起的。近期肖丰收[24]研究了带凹腔钝头体的第Ⅳ类激波干扰问题。研究结果表明,无入射斜激波干扰时带凹腔圆柱流场(图5-10(a))非常稳定。有入射斜激波存在时,在第Ⅳ类激波干扰的范围内,当射流从凹腔上方壁面近乎相切地流向下游(图5-10(b),第Ⅳa类激波干扰)或者冲击在凹腔下方(图5-10(c))时,其波系干扰结构可能呈现两种相对稳定的状态,射流与凹腔的作用不明显。在上述第Ⅳa类激波干扰的基础上,继续下移激波干扰点位置,流动会由稳定模式演变成图 5 – 11 所示的高频前后振荡模式。此时,试验测得凹腔底部的振荡频率约为 8.9kHz,该振荡模式的主要特征为振幅相对较小、频率较高。在高频前后振荡模式的基础上,继续下移入射斜激波和弓形激波干扰点位置,当超声速射流的主体部分冲击凹腔内部时,流动会由高频前后振荡模式演变为图 5 – 12 所示的上下振荡模式。试验测得凹腔底部的振荡频率为 3.55kHz。这主要是由于射流与凹腔的相互作用加剧,使振荡幅度大幅提高,周期加长。超声速射流与凹腔的相互作用对两种模式的形成起到了关键作用,这一现象在凹腔设计中也值得关注。

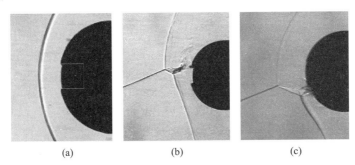

图 5 – 10　带凹腔的钝头体发生的第Ⅳ类激波干扰

(a)无入射激波;(b)第Ⅳa类激波干扰;(c)第Ⅳ类激波干扰[24]。

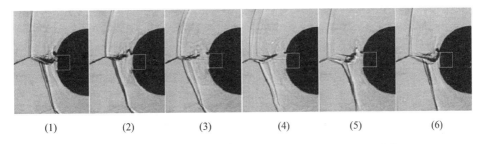

(1)　　　　(2)　　　　(3)　　　　(4)　　　　(5)　　　　(6)

图 5 – 11　单个振荡周期内试验阴影照片(前后振荡模式)[24]

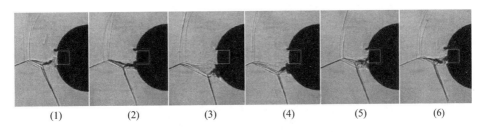

(1)　　　　(2)　　　　(3)　　　　(4)　　　　(5)　　　　(6)

图 5 – 12　单个振荡周期内试验阴影照片(上下振荡模式)[24]

4. 变几何外形

大家知道,钝头体几何外形对第Ⅳ类激波干扰壁面压力、热流分布及非定常特性会产生较大影响,设计合适的几何外形也是降载的重要途径之一。Wang 等[33]研究了非对称前缘结构的降载效果,结果表明,有入射激波存在时,非对称前缘结构相对对称前缘结构降载效果明显。而没有入射激波存在时,对称和非对称前缘结构的热流峰值的相对大小与来流攻角有关。肖丰收[24]进一步研究了 4 种典型的钝头体外形,如图 5-13 所示,包括对称和非对称外形,各个外形在 y 方向上的特征长度均为 $L=2R$。外形 A 为椭圆,长短轴之比为 2;B 为圆形,半径为 R;C 由两个半径 $0.75R$ 的圆弧和与之相切的直线段连接而成;D 为非对称外形,由相切的两段圆弧和直线段组成,大圆弧半径为 $2.5R$,大小圆弧半径之比为 21.5。选取这 4 种几何外形的目的是期望在相同的参考迎风面积条件下,通过改变入射激波入射点的位置来探讨几何外形对第Ⅳ类激波干扰的影响规律。

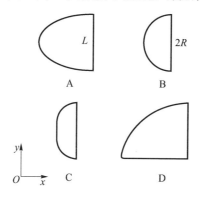

图 5-13　4 种典型钝头体外形[24]

图 5-14 给出了 4 种不同外形钝头体壁面压力、热流峰值随时间的变化规律,黑色曲线为压力结果,蓝色曲线为热流结果。对于每种外形,选取峰值均值最大的一组结果。可以看出随着钝头体外形钝度的增加,压力和热流峰值有增大的趋势,对于非对称外形 D 来说,虽然压力和热流平均值高于圆形外形 B,但因为外形 D 的第Ⅳ类激波干扰未出现非定常振荡,其所能达到的压力和热流峰值均小于圆形外形 B。也就是说,减小钝头体外形的钝度或者采用不会出现非定常振荡的非对称外形都能够有效地降低第Ⅳ类激波干扰带来的脉动热、力载荷。计算时,不同外形的特征长度 L,自由来流条件相同,对于图中的非定常振荡算例可以看出相同时间尺度内,A 外形算例的振荡周期最多,振荡频率最高,C 外形算例振荡周期最少,振荡频率最低。由此推断,合理选择钝头体外形可望有效地降低第Ⅳ类激波干扰带来的脉动热、力载荷。

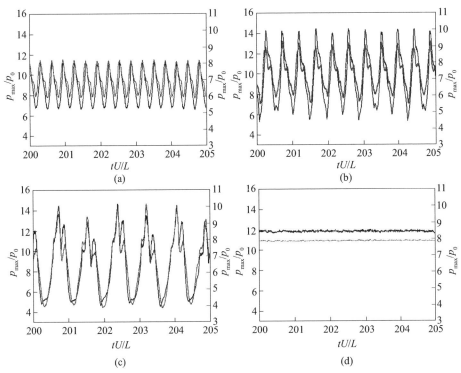

图 5 - 14　4 种不同外形钝头体壁面压力、热流峰值随时间变化规律[24]

(a) A 外形;(b) B 外形;(c) C 外形;(d) D 外形。

5.2　高超声速飞行器外流中若干激波干扰问题

为了保证高超声速飞行器的正常工作,以及出于对某些操纵或其他应用需求的考虑,通常会在其表面安装突起部件,如尾翼、控制舵、电缆罩、天线窗等,由此导致的局部流场结构的改变不可避免地会出现激波、激波与边界层干扰、边界层转捩、湍流边界层、分离涡等复杂的流场结构。这些复杂流动还会导致较强的非定常性以及局部区域的强热载荷,使其表面及周围分离区内的压力和热流急剧升高,产生严重的气动热和烧蚀现象。这些复杂和恶劣流动环境不仅会对飞行性能,同时还会对结构强度产生较大影响。本节将对以表面突出物为代表的一些典型构型的激波干扰特性进行介绍。

5.2.1　典型突起物的激波干扰

飞行器表面的突起物带来的研究问题,主要表现在绕流场中出现的激波/边界层相互作用所诱发的复杂流动问题。国内外许多学者在这方面开展了大量的理论和试验研究工作。早在20世纪70年代Sedney、Hung等[33-35]就曾经对突起物干扰进行了分类研究,根据突起物高度和边界层厚度的关系,将突起物分为高台和矮台进行研究,并给出大致的流动特征分布图。国内也有学者对局部构件干扰区热环境方面做了大量研究,如俞鸿儒、唐桂明和王世芬、吴国庭、李素循等[36],他们通过对典型突出物简化模型(如钝舵绕流、凸台绕流、压缩拐角流动、双椭球体绕流以及更复杂的喷流与主流干扰流场等情况)的分解与组合,细致地勾画了飞行器设计中遇到的大量激波/边界层相互作用流动的不同特征,为飞行器的局部与整体气动设计提供了很多有价值的参考依据。

典型的圆柱(钝前缘舵)与平板组合模型[36]的激波边界层干扰流动示意图如图5-15所示,假设无黏流以高超声速绕过竖直圆柱时(平板对圆柱无干扰),在圆柱迎风面仅有弓形激波,激波的脱体距离取决于来流马赫数与迎风面的几何尺度,如直径D、高度H等(图5-15(a)),图中表示全场为无黏流动,激波可以到达物面。实际上,在平板表面存在着边界层,层内介质的黏性不可忽略。因此,壁面上的流速为零,边界层内存在着超声速($Ma>1$)与亚声速($Ma<1$)两种不同特性

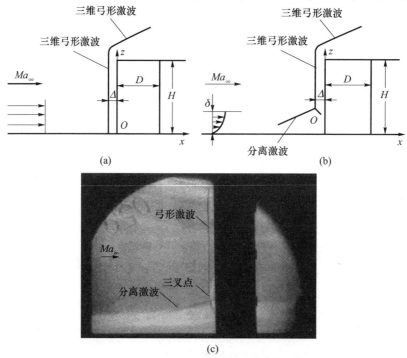

图5-15 激波边界层干扰流动示意图[36]

(a)平面与圆柱无黏性干扰示意图;(b)平面与圆柱有黏性干扰示意图;(c)流场纹影图。

的流动,在 $Ma > 1$ 层内,可能生成激波,在 $Ma < 1$ 层内不出现激波。因此,无黏流场中生成的激波可以延伸到边界层内超声速($Ma > 1$)的区域,而不能延伸到亚声速($Ma < 1$)区,所以图 5 – 15(b)中分离激波不能到达物面。图 5 – 15(c)所示纹影照片显示了流场中钝舵上游形成的弓形激波、分离激波及激波相交形成的三叉点。

当圆柱高度不同时,如图 5 – 16 纹影图所示,主激波是弓形激波,由来流 Ma,模型直径 D 来主导它的形状与脱体距离。当主激波形状有直线段时,表明流场该段主要呈现二维流动特征,或者说其受圆柱根部的影响较小。而在圆柱脱体激波与近壁分离激波相交的三叉点附近,流场则十分复杂,对应着柱前缘的高压、高温环境,因此特别值得注意。当 $H/D > 2.0$ 时,可见边界层外缘平直部分主激波已经较稳定地占据着流场中的位置。

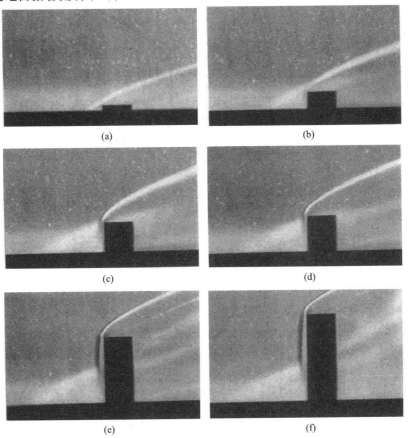

(a)   (b)

(c)   (d)

(e)   (f)

图 5 – 16　不同高度圆柱干扰流场纹影照片[36]

(a)$H = 5\,mm$,$H/D = 0.2$;(b)$H = 15\,mm$,$H/D = 0.6$;(c)$H = 15\,mm$,$H/D = 1.0$;
(d)$H = 30\,mm$,$H/D = 1.2$;(e)$H = 50\,mm$,$H/D = 2.0$;(f)$H = 70\,mm$,$H/D = 2.8$。

圆柱干扰流场的图谱如图5-17所示,实际上平板的超声速钝舵绕流、高超声速圆柱和钝舵绕流特性及变高度圆柱诱导的激波与边界层干扰问题中[37-39],圆柱上游均产生弓形激波、分离激波和二次分离激波,并在分离区产生马蹄涡结构。圆柱上游平板壁面压力呈双峰状分布,且与马蹄涡的形态相干。数值模拟结果表明,激波碰撞和涡结构的运动均可能导致飞行器表面局部气动载荷的增加;钝舵脱体激波与分离激波相互干扰,在舵前缘上游靠近激波相交的位置产生压力峰值。徐翔等[40]曾基于Kalugen有关突起物分离干扰区几何特征及压力分布的计算方法,发展建立了突起物及分离干扰区内表面热流计算方法,并围绕型号设计中快速计算分析的需要,针对带突起物的锥体建立了气动力、气动热的工程计算方法,包括锥体常规气动力计算、大面积气动热计算、突起物周围分离干扰区几何特征的计算、分离干扰区压力分布、附加气动力计算、气动热的计算。

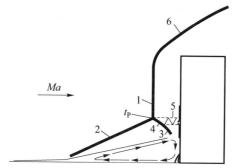

图5-17 典型湍流边界层与激波干扰图谱[36]

1—主激波(弓形二维激波);2—分离激波(三维激波);

3~5—由1、2激波相交产生的激波系(三维激波);6—顶激波(与1波连接,三维激波)。

近年来,由NPLS试验技术得到的高分辨率粒子图像、速度场和密度场等试验数据[41],对圆柱绕流中的激波结构、激波/边界层相互作用、复杂波-涡相互干扰及尾流区拟序结构的时空演化特征进行了深入的揭示。从空间上得到了图5-18所示的上、下游,以及不同流场截面位置的流动精细结构。通过分析大量NPLS试验图像发现,超声速层流圆柱绕流在圆柱体前方、上方和下游产生较强的激波,形成较大的压差,同时在气流本身流向速度的作用下形成尾涡,随着圆柱体两侧和上表面附近气流在其侧边和上表面后缘的不断脱落,并持续地被卷入到不断演化的大尺度流向涡中,在涡不断脱落和被卷入的过程中,边界层中的低速流体也被不断地卷入高速主流,形成比当地流体速度低的流向涡。这样当地流体的流动将受到大尺度涡结构的阻碍,从而产生不断演化的小激波结构。随着涡结构不断被加速,其与主流之间的相对速度逐渐减小,大尺度涡运动的速度逐渐接近主流运动的速度,从而使小激波的强度逐渐减弱并消失。

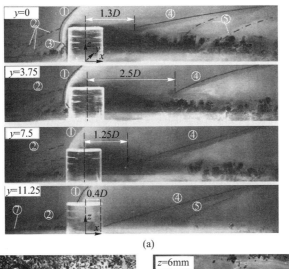

(a)

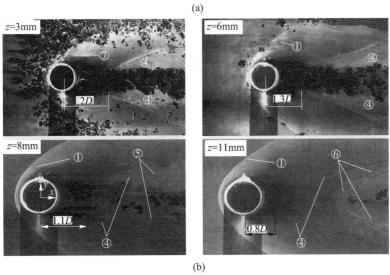

(b)

图 5 – 18　不同片光位置超声速层流圆柱绕流流向（x – z 平面）和
展向（x – y 平面）流场 NPLS 图像[41]

（a）不同片光位置 x – z 平面流场的 NPLS 图像（y 值为片光所在平面，单位为 mm）；

（b）不同片光位置展向流场 NPLS 图像（z 值为片光所在平面，单位为 mm）。

①—超声速层流流场绕过圆柱体所形成的三维脱体弓形激波；

②—由于逆压梯度的作用导致超声速层流边界层增厚、转捩和分离所形成的激波；

③—三维弓形脱体激波与边界层接触点；

④—圆柱上方附近越过圆柱半圆形后向台阶所形成的再附激波；

⑤—在圆柱体流向对称面下游流场所形成的小激波结构 Shocklets；

⑥—圆柱两侧气流绕过柱体所形成马赫盘（$z = 11$，Mach Disk）；

⑦—由三维弓形激波所引起的弓形转捩和分离区。

超声速圆柱绕流又是具有三维特征的复杂流场结构,在圆柱上游形成三维弓形激波,三维弓形激波/边界层相互作用形成具有三维特征的弓形转捩/分离区。在圆柱下游流场,形成具有三维结构特征的再附激波,在圆柱后缘附近流场形成三维回流区,回流区下游形成沿流向呈上升趋势的拟序结构,这些拟序结构主导着下游流场的质量、动量和能量传递。通过 NPLS 系统可以得到超声速圆柱绕流流场的精细结构图像(图 5-19),并利用 NPLS 图像的时间相关性,可揭示超声速圆柱绕流拟序结构沿流向和展向的空间特征和时间演化特征[41]。

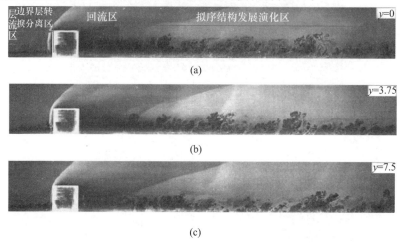

图 5-19　不同展向(y 方向)位置超声速圆柱绕流 $x-z$ 平面流场结构 NPLS 图像[41]

(a)超声速圆柱绕流 $x-z(y=0)$ 平面流场结构 NPLS 图像;

(b)超声速圆柱绕流 $x-z(y=3.75)$ 平面流场结构 NPLS 图像;

(c)超声速圆柱绕流 $x-z(y=7.5)$ 平面流场结构 NPLS 图像。

5.2.2　双楔绕流的激波干扰

除了典型突起物的激波干扰问题,另一类具有代表性的简化构型当属双楔构型(或压缩拐角)的激波干扰问题。与 Edney 研究的斜激波与弓形激波相互作用不同,双楔流动中则主要表现为同侧斜激波与斜激波的相互作用。Olejniczak[42]在 Edney 的基础上,通过数值计算系统研究了无黏条件下的双楔和双锥构型绕流的激波相互作用,并进行了详细归类。图 5-20 所示的双楔构型主要由一级楔角产生的入射激波与二级楔角产生的斜激波或者弓形激波发生激波干扰,决定激波干扰类型的重要无量纲参数有来流马赫数 Ma、楔角 θ_1、θ_2 和一级楔与二级楔的长度比 L_1/L_2。为了便于讨论激波干扰类型变化的主要特征,这里保持楔面长度比 $L_1/L_2=1$,楔角 $\theta_1=15°$,着重分析马赫数 Ma 和楔角 θ_2 对干扰类型的影响。

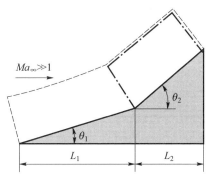

图 5 – 20　双楔构型示意图

在高马赫数($Ma = 9$)来流条件下,当楔角 $\theta_2 = 35°$ 时,可得波系干扰结构如图 5 – 21所示,由两级斜楔产生的两道附体斜激波 IP 和 BP 发生第 VI 类激波干扰,干扰点 P 后出现反射激波 PS 和膨胀波 PE,滑移线 PC 将(3)区和(4)区分开,但两个区域的气流方向和压力相同。此时,流场均处于超声速状态,由图 5 – 21 右图的激波极线能预测出激波反射类型。当斜楔角 θ_1 和 θ_2 确定后,气流偏转角对应的激波极曲线中状态(1)和状态(2)点的位置唯一确定。(2)区到(3)区为等熵膨胀过程,且膨胀波后的(3)区需与来流决定的斜激波波后(4)区流场匹配。所以,由状态点(2)发出的等熵极曲线与来流激波极线交点即为(3)和(4)的状态点。

从图 5 – 21 中可以看出,此时,交点(3)和(4)位于来流激波极线的声速点下侧,如果继续增大斜楔角 θ_2,以(1)区气流作为来流的激波极线中状态点(2)将往左上侧移动,最终会导致由(2)点发出的等熵极曲线与来流激波极线的交点位于来流极曲线的声速点之上。这时,单个的弱斜激波 PS 将不能再匹配状态点(3)和(4)对应的亚声速流态,第 VI 类激波干扰将不能存在于流场中。这一状态点也是激波干扰类型由第 VI 类向第 V 类转变的临界点。

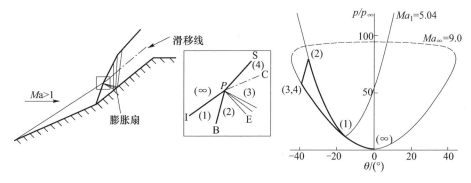

图 5 – 21　$Ma = 9$、$\theta_2 = 35°$ 时第 VI 类激波干扰示意图[42]

进入第V类激波干扰后,图5-22给出了$\theta_2=45°$时的波系结构示意图,一级斜楔产生的入射斜激波IP与二级斜楔产生的斜激波BQ干扰后将产生非规则相交的马赫反射结构,干扰后由来流激波极线原来弱解的(1)点跳至强解的(2)、(3)点,对应的是入射激波IP在P点转变为弓形激波PS;P点下方由透射激波PT将入射激波波后气流进一步增压以获得与弓形激波PS波后的压力匹配。此外,透射波与二级斜楔产生的斜激波BQ发生马赫反射,整个干扰区构成较为复杂的3个三波点相连的七激波结构。三波点P点和三波点T发出的两道滑移线C_1和C_2形成射流边界,包裹着超声速射流,处于该射流中的反射激波TU在滑移线边界处(以压缩/膨胀方式)交替反射。而从三波点Q点发出的滑移线C_3包围着超声速气流沿壁面向下游运动,反射激波QR在壁面处发生规则反射。通过激波极线可对流场各区状态进行分析,极曲线中点(1)、(6)位置由第一、二级斜楔角决定,点(2)、(3)位于初始来流激波极线和(1)区激波极线的交点处。与之类似,点(4)、(5)则位于(2)区激波极线和(1)区激波极线的交点处;点(7)、(8)又位于(1)区激波极线和(6)区激波极线的交点处。Olejniczak[42]通过激波极线理论分析很好地解释了数值计算所到的复杂流场结构,当然通过理论计算所得到的各区状态参数与数值计算结果存在一些偏差,其原因主要是由于弓形激波PS弯曲剧烈,干扰点下游的流场不均匀性较强。

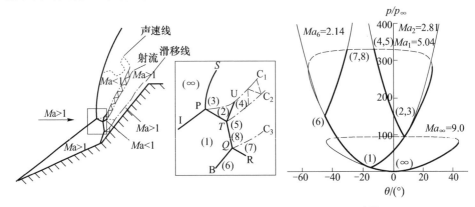

图5-22 $Ma=9$、$\theta_2=45°$时第V类激波干扰示意图[42]

可以想象,当进一步增大第二级楔角θ_2时,激波QB将持续变短,直到它不能再以附体斜激波匹配下游的压力条件。当激波QB消失时,激波TQ将直接作用于第一级斜面,激波干扰类型转变为第IV类激波干扰。而这种转变过程是由下游几何约束产生,反射类型转变条件难以由理论直接得到,不过通过数值计算仍能给出。

进入第IV类激波干扰后,图5-23给出了$\theta_2=50°$时的波系结构示意图,一级斜楔产生的入射激波 IP 与弓形激波 PS 相连,透射激波 PT 入射壁面发生马赫反射。由于激波干扰区域靠近壁面,马赫杆 TQ 下游至拐角处的流场处于近乎等压滞止状态。以滑移线 C_1 和 C_2 为边界包围的超声速射流往下游直接冲击第二级楔面。这时的激波极曲线比第 V 类激波干扰时更为简单,第 V 类激波干扰中的区域 (6)、(7)、(8) 消失,滑移线 C_3 被壁面取代,区域 (5) 被一级楔面包围,因此,激波 TQ 将会弯曲来匹配下游流场条件,不过这一影响已不能用激波极曲线理论预测。

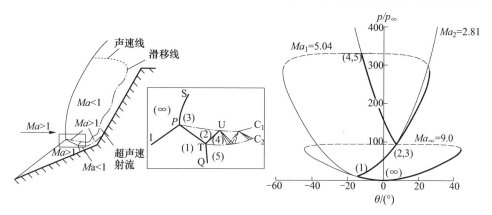

图 5 – 23　$Ma = 9$、$\theta_2 = 50°$ 时第 IV 类激波干扰示意图[42]

当进一步增大二级楔角时,三波点 P 将向一级斜楔端点运动,这也使得斜激波 IP 入射弓形激波 PS 交点更趋于弓形激波的垂向位置,(3) 区气流将更小的往壁面处偏折。这意味着在壁面位置将会由马赫反射转变为规则反射。这种激波干扰结构在 Edney 的分类中并没有发现,事实上,它也不会出现于钝头体的激波干扰中,这里称为第 IVr 类激波干扰。

为进一步了解第 IVr 类激波干扰 IP 特征,图 5 – 24 给出了 $\theta_2 = 60°$ 时的波系结构示意图。一级斜楔产生的入射激波与透射弓形激波 PS 在近正激波位置处干扰,干扰点 P 后出现透射激波 PT 和滑移线 C,激波 PT 在壁面处发生规则反射,反射波 TU 作用于滑移线 C,产生膨胀波,膨胀波作用于壁面又再次被压缩,如此往复。这时的激波极曲线与图 5 – 23 中第 IV 类激波干扰的激波极曲线区别仅在点 (4),第 IVr 类激波干扰的极曲线中点 (4) 必然位于 (2) 区决定的极曲线上,且由一级斜楔角决定气流方向角 $\theta_1 = 15°$。由第 IV 类向第 IVr 类激波干扰的转变主要由弓形激波的曲率决定,所以不能由激波极曲线理论得到反射类型的转变边界。

以上讨论是在给定来流马赫数条件下的几种典型的激波干扰类型。随着马赫数的不同,相应地这些干扰类型所对应的二级倾角也有所不同。由马赫数和二级斜楔角决定的激波干扰类型分布如图 5 – 25 所示,其中,第 VI 类激波干扰往第 V 类

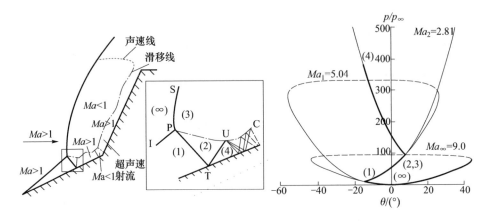

图 5 - 24　$Ma=9$、$\theta_2=60°$ 时第Ⅳr类激波干扰示意图[42]

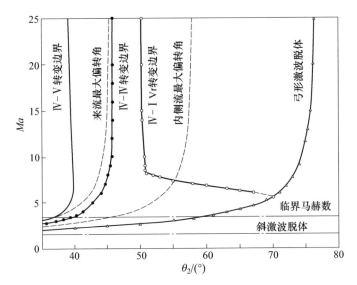

图 5 - 25　高马赫数时 $\theta_1=15°$、$L_1/L_2=1$ 马赫数和
二级斜楔角决定的激波干扰类型分布图[42]

激波干扰转变的边界可以通过激波极曲线理论求解,而第 Ⅴ 类往第Ⅳ类激波干扰
和第Ⅳ类往第Ⅳr类激波干扰转变边界只能通过数值计算得到。分布图中除了 3
条转变边界线外,"弓形脱体激波"线表示当三波点到达第一级斜楔端点,弓形激
波弯曲脱体的情况,这时流场中仅存在弓形激波。"斜激波脱体"线表示在某一马
赫数下,第一级楔角 $\theta_1=15°$ 决定的激波将会脱体。

　　"临界马赫数"线即 $Ma=3.43$,代表着高马赫数和低马赫数流场结构的分界
点,高于临界马赫数时,激波干扰点内的流场总是处于欠膨胀状态;低于临界马赫

数时,流场既可能处于过膨胀状态,也可能处于欠膨胀状态。所以低马赫数时,可能出现的激波干扰类型为第Ⅵ类(欠膨胀状态)、第Ⅰ类(过膨胀状态,图 5 – 26)、第Ⅴ类和第Ⅳ类激波干扰。图 5 – 27 给出了此时由马赫数和二级斜楔角决定的激波干扰类型分布图。

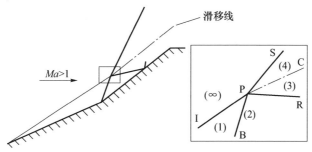

图 5 – 26　$Ma = 2.8$、$\theta_2 = 32.5°$ 时第Ⅰ类激波干扰示意图[42]

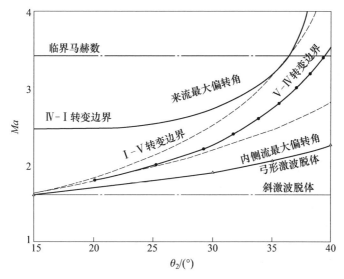

图 5 – 27　低马赫数时 $\theta_1 = 15°$、$L_1/L_2 = 1$ 马赫数和
二级斜楔角决定的激波干扰类型分布图[42]

5.3　具有内外流耦合特征的激波干扰问题

在吸气式高超声速飞行器关键难题攻关中,前体进气道流动中激波 – 激波干扰带来的热、力载荷问题是需要予以关注的重要一环,激波干扰会产生复杂的流场波系结构,引起流动分离、再附、射流冲击等,造成流动非定常振荡,壁面局部区域

压力和热流大幅升高,进而影响飞行器进气道的性能和结构的安全性。本节将讨论内转式进气道中的 V 形钝前缘激波干扰[25]、二元进气道入射激波与后掠圆柱的干扰问题和吸气式高超声速进气道中遇到的角区流动等几种较有代表性的复杂现象。

5.3.1　V 形钝前缘激波干扰

内收缩式进气道是高超声速领域的一个热点问题,Jaws 进气道、REST(Rectangular – to – Elliptical Shape Transition)进气道等三维内收缩式进气道在设计过程中通常会有 V 形唇口(图 5 – 28),当来流马赫数较低或者进气道出口存在反压时,气流可以从唇口位置泄流,以利于进气道起动。考虑到热防护,V 形唇口前缘同样需要适当的钝化处理,钝化之后的 V 形前缘同样会出现激波干扰问题。在飞行器整个飞行过程中,激波干扰现象一直存在,钝化前缘产生的脱体激波在 V 形唇口位置相交,可能出现复杂的流动结构,同时可能带来与第Ⅳ类激波干扰同样严重的热载荷问题。与第Ⅳ类激波干扰相比,V 形钝化前缘的激波干扰在高超声速飞行过程中一直存在且难以躲避,因此更需要引起关注。肖丰收、张志雨等[24]以内转式进气道唇口等构型为背景,重点关注和考察了 V 形钝化前缘的激波干扰流场。

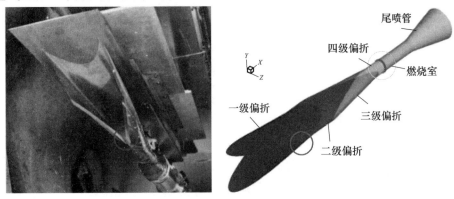

图 5 – 28　典型的三维内转式进气道[24]

为了有效地开展 V 形钝化前缘激波干扰的参数研究,忽略次要的影响因素,突出重点内容,采用简化构型有侧重地研究其流动机理。图 5 – 29 给出了简化的 V 形钝化前缘模型,模型主要几何特征包括交叉位置倒圆半径 R、前缘钝化半径 r 和半扩张角 β。

图 5 – 30 给出了不同交叉位置倒圆半径对称面上的流场结构,左侧为试验纹影照片,中间部分为数值模拟的温度云图,右侧为波系结构示意图,其中图 5 – 30(a)~(c)分别表示交叉位置倒圆半径 R 为 6.5mm、2mm 和 0mm 的结果。可以看

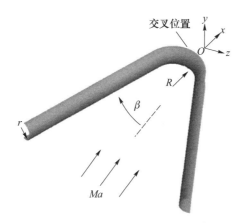

图 5 – 29　简化的 V 形钝前缘构型[24]

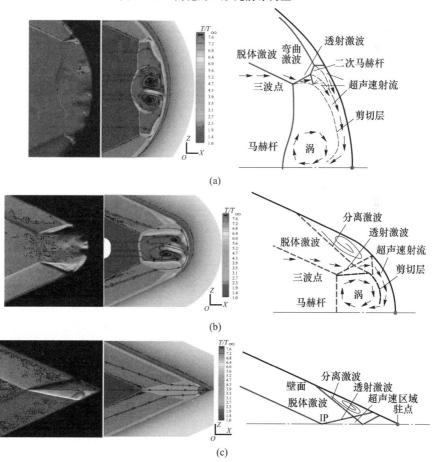

图 5 – 30　交叉位置不同倒圆半径试验、计算流场结构和波系示意图

到，R 为 6.5mm 和 2mm 时，激波干扰流场呈现典型的马赫反射类型，前缘脱体激波与马赫杆相交，产生透射激波和滑移线。钝化 V 形前缘交叉位置的倒圆处理及 V 形构型的汇聚效应对马赫杆的产生和变形起到了关键的作用，马赫反射流场中可以看到马赫杆下游有两个明显的流体堆积产生的漩涡，由于构型的特殊性，气流无法在流向方向上溢流，只能从两侧溢流。对于 $R=6.5$mm 的情况，马赫杆出现了明显的变形，流体堆积产生的漩涡迫使马赫杆的中间部分向上游凸出，形成圆弧状。当倒圆半径缩小至 $R=0$mm 时，激波干扰由马赫反射转变为规则反射，脱体激波相交后形成两道透射激波（TS_1 和 TS_2）作用在壁面上，透射激波波后气流仍为超声速，在壁面位置形成局部分离区。由此可见，几何约束直接影响了 V 形钝前缘的激波反射类型。

图 5-31(a)~(c)分别给出了交叉位置倒圆半径 R 为 6.5mm、2mm 和 0mm 的对称面马赫数云图和壁面热流分布。从图 5-31(a)中可看出，激波干扰产生的透射激波、超声速射流和剪切层冲击壁面，导致冲击点附近热流出现峰值。流场局部区域的放大图中 A 点为钝化前缘的驻点位置，来自透射激波波后的超声速射流在此处碰撞，使得 A 点附近壁面热流较高。同样地，由于马赫杆后的漩涡的作用，受到挤压的超声速气流流动方向偏向壁面，超声速气流冲击壁面引起 B 点附近热流升高。透射激波作用壁面局部流场结构更为复杂，透射激波 TS 与弯曲激波 OB 相交，发生马赫反射，产生的透射激波 TS' 又与壁面边界层相互作用，引起边界层出现小的分离区，再附点位置出现热流峰值。交叉位置倒圆半径 $R=2$mm 时，与图 5-31(a)类似，马赫反射产生透射激波 TS 和剪切层 Σ。透射激波 TS 波后超声速气流冲击在壁面弯曲位置，形成滞止激波 JBS。同时，透射激波 TS 作用于壁面引起分离，流动再附后也一定程度影响壁面热流分布。超声速射流及边界层再附的共同影响，使得受影响区域附近壁面热流出现峰值。交叉位置倒圆半径 R 减小为 0mm 时，壁面热流分布如图 5-31(c)所示，前缘产生的脱体激波 DS 发生规则反射，激波/边界层作用是引起壁面热流升高的主要因素。从局部流场放大云图可以看出，透射激波 TS 冲击壁面引起边界层小的分离，导致再附位置 A 处热流升高，TS 的反射激波 RS 并入弓形激波 BS，BS 作用于壁面同样引起边界层分离，使得壁面热流再次出现峰值。

为了更为明显地比较前缘激波干扰对热流的影响，图 5-32 给出了不同钝化半径得到的壁面热流数值结果，图 5-32(a)中散点表示数值计算得到的不同构型的热流峰值（蓝色三角点）和驻点热流（红色圆点），黑色曲线为 Fay-Riddell 公式计算的二维圆柱的理论驻点热流值，从图中可以看出，钝化半径较小时（$r<0.75$mm，对应图中 A 区域），流场的热流峰值与驻点热流接近，q_{max}/q_0 基本维持在 1.1 左右，且热流随钝化半径变化趋势与 Fay-Riddell 理论基本一致，随着钝化半

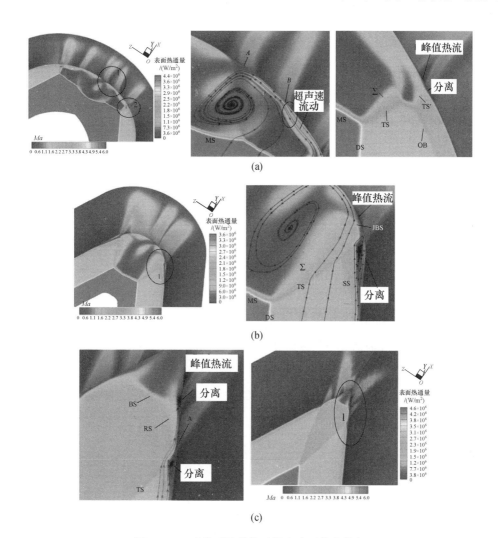

图 5 - 31　对称面马赫数云图和壁面热流分布

径的减小热流迅速升高。表现在流场结构图中,钝化半径较小时激波干扰作用不
明显。在钝化半径 $0.75\mathrm{mm} < r < 2\mathrm{mm}$ 时(对应图中 B 区域),数值计算得到的热流
峰值随着钝化半径的增大而迅速升高,热流升高幅度 q_{max}/q_0 从 1.2 上升至 7.3,这
与由 Fay - Riddell 理论得到的结果差异逐渐显现。表现在流场结构上为激波干扰
作用加剧,激波/剪切层/射流等流动结构与壁面作用效果逐渐显现,使得由激波干
扰引起的热流升高占主导地位。在钝化半径 $r > 2\mathrm{mm}$ 时(对应图中 C 区域),随着
钝化半径的增大,复杂的激波干扰流场结构使得壁面热流峰值保持在较高水平。
这一变化趋势显然与现有的认识有较大不同,这就是说,V 形前缘的热防护问题存在钝化半径最优值,在设计V形前缘时,需研究通过改变构型的几何参数,调整流场结构,达到降低热流的目的。

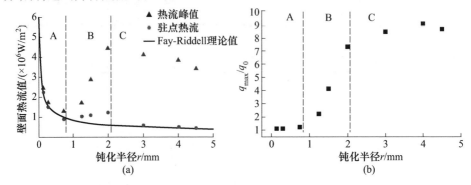

图 5 - 32　不同前缘钝化半径壁面热流结果
(a)热流峰值及驻点热流;(b)热流升高幅度。

5.3.2　入射激波与后掠圆柱激波干扰

高马赫数飞行带来的高热载荷是要尽量避免的,为了防止实际飞行中驻点区域的出现,在飞行器设计中,进气道的唇口以及进气道的侧面都需进行钝化处理。这样,在钝化侧板前缘,因前体斜激波和脱体激波的作用,存在图 5 - 33 所示的不同形式的激波 - 激波干扰问题,下面将对此进行讨论。

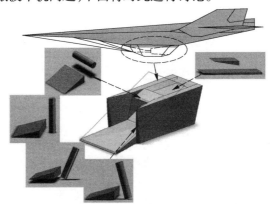

图 5 - 33　描述进气道处激波干扰

以飞行器前体压缩激波、钝化的进气道侧板弓形激波以及飞行器翼面、舵面脱体激波干扰为背景,Keyes 等[43]将圆柱竖直放置,研究了三维的激波 - 激波干扰,得到了第Ⅳ类和第Ⅴ类激波干扰流场。Berry 等[44]采用可以改变前缘钝化侧板掠角的机构,系统地研究了三维激波 - 激波干扰,采用高空间分辨率热流传感器和高分辨率纹影得到了不同后掠角时激波干扰的热流分布和流场照片(图 5 - 34),这一结果捕捉到了大部分的激波干扰类型,包括第Ⅰ类、Ⅱ类、Ⅲ类、Ⅳ类、Ⅳr 类和Ⅴ类。

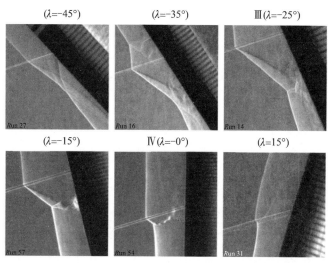

图 5 - 34 入射斜激波与变掠角钝化鳍板激波干扰结果(λ 表示鳍板后掠角)[44]

Jones[45]、Mason 和 Berry[46]在 NASA 兰利中心 20 英寸马赫数为 6.0 的风洞中研究了鳍板钝化半径和掠角对激波干扰的影响,获得壁面温度(Phosphor thermography)、壁面油流谱(图 5 - 35)及流场纹影照片,得到了激波干扰的波后气流对壁面的影响特性。对测得的壁面温度结果采用一维和二维理论方法计算热流,发现二维理论得到的热流峰值比一维结果高约 20%,热流峰值随着鳍板钝化半径的减小而增大。

5.3.3　三面压缩进气道角区激波干扰

1. 角区激波干扰问题简介

在吸气式超声速和高超声速飞行器复杂流动现象中,角区流动带来的激波干扰问题是超声速和高超声速流动中的一类重要现象,如超声速飞机的机体与机翼连接处、矩形截面进气道压缩面交叉位置以及超声速飞行器机体表面凸起部件附近等,如图 5 - 36 所示。图 5 - 37 所展示的盒式进气道角区位置同样会存在复杂的角区流动,这些位置的激波干扰现象及其伴随的激波与边界层相互作用形成的局部低总压恢复区域将影响到飞行器性能,而其干扰形成的涡结构往下游脱落并与下游部件发生干扰,甚至可能会影响飞行器的稳定工作[47]。因此,对角区流动中激波干扰现象进行深入研究对于超声速和高超声速飞行器设计具有重要的指导意义。

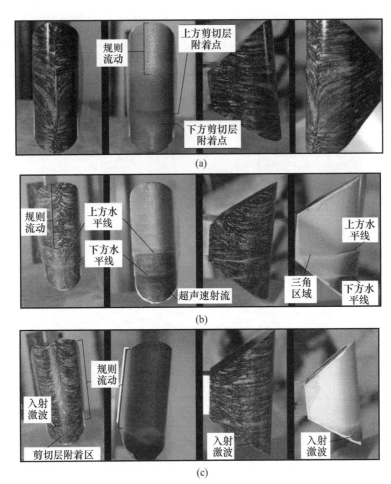

图 5-35　不同激波反射类型时壁面油流谱[46]

(a)第Ⅵa 类激波干扰；(b)第Ⅳ类激波干扰；(c)第Ⅲ类激波干扰。

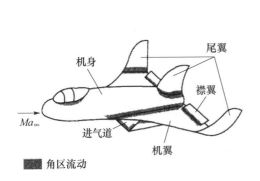

图 5-36　高超进气道角区流动

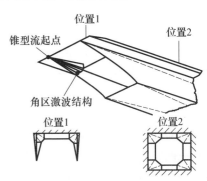

图 5-37　高超进气道角区流动[47]

交叉双楔面诱导的角区流动作为最具有代表性的三维激波干扰问题之一,受到研究人员的广泛关注[48]。对于楔面交叉位置为尖角的情况,该流场具有锥形特征,流场具有自相似性,从而为简化分析研究提供了便利。Charwat 等[49] 较早对交叉双楔形成的角区流动问题进行了试验研究,其风洞来流马赫数为 2.5 ~ 4.0,试验条件下楔面边界层为层流状态,通过压力测量和壁面油流等获得了交叉楔面波系结构:从前缘位置出发楔面形成的入射激波通过马赫杆连接,干扰形成的反射激波和剪切层向楔面传播,其波系结构示意图如图 5 - 38(a)所示,Charwat 等将该三维激波 - 激波相互作用结构分为不同间断面所间隔的 4 个区域,其中Ⅲ区包括一系列压缩波形成的扰动。对于该区,Charwat 等认为虽然激波 - 边界层相互作用对该区的形成可能会有一定的作用,但即使将边界层全部去除,这样的一个夹在透射激波(inner shock)和二维流场中的压缩区仍然会存在,即Ⅲ区是远离边界层无黏三维激波 - 激波相互作用的结构。然而对于这一点,随后的一些研究结果又给出了否定的结论。此外,Charwat 等还研究了双楔面非对称性、双楔面夹角等因素对激波干扰结构的影响。

Waston 等[50] 在高超声速情况下研究了角区流动的激波干扰问题,并研究了壁面热流分布,其波系结构与低马赫数下比较类似,同时,该研究还探讨了桥激波(corner shock)形成的原因和范围。图 5 - 38(b)是其计算得出的不同双楔面夹角下空气和氦气流动中桥激波的形成范围,其中横轴表示马赫数,纵轴表示楔角,实线和虚线分别代表空气和氦气。West 等[51] 发现,对于高雷诺数的湍流边界层,角区附近干扰区的流动具有自相似形。在数值模拟方面,Kutler[52] 首先通过求解无黏 Euler 方程,得出了与之前试验结果较为一致的三维激波结构,由此拉开了通过数值模拟研究该三维问题的序幕。随后,Marconi[53] 对该问题进行了数值模拟和

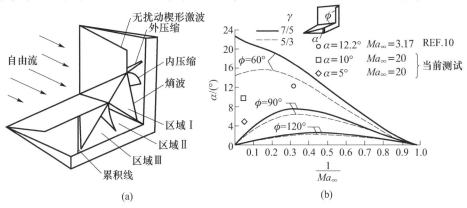

(a)　　　　　　　　　　　　(b)

图 5 - 38　桥激波形成参数范围[50]

(a)交叉楔面波系结构;(b)桥激波参数范围。

理论分析,给出了二维轴向截面上形成规则或马赫反射的分界线。同时,还探讨了马赫数、非对称楔角、非对称后掠角以及双楔面夹角对该激波结构的影响,并得出了该激波结构中总压恢复系数的分布图。Marsilio[54]通过数值模拟研究了来流马赫数和楔角的变化对滑移线卷曲所形成涡的影响。结果显示,对于固定的楔角,随着来流马赫数增大,轴向二维截面中的两个滑移线逐渐卷曲形成两个相对称的涡;而随着来流马赫数的进一步增大,这两个对称涡结构逐渐失稳而形成稳定的不对称涡结构;当马赫数继续增大时,这样的不对称涡结构甚至改变了马赫杆的构型,使其也变得不对称。另外,对于固定的来流马赫数,增大楔角会使得滑移线卷曲形成的两个涡失稳而变得不对称,形成两个稳定的不对称涡结构;然而有趣的是,随着楔角的进一步增大,这样的涡结构又会再次失稳而从不对称变回对称,重新形成两个稳定的对称涡结构。

针对三面压缩进气道角区存在的激波干扰问题,Goonko 等[55]通过风洞试验进行了细致研究,其进气道模型示意图和角区波系结构如图 5 – 39 所示。Gun'ko 等[56]通过理论分析和数值模拟对交叉楔面角区无黏波系结构进行了探讨,研究了楔面压缩角、前缘后掠角和楔面夹角等对马赫反射与规则反射之间的转变边界的影响。他们的数值模拟发现,对于这样的三维激波结构,在轴向二维截面上可以形成规则反射、单马赫反射、过渡马赫反射以及双马赫反射等多种激波反射结构,如图 5 – 40 所示。通过分析研究,得出了截面内规则反射向马赫反射转变的界限,如图 5 – 41 所示。由于三维问题直接分析较为困难,数值模拟计算量也较大,中国科学院力学所的杨旸[57]和项高翔[58]等提出了将三维激波干扰问题转变为二维非定常激波干扰问题的空间变时间降维分析方法,利用激波动力学方法进行了新颖的解析和探讨。有关这些内容将在下面展开讨论。

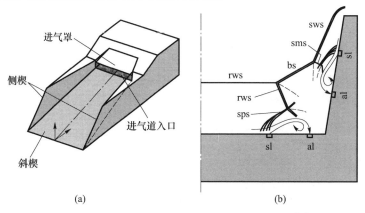

(a)   (b)

图 5 – 39　三面压缩进气道示意图和角区波结构[55]

(a)示意图;(b)角区波系结构。

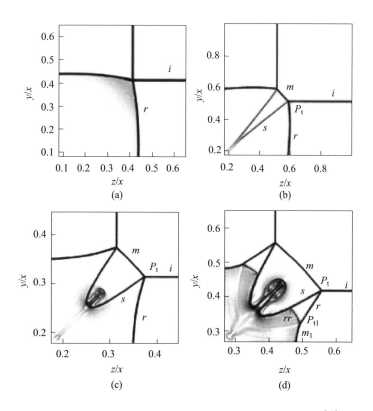

图 5 – 40　Gun'ko 等得出的二维截面内多种激波反射结构[56]

（a）规则反射（$Ma=3,\theta=4°$）；（b）单马赫反射（$Ma=3,\theta=10°$）；
（c）过渡马赫反射（$Ma=6,\theta=10°$）；（d）双马赫反射（$Ma=6,\theta=15°$）。

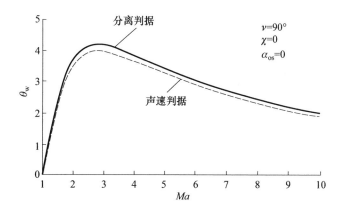

图 5 – 41　Gun'ko 等得出的截面内规则反射 – 马赫反射转变边界[56]

2. 三维平面激波干扰问题的空间变时间降维分析

1）激波动力学理论

运动激波在传播过程中,当传播条件(如固壁边界等)发生变化时,其强度和形状都会不断发生变化。对于这样的问题,激波动力学(Shock Dynamics)给出了简捷、有效的理论分析方法。激波动力学又称几何激波动力学(Geometrical Shock Dynamics)或射线–激波理论(Ray – Shock Theory)。此理论最早由 Chester[59,60]、Chisnell[61-64]以及 Whitham[65]共同建立了 C. C. W. 关系式,即激波强度随通道横截面积变化的关系式。随后,Whitham[66]将该方法推广到二维激波传播问题,提出了射线和激波波面构成的正交网络,以及扰动沿激波波面传播的概念和理论。在此过程中,他将扰动分为两类,即"连续扰动"和"间断扰动",分别类似于气体动力学中在流场中传播的膨胀波、压缩波及激波。他从激波动力学基本方程以及射线和激波波面所构成正交网络出发,得出了扰动沿激波波面传播的关系。为了区别不同波结构的扰动,将沿激波波面传播的连续的"膨胀扰动"称为 Shock – expansion 扰动,将连续的"压缩扰动"称为 Shock – compression 扰动,而将间断的"激波压缩扰动"称为 Shock – shock 扰动。对于激波间的相互作用,对应于激波动力学中的 Shock – shock 扰动。

激波动力学建立了由射线和激波波面组成的正交曲线坐标系(α, β),如图 5 – 42 所示[68]。图中实线代表不同时间的激波波面,沿各激波波面分别有 $\alpha =$ 常数;虚线代表各条射线,沿各条射线分别有 $\beta =$ 常数。Ma 代表激波马赫数,θ 表示激波的法线方向与 x 轴的夹角。相邻的两条射线组成射线管,不同时间激波之间的距离由 $Ma\delta\alpha$ 表示,射线管的宽度(或横截面积)用 $A\delta\beta$ 表示。在该正交曲线坐标系下,有以下激波动力学方程组[47],即

$$\begin{cases} \dfrac{\partial \theta}{\partial \beta} - \dfrac{1}{Ma} \dfrac{\mathrm{d}A}{\mathrm{d}Ma} \dfrac{\partial Ma}{\partial \alpha} = 0 \\[3mm] \dfrac{\partial \theta}{\partial \alpha} + \dfrac{1}{A(Ma)} \dfrac{\partial Ma}{\partial \beta} = 0 \\[3mm] -\dfrac{1}{A} \dfrac{\partial A}{\partial \alpha} = \dfrac{2Ma}{(Ma^2 - 1)K(Ma)} \dfrac{\partial Ma}{\partial \alpha} \end{cases} \tag{5-1}$$

以上方程组中第三式为应用于射线管的 C. C. W. 关系式,即激波沿着射线管运动时,其强度随着管截面面积变化的关系式,其中 $K(Ma)$ 为缓变函数。

运动激波在楔面的马赫反射是一种典型的间断扰动(即 Shock – shock 扰动)的情况,如图 5 – 43 所示。经过一系列几何关系的推导,最终可以得到以下关系式,即

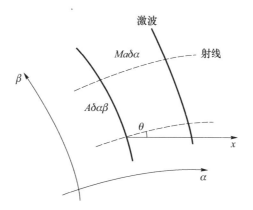

图 5 – 42 激波动力学中的正交网络[67]

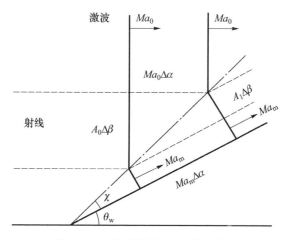

图 5 – 43 运动激波楔面反射示意图

$$\tan\chi = \frac{f(Ma_m)}{f(Ma_0)}\left\{\frac{1-\left(\dfrac{Ma_0}{Ma_m}\right)^2}{1-\left[\dfrac{f(Ma_m)}{f(Ma_0)}\right]^2}\right\}^{\frac{1}{2}} \qquad (5-2)$$

$$\tan\theta_w = \left(\frac{Ma_m}{Ma_0}\right)\frac{\left[1-\left(\dfrac{Ma_0}{Ma_m}\right)^2\right]^{\frac{1}{2}}\cdot\left\{1-\left[\dfrac{f(Ma_m)}{f(Ma_0)}\right]^2\right\}^{\frac{1}{2}}}{1+\dfrac{f(Ma_m)}{f(Ma_0)}\dfrac{Ma_m}{Ma_0}} \qquad (5-3)$$

$$f(M) = \exp\left[-\int\frac{2MadMa}{(Ma^2-1)K(Ma)}\right] \qquad (5-4)$$

在式(5 – 2)和式(5 – 3)中 χ、Ma_0、Ma_m 和 θ_w 分别表示三波点轨迹角、入射激

波马赫数、马赫杆激波马赫数以及楔面倾角,由此便得出了运动激波楔面反射中以上 4 个关键参数间的相互关系表达式。

2) 三维对称双楔定常激波相互作用

对于三维双楔面形成的角区激波干扰问题,采用空间转时间的降维方法进行分析[58],由于两个斜激波面交线的方向同时平行于两个激波面,因此可以沿着激波交线方向进行空间降维分析。图 5－44 所示为三维双楔面定常激波相互作用示意图,两个楔面的斜激波相互作用交于直线 AB,图中蓝色平面为一系列不同位置的垂直于两斜激波交线的二维截面。在降维的分析中,这样的斜激波交线的方向称为特征方向,而垂直于特征方向的截面称为特征截面。由于特征方向与两个斜激波面都平行,因此在该方向上全流场速度分量相同,按照上述的方法可以将该方向上的空间维转换为时间维,即不同位置的截面内流场的不同则可以看作时间改变对该二维流场带来的影响。由此就将这样一个三维定常激波相互作用问题转变为了二维非定常激波相互作用。对于对称双楔面情况,存在对称面(三维流场内)以及对称线(二维截面内),因此转变后的二维非定常激波相互作用也可以看作非定常激波在对称线的反射,即二维运动激波楔面反射,如图 5－45 所示。

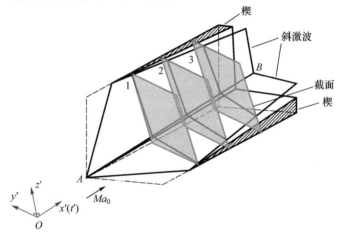

图 5－44　三维双楔面定常激波相互作用示意图[58]

以上给出了如何将三维定常问题转变为二维非定常问题。对于转变后得到的二维问题,还需要知道二维空间(特征截面)内激波和反射壁面(对称面)的夹角 η 以及激波相对于波前气体的马赫数,如图 5－46 所示。由于结构对称,因此图中只表示了对称面一侧的特征截面。在特征截面内过 E 点作 EF 垂直于激波 i′,垂足为 F。通过几何关系不难证明 EF 垂直于斜激波面 i。由点 A、B、C 的坐标可得出斜激波面 i 以及直线 AB 的解析表达式,通过点到平面及点到直线的距离公式即可

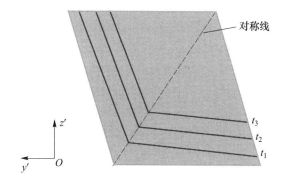

图 5 – 45　二维空间内非定常激波 – 激波相互作用[58]

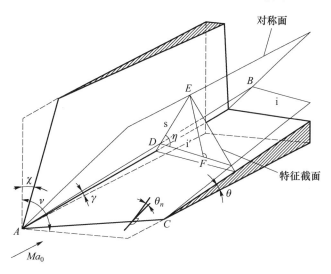

图 5 – 46　三维对称双楔面定常激波相互作用理论模型[58]

求出 EF 和 DE 的长度,最终可以得出特征截面内激波 i' 与对称面的夹角,即

$$\eta = \arccos\left(\cos\frac{\nu}{2}\sqrt{\frac{(\tan\beta_n\tan(\nu/2)\sin\chi - 1)^2}{\tan^2\beta_n + 1}}\right) \tag{5 – 5}$$

式中　ν, χ——双楔面间夹角和楔面后掠角;

　　　β_n——垂直于前缘方向的楔角 θ_n 所对应的斜激波角。

楔角 θ 与 θ_n 有以下关系,即

$$\tan\theta = \tan\theta_n\cos\chi \tag{5 – 6}$$

同时,楔角 θ 所对应的激波角 β 与 β_n 也有以下关系,即

$$\tan\beta = \tan\beta_n\cos\chi \tag{5 – 7}$$

由于斜激波面两侧的压力比值就是特征截面二维空间内激波 i′ 前后的压力比,因此通过该压力比不难推导出激波 i′ 相对于波前气体的马赫数,即

$$Ma_s = Ma_0 \sin\beta_n \cos\chi \tag{5-8}$$

至此,就得出了所有需要的未知参数表达式。特征截面内的二维问题可以看作运动激波楔面反射,如图 5-47 所示,根据二维激波反射已有的结果就可得出特征截面内的激波反射结构,继而得出该三维空间内的定常激波结构。

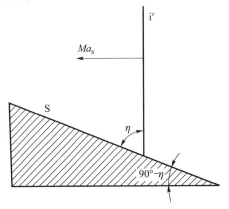

图 5-47　运动激波楔面反射

3) 三维非对称双楔定常激波相互作用

对于三维非对称双楔面定常激波相互作用问题,同样可以采用类似上一节所介绍的对称双楔面激波相互作用的分析方法,即将一个三维定常问题转变为特征截面内的二维非定常问题进行分析。具体来说,就是在两个斜激波面的交线方向,即全流场速度分量相同的方向, 将空间维转换为时间维。由于不论双楔面结构对称与否,在斜激波面交线的特征方向上全流场速度分量均相同,因此该方法也适用于非对称结构。所不同的是,对于非对称双楔面,转变后的二维问题不再是两道等强度激波相遇时的反射问题,而是由两道不等强度激波相遇时的二维激波相互作用问题。

图 5-48 是该非对称问题的理论分析模型,图中的二维截面为垂直于两斜激波面交线的特征截面。需要求得特征截面内两激波间夹角 η(即 $\eta_1 + \eta_2$)以及激波 i_1' 和 i_2' 相对于波前气体的马赫数。采用与上面类似的方法,在特征截面内过 E 点作 EF 垂直于斜激波 i_1',垂足为 F。不难证明 EF 同时垂直于斜激波面 i_1。利用点到直线以及点到平面的距离公式,可以得到 ED 和 EF 的长度表达式,由此可以求得角度 η_1,即

$$\eta_1 = \arcsin\left(\cos\chi_1 \sin\beta_{1n} \sqrt{1 + \frac{1}{r_1^2 + (1 - r_1\tan\chi_1)^2 \tan^2\beta_{1n}\cos^2\chi_1}}\right) \tag{5-9}$$

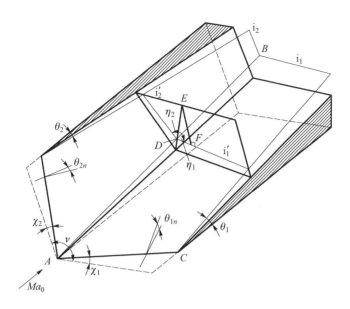

图 5 – 48　三维非对称双楔面定常激波相互作用理论模型[58]

其中

$$r_1 = \frac{\tan\beta_{2n}\cos\chi_2 + \tan\beta_{1n}\cos\chi_1\cos\nu - \tan\beta_{1n}\tan\beta_{2n}\sin\nu\cos\chi_1\sin\chi_2}{\sin\nu + \tan\beta_{1n}\cos\nu + \tan\beta_{2n}\cos\nu\sin\chi_2 - \tan\beta_{1n}\tan\beta_{2n}\sin\nu\sin\chi_1\sin\chi_2} \quad (5-10)$$

式中　ν, χ_1, χ_2——双楔面间夹角以及两个楔面的前缘后掠角；

β_{1n}, β_{2n}——垂直于前缘方向的楔角 θ_{1n} 和 θ_{2n} 所对应的斜激波角。

楔角 θ_1、θ_2 与 θ_{1n}、θ_{2n} 有以下关系，即

$$\begin{cases} \tan\theta_1 = \tan\theta_{1n}\cos\chi_2 \\ \tan\theta_2 = \tan\theta_{2n}\cos\chi_2 \end{cases} \quad (5-11)$$

同时，楔角 θ_1、θ_2 所对应的激波角 β_1、β_2 与 β_{1n}、β_{2n} 也有以下关系，即

$$\begin{cases} \tan\beta_1 = \tan\beta_{1n}\cos\chi_1 \\ \tan\beta_2 = \tan\beta_{2n}\cos\chi_2 \end{cases} \quad (5-12)$$

采用相同的方法可以求出 η_2，即

$$\eta_2 = \arcsin\left(\cos\chi_2\sin\beta_{2n}\sqrt{1 + \frac{1}{r_2^2 + (1 - r_2\tan\chi_2)^2\tan^2\beta_{2n}\cos^2\chi_2}}\right) \quad (5-13)$$

其中

$$r_2 = \frac{\tan\beta_{1n}\cos\chi_1 + \tan\beta_{2n}\cos\chi_2\cos\nu - \tan\beta_{1n}\tan\beta_{2n}\sin\nu\sin\chi_1\cos\chi_2}{\sin\nu + \tan\beta_{1n}\cos\nu\sin\chi_1 + \tan\beta_{2n}\cos\nu\sin\chi_2 - \tan\beta_{1n}\tan\beta_{2n}\sin\nu\sin\chi_1\sin\chi_2}$$

$$(5-14)$$

由此即可得出特征截面内两激波间的夹角,即

$$\eta = \eta_1 + \eta_2$$

$$= \arcsin\left(\cos\chi_1\sin\beta_{1n}\sqrt{1 + \frac{1}{r_1^2 + (1 - r_1\tan\chi_1)^2\tan^2\beta_{1n}\cos^2\chi_1}}\right) +$$

$$\arcsin\left(\cos\chi_2\sin\beta_{2n}\sqrt{1 + \frac{1}{r_2^2 + (1 - r_2\tan\chi_2)^2\tan^2\beta_{2n}\cos^2\chi_2}}\right) \quad (5-15)$$

由于斜激波面两侧的压力比值就是特征截面二维空间内激波前后的压力比,因此通过该压力比不难推导出激波 i_1' 和 i_2' 相对于其波前气体的马赫数,即

$$\begin{cases} Ma_{s1} = Ma_0\sin\beta_{1n}\cos\chi_1 \\ Ma_{s2} = Ma_0\sin\beta_{2n}\cos\chi_2 \end{cases} \quad (5-16)$$

至此就得出了所有需要的未知参数表达式。转换后特征截面内的二维问题可以看作两个运动激波相互作用,如图 5-49 所示,再求解得到二维非定常运动激波相互作用问题,继而得出该三维空间内的定常激波结构。这里给出一个典型案例,如图 5-50 所示,通过数值模拟所得到的三维定常流场结果如图 5-50(a)所示,图中展示的三维空间中特征平面内波系结构随空间的演变与降维计算所得到的图 5-50(b)中的非定常波系干扰随时间的演变具有一致的对应关系。由此可见,借助激波动力学理论可以对三维定常激波干扰问题进行降维分析。限于篇幅,这里仅对其原理和方法作简要介绍,更为丰富的分析结果和讨论可参见文献[58]。

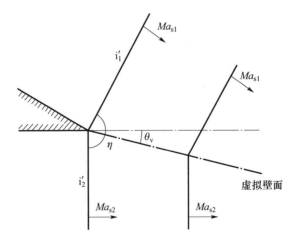

图 5-49 二维运动激波相互作用

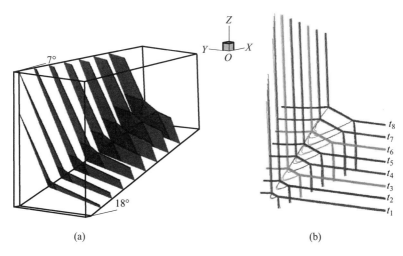

图 5 – 50　二维运动激波相互作用[58]

(a)空间中三维定常波系; (b)二维运动激波干扰随时间演变。

5.4　本章小结

本章首先介绍了较为经典的 6 类激波干扰的分类及其特征。经过约半个多世纪的考验,这一分类方法仍不失为一种受到研究者们所广泛接受的分析依据;接下来的各小节安排大致按照从外流向内外流耦合的分类进行递进描述。当然,鉴于高超声速流动中的激波 – 激波干扰现象十分复杂,其相互作用形式以及干扰所产生的流场结构会随着飞行器构型和流动环境的不同而千变万化。因此,笔者针对众多已有成果的梳理并形成科学合理的归纳和分类甚感力不从心,在本版的撰写中只能通过有选择地摘取可能有一定代表性的研究工作进行重点介绍,力图给读者提供具有参考价值的信息;此外,在后续的其他各章中,虽然分别从激波 – 边界层干扰、激波在飞行器构型设计中的应用以及超燃冲压发动机中的激波干扰问题等主题进行介绍,但其中也不乏存在大量的激波 – 激波相互作用现象。因此,这里也建议读者能举一反三、相互关联,以有助于对具体实际问题的透彻认识。

参考文献

[1] Edney B. Anomalous heat transfer and pressure distributions on blunt bodies at hypersonic speeds in the presence of an impinging shock [C]. Aeronautical Research Institute of Sweden, FFA Report No. 115, Stockholm, Sweden, Feb, 1968.

[2] Korkegi R H. Survey of viscous interactions associated with high Mach number flight [J]. AIAA Journal, 1971,

9(5):771 −784.

[3] Albertson C,Venkat V. Shock interaction control for scramjet cowl leading edges [R]. AIAA Paper 2005 − 3289,2005.

[4] Chu Y,Lu X. Characteristics of unsteady type IV shock/shock interaction [J]. Shock Waves,2012,22:225 − 235.

[5] Allan R Wieting. Experimental study of shock wave interference heating on a cylindrical leading edge [D]. Virginia:Old Dominion University,1987.

[6] Allan R Wieting,Michael S. Holden. Experimental shock − wave interference heating on a cylinder at Mach 6 and 8 [J]. AIAA Journal,1989,27(11): 1557 −1565.

[7] Holden M S,Wieting A R,Moselle J R,et al. Studies of aerothermal loads generated in regions of shock/shock interaction in hypersonic flow [R]. AIAA Paper 88 −0477,1988.

[8] Holden M S,Moselle J R,Lee Jinho. Studies of aerothermal loads generated in regions of shock/shock interaction in hypersonic flow [C]. NASA − CR −181893,1991.

[9] Wieting A. Shock interference heating in scramjet engines [R]. AIAA Paper,90 −5238,1990.

[10] Wieting A. Multiple shock − shock interference on a cylindrical leading edge [R]. AIAA Paper 91 − 1800,1991.

[11] Glass C E. Experimental study of pressure and heating rate on a swept cylindrical leading edge resulting from swept shock wave interference [D]. Virginia:Old Dominion University,1989.

[12] Holden M S,Rodriguez K M, Nowak R J. Studies of shock/shock interaction on smooth and transpiration − cooled hemispherical nose − tips in hypersonic flow [R]. AIAA Paper 91 −1765,1991.

[13] Nowak R,Holden M, Wieting A. Shock/Shock interference on a transpiration cooled hemispherical model [R]. AIAA Paper 90 −1643,1990.

[14] Sanderson S R. Shock wave interaction in hypervelocity flow [D]. California:California Institute of Technology,1995.

[15] Sanderson S R,Hornung H G, Sturtevant B. The influence of non − equilibrium dissociation on the flow produced by shock impingement on a blunt body [J]. Journal of Fluid Mechanics,2004,516:1 −37.

[16] Kolly J. An investigation of aerothermal loads generated in regions of hypersonic shock interference flows [D]. Buffalo:State University of New York at Buffalo,1996.

[17] Holden M, Kolly J. Measurements of heating in regions of shock/shock interaction in hypersonic flow [R]. AIAA Paper 95 −0640,1995.

[18] Holden M,Kolly J, Martin S. Shock/Shock interaction heating in laminar and low − density hypersonic flows [R]. AIAA Paper 96 −1866,1996.

[19] Carl M,Hannemann V, Eitelberg G. Shock/Shock interaction experiments in the high enthalpy shock tunnel Göttingen [R]. AIAA Paper 98 −0775,1998.

[20] Gaitonde D, Shang J S. The performance of flux − split algorithms in high − speed viscous flows[R]. AIAA Paper 92 −0186,1992.

[21] Gaitonde D, Shang J S. On the structure of an unsteady type IV interaction at Mach 8[J]. Computers & Fluids,1995,24(4): 469 −485.

[22] Zhong X. Application of essentially nonoscillatory schemes to unsteady hypersonic shockshock interference heating problems[J]. AIAA Journal,1994,32(8): 1606 −1616.

154

[23] Chu Y, Lu X. Characteristics of unsteady type IV shock/shock interaction[J]. Shock Waves,2012,22(3): 225 - 235.

[24] 肖丰收. 若干典型高超声速激波干扰流动特性研究[D]. 合肥:中国科学技术大学,2016.

[25] Ahmed M Y M,Qin N. Recent advances in the aerothermodynamics of spiked hypersonic vehicles[C]. Progress in Aerospace Sciences,2011,47:425 - 449.

[26] Crawford D H. Investigation of the flow over a spiked - nose Hemisphere - cylinder at a Mach number of 6.8 [C]. NASA TN - D118,1959.

[27] Stalder J R,Inouye M. A method of reducing heating transfer to blunt bodies by air injection[C]. NACA RM A56B27a,1956.

[28] 邓帆,谢峰,黄伟,等. 逆向喷流技术在高超声速飞行器上的应用[J]. 空气动力学报,2017,35(4): 485 - 495.

[29] Chen L W,Wang G L,Lu X Y. Numerical investigation of a jet from a blunt body opposing a supersonic flow [J]. Journal of Fluid Mechanics,2011,684: 85 - 110.

[30] 韩桂来,姜宗林. 支杆 - 钝头体带攻角流场和"军刺"挡板作用研究[J]. 力学学报,2011,43(5): 795 - 802.

[31] Saravanan S,Jagadeesh G, Reddy K P J. Investigation of missile - shaped body with forward - facing cavity at Mach 8[J]. Journal of Spacecraft and Rockets,2009,46(3):577 - 591.

[32] Engblom W A,Yuceil B,Goldstein D B,et al. Experimental and numerical study of hypersonic forward - facing cavity flow[J]. Journal of Spacecraft and Rockets,1996,33(3):353 - 359.

[33] Wang Weixing,Guo Rongwei. Influence of hypersonic inlet cowl lip on flowfield structure and thermal load [J]. Journal of Propulsion and Power,2014,5(30): 1175 - 1182.

[34] Hung F T. Protuberance interference heating in high speed flow[R]. AIAA Paper 84 - 1724,1984.

[35] Sedney R,Kitchens C W. Separation ahead of protuberances in supersonic turbulent boundary layers[J]. AIAA Journal,1977,15(4):546 - 552.

[36] 李素循. 激波与边界层主导的复杂流动[M]. 北京:科学出版社,2007.

[37] 马汉东,李素循,陈永康. 变高度圆柱诱导的激波边界层干扰[J]. 力学学报,2000,32(4):486 - 490.

[38] 李素循,施岳定,蔡罕龙. 绕凸台的高超声速分离流动研究[J]. 空气动力学半报,1992,10(1):31 - 37.

[39] 马汉东,李素循,吴礼义. 高超声速绕平板上直立圆柱流动特性研究[J]. 宇航学报,2000,21(1):1 - 5.

[40] 徐翔,彭治雨,石义雷,等. 高超声速锥体表面凸起物分离干扰区气动力/热关联计算方法[J]. 空气动力学学报,2009,27(2): 260 - 264.

[41] 王登攀. 超声速壁面涡流发生器流场精细结构与动力学特性研究[D]. 长沙:国防科技大学,2012.

[42] Olejniczak J,Wright W J,Candler G V. Numerical study of inviscid shock interactions on double - wedge geometries[J]. J. Fluid Mech,1997,352(1):1 - 25.

[43] Keyes J W, Hains F D. Analytical and experimental studies of shock interference heating in hypersonic flow [C]. NASA TN D - 7139,1973.

[44] Scott A. Berry and Robert J. Nowak. Effects of fin leading edge sweep on shock - shock interaction at Mach 6 [R]. AIAA Paper 96 - 0230,1996.

[45] Michelle L Jones. Experimental investigation of shock - shock interactions over a 2 - D wedge at M = 6[D]. Virginia:Virginia Polytechnic Institute and State University,2013.

[46] Michelle L Mason,Scott A Berry. Global aeroheating measurements of shock - shock interactions on swept cyl-

inder[J]. Journal of Spacecraft and Rockets,2016,53(4):678 – 692.

[47] Panaras A G. Review of the physics of swept – shock/boundary layer interactions[J]. Progress in Aerospace Sciences,1996,32(2 – 3): 173 – 244.

[48] Naidoo P,Skews B W. Supersonic viscous corner flows[J]. Proceedings of the Institution of Mechanical Engineers,Part G: Journal of Aerospace Engineering,2012,226(8): 950 – 965.

[49] Charwat A F,Redekeopp L G. Supersonic interference flow along the corner of intersecting wedges[J]. AIAA Journal,1967,5(3): 480 – 488.

[50] Watson R D,Weinstein L M. A study of hypersonic corner flow interactions[J]. AIAA Journal,1971,9(7): 1280 – 1286.

[51] West J E,Korkegi R H. Interaction of the corner of intersecting wedges at a Mach number of 3 and high Reynolds numbers[J]. AIAA Journal,1972,10:652 – 656.

[52] Kutler P. Supersonic flow in the corner formed by two intersecting wedges[J]. AIAA Journal,1974,12(5): 577 – 578.

[53] Marconi F. Supersonic,inviscid,conical corner flowfields[J]. AIAA Journal,1980,18(1): 78 – 84.

[54] Marsilio R. Vortical solutions in supersonic corner flows[J]. AIAA Journal,1993,31(9): 1651 – 1658.

[55] Goonko Y P,Latypov A F,Mazhul I I,et al. Structure of flow over a hypersonic inlet with side compression wedges[J]. AIAA Journal,2003,41(3): 436 – 447.

[56] Gun'ko Y P,Kudryavtsev A N,Rakhimov R D. Supersonic inviscid corner flows with regular and irregular shock interaction[J]. Fluid Dynamics,2004,39(2): 304 – 318.

[57] 杨旸. 三维激波相互作用的复杂流动研究[D]. 北京:中国科学院力学所,2012.

[58] 项高翔. 三维激波干扰理论与应用研究[D]. 北京:中国科学院力学所,2017.

[59] Chester W. The quasi – cylindrical shock tube[J]. Phil. Mag. ,1954,45: 1293 – 1301.

[60] Chester W. The propagation of shock waves along ducts[J]. Adv. In Appl. Math. ,1960,6: 119 – 152.

[61] Chisnell R. The normal motion of a shock wave through a non – uniform one dimensional medium[J]. Proc. Roy. Soc. Ser. A. ,1955,232: 350 – 370.

[62] Chisnell R. The motion of shock wave in a channel,with applications to cylindrical and spherical shock waves [J]. J. Fluid Mech. ,1957,2(3):286 – 298.

[63] Chisnell R. A note on Whitham's rule[J]. J. Fluid Mech. ,1965,22:103 – 104.

[64] Chisnell R,Yousaf M. The effect of the overtaking disturbance on a shock wave moving in a non – uniform medium[J]. J. Fluid Mech. ,1982,120: 523 – 533.

[65] Whitham G. On the propagation of shock waves through regions of non – uniform area or flow[J]. J. Fluid Mech. ,1958,4: 337 – 360.

[66] Whitham G. A new approach to problems of shock dynamics. Part I. Two – dimensional problems[J]. J. Fluid Mech. ,1957,2: 145 – 171.

[67] Tannehill J C,Holst T L,Rakich J V,et al. Comparison of a two dimensional shock impingement computation with experiment [J]. AIAA Journal,1976,14(4):539 – 541.

[68] Han Z Y,Yin X Z. Shock dynamics[M]. Dordrecht:Kluwer Academic Publishers,1993.

第6章 激波－边界层相互作用

激波－边界层干扰（Shock wave/Boundary Layer Interaction, SBLI）现象广泛存在于超声速和高超声速流动中[1,2]，相关的复杂流动表现出黏性和无黏干扰的双重特征。在超声速流动中，主流区一般主要表现出无黏特征；在邻近壁面的薄层内，黏性的作用一般情况下可采用边界层理论进行描述。然而，一旦主流区的激波与壁面附近的边界层相互作用，这种激波－边界层干扰的耦合效果可能会远远超过二者的简单叠加。

激波－边界层干扰对流动有着多方面的影响，其中流动分离可以说是最受关注的核心问题之一。一旦出现流动分离，产生了分离泡，激波波系会发生变化，进而引起压力载荷的变化，在流动再附点还会引起热流的增加。高超声速时干扰区的严重热载荷及其流动参数的剧烈变化等给飞行器设计带来极具挑战性的问题。在吸气式高超声速飞行器[3]中，激波－边界层干扰可以发生在飞行器的内流或外流壁面上，其流动结构十分复杂。特别是发动机进气道与隔离段内充满了黏性干扰区和激波干扰区，众多的反射激波与后掠激波产生的干扰区严重影响着进气道效率和进入发动机燃烧室的流动特性。准确预测这些干扰流场并进而兴利除弊，无疑具有十分重要的意义，但高超声速研究历程告诉我们，所面临的挑战同样是十分艰巨的。

本章主要介绍以高超声速流动为背景的一些激波－边界层干扰现象。6.1 节介绍几种典型的激波－边界层干扰的定常流场结构；6.2 节介绍干扰引起的流动分离结构和预测；6.3 节介绍激波－边界层干扰流场的非定常及脉动特性；6.4 节介绍激波－边界层干扰流场的流动控制。

6.1 几种典型的激波－边界层干扰

1939 年 Ferri[4]在高速风洞中进行翼型试验时，发现了激波－边界层干扰现象。由于该流动现象对许多实际工程应用具有重要意义，随后研究者们利用各种装置产生不同强度和几何形式的激波－边界层干扰流场,在较宽的马赫数、雷诺数、壁温比(壁面温度与恢复温度的比值)等流动参数范围内进行了大量研究,不仅获得了流动模式、初始分离准则和相似律等流场规律[1],也为工程应用提供了丰富的数据。这些研究工作按照边界层的不同状态可以分为激波－层流边界层干扰、激波－转捩边界层干扰、激波－湍流边界层干扰。考虑到在工程实际应用中的广泛性,在本章后续各节中,选择更具一般性的激波－湍流边界层干扰现象进行总体描述。根据产生激波和边界层的不同几何构型,通常将激波－边界层干扰研究大致分为:二维激波－边界层干扰,如入射斜激波的反射、压缩拐角、前向台阶、正激波干扰、压缩－膨胀拐角等;轴对称激波－边界层干扰,如双锥、柱－裙等;三维激波－边界层干扰,如立楔或立柱等突起物、尖前缘支板、尖前缘后掠支板、半锥、后掠压缩拐角、钝前缘支板和尖前缘双支板等(图6-1(a))。

对于超/高超声速飞行器而言,如图6-1所示,机身、翼、舵等外壁面,以及进气道－隔离段、燃烧室、尾喷管等内壁面的几何形式复杂,不可避免地会遇到激波－边界层干扰问题[5,6]。不仅在外压缩面拐折处、翼身连接处、舵等突起处存在激波－边界层干扰;在进气道－隔离段内部,由于唇口激波多次反射并存在激波串,还会形成多处激波－边界层干扰。更为复杂的是,随着来流条件和燃烧室反压的变化,这种内外流中的激波－边界层干扰结构会发生转变,甚至出现严重的内外流耦合现象,如进气道喘振等。

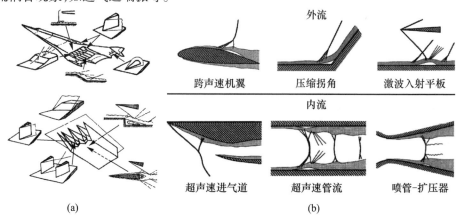

图6-1　高速飞行器中的激波－边界层干扰
(a)高速飞行器各部件干扰[5];(b)内/外流形式[6]。

6.1.1　二维激波－边界层干扰

这里所说的"二维"指的是统计意义上的二维,即流场统计参数在该二维平面的展向上分布均匀,而其实际瞬态流场仍可能呈现高度三维状态。大量的试验和数值计算均表明了二维斜激波－湍流边界层干扰与压缩拐角干扰具有相似性[7-9],本节以超/高超声速进气道中常见的斜激波－湍流边界层干扰为例,对二维激波－边界层干扰进行简要介绍。

图 6-2 给出入射斜激波与边界层发生无分离的弱干扰时的流场纹影图片(图 6-2(a))和流场结构示意图(图 6-2(b))。边界层外缘马赫数为 Ma_e 的来流经入射激波 C_1 压缩,偏转 θ_1。C_1 入射到壁面后形成反射激波 C_2,使气流偏折 $-\theta_1$,从而与壁面平行。入射激波 C_1 穿过边界层,由于当地马赫数降低而发生弯曲,激波强度也随之减弱,直到消失在声速线上。壁面压力分布如图 6-3 所示,过激波 C_1 的压升通过边界层内的亚声速区前传,使得激波 C_1 无黏入射点上游的边界层已经受到了激波 C_1 引起的压升影响。无黏激波入射点上游边界层的亚声速区抬升,排挤其外侧的超声速流,继而产生一系列压缩波 η,该压缩波汇聚为反射激波 C_2。从图 6-3 可以看出,壁面压力在无黏压升上游就已经开始上升,此后逐渐升高至下游无黏水平。

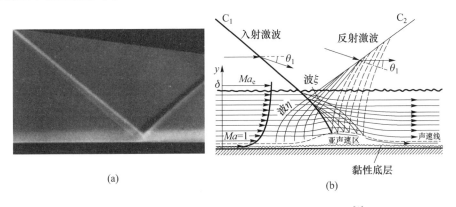

图 6-2　斜激波入射湍流边界层无分离时典型流场[1]
(a)纹影;(b)流场示意图。

这种无分离的弱干扰过程,主要由无黏机制主导。Henderson[10]将来流边界层内的不均匀气流离散为若干互相平行、压力相等、马赫数不等的流层,并假设每层为均匀流,详细研究了这种弱干扰过程中激波穿透边界层的机制。入射激波依次穿透每个流层时,产生一系列的透射激波,在逐渐靠近壁面的过程中,由于来流马赫数降低,透射激波角随之增大,使得入射激波逐渐弯曲变得更陡,直到在声速线处消失。这种无黏分析方法,虽然无法求得上游影响区的位置,却可以快速获得接近实际的入射激波形状。值得注意的是,当入射激波的强度足以使边界层发生分离时,流场结构将发生很大的变化,这种无黏分析方法将更加受限。

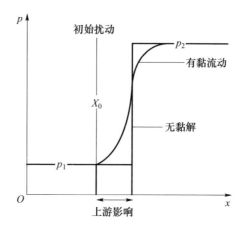

图 6-3　无分离时壁面压力示意图

当入射斜激波 C_1 足够强时,激波入射壁面产生的逆压梯度会引起流动分离,图 6-4 给出这种强干扰的流场结构示意图。干扰区内出现一个封闭的分离泡,该分离泡由从分离点 S 开始到再附点 R 结束的流线包围。从 S 点生成的分离剪切层将外部高速气流的机械能输运到分离泡内,在该剪切层内产生强烈的混合作用。因受到入射激波引起的压升的影响,分离点上游边界层的亚声速区抬升,产生一系列压缩波,该压缩波在主流中汇聚为分离激波 C_2,并与入射斜激波 C_1 发生异侧激波规则相交,产生滑移线 Σ 以及透射激波 C_3 和 C_4。透射激波 C_4 继续向壁面行进,由于分离泡内的压力基本不变,C_4 在穿入分离泡上方黏性流层的过程中,反射出一系列膨胀波。在该膨胀波的作用下,分离剪切层偏向壁面,并最终在 R 点再

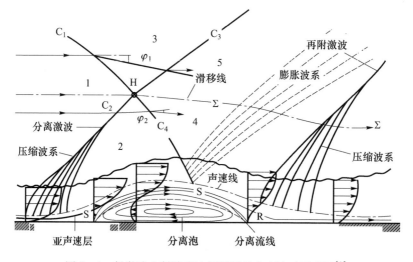

图 6-4　斜激波入射湍流边界层诱导分离流动示意图[1]

附。在流动再附过程中,出现一系列压缩波,该压缩波在主流中汇聚为再附激波。这种有分离的强干扰过程的壁面压力分布如图 6 – 5 所示,在干扰刚开始时,壁面压力呈现陡峭的第一次爬升;紧接着,在分离泡内出现一个壁面压力变化十分缓慢的平台;在流动再附过程中,壁面压力出现第二次爬升,但较第一次爬升更加平缓。无黏流场中往往只有一道入射激波和一道反射激波,与这种有流动分离的强干扰结构有显著的区别,黏性成为决定这种强干扰流动结构的关键因素。

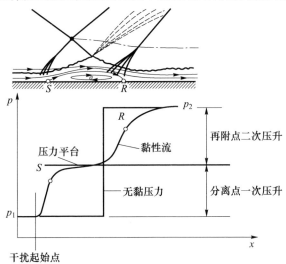

图 6 – 5　斜激波入射湍流边界层诱导分离流动的压力分布示意图[1]

　　基于对上述强干扰流动分离结构的物理认知,可以建立一种简化的无黏分析模型[1],如图 6 – 6 所示,以快速把握流场的宏观波系结构。具体来说,将图 6 – 4 中的分离泡等价于一个从分离点 S 开始到再附点 R 结束的等压死水区(图 6 – 6),继而用等压边界 f 代替该分离泡。该等压边界的压力近似为图 6 – 5 中的压力平台值。由于压力平台高于上游压力 p_1,为避免矛盾,等压边界的迎风面需倾斜一定的角度,以便产生分离激波 C_2,由激波 C_2 的波后压力匹配该压力平台,相应的来流也需偏转至与等压边界的迎风面相平行。分离激波 C_2 与入射激波 C_1 在 H 点发生规则相交,产生透射激波 C_3、C_4 以及滑移线 Σ。透射激波 C_4 向壁面行进至 I 点处,与等压边界 f 相遇。为保证等压边界 f 的压力连续,通过从 I 点发出的一系列膨胀波来消除透射激波 C_4 引起的压力突升。从 I 点发出的膨胀波也使得等压边界 f 的背风面向壁面偏折,并终结于壁面的再附点 R 处。在 R 点,气流需再次偏转至与壁面平行,于是形成了再附激波 C_5。

　　尽管这种无黏分析方法需要借助其他方法,事先给定分离点 S、再附点 R 的位置以及压力平台值,但它较为清晰地抓住了由 5 道斜激波 $C_1 \sim C_5$、滑移线和膨胀扇构成的复杂流场结构,为工程应用中流场的快速分析带来了便利。值得注意的是,这种无黏简化方法认为整个分离泡为压力相等的平台区;这一假设在分离泡前段是适用的,而在分离泡后段由于压力抬升明显(图 6-5),误差可能较大。所以,流动再附过程的无黏简化分析仍有可待改进和提升的空间。

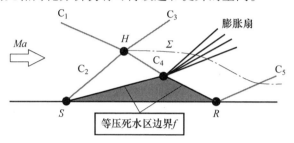

图 6-6　斜激波入射湍流边界层诱导分离流动的无黏简化分析模型示意图

6.1.2　三维激波–边界层干扰

高超声速飞行器的翼身连接处、舵和进气道侧壁等存在大量的三维激波–边界层干扰。图 6-7 给出了常见的 6 种三维激波–边界层干扰构型:尖前缘支板、尖前缘后掠支板、半锥、后掠压缩拐角、钝前缘支板和尖前缘双支板。其中,前 4 种构型的几何尺寸与边界层厚度相比足够大,被认为是"尺度无关干扰"[1],即几何尺寸进一步增大后,不会再影响流动结构。而第 5 种构型钝前缘支板的前缘钝度仍然具有尺度效应,其几何尺寸进一步增大后,将影响流场结构。第 6 种构型为尖前缘双支板,它能够在很大程度上代表三维侧压缩进气道内由三维激波和边界层

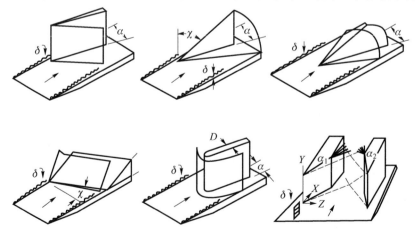

图 6-7　三维激波–边界层干扰典型几何构型示意图[1]

主导的复杂流动[11]。这些构型产生的三维激波 – 边界层干扰,在工程中具有十分重要的应用价值。本节以尖前缘支板和后掠压缩拐角为例,对三维激波 – 边界层干扰进行简要介绍,旨在说明与二维干扰的不同。

如图 6 – 8 所示,尖前缘支板在三维空间中产生的干扰流场是准圆锥形的[12-14],采用球坐标系分析较为便利(图 6 – 8(a))。压缩角为 α 的尖前缘支板在超/高超声速来流中产生一道后掠激波,该后掠激波产生的横向压力梯度引起二次横流。这种三维流动可以借助壁面极限流线图谱来表述(图 6 – 8(b)),壁面极限流线行进至流动分离和再附处,分别呈现汇聚和发散状。气流从支板前缘尖点出发,经过长度为 L_{i} 的起始区后,发展至锥形流动区。在锥形流区,将上游影响线 β_{U}、主分离线 β_{S1}、二次分离线 β_{S2} 和无黏后掠激波角 β_0 向上游延长后,能够相交于同一点,该交点即为锥形流区对应的虚拟顶点(VCO)。从该虚拟顶点发出的球面与三维干扰流场相截,得到的流场结构是准二维的(图 6 – 8(a))。为描述方便,通常采用与球面相切并且与无黏后掠激波角 β_0 相垂直的特征平面代替球面。相应地,采用特征马赫数 Ma_{n} 描述该特征平面上的流场结构,Ma_{n} 为来流马赫数 Ma_{∞} 在该特征平面上的投影 $Ma_{\mathrm{n}} = Ma_{\infty}\sin\beta_0$。在该特征平面上的流动等价于二维正激波 – 边界层干扰形成的“λ”激波结构(图 6 – 8(a))。

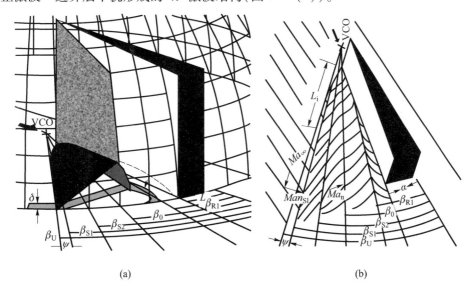

(a)　　　　　　　　　　　　　　(b)

图 6 – 8　准圆锥形干扰流场的球表面投影和尖前缘干扰的壁面流线[13]

(a)准圆锥形干扰流场的球表面投影;(b)尖前缘干扰的壁面流线。

后掠压缩拐角的壁面极限流线图谱[12]如图 6 – 9 所示,当拐角的后掠角较小时,经过长度为 L_{i} 的起始区后,流动呈现圆柱形。此时,上游影响线 U、主分离线 S

和无黏激波 C 平行,可用柱坐标系进行描述和分析。当拐角的后掠角较大时,在起始区 L_i 下游的流动呈现圆锥形。

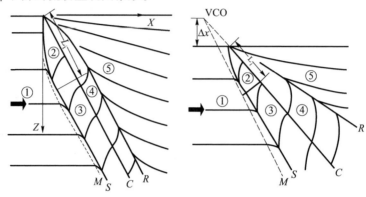

图 6-9 后掠压缩拐角流动模式[12]

应当指出的是,在工程应用的牵引下,进行三维激波-边界层干扰研究相当困难,这种困难主要来自两个方面:首先,三维干扰流场的形态和流动结构过于复杂,以至于让人不知从何入手进行研究;其次,影响干扰流动特性的参数繁多。近 30 年来,该领域已开展了广泛系统的研究,Panaras[15]、Settles[13] 和 Dolling[16] 曾多次综述了这种三维后掠波-边界层干扰的研究进展,他们着重讨论了所揭示的干扰现象,提供了大量研究数据和信息,较为全面地总结了利用试验、数值模拟和理论取得的各种结果。最近,Adler 和 Gaitonde[17] 利用数值模拟对后掠流场的相似律进行了重新审视和讨论。

自激波-边界层干扰现象被发现以来,关于典型几何构型的试验和数值模拟研究在国内外被广泛展开。激波-边界层干扰是国际激波会议(ISSW)的重要议题之一,北大西洋公约组织(NATO)航天研究与发展咨询组(AGARD)曾专门针对激波-边界层干扰进行了研讨[8,18-20]。美国宾夕法尼亚州立大学气体动力学实验室(Gas Dynamics Laboratory)的 Settles 等[21-23] 收集了大量的激波-边界层干扰的试验数据,并建立了数据库。最近,Marvin 等[24] 在 NASA 的支持下,针对二维和轴对称构型的高超声速激波-湍流边界层干扰问题,收集整理了试验数据库,用于 CFD 验证。Holden 等[25-27] 在 CUBRC 网站公布了高焓流动情况下激波-湍流边界层干扰的一些试验数据。Babinsky 和 Harvey[1] 出版了激波-边界层干扰的专著。国内也开展了许多激波-边界层干扰的研究,如航天十一院的李素循出版了激波-边界层干扰的专著[28]。关于激波-边界层干扰的研究工作虽然已经持续了近 80 年,前期发展的一些理论方法解释了无黏部分的流场结构,后期的试验和数值模拟在流场显示、壁面压力和热流测量方面获得了一些认识,但仍然还有许多物理、化学上的机理没有完全认识[29-31]。比如,激波导致三维流动分离发生的清晰的具体的判据如何,干扰区域内热载荷的准确预测方法,激波－边界层干扰对可压缩边界层稳定性以及转捩的影响,高超声速条件下包含化学反应的激波－边界层干扰等。

6.2　激波－边界层干扰引起的流动分离

流动分离决定性地影响了流动的总体特征,是激波－边界层干扰的重要方面。高超声速飞行中,流动分离是特别不希望出现的,一旦出现,后果十分严重。一旦出现流动分离,产生了分离泡,激波波系会发生变化,进而引起压力载荷的变化。强烈的逆压梯度导致当地边界层动量损失增加,使发动机内部性能降低。同时,边界层厚度增加,速度剖面发生变形,造成更多的气流堵塞。分离泡本身也是不稳定的且分离激波会振荡,不稳定性和不确定性会随之往下游传播。分离流还增加了高焓气流从自由流到固壁的输运,造成分离泡附近的壁面热流可能增加 2~5 倍,且其位置会随着飞行条件发生改变,使飞行器的设计更为复杂。因此,研究激波－边界层干扰的问题、准确地预报流动分离和壁面热流,对于高超声速飞行器的减阻和防热设计具有重要意义。

6.2.1　内流中的大尺度流动分离

在超/高超声速飞行器的内流中,当遇到强干扰时,可能出现大尺度流动分离。由于流动被内流道的壁面限制,分离区与无黏流动区域强烈耦合,将产生复杂的流动结构。

如图 6-10 所示,超/高超声速进气道在低马赫数或高反压条件下,其内收缩段入口处,由于激波－边界层干扰可能出现大尺度的流动分离,造成进气道不起动[32,33]。在其作用下,进气道的流量系数大幅降低,流场品质急剧恶化。这种大尺度流动分离不仅受到来流马赫数、雷诺数以及边界层状态等参数的影响,还与进气道的几何构型及尺度直接相关。目前对于大尺度流动分离的流场结构及其形成和消失的流动机理尚不明晰。

在超声速扩压器、隔离段以及过膨胀喷管中也可能存在大尺度的流动分离,主要由正激波干扰引起。如图 6-11 所示,二维超声速喷管上壁面的流动分离区较大,导致一个较大的"λ"激波结构;而下壁面的分离区较小,产生一个较小的"λ"激波结构。上、下壁面的两道分离激波通过中间的一道马赫杆相连,形成马赫反射结构,该马赫杆接近于一道正激波。这种由对称几何产生的非对称分离给飞行器推进系统带来剧烈的侧向载荷,但其产生机理尚不清晰。

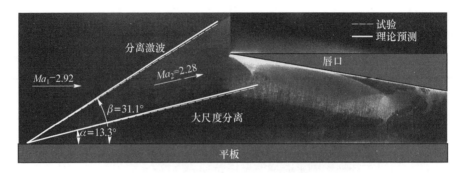

图 6-10　进气道不起动大尺度分离 NPLS 流场图[32]

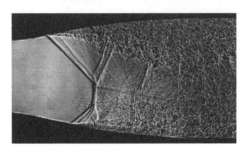

图 6-11　二维超声速过膨胀喷管中的非对称激波诱导分离流场[1]

6.2.2　自由干扰理论和激波诱导分离的预测

1. 自由干扰理论

在 20 世纪 50 年代,Chapman[34]对大量的激波 – 边界层干扰流动进行了分析,提出了著名的自由干扰理论(Free Interaction Theory),对激波 – 边界层干扰分离流的物理机制产生了重要的推动作用。该理论认为,激波 – 边界层干扰引起的分离流与干扰区壁面构型以及下游的流动状态无关,而仅与分离起始点的流动状态有关。Chapman[34]从边界层动量方程出发,并通过超声速简单波区压力和流动方向的关系,将边界层增厚和附近无黏流的压力变化联系起来,最终得到了激波 – 边界层干扰过程中边界层对压升的响应关系式,即

$$\frac{p(\bar{x}) - p(\bar{x}_0)}{q_0} = F(\bar{x}) \sqrt{\frac{2C_{f,0}}{(Ma_0^2 - 1)^{1/2}}} \qquad (6-1)$$

式中　x——流向坐标;

　　　x_0——干扰起始位置,并采用干扰起始点到分离点的距离作为流向特征长度,即 $L = x_s - x_0$;

　　　p——压力;

q_0——动压；

$C_{f,0}$——x_0 处的摩擦力系数；

$F(\overline{x})$——无量纲函数。

自由干扰理论经过了试验的检验，层流、湍流的无量纲函数 $F(\overline{x})$ 如图 6 – 12 所示。在来流条件确定的情况下，压升和 $F(\overline{x})$ 成正比。从图 6 – 12 中可以看出，从干扰起始点至分离点的压升很陡峭，随后压升缓慢增大，最后趋近于分离区所对应的压力平台值。表 6 – 1 给出了分离点和分离区下游平台区的 $F(\overline{x})$ 值。可见，湍流的 $F(\overline{x})$ 比层流大得多，这也表明层流更容易发生分离。

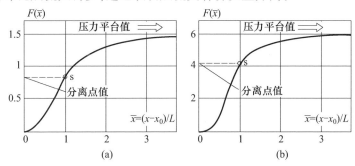

图 6 – 12　自由干扰理论表达的分离过程压升关系[34]

(a) 层流；(b) 湍流。

表 6 – 1　层流和湍流分离点和分离区下游平台区的 $F(\overline{x})$ 值

类型	分离点	平台
层流	0.8	1.5
湍流	4.2	6

自由干扰理论表明，分离点的压升以及干扰起始长度 L，都只与干扰起始位置 x_0 的摩擦力系数和马赫数有关，而与下游条件以及干扰构型无关，特别是与激波强度无关。尽管后续的研究表明，这种对上游条件依赖关系的普适性存在一定的疑问，如膨胀凸拐角下游附近的分离流动[35]，但自由干扰理论对激波 – 边界层干扰物理模型的建立起到了重要的推进作用。

以湍流分离平台区的压升作为产生分离所需的压升，通过自由干扰理论，可以进一步推导出诱导初始分离发生所需的激波强度，继而获得激波诱导分离的预测准则[1]。将湍流分离平台区的 $F(\overline{x})$ 值代入式 (6 – 1)，得到

$$\frac{p_1}{p_0} = 1 + 6\frac{\gamma}{2}Ma_0^2\sqrt{\frac{2C_{f,0}}{(Ma_0^2-1)^{1/2}}} \tag{6 – 2}$$

该分离准则将雷诺数的影响通过摩擦力系数来体现。

Zhukoski[36]给出一个更为简洁的初始分离准则,但未考虑雷诺数影响,即

$$\frac{p_1}{p_0} = 1 + 0.5Ma_0 \qquad (6-3)$$

而针对火箭发动机喷流中的初始分离,广泛使用的是 Schmucker 准则[37],即

$$\frac{p_1}{p_0} = (1.88Ma_0 - 1)^{0.64} \qquad (6-4)$$

在超/高超声速进气道的设计过程中,经常采用的是 Korkegi 给出的初始分离准则[38],该准则考虑了二维激波 – 边界层干扰和三维后掠激波 – 边界层干扰的情况。由于激波 – 边界层干扰流动的复杂性,应当谨慎使用这些经验性的准则预测是否发生流动分离。

2. 进气道不起动大尺度流动分离实例

在 6.2.1 小节图 6 – 10 展示了二元进气道不起动时的大尺度流动分离,赵一龙等[33]应用自由干扰理论对这种大尺度分离结构进行了分析。如图 6 – 13 所示,进气道入口处的灰色区域为大尺度流动分离区。与 6.1.1 小节图 6 – 6 给出的无黏分析模型类似,由于分离区内的静压基本相等,分离区的迎风面为直线,分离区所诱导的分离激波为斜激波。在图 6 – 13 中,θ_s 为大尺度分离流动的等效气流偏转角,S_1 为分离激波,β_s 为分离激波的激波角,S_2 为唇口激波,Ma_1 为来流马赫数,Ma_2 为分离激波后的马赫数。

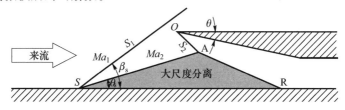

图 6 – 13   二元进气道不起动大尺度分离流场模型[33]

在上游来流马赫数和摩擦力系数已知的条件下,根据自由干扰理论容易计算出分离区的平台压升 p_s/p_1。基于得出的分离区平台压升,结合 Rankine – Hugoniot 关系式,可以进一步得出分离激波的激波角 β_s、分离流动的等效气流偏转角 θ_s 以及分离激波后的气流马赫数 Ma_2。首先,由来流马赫数 Ma_1 和分离区压升 p_s/p_1,通过式(6 – 5)计算出分离激波的激波角 β_s,即

$$\frac{p_s}{p_0} = 1 + \frac{2\gamma}{\gamma + 1}0.5Ma_0(Ma_1^2\sin^2\beta_s - 1) \qquad (6-5)$$

然后,由分离激波的激波角 β_s 和来流马赫数 Ma_1,通过式(6 – 6)求得大尺度分离

流动的等效气流偏转角 θ_s ,即

$$\tan\theta_s = 2\cot\beta_s \frac{Ma_1^2\sin^2\beta_s - 1}{Ma_1^2(\gamma + \cos2\beta_s) + 2} \qquad (6-6)$$

最后,由分离激波的激波角 β_s 和来流马赫数 Ma_1 ,通过式(6-7)求得分离激波后的气流马赫数 Ma_2 ,即

$$Ma_2^2 = \frac{Ma_1^2 + \dfrac{2}{\gamma - 1}}{\dfrac{2\gamma}{\gamma - 1}Ma_1^2\sin^2\beta_s - 1} + \frac{Ma_1^2\cos^2\beta_s}{\dfrac{\gamma - 1}{2}Ma_1^2\sin^2\beta_s + 1} \qquad (6-7)$$

通过该模型求得的分离激波的激波角 β_s 、分离流动的等效气流偏转角 θ_s 与图 6-10 的试验结果很接近。这也表明自由干扰理论在工程应用中仍然能够发挥一定的作用。

6.3　激波湍流作用、激波振荡与脉动压力生成

当激波强度足以使流动分离时,激波的非定常运动是激波－湍流边界层干扰流动中不可避免的重要特征。这种激波的非定常运动通常称为激波振荡,其频率较低,比来流边界层中湍流脉动的特征频率低 1~2 个数量级。激波振荡产生的脉动压力与结构的固有频率接近,会给飞行器带来恶劣的影响,可能会致使飞行器的结构遭到破坏,造成灾难。

采用吸气式冲压发动机的高超声速飞行器多采用机体－推进一体化气动外形,外形特征为升力体类前体、不规则弹身及布局复杂的控制面,外流场存在复杂的绕流环境及激波与边界层主导的复杂流动,激波－激波干扰、逆压梯度导致分离激波、弹身型面拐角复杂流动、激波相交及碰撞、翼舵干扰等特征明显;内型面一般采用前体预压缩来流,并捕获来流供给燃烧室,燃料与空气掺混燃烧后经尾喷管喷出产生推力,前体、进气道、尾喷管内存在复杂的分离区及激波干扰区,喷流引起干扰流动等。因此,内外流并存,且飞行操纵与动力推进密切交织与耦合,这些非定常特性明显的流动现象会带来严酷的压力脉动,峰值压力部位会随着导弹外形及飞行条件的不同而改变,且多与峰值热流相交织,给飞行器设计带来挑战。

6.3.1　激波－湍流相互作用

激波－湍流边界层干扰中涉及更广义的激波－湍流相互作用问题。未发生流动分离时,激波的非定常性主要取决于来流的湍流脉动,而湍流在通过激波时也会产生很强的畸变。当干扰流动无分离或者有分离时,激波的位置和运动都随着上、

下游边界层中的流动条件发生变化。因此,Dussauge 和 Pipponniau[39] 提出用上、下游的观点来分析激波的运动。

激波－湍流干扰还存在于燃烧室的燃烧过程中,在这种复杂流动中,激波和湍流之间有着强耦合的关系,包含了复杂的线性和非线性的物理机制[40]。激波－湍流干扰对流场最主要的作用是放大速度脉动和改变湍流结构的尺度,这表明激波－湍流干扰对混合过程能产生很大的影响,Budzinski 等[41] 正是利用这一特点,增强燃料和氧化剂的混合。

激波－湍流干扰的复杂物理机制可以通过简化的构型进行研究。图 6－14 给出一些典型的激波－湍流干扰构型:图 6－14(a)所示为各向同性的均匀湍流－激波干扰;图 6－14(b)所示为常剪切均匀湍流/激波干扰;图 6－14(c)所示为圆形射流－激波干扰;图 6－14(d)所示为平面剪切层－斜激波干扰;图 6－14(e)所示为尾流－激波干扰;图 6－14(f)所示为激波－边界层干扰。预测干扰后流动的方法主要有线化干扰分析(LIA)、快速畸变理论(RDT)、雷诺平均 N－S 方程(RANS)、大涡模拟(LES)以及直接数值模拟(DNS),然而这些方法尚难以给出统一的预测结果。

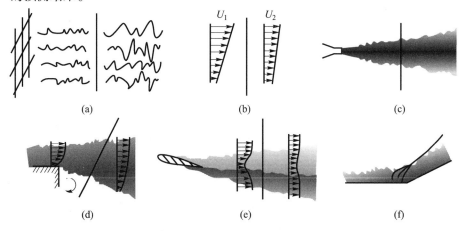

图 6－14　激波/湍流干扰简化构型示意图[40]

湍流的放大是激波－湍流干扰的主要特征之一。Ribner[42] 通过 LIA 首次获得了湍流受激波干扰放大的证据。对于各向同性均匀湍流,Rankine－Hugoniot 间断条件和湍流、涡及熵波的耦合决定了湍流的放大[43]。而在激波－边界层干扰中,湍流放大更为复杂,图 6－15 给出了流场中的湍流细节[44,45]。对于反射激波－边界层干扰类型来说,边界层流动相当于经历了两道激波的干扰。而在压缩拐角干扰构型中,流动经过斜楔诱导的分离激波干扰后进一步被斜楔上发展的激波压缩,流线的上凹使湍流不稳定。因此,湍流不仅被激波干扰,还受激波系统振荡、流线上凹以及下游斜楔面压缩的影响。

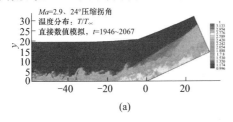 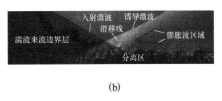

(a)　　　　　　　　　　　　(b)

图 6 – 15　流场中的湍流细节

(a)压缩拐角 DNS 瞬时温度场[44]；(b)斜激波入射边界层 NPLS 流场图[45]。

Selig 等[46]利用热线测量技术,对 $Ma=2.9$、24°压缩拐角激波－边界层干扰流场的湍流结构演化进行了试验研究,获取了干扰区沿程壁面法向的质量流量脉动强度,验证了湍流放大现象,试验表明干扰区下游的最大质量流量脉动强度较上游来流放大了约 4.8 倍。Wu 和 Martin[47]对低雷诺数下的 $Ma=2.9$、24°压缩拐角进行了直接数值模拟,也得到了与试验接近的放大倍数。他们还对斜激波入射边界层进行了直接数值模拟,结果表明其湍流放大倍数约为 3。两个构型中雷诺应力分别放大了 3～20 倍和 3～15 倍。Humble 等[48]利用 PIV 对反射激波－边界层干扰流场的湍流结构进行了研究,图 6 – 16 给出了流向和法向速度脉动强度分布,可以看出,流向速度脉动在干扰区内增强后,在下游很快恢复;而法向速度脉动在干扰区下游很远的距离内维持较高水平。这意味着在干扰区下游的恢复区内,边界层呈现很强的各向异性,用于从速度脉动推导密度脉动的强雷诺比拟关系将不再适用。

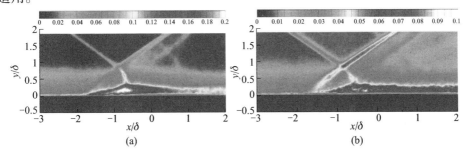

(a)　　　　　　　　　　　　(b)

图 6 – 16　斜激波与入射边界层 PIV 流场

(a)流向速度脉动分布；(b)法向速度脉动分布[48]。

6.3.2　激波振荡及脉动压力

当发生流动分离时,下游流动可能会对激波的非定常运动起到控制作用。近年来,激波－边界层干扰中分离激波的低频自持振荡现象[49-51],引起了研究者的广泛关注,针对压缩拐角、斜激波与入射边界层和立柱等简化构型进行了研究,主要是为了揭示分离激波运动的频率比来流边界层的特征频率低 1 ~ 2 个数量级这一问题的产生机理。并已提出了多种机制,如分离泡、分离剪切层和激波波系之间的反馈回路机制[52],分离泡连续的收缩和扩张机制[53],剪切层的脱落[54],以及这些物理机制的耦合作用。但是,对于这一问题目前还没有定论。

分离激波的低频振荡和流场中分离泡的低频运动在不同构型诱导的干扰分离流中都存在着强烈的相似性。以压缩拐角为例,对干扰流动中的低频脉动进行说明。图 6 – 17 给出了干扰区上、下游壁面压力信号的功率谱密度。在分离区上游和分离激波下游位置 1、4 和 5 处,压力振荡的主导频率为高频,量级约为 U_∞/δ_0,振荡尺度接近上游来流边界层中的湍流尺度;而在分离激波根部附近,壁面压力信号呈间歇性振荡,其主导频率集中在低频附近,量级约为 $0.01U_\infty/\delta_0$。激波振荡范围即间歇区长度 L_i,通常随分离区长度 L_{sep} 增大而增大,而分离区长度主要由干扰强度决定。

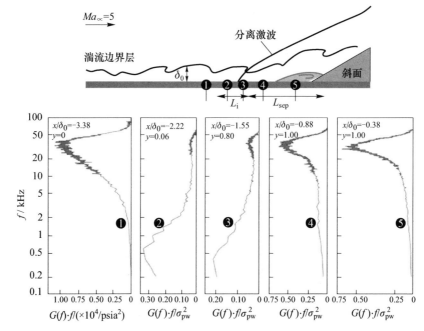

图 6 – 17　压缩拐角干扰分离流壁面压力信号功率谱[51]

（1psia≈6895Pa）

Daussage 等[50]对不同构型干扰的振荡频率进行了综合分析,其结果如图 6 – 18 所示,图中给出的是在激波根部记录的无量纲主频 Strouhal 数。激波振荡的主频 f 用干扰区长度 L 和外流速度 U_∞ 无量纲化,即 $S_L = fL/U_\infty$。其中,干扰长度 L 与构型几何特征有关:对于激波反射构型,干扰长度定义为分离激波的平均位置与入射激波延长至壁面位置之间的距离;对于压缩拐角构型,干扰长度定义为分离激波的平均位置与拐角线或与再附点(如果能够确认再附点位置)之间的距离;对于障碍物构型,干扰长度定义为分离激波的平均位置与障碍物起始点之间的距离。不同干扰流动的 Strouhal 数与马赫数之间并没有呈现很好的关联性,但多数试验的 Strouhal 数集中在 0.03 ~ 0.04,具有良好的集中性。这表明不同干扰流动中非定常性的起源应该具有一些共同特征,而数据的散布说明还有一些细节没有被很好地描述。

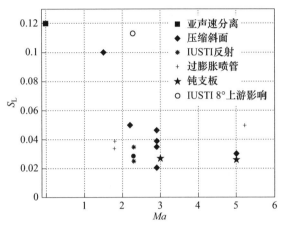

图 6 - 18　不同构型诱导的激波振荡无量纲频率[50]

通过对激波 - 湍流边界层干扰低频振荡试验现象的分析,前人提出的物理机制大致可分为上游机制和下游机制。上游机制由普林斯顿大学的 Dolling 和 Clemens 等[49,51]提出,其核心观点认为分离激波的振荡主要由上游边界层中的大尺度结构导致。Erengil 等[55]在来流 $Ma = 5$ 条件下,对压缩拐角进行的试验表明,分离激波的高频小尺度运动是由湍流脉动引起的,低频大尺度运动则与分离区的收缩有关,但依旧无法解释低频大尺度运动的形成机制。为研究激波低频大尺度运动机制,McClure[56]测量了上游边界层的皮托压,发现当分离激波位于上游位置时,上游边界层的条件平均速度偏低。Beresh 等[57]对不同激波位置对应的来流边界层剖面进行了条件平均,发现边界层近壁面处的负速度脉动主要与激波向下游运动有关,正速度脉动主要与激波向上游运动有关。这是试验上首次获得的关于上游边界层与分离激波运动相关性的直接证据。Wu 等[58]利用兆赫兹的脉冲激光系统观测了 $Ma = 2.5$ 流场中 14°斜楔诱导的分离激波运动,也发现分离激波低频运动与上游边界层结构相关。Ganapathisubramani 等[59]用 PIV 观测了压缩拐角上游边界层水平截面内的结构,在壁面法向高度位于对数律层的截面上发现了流向条带状低速流动结构,其尺度大于 $8\delta_0$,如图 6-19(a)所示。随后,他们利用该平面上的速度云图定义了一条伪分离线(Separation line surrogate),如图 6-19(b)白色虚线所示,发现该分离线上某点的瞬时位置与其上游边界层内的线平均速度有很强的相关性,上游边界层展向上的平均速度与伪分离线之间也存在强相关。代尔夫特大学的 Humble 等[60,61]对 $Ma=2.1$ 的入射激波-边界层干扰流场进行了层析PIV 观测,并利用三维技术观察到边界层中的发卡涡结构与流向细长低速区有关。随后,在分离流的上游,他们也观测到低速条状结构,且分离位置与这种结构之间有较强的相关性。这与 Ganapathisubramani 等[59]在压缩拐角流场中观测到的现象一致。基于这些现象,代尔夫特的研究者们认为分离线流向振荡由低速条带状结构引起,展现的波动由边界层展向结构引起。

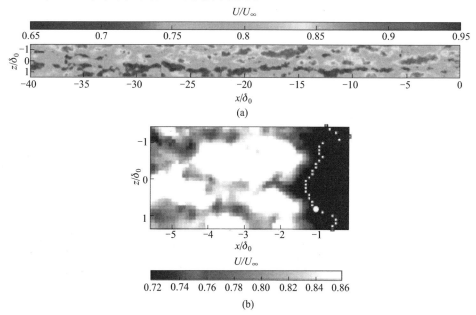

图 6-19 流向条带状低速流动结构

(a)上游边界层中的大尺度条带结构;(b)分离线(白色虚线)上游流向速度分布[59]。

下游机制认为,分离激波非定常运动的驱动机制来自下游分离区。通过分析测量的壁面脉动压力,Thomas 等[62]、Gramman 和 Dolling[63]、Brusniak 和 Dolling[64]的试验中均发现分离激波运动与分离区内的压力脉动相关。Thomas 等[62]试验中再附区的压力脉动与间歇区的压力脉动具有强相关性。法国马赛大学的 Dupont课题组[65]对斜激波与入射边界层的干扰流场进行了大量的试验研究,发现分离激波根部附近和再附点附近的脉动压力显示出强相关性,因此,他们认为分离区和分离激波的振荡为准线性系统。随后,Dupont 等[66]为了研究分离区内的驱动机制,他们对入射激波干扰流场进行了时空结构的详细分析,发现超声速分离区和亚声速分离区的沿程功率谱分布存在相似的特征。Sourverein 等[67]对不同强度的干扰流场,包括初始分离和完全分离流场,进行了试验。他们使用条件平均,研究了对应于不同分离区大小时的来流边界层变化,发现当分离区较小时,上游边界层更加饱满,这一现象在初始分离中更明显。因此,他们认为上游的影响在小分离时稍大,当干扰强度增大时,上游的影响程度会降低。Piponniau 等[53]基于 Dupont 等的试验,提出了一个简单的分离区振荡模型,如图 6－20 所示,他们认为分离区振荡主要来自于分离区上方剪切层的涡脱落。剪切层的涡脱落带走分离区内的流体,而分离区时均质量为某一常值,因此,分离区存在一个恢复时间尺度 T ＝分离区内的流量/剪切层流量脱落率。他们认为分离激波的运动频率即为 $f = 1/T$,Strouhal 数由分离区内的流量和分离区上方剪切层决定。Wu 和 Martin[52]、Priebe 和 Martin[68]用 DNS 模拟了 $Ma = 2.9$、24°压缩拐角的干扰流场,他们同样研究了上游边界层质量流量脉动与分离线的相关性,但与 Ganapathisubramani 等[59]不同的是,他们使用的分离线是按摩擦力为零定义的,他们得到的相关性系数比 Ganapa-thisubramani 等[59]的低,仅约 0.3;而分离激波位置(边界层外缘处)与分离点位置之间的相关性系数约为 0.8,并且延迟时间表明分离点运动先于分离激波;分离点和再附点之间的相关性系数约为 0.3。这些结果与压缩拐角试验一致。他们也发现了上游的流向条带结构,但其主要影响体现在分离线的展向小尺度波动,而不是体现在分离激波的大尺度低频运动。因此,他们认为分离线的展向小尺度波动受上游影响,而大尺度低频运动主要受下游分离流的激励。基于分离区内流量的输运与填充,他们也提出了一种类似于 Piponniau[53]的模型,并利用他们的 DNS 算例证实了该模型背后的机制。

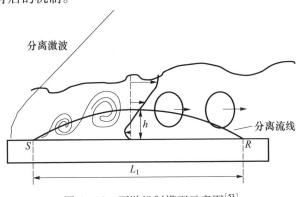

图 6－20 下游机制模型示意图[53]

为了预测分离激波的振荡频率,一些学者提出了分离激波运动的随机振荡模型。Touber 和 Sandham[69]用 LES 模拟了 Dupont[66]试验中 8°斜劈产生的斜激波－

湍流边界层干扰流场。他们模拟的来流边界层参数、分离区尺度以及干扰区内各处的脉动压力功率谱密度等基本与试验结果一致,但在上游边界层 $y/\delta = 0.2$ 处未发现 Ganapathisubranabi 等[59]拍摄到的大尺度条带状结构。因此,他们认为,上游边界层对激波低频振荡的影响很小。值得一提的是,他们从全局不稳定性的角度出发,得到一个低阶随机振荡模型,其预测的激波振荡脉动压力功率谱与试验结果类似。该模型与 Plotkin[70]提出的振荡模型一致,均体现了激波 – 湍流边界层干扰流场中固有的不稳定性。

目前主流的观点认为,激波 – 湍流边界层干扰的非定常特征主要有分离激波的低频大尺度脉动和中频小尺度脉动。当干扰强度较小时,上游机制作用较为明显;当干扰强度较大时,下游机制占主导地位[51]。这两种机制代表着不同的激励源,而干扰流场本身具有随机振荡的系统属性,这种振荡系统对高频振荡起到滤波的作用,对低频振荡有放大的作用。

虽然激波不稳定性机制目前尚存在较大争议,但其给壁面带来的脉动载荷是工程上极为关注的。激波 – 湍流边界层干扰分离流动中的脉动压力、热流载荷,主要来自边界层中的湍流结构和分离激波振荡。图 6 – 21 给出了压缩拐角实验获得的激波振荡区域内壁面压力的时序信号[71]和无分离激波反射干扰区热流信号[72]。在有明显分离的干扰中(图 6 – 21(a)),低频激波振荡给壁面带来间歇性压力振荡,振荡幅值较高,频率较低;在无分离的干扰区内(图 6 – 21(b)),热流呈现高频脉动,且干扰区内的脉动幅度明显增强。如图 6 – 22 所示,压力、热流的脉

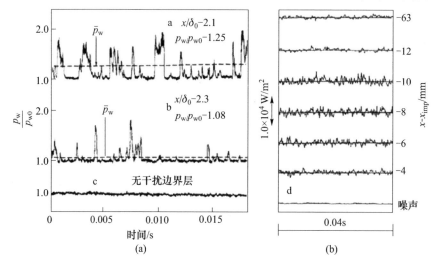

图 6 – 21　压缩拐角试验获得的结果

(a)压缩拐角激波振荡区域内压力信号[71];(b)无分离激波反射干扰区热流信号[72]。

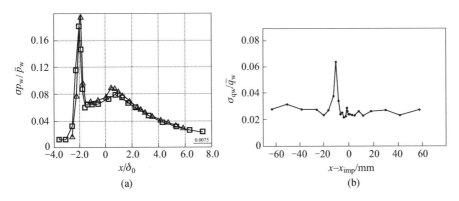

图 6-22 激波振荡区域内脉动压力分布(a)[71]和脉动热流分布(b)[72]

动均方根与当地时均值的比值均在干扰初始位置出现峰值。尽管关于热流脉动的试验测量数据远不如压力脉动数据那样丰富,一些试验观测表明壁面压力脉动与热流脉动特性具有一定的相似性[72]。

出于工程应用的需要,针对干扰流场的壁面脉动载荷,发展了一些工程预测方法[73-78]。这些工作主要考虑来自两方面的脉动载荷,即湍流边界层和分离激波振荡。受分离区上方剪切层的影响,边界层中的湍流强度增大,在分离区及其下游,均维持在一个较高的水平;直至干扰区远处下游,再恢复至新的平衡状态的湍流边界层。这种干扰区中下游边界层内的湍流脉动压力,主要由无黏干扰强度决定。Laganelli 等[73]利用无黏干扰强度和上游未受扰动的湍流边界层脉动强度,估算出压缩拐角分离区内压力平台处的脉动载荷。而对于斜激波诱导分离流动附近的边界层湍流脉动载荷分布,尚缺乏针对性的预测方法。另外,分离激波的低频振荡在分离点附近形成脉动载荷峰值,其大小主要取决于分离激波造成的压力梯度和分离激波振荡范围。Brusniak 等[75]提出了一种基于时均压力分布预测激波低频脉动载荷的方法,利用易于获取的时均压力分布代替瞬时压力分布,对于局部低频振荡的预测能力较好。另外,国内徐立功等[77]基于试验数据给出了分离点和再附点附近脉动压力的预测公式,主要适用于飞行器外部绕流中由物面拐折引起的分离流或膨胀分离流。应当注意的是,这些工程预测方法的普适性仍然是存在疑问的[78],特别是在内外流并存的情况下,其适用性将更加受限。

6.3.3 激波串振荡

在超声速扩压器、隔离段内普遍存在激波串结构[3],这种发生在受限空间中的包含多道激波并将上、下游多处激波－边界层干扰耦合在一起的流动现象,其复杂程度远远超过单个激波－边界层干扰。由于壁面湍流边界层与激波串相互作用,整个流场表现出较强的非定常特性。一方面,流场中的湍流脉动经过激波串后显著增强;另一方面,激波串起始位置和自身结构也出现振荡。激波串初始激波下游的湍流脉动幅值相对于其他位置明显增大[80]。对于单个正激波或者正激波串而言,湍流雷诺正应力沿隔离段轴向方向出现轻微增大,而对于 λ 型或者 X 型激波,则明显增大并形成一个湍流混合区域,其最大值与来流马赫数有关。热线信号表明速度脉动增大发生在较高的频率范围内,其下限约为管道共振频率的 4 倍[81]。对于激波串带来的湍流生成和放大问题尚有诸多疑问,而人们更感兴趣的是频率更低的激波串结构和位置的振荡,以及由此带来的脉动载荷。

当来流条件和反压都保持恒定时,由于激波 – 边界层干扰的存在,激波串在某一平衡位置前后振荡,称为"自激振荡",这一现象由日本学者 Ikui 等[79]首先发现;当下游反压升高或降低时,激波串整体结构前移或后退,并且伴随着自身的前后振荡,称为"受迫振荡"。由于激波串的振荡,隔离段的表面压力出现明显的脉动。Ikui 等[79]在来流马赫数 2.79、基于管道等效直径雷诺数为 2.21×10^6 的等直隔离段(横截面为 60mm × 60mm 的方形,长度为 830mm)中进行了激波串振荡试验研究。隔离段上游压力保持为常值,下游通过一个扩压器直接连通大气环境。图 6 – 23 给出了激波串中每道激波的振荡范围,$x_1 \sim x_5$ 表示构成激波串的第一道至第五道激波,激波串中每道激波的振荡形式类似。初始激波的振荡范围约为干扰初始位置处边界层厚度的几倍,振荡范围与上游马赫数有关,马赫数越大,振荡范围越大。而振荡功率谱上存在两个主频,分别为几十赫兹和几百赫兹。Matsuo 等[82-84]对跨声速扩压器、等直管道和超声速扩压器中的激波串自激振荡现象及其导致的脉动压力载荷进行了回顾和总结。

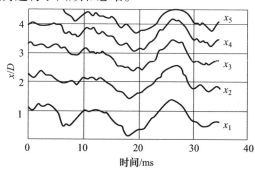

图 6 – 23 等直隔离段中激波串自激振荡流向振荡范围[79]

由于激波串整体的自激振荡,每道激波带来的压力梯度都会在壁面产生脉动压力,并且多重激波 – 边界层干扰也增大了激波串下游的压力脉动。激波串中初始激波处的压力脉动最为剧烈,呈现低频宽带特征,其脉动能量由激波串振荡导致;激波附近压力信号在激波串区域内的特点是在低频率区域的功率能量大,高频率区域的功率能量小,并且这种特点随着沿程发展呈现逐渐减弱的趋势[85]。

以研究结果相对丰富的等直管道中正激波串的自激振荡为例,简要介绍激波串引起的脉动压力的变化规律。如图 6 – 24 所示,Matsuo 等[82]在来流马赫数为1.75、上游边界层厚度 $\delta = 4mm$、$Re_\delta = 1.2 \times 10^5$ 的隔离段中,产生了初始激波为 λ 型结构、下游为正激波的激波串结构。试验中采用的隔离段上、下壁面偏离轴线 $0.4°$,以稳定激波串的时均位置。主流区激波之间的距离沿流向逐渐缩短,激波的强度减弱。静压测点 $A \sim H$ 的位置如图 6 – 24 所示,图 6 – 25(a)给出了轴线上 $E \sim H$ 点的时序压力信号。可以看出,初始激波上游测点 F 的静压表现出与激波 – 边界层干扰类似的间歇脉动(图 6 – 22)。图 6 – 25(b)给出了无量纲脉动压力均方根分布,在初始激波附近脉动压力迅速上升,之后每道激波都会带来一个脉动压力峰值。激波串下游混合区内,脉动压力趋近于一个高于上游来流的定值。值得注意的是,轴线上 H 点的脉动压力比相邻壁面上 D 点的脉动压力要高得多,这与典型的二维激波 – 边界层干扰有所不同,同时也表明在受限空间中需要考虑横截面上压力振荡的传播。

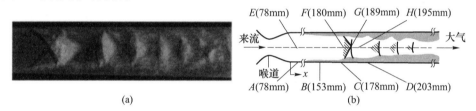

图 6 – 24　等直隔离段纹影照片(a)和流场示意图(b)[82]

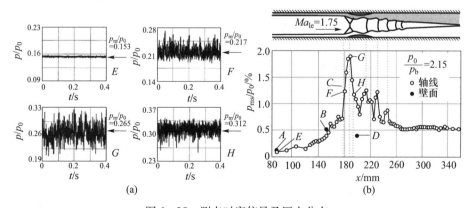

图 6 – 25　测点时序信号及压力分布

(a)测点 $E \sim H$ 的时序压力信号;(b)轴线上脉动压力分布[82]。

应当指出的是,当飞行器的发动机处于工作状态时,隔离段下游燃烧室的流态往往是不稳定的,并存在低频振荡,例如,超燃冲压发动机燃烧室的振荡频率约为百赫兹量级。这些扰动上传到隔离段内,会造成激波串的受迫振荡。熊冰等[89]用RANS 模拟了超声速等直隔离段中激波串的受迫振荡,发现了反压脉动频率较低时,以激波串整体位置的前后运动为主;反压脉动频率较高时,以激波之间的相对运动为主。通常认为激波串受迫振荡的频率与下游反压振荡的频率一致,而激波串振幅随反压振荡频率的升高而减小。

如同激波 – 边界层干扰的低频振荡机制存在争议一样,激波串的振荡机制也尚未形成定论。最初,Ikui 等[79]认为激波串上游的湍流脉动向下游传播引起激波串振荡,激波串的振荡频率与管道的几何尺寸、管道下游大空腔的 Helmholtz 共振频率和声振频率有关。随后,Yamame 等[87,88]进行了类似的试验,发现激波串振荡与上游扰动相关度很低,认为激波串振荡可能由伪激波下游的空气柱振荡引起。Sugiyama 等[86]发现激波根部不稳定的边界层分离导致了激波串振荡。目前直接数值模拟还只能局限在低雷诺数和简单几何形状的湍流流动,在没有解决计算量巨大的难题之前,探索激波串振荡发生的物理机制还须从试验的角度进行挖掘。

6.4 流动控制

6.4.1 流动控制概述

激波 – 边界层相互作用,尤其是非定常振荡,导致气动力与力矩、气动热载荷变化的不确定性大幅增加,并造成发动机进气道流场恶化、可用工作范围减小,给超/高超声速飞行器的安全飞行带来诸多不良影响。因此,采取流动控制技术削弱激波 – 边界层干扰带来的不利影响的想法自然就出现了[90,91]。Babinsky 和Ogawa[92]、Verma 和 Hadjadj[93]针对激波 – 边界层相互作用的流动控制的目的及实现途径等,进行了较为详细的综述和介绍。流动控制的主要目的是削弱或防止分离、稳定激波、减阻和增效,不仅是目前的热点研究领域,也是未来大空域、宽速域、长航时、智能飞行的必要保证,具有广阔的应用前景。从控制边界层入手[94],可以设法在激波 – 边界层干扰之前增加边界层的动量或剥离边界层内的低能流,增大湍流边界层抵抗分离的能力。此时,边界层吹除、边界层抽吸、微型涡发生器、壁面冷却等措施的控制效果显著。从控制激波入手[95,96],可以设法改变激波根部的结构、调整激波系的配置、降低总压损失和阻力、增加捕获流量和压缩效率,特别是内流中存在这种需求。尽管相较于控制边界层,控制激波的难度更大,但壁面凸起造型、抽气与吹气恰当结合、等离子体控制等措施的效果也比较明显。由于激波 – 边界层干扰的复杂性,激波的任何改变都将影响边界层,而边界层的变化也会直接影响激波根部,两者是紧密耦合的。目前的流动控制技术,往往既包含了对边界层的控制,也包含了对激波的控制,一般以主动控制和被动控制进行区分。

6.4.2　主动控制

主动控制指需要提供外来能源的控制方法,如边界层吹除、边界层抽吸、壁面冷却、等离子体控制等控制方法。边界层吹除(Blow)通常指沿切向从边界层底部注入高速气流,对边界层进行吹除,以提高边界层底层的能量。Donovan[97]试验发现边界层吹除在降低激波－边界层干扰作用区的长度和分离流的范围上有明显效果,当采用高温气体吹除时可明显降低控制所需的气体流量。边界层抽吸(Suction)是指通过额外的抽气装置将边界层部分低速流吸除,以降低边界层厚度使其更加稳健,与通过自身内外压差的边界层被动泄除不同。边界层抽吸在避免激波振荡和流动分离,缓解进气道流场畸变上效果明显。该技术在超声速飞行器中的应用较为成熟,如美国 F－15 战斗机的进气道就采用了散布式边界层抽吸技术。此外,边界层抽吸在提升高超声速飞行器进气道起动能力和抗反压能力上的作用也得到了广泛的验证。值得注意的是,为确保进气道正常工作,通常需要抽吸掉接近 10%(高马赫数下甚至达到 20%)的捕获流量,不利于进气道整体性能的提高。另外,由于冷壁上边界层抵抗逆压梯度的能力增强[1],通过对激波－边界层干扰区的壁面进行冷却,可以减小分离区。

近年来,等离子体在高速流动控制中的应用得到了广泛关注[98-100],其用于流动控制的作用机制主要包括高温效应、外加磁场产生的磁流体(MHD)作用力以及电场力加速等。如图 6－26 所示,这种控制方式通过在壁面埋入电极以产生等离子体,并采用外加磁场施加洛伦兹力对其进行加速,以带动边界层底部的低速流。因而,能够使边界层速度剖面变得更加饱满,增强边界层抵抗分离的能力。如图 6－27 所示,这种控制方式也被用来调整进气道在非设计点的激波位置,使得激波能够入射在唇口[100]。

图 6－26　等离子体控制激波－边界层干扰示意图[98]

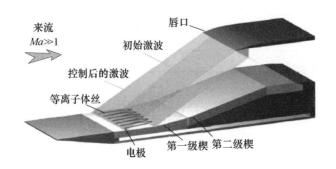

图 6 - 27　等离子体调整激波配置示意图[100]

6.4.3　被动控制

尽管研究人员更倾向于探索带有主动反馈的流动控制系统,但目前最有效、性价比最高的控制技术仍然是不同形式的被动控制方式。被动控制是指无需外来能源的控制方法,如凹腔循环控制、涡发生器等。图 6 - 28 给出了一种凹腔循环装置的示意图[101],它通过在激波 - 边界层干扰区域设置带有孔(缝)的空腔来实现流动控制。散布的开孔壁面同时暴露在激波上游的低压区和下游的高压区,强烈的压差使得凹腔内部出现与主流方向相反的流动,继而能够从下游吸入部分气流,并在上游将气流吹入来流。Borovoy 等[102]在来流马赫数为 4 条件下研究了一种同时集合了抽吸和吹除的被动控制装置,该装置通过一条内置通道,将下游经过激波压缩的高压气体,引入干扰区上游的低压区,并使其通过喷管沿切向高速喷出。试验表明,该方式在无额外气源供应情况下可有效提高干扰区后的压力恢复系数,并降低压力脉动幅度。类似的自循环引气装置,还被用来提升高超声速进气道的起动性能[103]。

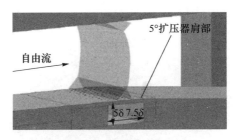

图 6 - 28　凹腔循环控制[101]

为了降低自循环装置导致的气动阻力,Gefroh 等[104,105]设计了一种新型的微型气动弹片(Aeroelastic Mesoflaps)凹腔循环装置。如图 6 - 29 所示,该装置在无激波时可自动近似恢复为光滑平板;在有激波干扰时,能够根据激波前后的压差自动调节弹片的弯曲程度,使气流沿切向吹入、吸出,降低抽吸导致的气动阻力,并控制抽吸流量。试验表明,该系统用于激波 - 边界层干扰控制可明显提高总压恢复系数。

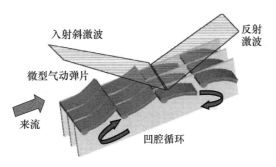

图 6 - 29　微型气动弹片凹腔循环系统[104]

微型涡流发生器(Micro - Vortex Generator,MVG)[106]是用来在壁面上产生流向涡的三维装置,与传统涡流发生器相比,其在垂直方向的尺度小于边界层厚度,因而产生的阻力以及局部热载荷也更小,成为近 10 年来控制激波 - 边界层干扰研究的热点。微型涡流发生器被认为是现阶段在超/高超声速进气道中具有广阔应用前景的被动流动控制装置,Panaras 和 Lu 等[106,107]对近年来的相关研究与应用进行了综述。如图 6 - 30 所示,气流在流过微型涡流发生器时,由于压强差而卷起流向涡,将边界层上层的高速气流与底层的低速气流进行掺混[108],从而提高底层流体的动能[93],使边界层更加稳健。经过如此改善后,边界层抵抗逆压梯度的能力得到提升,从而抑制气流的分离。

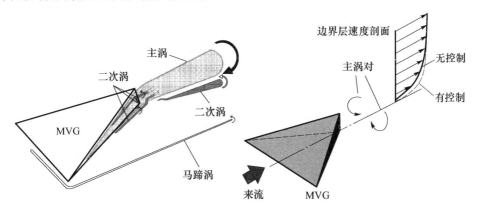

图 6 - 30　微型涡流发生器示意图[93,108]

6.5 本章小结

　　激波 – 边界层干扰是超/高超声速飞行器内外流中不可避免的气动问题,其流动机理很复杂,所涉及的影响因素也很多,难以获得普适的定量的流动规律。尽管对一些典型的二维和三维激波 – 边界层干扰简化构型的认识和预测相对成熟,但几乎所有的实际情况都是更加复杂的、甚至包含内外流耦合的三维干扰。在理解和描述激波 – 边界层干扰的三维流动结构、流动的非定常特性等方面,仍然存在困难。而在宽速域飞行条件下,准确预测激波 – 边界层干扰流场的气动力、热载荷,并加以有效控制,更是未来先进飞行器设计要面临的挑战性难题之一,仍需不断探索。

参考文献

[1] Babinsky H, Harvey J K. Shock wave – boundary – layer interactions [M]. Cambridge:Cambridge University Press,2011.

[2] 杨基明,李祝飞,朱雨建,等. 激波的传播与干扰 [J]. 力学进展,2016,46: 541 – 587.

[3] Murthy S,Curran E T. Scramjet propulsion [R]. American Institute of Aeronautics and Astronautics,2001.

[4] Ferri A. Experimental results with airfoils tested in the high – speed tunnel at guidonia [R]. NACA – TM – 946,1940.

[5] Zheltovodov A. Shock waves/turbulent boundary – layer interactions – fundamental studies and applications [R]. AIAA Paper 1996 – 1977,1996.

[6] Kim H D,Setoguchi T. Shock induced boundary layer separation[C]. 8th International Symposium on Experimental and Computational Aerothermodynamics of Internal Flows,Lyon,2007.

[7] Green J E. Interactions between shock waves and turbulent boundary layers [J]. Progress in Aerospace Sciences,1970,11: 235 – 340.

[8] Délery J,Marvin J G. Shock – wave boundary layer interaction [R]. AGARDogragh 280,1986.

[9] Shang J S,Hankey Jr W L,Law C. Numerical simulation of shock wave – turbulent boundary – layer interaction [J]. AIAA Journal,1976,14(10): 1451 – 1457.

[10] Henderson L F. The reflexion of a shock wave at a rigid wall in the presence of a boundary layer [J]. J. Fluid Mech. ,1967,30(4): 699 – 722.

[11] Goonko Y P,Latypov A F,Mazhul I I,et al. Structure of flow over a hypersonic inlet with side compression wedges [J]. AIAA Journal,2003,41(3): 436 – 447.

[12] Settles G S,Teng H Y. Cylindrical and conical flow regimes of three – dimensional shock/boundary – layer interactions [J]. AIAA Journal,1984,22(2): 194 – 200.

[13] Settles G. Swept Shock/boundary – layer interactions:scaling laws,flowfield Structure,and experimental methods [R]//AGARD Special Course on Shock – Wave/Turbulent Boundary – Layer Interactions in Supersonic and Hypersonic Flow. AGARD Report 792,1993.

[14] 邓学蓥. 后掠激波/湍流边界层干扰流动研究[C]//第五届全国流体力学学术会议论文集. 北京:北京航空航天大学,1995:1 - 8.

[15] Panaras A G. Review of the physics of swept - shock boundary layer interactions [J]. Progress in Aerospace Sciences,1996,32(2 - 3): 173 - 244.

[16] Dolling D,Settles G. Swept shock/boundary - layer interactions [R]. AIAA Paper 1990 - 0375.

[17] Adler M C,Gaitonde D V. Flow similarity in strong swept - shock/turbulent - boundary - layer interactions [EB/OL]. AIAA Journal,(2019 - 01 - 02)[2019 - 05 - 17]. https://doi. org/10. 2514/1. J057534.

[18] Degrez G. Special course on shock - wave/boundary - layer interactions in supersonic and hypersonic flows [R]. AGARD Report 792,1993.

[19] Saric W S,Muylaert J A,et al. Eds. Hypersonic experimental and computational capability,improvement and validation volume I [R]. AGARD Advisory Report,NATO AGARD AR - 319,1996.

[20] Muylaert J A,Kumar,et al. Eds. Hypersonic experimental and computational capability,improvement and validation volume II [R]. AGARD Advisory Report,NATO AGARD AR - 319,1998.

[21] Settles G S,Dodson L J. Hypersonic turbulent boundary - layer and free shear database [R]. NASA - CR - 177610,1993.

[22] Settles G S, Dodson L J. Hypersonic shock/boundary - layer interaction database:new and corrected data [R]. NASA - CR - 177638,1994.

[23] Settles G S,Dodson L J. Supersonic and hypersonic shock boundary - layer interaction database [J]. AIAA Journal,1994,32(7): 1377 - 1383.

[24] Marvin J G,Brown J L,Gnoffo P A. Experimental database with baseline CFD solutions:2 - D and axisymmetric hypersonic shock - wave/turbulent - boundary - layer interactions [R]. NASA/TM - 2013 - 216604,2013.

[25] Holden M,Wadhams T,Maclean M. Measurements in regions of shock wave/turbulent boundary layer interaction from Mach 4 to 10 for open and "blind" code evaluation/validation [R]. AIAA Paper 2013 - 2836,2013.

[26] Holden M,Wadhams T,Maclean M,et al. Measurements of real gas effects on regions of laminar shock wave/boundary layer interaction in hypervelocity flows for "blind" code validation studies [R]. AIAA Paper 2013 - 2837,2013.

[27] MacLean M,Holden M S,Dufrene A. Measurements of real gas effects on regions of laminar shock wave/bounday layer interaction in hypervelocity flows[C]. AIAA Aviation,Atlanta,2014.

[28] 李素循. 激波与边界层主导的复杂流动[M]. 北京:科学出版社,2007.

[29] Délery J,Dussauge J P. Some physical aspects of shock wave/boundary layer interactions [J]. Shock Waves, 2009,19(6): 453 - 468.

[30] Zheltovodov A. Some advances in research of shock wave turbulent boundary layer interactions [R]. AIAA Paper 2006 - 496,2006.

[31] Gaitonde D V. Progress in shock wave/boundary layer interactions [J]. Progress in Aerospace Sciences,2015, 72: 80 - 99.

[32] Wang Z,Zhao Y,Zhao Y,et al. Prediction of massive separation of unstarted inlet via free - interaction theory [J]. AIAA Journal,2015,53(4): 1108 - 1112.

[33] 赵一龙. 高超声速进气道分离流动建模及不起动机理研究[D]. 长沙:国防科技大学,2014.

［34］ Chapman D R,Kuehn D M, Larson H K. Investigation of separated flows in supersonic and subsonic streams with emphasis on the effect of transition［R］. NACA Report. 1356,1958.

［35］ Li Z F,Yang J M. Leading edge bluntness effects on shock wave/boundary layer interactions near a convex corner［R］. AIAA Paper 2015 – 3601,2015.

［36］ Zukoski E E. Turbulent boundary – layer separation in front of a forward – facing step［J］. AIAA Journal, 1967,5(10): 1746 – 1753.

［37］ Schmucker R H. Side loads and their reduction in liquid rocket engines［C］. 24th International Astronautical Congress,Babu,1973.

［38］ Korkegi R H. Comparison of shock – induced two – and three – dimensional incipient turbulent separation［J］. AIAA Journal,1975,13(4):534 – 535.

［39］ Dussauge J P, Piponniau S. Shock – boundary layer interactions:possible sources of unsteadiness［J］. Journal of Fluids and Structures,2008,24(8):1166 – 1175.

［40］ Andreopoulos Y,Agui J H,Briassulis G. Shock wave – turbulence interactions［J］. Annual Review of Fluid Mechanics,2000,32(1): 309 – 345.

［41］ Budzinski J,Zukoski E,Marble F. Rayleigh scattering measurements of shock enhanced mixing［R］. AIAA Paper 1992 – 3546,1992.

［42］ Ribner H S. Convection of a pattern of vorticity through a shock wave［R］. NACA TR – 1164,1954.

［43］ Anyiwo J C, Bushnell D M. Turbulence amplification in shock – wave boundary layer Interaction［J］. AIAA Journal,1982,20(7):893 – 899.

［44］ Li X,Fu D,Ma Y,et al. Direct numerical simulation of shock/turbulent boundary layer interaction in a supersonic compression ramp［J］. Science China: Physics,Mechanics and Astronomy,2010,53(9),1651 – 1658.

［45］ 易仕和,陈植,朱杨柱,等. (高)超声速流动试验技术及研究进展［J］. 航空学报,2015,36(1):98 – 119.

［46］ Selig M S,Andreopoulos J,Muck K C,et al. Turbulence structure in a shock wave/turbulent boundary – layer interaction［J］. AIAA Journal,1989,27(7):862 – 869.

［47］ Wu M,Martin P. Direct numerical simulation of shockwave/turbulent boundary layer interaction［R］. AIAA Paper 2004 – 2145,2004.

［48］ Humble R,Scarano F,Oudheusden B,et al. Experimental study of an incident shock wave/turbulent boundary layer interaction using PIV［R］. AIAA Paper 2006 – 3361,2006.

［49］ Dolling D S. Fifty years of shock – wave/boundary – layer interaction research – what next?［J］. AIAA Journal,2001,39(8):1517 – 1531.

［50］ Dussauge J P,Dupont P,Debiève J F. Unsteadiness in shock wave boundary layer interactions with separation［J］. Aerospace Science and Technology,2006,10(2): 85 – 91.

［51］ Clemens N T,Narayanaswamy V. Low – frequency unsteadiness of shock wave/turbulent boundary layer interactions［J］. Annual Review of Fluid Mechanics,2014,46(1): 469 – 492.

［52］ Wu M,Martín M P. Analysis of shock motion in shockwave and turbulent boundary layer interaction using direct numerical simulation data［J］. Journal of Fluid Mechanics,2008,594:71 – 83.

［53］ Piponniau S,Dussauge J P,Debiève J F,et al. A simple model for low – frequency unsteadiness in shock – induced separation［J］. Journal of Fluid Mechanics,2009,629:87 – 108.

［54］ Smits A J,Dussauge J P. Turbulent shear layers in supersonic flow［M］. 2rd ed. New York:Springer,2006.

[55] Erengil M E,Dolling D S. Unsteady wave structure near separation in a mach 5 compression ramp interaction [J]. AIAA Journal,1991,29(5): 728 – 735.

[56] McClure W B. An experimental study of the driving mechanism and control of the unsteady shock induced turbulent separation in a mach 5 compression corner flow [D]. Austin:University of Texas at Austin,1992.

[57] Beresh S J,Clemens N T,Dolling D S. Relationship between upstream turbulent boundary – layer velocity fluctuations and separation shock unsteadiness [J]. AIAA Journal,2002,40(12): 2412 – 2422.

[58] Wu P,Lempert W L,Miles R B. Megahertz pulse – burst laser and visualization of shock – wave/boundary – layer interaction [J]. AIAA Journal,2000,38(4): 672 – 679.

[59] Ganapathisubramani B,Clemens N T,Dolling D S. Effects of upstream boundary layer on the unsteadiness of shock – induced separation [J]. J. Fluid Mech. ,2007,585: 369 – 394.

[60] Humble R,Scarano F,van Oudheusden B W. Unsteady aspects of an incident shock wave/turbulent boundary layer interaction [J]. J. Fluid Mech. ,2009,635: 47 – 74.

[61] Humble R,Elsinga G,Scarano F,et al. Three – dimensional instantaneous structure of a shock wave/turbulent boundary layer interaction [J]. J. Fluid Mech. ,2009,622: 33 – 62.

[62] Thomas F,Putnam C,Chu H. On The mechanism of unsteady shock oscillation in shock wave/turbulent boundary layer interactions [J]. Experiments in Fluids,1994,18(1 – 2): 69 – 81.

[63] Gramann R,Dolling D S. Detection of turbulent boundary – layer separation using fluctuating wall pressure signals [J]. AIAA Journal,1990,28(6): 1052 – 1056.

[64] Brusniak L,Dolling D S. Physics of unsteady blunt – fin – induced shock wave turbulent boundary layer interactions [J]. J. Fluid Mech. ,1994,273: 375 – 409.

[65] Dupont P,Haddad C,Ardissone J,et al. Space and time organization of a shock wave/turbulent boundary layer interaction [J]. Aerospace Science and Technology,2005,9(7): 561 – 572.

[66] Dupont P,Haddad C,Debième J. Space and time organization in a shock – induced separated boundary layer [J]. J. Fluid Mech. ,2006,559: 255 – 277.

[67] Souverein L,Bakker P,Dupont P. A scaling analysis for turbulent shock – wave/boundary – layer interactions [J]. J. Fluid Mech. ,2013,714: 505 – 535.

[68] Priebe S,Martín M. Low – frequency unsteadiness in shock wave – turbulent boundary layer interaction [J]. J. Fluid Mech. ,2012,699: 1 – 49.

[69] Touber E,Sandham N D. Low – order stochastic modelling of low – frequency motions in reflected shock – wave/boundary – layer interactions [J]. J. Fluid Mech. ,2011,671: 417 – 465.

[70] Plotkin K J. Shock wave oscillation driven by turbulent boundary layer fluctuations [J]. AIAA Journal,1973,13(8): 1036 – 1040.

[71] Dolling D S,Murphy M T. Unsteadiness of the separation shock wave structure in a supersonic compression ramp flowfield [J]. AIAA Journal,1983,21(12): 1628 – 1634.

[72] Hayashi M,Aso S,Tan A. Fluctuation of heat transfer in shock wave/turbulent boundary – layer interaction [J]. AIAA Journal,1989,27(4): 399 – 404.

[73] Laganelli A L,Wolfe H F. Prediction of fluctuating pressure in attached and separated turbulent boundary – layer flow [J]. Journal of Aircraft,1993,30(6): 962 – 970.

[74] Barter J W,Dolling D S. Prediction of fluctuating pressure loads produced by shock – induced turbulent separation [J]. AIAA Journal,1996,33(6):1157 – 1165.

[75] Brusniak L,Dolling D S. Engineering estimation of fluctuating loads in shock wave/turbulent boundary – layer interactions [J]. AIAA Journal,1996,34(12): 2554 – 2561.

[76] Debiève J F,Dupont P. Dependence between the shock and the separation bubble in a shock wave boundary layer Interaction [J]. Shock Waves,2009,19(6):499 – 506.

[77] 徐立功,刘振寰. 再入飞行器脉动压力环境的分析与预测[J]. 空气动力学学报,1991,9(4):457 – 464.

[78] Huang R,Li Z F,Yang J M. Engineering prediction of fluctuating pressure over incident shock/turbulent boundary – layer interactions [EB/OL]. AIAA Journal, (2019 – 02 – 11) [2019 – 05 – 17]. https://doi. org/10. 2514/1. J057903.

[79] Ikui T,Matsuo K,Nagai M,et al. Oscillation phenomena of pseudo – shock waves [J]. Bulletin of JSME, 1974,17(112): 1278 – 1285.

[80] Carroll B F,Dutton J C. Turbulence phenomena in a multiple normal shock wave/turbulent boundary layer interaction [J]. AIAA Journal,1992,30(1): 43 – 48.

[81] Grzona A,Olivier H. Shock train generated turbulence inside a nozzle with a small opening angle [J]. Experiments in Fluids,2011,51(3): 621 – 639.

[82] Matsuo K,Mochizuki H,Miyazato Y,et al. Oscillatory characteristics of a pseudo – shock wave in a rectangular straight duct [J]. JSME International Journal Series B Fluids and Thermal Engineering,1993,36(2): 222 – 229.

[83] Matsuo K,Kim H D. Normal shock wave oscillations in supersonic diffusers [J]. Shock Waves,1993,3(1): 25 – 33.

[84] Matsuo K,Miyazato Y,Kim H D. Shock train and pseudo – shock phenomena in internal gas flows [J]. Progress in Aerospace Sciences,1999 (35): 33 – 100.

[85] 王成鹏,张堃元. 管内激波串振荡和壁面脉动压力特性[J]. 实验流体力学,2010,24(5): 57 – 62.

[86] Sugiyama H,Takeda H,Zhang J,et al. Locations and oscillation phenomena of pseudo – shock waves in a straight rectangular duct[J]. JSME International Journal. Ser. 2, Fluids Engineering, Heat Transfer, Power, Combustion, Thermo Physical Properties, 1988, 31(1):9 – 15.

[87] Yamane R,Kondo E,Tomita Y,et al. Vibration of pseudo – shock in straight duct:1st report,fluctuation of static pressure [J]. Bulletin of JSME,1984,27(229): 1385 – 1392.

[88] Yamane R,Takahashi M,Saito H. Vibration of pseudo – shock in straight duct,2nd report,correlation of static pressure fluctuation [J]. Bulletin of JSME,1984,27(229): 1393 – 1398.

[89] 熊冰,王振国,范晓樯,等. 隔离段内正激波串受迫振荡特性研究[J]. 推进技术,2017,38(1): 1 – 7.

[90] Delery J M. Shock wave/turbulent boundary layer interaction and its control [J]. Progress in Aerospace Sciences,1985,22(4): 209 – 280.

[91] Stanewsky E,Délery J,Fulker J,et al. EUROSHOCK – drag reduction by passive shock control [M]. Wiesbaden:Springer Fachmedien Wiesbaden GmbH,1997.

[92] Babinsky H,Ogawa H. SBLI control for wings and inlets [J]. Shock Waves,2008,18(2): 89 – 96.

[93] Verma S B, Hadjadj A. Supersonic flow control [J]. Shock Waves,2015,25(5): 443 – 449.

[94] 陈植. 超燃冲压发动机隔离段流动机理及其控制的试验研究[D]. 长沙:国防科技大学,2015.

[95] 谭慧俊,李程鸿,张悦,等. 固定壁面激波控制技术的研究进展[J]. 推进技术,2016,37(11): 2001 – 2008.

［96］ 张悦. 基于记忆合金的高超声速进气道流动控制方法及验证［D］. 南京:南京航空航天大学,2015.

［97］ Donovan J F. Control of shock wave/turbulent boundary layer interactions using tangential injection［R］. AIAA Paper 1996 – 443,1996.

［98］ Venkat Narayanaswamy,Clemens N T,Raja L L. Investigation of a pulsed – plasma jet for shock/boundary layer control［R］. AIAA Paper 2010 – 1089,2010.

［99］ Yan H,Liu F,Xu J,et al. Study of oblique shock wave control by surface arc discharge plasma［J］. AIAA Journal,2018,56(2):532 –541.

［100］ Leonov S,Yarantsev D,Falempin F,et al. Flow control in model supersonic inlet by electrical discharge［R］. AIAA Paper 2009 – 7367,2009.

［101］ 王博. 激波/湍流边界层相互作用流场组织研究［D］. 长沙:国防科技大学,2015.

［102］ Borovoy V,Skuratov A,Delery J. Passive control of oblique shock/boundary layer interaction at high mach number［R］. AIAA Paper 2000 – 2611,2000.

［103］ Wang J,Xie L,Zhao H,et al. Fluidic control method for improving the self – starting ability of hypersonic inlets［J］. Journal of Propulsion and Power,2015,32(1):153 – 160.

［104］ Gefroh D,Loth E,Dutton C,et al. Control of an oblique shock/boundary – layer interaction with aeroelastic mesoflaps［J］. AIAA Journal,2002,40(12):2456 – 2466.

［105］ Gefroh D,Loth E,Dutton C,et al. Aeroelastically deflecting flaps for shock/boundary – layer interaction control［J］. Journal of Fluids and Structures,2003,17:1001 – 1016.

［106］ Lu F K,Li Q,Liu C. Microvortex generators in high – speed flow［J］. Progress in Aerospace Sciences,2012,53:30 – 45.

［107］ Panaras A G,Lu F K. Micro – vortex generators for shock wave/boundary layer interactions［J］. Progress in Aerospace Sciences,2015,74:16 – 47.

［108］ Li Q,Yan Y,Lu P,et al. Numerical and experimental studies on the separation topology of the MVG controlled flow at M = 2. 5 and Re = 1440［R］. AIAA Paper 2011 – 72,2011.

第7章 激波理论在高超飞行器构型设计中的应用

大家知道,高升阻比的气动外形是吸气式高超声速飞行器设计的重要指标之一[1]。对于常规气动外形的超声速和高超声速飞行器来说,随着飞行马赫数的提高,阻力增加的矛盾将逐渐突出[2]。在众多追求优化性能的飞行器气动构型设计中,"乘波体"气动外形作为其中高升阻比的佼佼者而受到青睐,而乘波体飞行器外形的设计可以说是针对激波特性进行灵活运用的一个典型案例。为了设计出高升阻比、高容积率的乘波体外形,研究人员先后建立和发展了基于基准流场直接流线追踪的生成体方法,以及基于吻切锥理论和吻切轴对称理论的吻切类设计方法等。

高超声速飞行器机体与推进系统高度一体化,前体对来流有一定的预压缩作用,但同时前体激波与进气道流场相互干扰,会使一体化构型性能下降,因此高升阻比的前体构型与高性能进气道的简单拼凑并不是研制高性能飞行器的明智之举。作为目前国内外的研究热点之一,内转式进气道与乘波前体的一体化设计正受到高度关注。例如,FALCON计划中的飞行器方案就具有乘波前体与内转式进气道一体化融合的特征,其两侧进气布局的特点在于前体与进气道可以分别独立乘波,降低了两者的相互影响。国内南京航空航天大学等多所高校和研究机构也都在一体化设计方面进行了大量的探索。本章力求在有限的篇幅内,把国内外学者对激波理论在高超声速飞行器构型设计中的应用进行有选择地介绍。

7.1 外形研究中的激波运用——乘波体设计方法

7.1.1 乘波体概念

乘波体外形是流线形,且前缘具有附体激波的高超声速飞行器构型[3]。由于激波处于飞行器的下部,且与飞行器外缘附着,使得飞行器好像骑乘在激波上飞行,所以称这种飞行器构型为乘波体(Waverider)。这一理念导致高超声飞行器的设计方法也与常规飞行器不同,传统飞行器设计大多是由已知的物理外形求解流场,而乘波体外形的设计则由已知流场采用反设计方法推导出外形。当然,为方便起见,通常可以利用圆锥激波或斜激波在超声速气流中易于得到精确解的特点,使之作为基础来构建简单的乘波体构型。如图 7-1 所示,首先指定乘波体前缘形状,将前缘形状向斜激波波面上进行投影,过前缘投影与激波面交线进行流线追踪生成 Λ 形的乘波体外形,其外形的前缘所在平面与激波面重合,因而使得整个外形的前缘与激波的表面重合,就像骑在激波的波面上。乘波体构型的优势和特色非常明显,如高升阻比、内外流一体化性能优越且便于反设计和优化等。

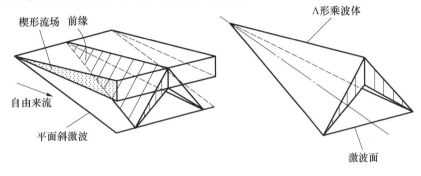

图 7-1　Λ 形乘波体示意图

乘波体概念是英国的诺威勒(Nonweiler)教授[4]于 1959 年提出的。诺威勒首先提出了由二元楔形流组成三元升力体的基本乘波体构想,后由 Venn、Flower 和 Nardo 等研究出称为 Λ 形乘波体的气动外形,由此引起了各国气动专家的注意。如图 7-2 右侧所示,常规外形的飞行器在高超声速气流中前缘大多产生脱体激波,随着马赫数的增加,激波强度迅速增强,激波前后的压差使得外形的激波阻力非常大。图 7-2 将乘波体与常规外形的飞行器进行比较,乘波体的气动特性优势在于,激波附着在乘波体前缘,因此位于激波波后的高压区域气流在飞行器底部而不会绕过前缘"泄漏"到上表面,这样上、下表面的压差不会像常规外形一样因相互流通而降低。乘波体飞行器下表面部流场受到约束,使得高压得到维持,因此可以得到更多的升力。与之对比,常规外形的飞行器存在上下表面间的流动交换,高的压力倾向于绕过前缘"漏"到上表面,因而上、下表面总的压差减小,导致升力受损。这样,常规外形的飞行器则需以更大的攻角(也就伴随着更多的"泄漏")飞行,付出更高的代价以获得同等升力。

乘波体作为一种高超声速飞行器的气动外形,由于其流场特征的特殊性,相较于常规外形的飞行器,其优势主要体现在以下 4 个方面[5,6]。

(1) 乘波体外形最大的优点是低阻力、高升力、高升阻比,由于其激波附着在飞行器前缘,所以可以避免下表面的高压气流"泄漏"到上表面,这样就可以提高

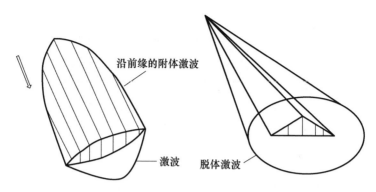

图 7 - 2　乘波体与常规飞行器气动外形对比(乘波体在左)

上表面和下表面之间的压强差,从而使得飞行器的升力增加。其优势从图 7 - 3 可见一斑,图中给出了常规外形飞行器与采用乘波体设计的飞行器在不同的攻角下的升力和升阻比对比,可以看到乘波体的升力曲线比常规外形的升力曲线要高得多,这得益于其抑制了压力绕前缘"泄漏"。图中 l_a 和 l_b 分别代表乘波体和常规外形飞行器具有相同升力的点。从图中两种外形飞行器升阻比的对比可以看到,乘波体和常规外形飞行器升阻比的差异并没有升力的差异那么大,尽管乘波体的升力因其抑制了下表面高压区域气流绕前缘"泄漏"而显著增加,其激波阻力也会增大,因此在给定的攻角下,乘波体的升阻比要高于常规飞行器,只是差距有限。但

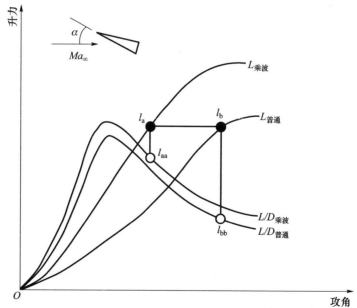

图 7 - 3　乘波体和一般外形飞行器升力与升阻比曲线对比

值得注意的是,在相同的升力条件下,乘波体的升阻比则要高得多,这从图 7 - 3 中 l_{aa} 和 l_{bb} 的对比中可以明显看出。

(2) 乘波体外形在偏离设计条件下,仍能保持较好的气动性能,在来流马赫数和攻角变化较大时,升阻比变化较小。

(3) 乘波体外形适合匹配冲压发动机。乘波体下表面是一个高压区域,是发动机进气口的合适位置,这就给发动机的下表面与乘波体一起融合设计带来便利。

(4) 便于反设计和优化。可以从已知的流场按照反设计方法设计出乘波体的外形,更容易进行优化设计以寻求最优构型。

7.1.2　乘波体设计方法

1. 激波生成体设计方法

生成体设计方法是指通过在基准流场中沿给定的前缘型线追踪流线获得乘波体下压缩面的乘波体设计方法。常见的流场选择有平面楔形流场和轴对称体绕流流场,也有较为复杂的三维流场,如楔形 - 锥形混合流场、相交锥形流场等,各种流场生成的乘波体各有优、缺点。通过圆锥绕流流场生成的乘波体也叫锥导乘波体(Cone - derived waverider),其原理见图 7 - 4。首先选定设计马赫数及一个基准圆锥,圆锥绕流场存在精确解,可以通过 Taylor - Maccoll 方程求解。其次选定一个柱面作为流动捕获管(Flow Capture Tube,FCT)与圆锥激波面相交,形成乘波体前缘。在前缘曲线上选取若干个点,求得各点在激波波后流场中的流线,组成流面,构成乘波体的下表面,而上表面可以设计为自由流面,也可以设计为膨胀面或压缩面。这样组合起来,构成了乘波体的前体外形,选用不同的基准圆锥半顶角、流动捕获曲线 FCC、流动捕捉曲线与圆锥交线的轴向位置,或者结合起来,就可以构成不同的乘波体外形。而乘波体外形上、下表面的压力分布可以通过锥形流场得到,因此可以得出各点的压力系数,从而计算乘波体的升阻比。由于圆锥流场本身所具有的轴对称性质,乘波体下表面的流动是非均匀的,存在横向流动,当进行乘波体外形与推进系统一体化设计时,这种流场的不均匀性会给发动机的工作带来不利的影响[7]。

为了使得乘波体出口附近截面流场均匀性提高,李永洲[8]提出了一种前后缘型线同时可控的设计方法。基于提高乘波体的容积率和压缩效率考虑,选取的基准流场是通过有旋特征线法反设计的马赫数可控外锥流场,前缘激波为下凹弯曲激波,基准流场马赫数分布如图 7 - 5 所示。从给定的前缘型线出发,向下游追踪流线生成乘波体的第一个下压缩面,从后缘型线出发,向上游追踪流线生成乘波体的第二个下压缩面。分别取上述两个乘波体下压缩面对应角度的流线,通过正切混合函数对两者的流线坐标进行融合生成原始构型,进一步通过边界层修正后得

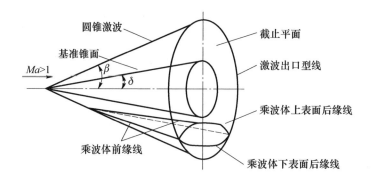

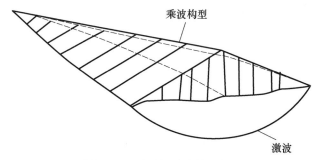

图 7-4 "锥导"乘波体示意图

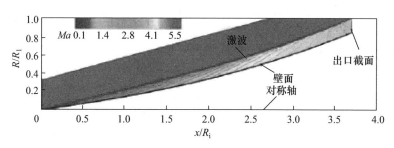

图 7-5 外锥流场马赫数云图[8]

到最终的乘波体下压缩面。最终设计出的乘波体构型如图 7-6 所示,数值模拟结果表明,该乘波体具有较高的容积率和压缩效率,后部对称面附近的激波形状由圆弧形转变为平直线,且出口处流场基本均匀,有利于与进气道匹配设计。与给定前缘乘波体相比,前后缘同时可控的乘波体升阻比和出口总压恢复系数虽然有所下降,但是升力、阻力、俯仰力矩和出口增压比却明显增加。由于前后缘型线同时可控,可以很容易满足高超声速飞行器气动外形设计对后掠角以及内部设备布置的要求。该设计方法可行且更加灵活,拓宽了乘波体的选择范围,为工程应用提供了一条便利途径。当然也有一些不足之处,采用混合函数生成的下压缩面,虽然可以较好地保持前后缘附近的原型面特征,却难以严格满足"乘波"的要求,导致升阻比的下降。

图 7 - 6　前、后缘型线同时可控的乘波体[8]

由锥导乘波体的设计方法可以看出,由于其末端截面处流场具有锥形流特征,流场均匀性难以保证,不宜放置在发动机的进气道进口。此外,在进行前体与发动机的一体化设计时,结构上往往要求位于末端截面处的进气口形状做成扁平状,这就反过来使得乘波体激波形状与圆锥面出现矛盾。在做一体化设计时,往往需要进行多次迭代优化。因此,在初步设计阶段,需要一种既满足进气口形状要求,又能快速生成激波形状和乘波体外形的方法。

2. 吻切理论设计方法

1990 年,Sobieczky 等[9]在锥导乘波体设计方法的基础上提出了更加灵活的吻切锥法。研究表明,三维超声速流动可以在二阶精度范围内利用当地密切平面内的轴对称流动来近似,而不需要考虑横向流动的影响。吻切锥法从根本上解决了基于锥导理论设计乘波体时,激波型线只能是圆弧的限制问题。基于吻切锥理论设计乘波体的激波型线可以为任意二阶导数连续的曲线,也可以是多段曲线连接而成,连接点处保持二阶导数连续,保证设计的流面光滑。每段曲线可分解成无数段圆弧,每段圆弧对应一个圆锥,圆锥围住的区域即为圆弧对应的锥形流场,这个圆锥也就是该圆弧对应的吻切锥。无数个锥形流场光滑连接构成基准流场,在这一基准流场中追踪设计乘波体。采用这一方法设计的乘波体更有利于前体与进气道一体化设计。Sobieczky 等[10]在此基础上进一步提出了吻切轴对称理论。吻切轴对称理论和吻切锥理论的差别在于吻切轴对称理论采用弯曲激波来进行设计,吻切锥理论则采用直激波进行设计。Rodi 等[11]在吻切锥方法的基础上提出吻切流场方法(Osculating Flowfield Method),这一方法进一步增加了设计的自由度,每个吻切平面内的流场不局限于锥形流,可以依据需求选择合适的流场作为基准流场,如基于"幂次体"(Power law body)的流场。

基于吻切锥理论设计乘波体的具体步骤如下[12]。

(1)给定设计参数。设计参数包括来流马赫数 Ma、设计流场激波角或者来流

马赫数 Ma 和每一吻切平面的基准锥半锥角 δ。为了保证设计的乘波体展向流面连续,通常情况下不同吻切面流场均采用相同的来流参数进行求解。

（2）给定基本型线。包括激波出口截面型线和乘波体 3 条激波型线中的任意一条,下面以给定乘波体上表面后缘线为例详细说明设计过程。

（3）吻切面流场求解。如图 7-7(a) 所示,对激波出口型线进行离散获得一系列离散点,由其中任意点 P_1 可获得过点 P_1 的曲率圆和圆心 O_1 的坐标,该曲率圆也为过点 P_1 的圆锥激波,产生圆锥激波的基准锥为吻切锥,吻切锥的轴线平行于 x 轴。过吻切锥轴线和 P_1 点的吻切面为 AA_1,吻切面正视图如图 7-7(b) 所示。由线段 P_1O_1 和给定的激波角可由几何关系获得对应的前缘点 O 的坐标,求解泰勒-麦科尔流场控制方程获得基准锥半锥角 δ 和吻切面流场。

（4）流线追踪。如图 7-7(b) 所示,P_1 点和 O_1 点的连线交上表面后缘线于 P_3 点,在吻切平面 AA_1 内由 P_3 点作平行于基准锥轴线的直线交斜激波 OP_1 于 P 点,P 点即为 P_3 点对应的前缘点,PP_3 为则为吻切面 AA_1 内对应的上表面流线。由 P 点进行流线追踪获得吻切平面 AA_1 内下表面流线 PP_2,P_2 点为吻切平面 AA_1 内下表面后缘线上的点,如图 7-7(b) 所示。对激波出口型线上的其他离散点重复以上步骤,可获得各自吻切面内的流线。一系列下表面流线平滑连接构成下表面;一系列上表面流线平滑连接构成上表面;一系列后缘线上的点平滑连接构成下表面后缘线。对乘波体底部进行封闭,基于吻切锥理论的乘波体设计完成。

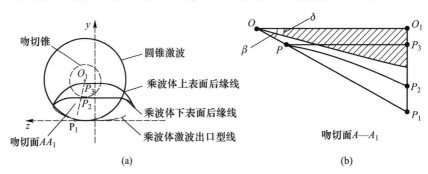

图 7-7　吻切锥乘波体设计[12]

(a)激波出口截面示意图; (b)吻切面 AA_1 示意图。

贺旭照等[13]提出了由直线激波和等熵压缩面波系相结合的曲面圆锥进行流场构建,并结合流线追踪和自由流线等特点的乘波体设计方法——密切曲面锥(OCC)法。其曲面锥是根据特征线法设计的,分为直锥压缩段、等熵压缩段和过渡段,如图 7-8 所示。该曲面锥压缩系统能够将超声速来流压缩到指定的超声速出口马赫数,并且具有较高的总压恢复系数和较为均匀的出口参数分布。在乘波体设计过程中:首先定义 ICC 曲线和 FCT 曲线,在 ICC 曲线上生成密切面 AA',如图 7-9 所示,密切面 AA' 内的 $A-B-C-D-A'$ 点分别对应乘波体出口截面内的激波点 A,乘波体下表面 B,基准曲面锥后缘点 C,前缘捕获点 D 和密切曲率中心 A'。在密切面 AA' 内,对基准流场进行变换,使基准流场出口的激波点 A 和轴线点 A' 和密切面内 AA' 点一致匹配,在曲面锥基准流场中沿着定义的前缘点 D,从初始直线激波开始,向后追踪一条流线 $D'B$,就形成了密切面内的乘波体下表面,设计的过程在图 7-10 中给出。把追踪得到的流线组合在一起,就生成密切曲面锥的下表面。而乘波体的上表面采用自由流面设计。数值模拟给出的三维激波面如图 7-11 所示,计算结果表明,密切曲面锥乘波体对来流气体的压缩量和容积特性均好于密切锥乘波体。

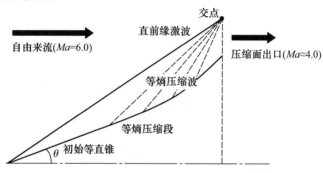

图 7-8　基准曲面锥流场结构示意图[13]

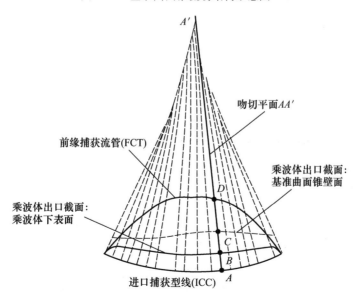

图 7-9　OCC 乘波体设计方法在出口截面内示意图[13]

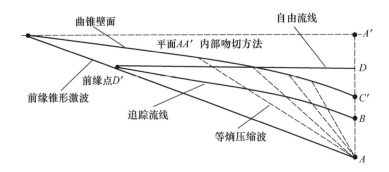

图 7 - 10 OCC 乘波体设计方法在密切面内的示意图[13]

图 7 - 11 OCC 乘波体流场三维激波结构[13]

7.2 进气道设计中的激波控制

进气道是吸气式超燃冲压发动机的重要部件之一,有轴对称压缩、平面二维压缩、侧压式、三维内转式等多种压缩方式,其压缩面设计及波系配置至关重要[14]。进气道压缩一般分为激波压缩和等熵压缩。由此可见,进气道设计需要合理地配置这些波系结构,使之以尽可能小的损失将高超声速气流压缩到所需的状态。本节首先对经典的二元进气道外压缩波系等强度配置理论进行介绍,继而对常用的二元进气道内压缩段设计方法进行简要讨论。超声速流场的控制方程是双曲型偏微分方程,可以通过特征线法进行求解,特征线法具有物理意义明确以及便于反设计等特点,在超声速气动外形设计中具有广泛的应用前景。作为铺垫,这里对特征线方法的基本原理和各单元过程进行穿插介绍,而后阐述其在内转式进气道设计中的应用。

7.2.1　二维平面压缩进气道设计理论

1. 二元进气道外压缩波系设计

在进气道波系设计时,既要考虑外压波系的总压恢复,同时还要考虑内压缩波系的脱体问题,也就是内流道的起动问题。由于经过外压波系压缩后的气流马赫数较低,能够产生附体激波的最大偏转角较小,所以当飞行器的飞行马赫数范围较大时,外压缩波系应该采用在设计状态时考虑二道或者二道以上的激波波系结构,这样既可以提高总压恢复,又可以扩大进气道的工作马赫数范围。

进气道的总压恢复能力与发动机的推力性能紧密相关。研究表明,进气道的总压恢复系数减小 1% ,发动机的推力就要损失 1.5% ~2.0% 。二元进气道外压缩波系一般采用多波系设计,在设计状态时,让所有斜激波均汇聚于进气道唇口附近,这样可以保证设计点二维平面压缩进气道的流量系数接近 1。关于在给定的气流偏转角限制条件下,如何选择压缩波系的数目和分配压缩角度,使得波系结构最佳,是进气道外压缩波系设计过程中首先会考虑的问题。德国科学家 Oswatitsch 从无黏流的角度出发,给出了最佳波系配置的理论解,他假定二元进气道采用 $n-1$ 道斜激波和一道正激波对来流进行减速增压,通过拉格朗日乘子方法得到了该问题的最优解,即等强度压缩理论。

Oswatitsch 的理论中假定进气道压缩面的最后一道激波是正激波,因此不适用于压缩面出口为超声速的高超声速进气道设计。为此,Handeson 改进了 Oswatitsch 的理论,Handeson 的理论中同样按照等强度激波设计的,但不需要假定最后一道激波是正激波,因此采用 Handeson 波系配置的外压缩系统总压恢复系数略高于 Oswatitsch 理论的设计。

采用 Handeson 理论设计二元进气道,具体步骤如下[15]。

已知进气道设计马赫数 Ma_0,进气道出口马赫数为 $Ma_e(Ma_e>1)$,压缩激波数为 n,初始激波角为 β_0,根据等强度理论设计总压损失最小的压缩波系。

(1) 令

$$\overline{X} = \frac{1+0.5(\gamma-1)Ma_0^2}{1+0.5(\gamma-1)Ma_e^2} = \left(\frac{p_2}{p_1}\right)^n\left(\frac{\rho_1}{\rho_2}\right)^n \qquad (7-1)$$

代入斜激波关系,可得

$$\overline{X} = \left(\frac{2\gamma}{\gamma+1}Ma_0^2\sin^2\beta_0 - \frac{\gamma-1}{\gamma+1}\right)^n\left(\frac{\gamma-1}{\gamma+1} + \frac{2}{\gamma+1}\frac{1}{Ma_0^2\sin^2\beta_0}\right)^n \qquad (7-2)$$

(2) 建立关于初始激波角 β_0 的函数,即

$$f(\beta_0) = \left(\frac{2\gamma}{\gamma+1}Ma_0^2\sin^2\beta_0 - \frac{\gamma-1}{\gamma+1}\right)^n\left(\frac{\gamma-1}{\gamma+1} + \frac{2}{\gamma+1}\frac{1}{Ma_0^2\sin^2\beta_0}\right)^n - \overline{X} \qquad (7-3)$$

（3）利用迭代法求解式（7-3）就可以得到初始激波角 β_0。

（4）确定等强度激波的强度，即

$$\frac{p_2}{p_1} = \frac{2\gamma}{\gamma+1} Ma_0^2 \sin^2\beta_0 - \frac{\gamma-1}{\gamma+1} = \text{const} \qquad (7-4)$$

（5）根据 Ma_0 和 β_0 逐级求解各级压缩角。

2. 二元进气道内压缩波系设计

二元进气道各参数定义如图 7-12 所示，外压缩型面的设计相对成熟，常见的进气道内通道设计方法主要有两种：一是最小外阻设计思想；二是多级折转思想。

在很多进气道研究中，大多采用图 7-12（a）所示的设计[16]。这种进气道的唇罩与自由来流保持水平，顶板压缩面通过一次折转恢复到水平，并试图利用肩部的膨胀效应消除唇口激波的影响。在设计状态下，进气道外压缩面产生的激波均相交于唇口（Shock on Lip）。由于进气道出口气流方向平行，所以气流在内压缩段的总偏转角与外压缩段的总偏转角相等。这种方法设计的进气道理论上外阻最小，对于总偏转角较小的情况是比较具有优势的，但是当外部压缩总偏转角较大时，此时的唇口激波强度较大，不但会造成较大的总压损失，而且过强的斜激波容易导致进气道边界层大范围分离，对进气道性能造成十分不利的影响。另外，在非设计状态下，唇口激波不再入射到肩点位置，肩部的"消波"作用难以发挥。采用类似于图 7-12（b）和图 7-12（c）所示的设计方法，能够有效地降低唇口激波的强度，降低总压损失，提高推进系统的性能，但这样的设计难免会使进气道唇罩外产生的阻力增加，导致进气道内收缩段长度增加，或者带来其他方面的性能下降。

根据上述分析可知，二元进气道内收缩段的设计中，不仅需要考虑如何分解唇口斜激波强度，以减小总压损失，还要综合进气道长度和降低唇罩外部阻力等多种因素。然而由于内收缩段流动相对较为复杂，目前尚未形成类似于前体设计中的"Shock on Lip"那样明确的设计准则，现在内压缩段设计还主要依靠设计者积累的经验。例如，文献[17]中给出了唇罩按照两级楔面设计的方法，文献[18]采用等熵理论设计内压缩段，文献[19,20]中采用了多项式曲线控制内压缩段型面的设计方法。

7.2.2 二维弯曲激波压缩理论

传统的二元进气道设计是以 Oswatitsch 配波理论和等熵压缩理论为基础的，通过斜激波或者等熵波对气流进行压缩，两种压缩方式在实际飞行器设计中存在不足之处，比如基于等强度斜激波波系配置设计的进气道存在低马赫下流量捕获特性差的缺点，而等熵波系配置的进气道长度太长[21]。20 世纪 90 年代南京航空

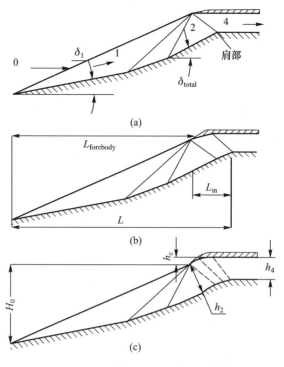

图 7 - 12　二元进气道参数定义[16]

航天大学的张堃元教授提出了以二元弯曲激波流场对来流进行压缩的高超声速进气道设计新概念,该压缩方式结合了激波压缩与波后等熵压缩的优点,能够使整个压缩面都参与到对气流的增压作用,展示出了其优越性。

图 7 - 13 所示为一种采用弯曲激波设计的进气道在超声速来流作用下的流场波系结构,其特征在于压缩面为弯曲壁面,但与 Prandtl - Meyer 等熵压缩型面不同,该型面壁面发出的等熵压缩波并不汇聚于一点,而是分散地与前缘斜激波相互作用,使得前缘斜激波逐渐发生弯曲,激波强度逐渐增大。激波波后参数和外压缩段出口参数也不再均匀,而是与壁面形状和激波弯曲程度直接相关。与传统的波系配置方法相比,采用弯曲激波的设计方式更加灵活,可以根据需要同时调整几何尺寸、增压比以及激波压缩和等熵压缩的比例。广义上来讲,传统的等熵弯曲型面与斜楔面压缩也是这种弯曲激波压缩的特殊情况,因此这种新型弯曲激波压缩概念的提出极大地拓展了二维压缩系统设计空间的范围和设计的灵活性,有利于高性能设计方案的获取。

进气道的设计过程需要将壁面型面与流场参数和波系结构联系起来,在传统的二元进气道设计中,其联系的方式是斜激波关系和 Prandtl - Meyer 等熵关系式。

而弯曲激波流场更加复杂,没有直接的理论可以运用于流场分析与设计,发展出能够运用于弯曲激波流场快速计算的方法对于弯曲激波压缩进气道设计具有重要意义。文献[22,23]中将波系干扰的快速求解方法用于二元进气道和二维喷管的快速分析,相比于数值模拟计算分析,它具有计算量小、物理意义明确等特点。张堃元教授课题组[14]在曲面压缩系统的探索中,逐步发展出了弯曲激波流场计算与分析的理论体系,在王磊[21]的博士论文中进行了详细论述,在本章下一小节中将对这一部分工作展开介绍。

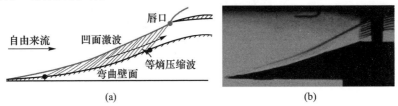

(a)   (b)

图 7 - 13　弯曲激波压缩流场波系结构示意图和风洞纹影照片[21]

(a)弯曲激波压缩流场结构示意图;(b)风洞纹影照片。

7.2.2.1　基本流动单元下游参数计算

如图 7 - 14 所示,弯曲激波压缩流场中包含斜激波、等熵压缩波、等熵膨胀波、斜激波 - 压缩波相互作用、膨胀波与压缩波相互作用等流动现象,弯曲激波流场的近似计算过程需要对这些相互作用过程进行考虑。

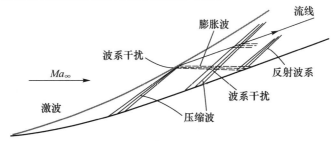

图 7 - 14　弯曲激波压缩流场内波系及其相互作用示意图[21]

1. 斜激波

弯曲激波可以近似地离散为一系列的斜激波,从而能够直接应用斜激波关系式进行求解。通常情况下的高超声速压缩中不会出现斜激波强解,因此只需要考虑弱解情况下流场的计算。图 7 - 15 所示为超声速气流经过斜劈(偏转角 δ)形成的斜激波示意图,上游记为 A 区(马赫数 Ma_A、压力 p_A、流动方向 θ_A),下游为 B 区(马赫数 Ma_B,压力 p_B,流动方向 θ_B)。应用斜激波关系式可以确定激波角 β,激波

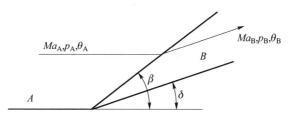

图 7 - 15   斜楔上的斜激波[21]

角与气流偏转角关系为

$$\frac{1}{\tan\delta} = \left(\frac{k+1}{2}\frac{Ma_A^2}{Ma_A^2\sin^2\beta - 1} - 1\right)\tan\beta \qquad (7-5)$$

式(7-5)通过代数变换后,可以得到激波角正切值精确解的显式表达式,即

$$\tan\beta = \frac{2}{3k_1\tan\delta}\left\{k_0 - \sqrt{4k_0^2 - 3k_1k_2\tan^2\delta}\cdot\right.$$

$$\left.\cos\left[\frac{\pi}{3} + \frac{1}{3}\arccos\left(\frac{8k_0^3 - 9k_1(k_0k_2 + 3k_1)\tan^2\delta}{(4k_0^2 - 3k_1k_2\tan^2\delta)^{3/2}}\right)\right]\right\} \qquad (7-6)$$

其中,$k_0 = Ma_A^2 - 1$;$k_1 = (k-1)Ma_A^2 + 2$;$k_2 = (k+1)Ma_A^2 + 2$,均为来流参数确定的变量。在求出激波角后,可以通过斜激波关系式求出波后的马赫数 Ma_B 和压力 p_B。分别定义为

$$\begin{cases} Ma_B = f_{S,M}(Ma_A, \delta) \\ p_B = f_{S,p}(Ma_A, p_A, \delta) \end{cases} \qquad (7-7)$$

2. Prandtl - Meyer 流动

弯曲激波压缩流场中存在 Prandtl - Meyer 流动与其他流动的叠加。因此考察了其下游参数的计算方法。图 7 - 16(a)所示为肩部膨胀角区的 Prandtl - Meyer 流动,选择坐标系使得来流方向 θ_A 为 0°,上游记为 A 区(马赫数 Ma_A、压力 p_A、流动方向 θ_A),下游为 B 区(马赫数 Ma_B、压力 p_B、流动方向 θ_B)。流动逆时针偏转一定角度 δ,产生的可能是膨胀波扇(δ 为正值)或者压缩波扇(δ 为负值),计算方法相同。

通过 Prandtl - Meyer 角 ν,能够建立流动总偏转角 δ 与流动上、下游马赫数 Ma_A、Ma_B 的关系,即

$$\nu_B = \nu_A + \delta \qquad (7-8)$$

其中 Prandtl - Meyer 角 ν 由当地的马赫数计算,即

$$\nu = \sqrt{\frac{k+1}{k-1}}\arctan\left(\sqrt{\frac{k-1}{k+1}}\sqrt{Ma_A^2 - 1}\right) - \arctan\sqrt{Ma_A^2 - 1} \qquad (7-9)$$

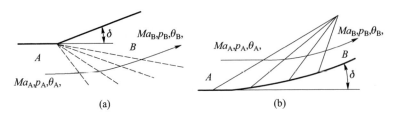

图 7 - 16   Prandtl - Meyer 流动示意图[21]

(a)膨胀；(b)压缩。

在式(7 - 8)和式(7 - 9)中，根据偏转角 δ 和上游马赫数 Ma_A 无法直接求解下游马赫数 Ma_B。为了避免数值迭代，将 Ma_B 关于 δ 的函数在 $\delta = \delta_{ref} = \nu_{ref} - \nu_A$ 展开为 Taylor 公式，ν_{ref} 可以通过选取某个接近 Ma_B 的参考点 Ma_{ref}，其中经过一系列代数变换后可以得到 Ma_B 的近似公式：

$$\arcsin \frac{1}{Ma_B} = \arcsin \frac{1}{Ma_{ref}} - \frac{k_1}{2k_0}(\delta - \delta_{ref}) + \frac{k_1(k_2 - 2)}{4k_0^{5/2}}(\delta - \delta_{ref})^2 -$$

$$\frac{k_1(k_2 - 2)\left[(k_1 - 4)Ma_{ref}^2 + 4(k_2 - 2) + 4\right]}{24k_0^4}(\delta - \delta_{ref})^3 +$$

$$\frac{k_1(k_2 - 2)\{2Ma_{ref}^4[k(k_1 - 2) - 3] + 3(k_2 - 2)k_2 + 2\}}{24k_0^{11/2}}(\delta - \delta_{ref})^4 +$$

$$O((\delta - \delta_{ref})^5) \qquad (7 - 10)$$

其中 $k_0 = Ma_{ref}^2 - 1$, $k_1 = (k - 1)Ma_{ref}^2 + 2$, $k_2 = (k + 1)Ma_{ref}^2 + 2$, 是由 Ma_A、Ma_{ref} 确定的变量。Ma_{ref} 取值应尽量接近 Ma_B，对于设计马赫数在 3 ~ 7 的范围内，因此 Ma_{ref} 可以选取为 4.9。

求出下游马赫数 Ma_B 之后可以求解出压力 p_B，即

$$p_B = p_A \left[\left(1 + \frac{k - 1}{2}Ma_A^2\right) \Big/ \left(1 + \frac{k - 1}{2}Ma_B^2\right) \right]^{\frac{k}{k-1}} \qquad (7 - 11)$$

可以将 Prandtl - Meyer 流动等熵波波后马赫数 Ma_B 和压力 p_B 写成来流马赫数 Ma_A、压力 p_A 及偏转角 δ 的函数：

$$\begin{cases} Ma_B = f_{P-M,Ma}(Ma_A, \delta) \\ p_B = f_{P-M,p}(Ma_A, p_A, \delta) \end{cases} \qquad (7 - 12)$$

其中，下标 P - M 表示函数用于 Prandtl - Meyer 流动的求解；下标 Ma 和 p 分别表示函数求解的变量为马赫数和压力。

3. 同侧斜激波与斜激波相交

弯曲激波压缩流场中并不存在斜激波与斜激波相交，但是斜激波与压缩波相

交的计算与此类似,因此首先考察了这种流动。

如图 7-17 所示,超声速来流相继通过两个斜楔面(转折角分别为 δ_B、δ_C)产生两道斜激波(激波角分别为 β_B、β_C),斜激波发生干扰形成一道新的斜激波(激波角为 β_F),并产生反射激波和滑移线。流场被分割为 A ~ F 等 6 个区域,根据两个斜楔面角度的不同,其中区域 D 是扇形膨胀波或者是一道激波,其他区域内是均匀流动,分别以 Ma、p 和 θ 附加相应区域下标表示各区域的马赫数、压力和流动方向,选择坐标系使得来流流动方向 θ_A 为 $0°$。

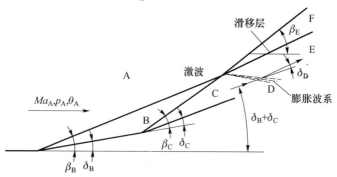

图 7-17　同侧斜激波干扰波系示意图[21]

区域 B、C 内的参数可以直接由激波关系式(7-7)得到,之后可以根据 E 和 F 两个区域压力相等、流动方向相同的条件,通过激波极线图或数值迭代获得区域 D、E 和 F 中的参数。对于常规的高超进气道,来流马赫数和偏转角范围($Ma_A \geqslant 4$, $0° < \delta_B \leqslant 18°$, $0° < \delta_C \leqslant 18°$)时,反射波不会是激波,因此只需要考虑区域 D 是膨胀波扇的情况。

按照近似公式(7-13)计算流动在区域 D 内膨胀的偏转角,即

$$\delta_D = \frac{p_C - p_{BC}}{\dfrac{kMa_C^2 p_C}{\sqrt{Ma_C^2 - 1}} + \dfrac{kMa_{BC}^2 p_{BC}}{\sqrt{Ma_{BC}^2 - 1}}} \qquad (7-13)$$

式中　Ma_{BC}, p_{BC}——区域 A 的来流经过偏转角为 $\delta_{BC} = \delta_B + \delta_C$ 的斜激波波后的马赫数和压力,可以根据斜激波关系式得到。

在得到区域 D 膨胀的偏转角 δ_D 后,即可确定区域 E、F 的流动方向,即

$$\theta_E = \theta_F = \delta_B + \delta_C + \delta_D \qquad (7-14)$$

之后根据式(7-7)和式(7-12)可直接得出区域 E、F 内的马赫数和压力。将式(7-13)求解反射膨胀波角度的过程定义为函数有

$$\delta_D = f_{S-S,\delta}(Ma_C, p_C, Ma_{BC}, p_{BC}) \qquad (7-15)$$

其中,下标 S - S 表示函数用于激波干扰的求解;下标 δ 表示函数求解的变量是偏转角。

4. 膨胀波离散近似

偏转角较小的等熵膨胀扇区与其他波系相互作用时,可将整个膨胀波扇区近似为一道分立膨胀波计算。如图 7 - 18 所示,扩张角度为 δ 的壁面偏折形成的膨胀波可以用一道独立的离散膨胀波进行近似。

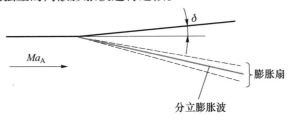

图 7 - 18　分立膨胀波[21]

5. 膨胀波在壁面上的反射

如图 7 - 19 所示,膨胀角度为 δ 的膨胀波在与来流方向平行的壁面上反射,膨胀波反射过程中,匹配条件为区域 C 与区域 A 流动方向相同($\theta_C = \theta_A$),而气流从区域 A 到区域 C 在膨胀波作用下气流方向偏转的角度为原膨胀角度的两倍,同样将膨胀波视为独立离散膨胀波有

$$\nu_C - \nu_A = 2\delta \tag{7-16}$$

代入式(7 - 12)可求解反射后的马赫数和压力。

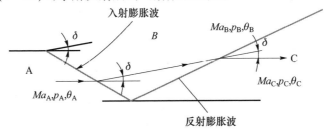

图 7 - 19　膨胀波壁面反射示意图[21]

6. 异侧的压缩波与膨胀波干扰

如图 7 - 20 所示,使流动逆时针偏转的压缩波与膨胀波相交,压缩波与膨胀波波后气流偏转角分别为 δ_{com} 和 δ_{exp},若区域 A 为均匀来流,那么区域 D 流动仍然均匀,流动方向为

$$\theta_D = \theta_A + \delta_{com} + \delta_{exp} \tag{7-17}$$

而气流从区域 A 到区域 D 被膨胀(或被压缩)的总角度为

$$\delta = |\nu_{\mathrm{D}} - \nu_{\mathrm{A}}| = |\delta_{\exp} - \delta_{\mathrm{com}}| \tag{7-18}$$

式中,若 $\delta_{\exp} - \delta_{\mathrm{com}} < 0$,气流被压缩;反之为膨胀。将 δ 代入式(7-10)和式(7-11)可以求解区域 D 的马赫数和压力。

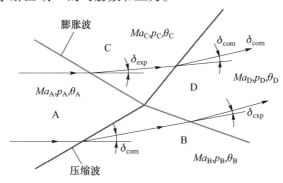

图 7-20　异侧压缩波与膨胀波干扰[21]

7. 同侧的斜激波与压缩波扇相交

参考图 7-21,壁面附近的气流经过前缘激波后,到达弯曲激波流场中壁面上一点时(如图 7-21 中 x_{w}),不仅经过压缩面连续地压缩,也不断经过弯曲激波上反射波的膨胀。对于近似计算,可以首先分别独立计算气流经过压缩和膨胀的角度再进行叠加。压缩的角度即壁面切向角 δ_w 的变化,而膨胀的角度不容易直接计算。这些膨胀波来源于压缩面上某一点之前的压缩与前缘激波的相互作用(如图 7-21 中 $x_{\mathrm{c,w}}$ 之前的压缩,$x_{\mathrm{c,w}} < x_{\mathrm{w}}$,下标 c 用于表示对壁面点 x_{w} 计算的修正)。

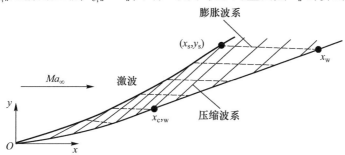

图 7-21　弯曲激波压缩流场中的波系[21]

为了考察膨胀波的影响,将 $x_{\mathrm{c,w}}$ 之前逐渐与前缘激波相交的压缩波简化为一簇汇聚于一点的扇形 Prandtl - Meyer 压缩波,并在汇聚点与一道斜激波相交(图 7-22),相交后将产生一道反射的分立膨胀波和滑流间断。

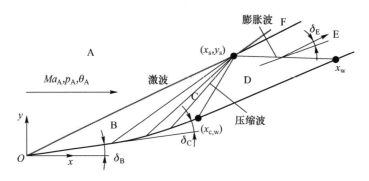

图 7 – 22　同侧的斜激波与压缩波扇相交[21]

在图 7 – 22 中,所关注的流场分为 A ~ F 这 6 个区域,区域 B 和 D 对应的壁面均为直线,流动均匀,区域 C 是 Prandtl – Meyer 压缩波扇,区域 E、F 分别位于膨胀波后的滑流间断两侧,也是均匀流动。分别以 Ma、p、θ 和 μ 附加相应的区域下标表示各均匀区域的马赫数、压力、流动方向和马赫角,选择坐标系使来流流动方向 θ_A 为 0°。从区域 D 到 E 经过一道分立膨胀波,该膨胀波使气流偏转的角度记为 δ_E。

根据式(7 – 7)和式(7 – 12),区域 B、C、D 内的参数容易依次完成计算。区域 D 到区域 E 的膨胀角度通过以下公式计算,即

$$\delta_E = \frac{p_D - p_{BC}}{\dfrac{kMa_D^2 p_D}{\sqrt{Ma_D^2 - 1}} + \dfrac{kMa_{BC}^2 p_{BC}}{\sqrt{Ma_{BC}^2 - 1}}} \qquad (7 – 19)$$

式中　Ma_{BC},p_{BC}——区域 A 来流经过转折角为 $\delta_{BC} = \delta_B + \delta_C$ 的斜激波后的马赫数和压力。得到 δ_E 后容易计算区域 E、F 内的参数。

为了书写方便,式(7 – 19)求解反射膨胀波角度的过程定义为

$$\delta_E = f_{S-PM,\delta}(Ma_D, p_D, Ma_{BC}, p_{BC}) \qquad (7 – 20)$$

其中,下标 S – PM 表示函数用于激波与等熵压缩波相交的求解;下标 δ 表示函数求解的变量是偏转角。

计算流场过程中还需要确定 x_w 与 $x_{c,w}$ 的关系。忽略分立膨胀波前后马赫角的差异,可得到

$$x_w = x_{c,w} + \omega_{c,w} L_{w-s} \cos\mu_D \cos\theta_D \qquad (7 – 21)$$

其中,$\omega_{c,w}$ 取值与压缩面曲率有关,$x_{c,w}$ 之后壁面曲率为 0 时,$\omega_{c,w} = 2$;L_{w-s} 为 $(x_{c,w}, y_{c,w})$ 与 (x_s, y_s) 之间的距离,根据流量守恒容易得出

$$L_{\text{w-s}} = \frac{y_{\text{c,w}}}{(q_{\text{D}}/q_{\text{A}})\sin\mu_{\text{D}} - \sin(\mu_{\text{D}} + \theta_{\text{D}})} \quad\quad (7-22)$$

其中

$$q = pMa\sqrt{\frac{1}{2}(k-1)Ma^2 + 1} \quad\quad (7-23)$$

7.2.2.2　弯曲激波压缩流场近似计算

如图 7 – 23 所示,自由来流马赫数、压力、流动方向角分别为 Ma_∞、p_∞、θ_∞,弯曲压缩型面表达式为

$$y_{\text{w}} = f_{\text{w}}(x_{\text{w}}), \quad\quad 0 \leqslant x_{\text{w}} \leqslant L \quad\quad (7-24)$$

式中　下标 w——壁面参数;

　　　　L——壁面长度。

选择坐标系使横坐标方向与来流方向相同,原点为壁面起点。容易得出壁面角度的分布为

$$\theta_{\text{w}} = \arctan\frac{\mathrm{d}f_{\text{w}}(x_{\text{w}})}{\mathrm{d}x_{\text{w}}}, \quad\quad 0 \leqslant x_{\text{w}} \leqslant L \quad\quad (7-25)$$

对于图 7 – 23 所示的弯曲激波压缩流场,应用前面对各流动单元的分析结果得到了以下参数的近似计算方法:①壁面上马赫数 Ma_{w}、压力 p_{w} 的分布;②激波坐标 $(x_{\text{s}}, y_{\text{s}})$ 以及激波后马赫数 Ma_{s}、压力 p_{s}、流动方向 θ_{s} 的分布;③流场中一条流线的坐标 $(x_{\text{st}}, y_{\text{st}})$ 以及对应点的马赫数 Ma_{st}、压力 p_{st}、流动方向 θ_{st};④出口截面的马赫数 Ma_{e}、压力 p_{e}、总压 p_{e}^*。

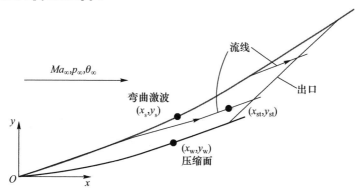

图 7 – 23　弯曲激波压缩流场示意图[21]

1. 壁面气动参数的计算

如图 7 – 24 所示,激波后壁面前缘参数 Ma_0、p_0 可根据前缘压缩角 θ_0 通过斜

激波关系直接计算。考察壁面上一点 x_w 气流参数的计算,分别计算气流所经过压缩和膨胀的角度:经过的压缩,即壁面角度的变化,经过的膨胀包括激波上发出的膨胀波及该膨胀波在壁面上的反射波。因此处气流相对于前缘点被压缩的总角度为

$$\delta_w = (\theta_w - \theta_0) - 2\delta_{exp} \qquad (7-26)$$

式中　δ_{exp}——弯曲激波上发出的膨胀波造成的气流偏转角,下标 exp 表示膨胀波;

　　　θ_w——壁面角度;

　　　θ_0——壁面前缘角度。

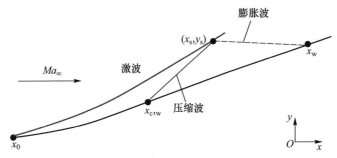

图 7-24　弯曲激波压缩流场壁面参数的计算[21]

得到 δ_w 后根据式(7-12)定义的函数可求解 x_w 对应的马赫数 Ma_w、压力 p_w 分别为

$$\begin{cases} Ma_w = f_{P-M,Ma}(Ma_0, \delta_w) \\ p_w = f_{P-M,p}(Ma_0, p_0, \delta_w) \end{cases} \qquad (7-27)$$

δ_{exp} 根据式(7-20)定义的函数进行计算,有

$$\delta_{exp} = f_{S-PM,\delta}(Ma_{c,w}, p_{c,w}, \hat{Ma}_{c,w}, \hat{p}_{c,w}) \qquad (7-28)$$

式中　$Ma_{c,w}, p_{c,w}$——$x_{c,w}$ 处的马赫数和压力;

　　　$\hat{Ma}_{c,w}, \hat{p}_{c,w}$——自由来流经过偏转角为 $\theta_{c,w}$ 的斜激波后参数。

近似地按照 Prandtl-Meyer 流动进行计算,有

$$\begin{cases} \delta_{c,w} = \theta_{c,w} - \theta_0 \\ Ma_{c,w} = f_{P-M,Ma}(Ma_0, \delta_{c,w}) \\ p_{c,w} = f_{P-M,p}(Ma_0, p_0, \delta_{c,w}) \end{cases} \qquad (7-29)$$

根据式(7-21)、式(7-22)确定 $x_{c,w}$ 与 x_w 位置的关系为

$$x_w = x_{c,w} + \frac{\omega_{c,w} y_{c,w} \cos\mu_{c,w} \cos\theta_{c,w}}{(q_{c,w}/q_\infty)\sin\mu_{c,w} - \sin(\mu_{c,w} + \theta_{c,w})}, \quad 0 \leqslant x_{c,w} \leqslant x_w \leqslant L \quad (7-30)$$

式中,$\omega_{c,w}$ 近似取为 1.5。虽然根据 x_w 不容易求解 $x_{c,w}$,但根据 $x_{c,w}$ 可以直接得到 x_w。

因此,将式(7-28)至式(7-30)代入式(7-26),再代入式(7-27),最终即得到以 $x_{c,w}$ 为自变量、求解 x_w 处马赫数 Ma_w 和压力 p_w 的公式。

2. 弯曲激波坐标与气动参数的计算

根据激波两侧流量守恒求解激波坐标。参考图 7-25,截面 ∞ 为激波上一点 (x_s,y_s) 对应的来流捕获面积,截面 x 为激波点 (x_s,y_s) 与壁面上任一点 (x_w,y_w) 之间的曲面,两个截面流量相等,即

$$\int \rho_\infty \boldsymbol{v}_\infty \mathrm{d}\boldsymbol{A}_\infty = \int \rho_x \boldsymbol{v}_x \mathrm{d}\boldsymbol{A}_x \quad (7-31)$$

式中　下标∞,x——参数所在的截面;

　　　　$\boldsymbol{v},\boldsymbol{A}$——速度和面积矢量。

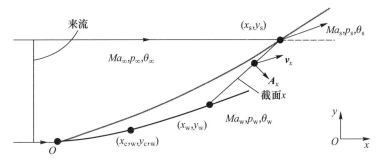

图 7-25　弯曲激波坐标及激波后参数的计算[21]

选择 (x_w,y_w) 使其与激波点 (x_s,y_s) 位于同一条左行特征线上(图 7-25)。如果截面 x 上流动均匀,即截面上马赫数 Ma_x、压力 p_x、流动方向 θ_x 均与壁面参数相同,那么这条特征线是直线,根据式(7-31),激波曲线能够表达为自变量为 x_w 的参数方程,即

$$\begin{cases} x_s = \dfrac{y_w}{\tan(\mu_x + \theta_x)\{1/[Ma_x(q_\infty/q_x)\sin(\mu_x + \theta_x)] - 1\}} + x_w, & 0 \leqslant x_w \leqslant L \\[4mm] y_s = \dfrac{y_w}{1 - Ma_x(q_\infty/q_x)\sin(\mu_x + \theta_x)}, & 0 \leqslant x_w \leqslant L \end{cases}$$

$$(7-32)$$

式中　μ——马赫角。

但对于一般的情况,弯曲激波压缩流场内特征线(即截面 x)上参数并不均匀,

此时应用式(7-32)时,截面上 Ma_x、p_x、θ_x 近似地以其两端的算术平均近似代替,即

$$\begin{cases} Ma_x = \dfrac{1}{2}(Ma_w + Ma_s) \\[2mm] p_x = \dfrac{1}{2}(p_w + p_s) \\[2mm] \theta_x = \dfrac{1}{2}(\theta_w + \theta_s) \end{cases} \quad\quad (7-33)$$

由此计算 μ_x、q_x,代入式(7-32)可得到激波坐标,其中壁面参数 Ma_w、p_w 根据公式(7-27)计算,对于激波附近参数 Ma_s、p_s、θ_s,按照7.2.2.1小节中的第7点所述的方法,首先根据壁面参数计算激波附近流动方向,即

$$\theta_s = \theta_w + \delta_{exp} \quad\quad (7-34)$$

式中,δ_{exp} 根据式(7-20)定义的函数计算,即

$$\delta_{exp} = f_{exp,\delta}(Ma_w, p_w, \hat{Ma}_w, \hat{p}_w) \quad\quad (7-35)$$

式中 $\hat{Ma}_w$,$\hat{p}_w$——自由来流 Ma_∞ 经过偏转角为 θ_w 的斜激波后的马赫数和压力。此时能够计算气流通过激波的实际偏转角,即

$$\delta_s = \theta_w + \delta_{exp} - \theta_\infty \quad\quad (7-36)$$

之后根据式(7-7)定义的函数可求解激波附近的马赫数 Ma_s、压力 p_s 为

$$\begin{cases} Ma_s = f_{s,Ma}(Ma_\infty, \delta_s) \\[2mm] p_s = f_{s,p}(Ma_\infty, p_\infty, \delta_s) \end{cases} \quad\quad (7-37)$$

因此,将式(7-34)至式(7-37)代入式(7-33),再代入式(7-32),并应用式(7-30),最终可得到以 $x_{c,w}$ 作为自变量的、求解激波上坐标 (x_s, y_s) 的表达式,同时也可以得到对应位置的马赫数 Ma_s、压力 p_s 和流动方向 θ_s。

3. 波后流线坐标与气动参数的计算

与激波坐标的求解类似,根据流线与壁面之间的流量守恒求解流线坐标。参考图7-26,一条流线与弯曲激波的交点作为流线起点 (x_{st0}, y_{st0}),这一点对应的来流捕获截面记为截面 ∞,流线上一点 (x_{st}, y_{st}) 与壁面上任一点 (x_w, y_w) 之间的截面记为截面 x。

选择壁面点 (x_w, y_w),使其与流线上的点 (x_{st}, y_{st}) 位于同一条左行特征线上,与流线起点 (x_{st0}, y_{st0}) 对应的壁面点记为 $(x_{w,st0}, y_{w,st0})$。根据前面所述激波的计算方法,可求解起点 (x_{st0}, y_{st0}) 处的马赫数 Ma_{st0}、压力 p_{st0} 和流动角度 θ_{st0}。

如果截面 x 上流动均匀,根据其与来流捕获截面流量相等,可得出以 x_w 为自

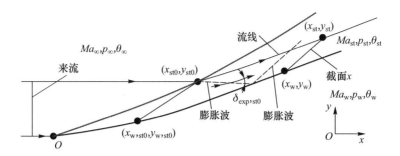

图 7 - 26　流线坐标及流线上参数的计算[21]

变量的流线方程为

$$\begin{cases} x_{st} = x_w + y_{st0} Ma_x (q_\infty/q_x) \cos(\mu_x + \theta_x), & 0 \leqslant x_w \leqslant L \\ y_{st} = y_w + y_{st0} Ma_x (q_\infty/q_x) \sin(\mu_x + \theta_x), & 0 \leqslant x_w \leqslant L \end{cases} \quad (7-38)$$

然而一般情况下,截面 x 上参数是不均匀的,此时截面上 Ma_x、p_x、θ_x 近似地以其两端的算术平均值代替,即

$$\begin{cases} Ma_x = \dfrac{1}{2}(Ma_w + Ma_{st}) \\ p_x = \dfrac{1}{2}(p_w + p_{st}) \\ \theta_x = \dfrac{1}{2}(\theta_w + \theta_{st}) \end{cases} \quad (7-39)$$

之后计算 μ_x、q_x,代入式(7 - 37)和式(7 - 38)可得到流线坐标,其中壁面参数 Ma_w、p_w 根据公式(7 - 27)计算。考虑到激波上反射膨胀波与该膨胀波在壁面上的再次反射的影响,流线上一点流动方向 θ_{st} 以及从起点开始被压缩的角度 δ_{st} 分别近似取为

$$\begin{cases} \theta_{st} = \theta_w \\ \delta_{st} = (\theta_w - 2\delta_{exp}) - (\theta_{w,st0} - 2\delta_{exp,st0}) \end{cases} \quad (7-40)$$

然后根据式(7 - 12),由流线起点参数(即激波波后参数)求解相应的马赫数 Ma_{st} 和压力 p_{st} 为

$$Ma_{st} = f_{P-M,Ma}(Ma_{st0}, \delta_{st})$$
$$p_{st} = f_{P-M,p}(Ma_{st0}, p_{st0}, \delta_{st}) \quad (7-41)$$

之后代入式(7 - 38),并应用式(7 - 30),最终可得到以 $x_{c,w}$ 作为自变量的、求解流线上坐标 (x_{st}, y_{st}) 的表达式,同时可得到对应位置的马赫数 Ma_{st}、压力 p_{st} 和流

动方向 θ_{st}。

4. 出口截面参数的计算

出口截面定义为壁面末端发出的左行特征线。马赫数、压力、总压取为壁面、激波波后和流线末端 $(x_{\mathrm{w}} = L)$ 参数的平均值,即

$$
\begin{cases}
Ma_x = \dfrac{1}{n+2}\left(Ma_{\mathrm{w}} + \displaystyle\sum_i^n Ma_{\mathrm{st},i} + Ma_{\mathrm{s}}\right) \\[3mm]
p_x = \dfrac{1}{n+2}\left(p_{\mathrm{w}} + \displaystyle\sum_i^n p_{\mathrm{st},i} + p_{\mathrm{s}}\right) \\[3mm]
p_x^* = \dfrac{1}{n+2}\left(p_{\mathrm{w}}^* + \displaystyle\sum_i^n p_{\mathrm{st},i}^* + p_{\mathrm{s}}^*\right)
\end{cases}
\tag{7-42}
$$

式中　n——流线个数;

　　　i——序号。

由此可计算出口截面马赫数、压比、总压恢复系数等性能参数的近似值。

7.2.3　特征线方法及其应用

7.2.3.1　特征线方法介绍

对于二维定常超声速无黏流动,通过弯曲激波时,流线垂直方向存在熵的梯度,从而使流场中产生旋度。针对有旋流场中激波外等熵流动区域,可通过有旋特征线法解决。在推导有旋特征线公式前,先对有旋流场稍作介绍[24]。

1. 有旋流场数学分析及特征线方程推导

二维有旋流场中流动控制方程主要由连续性方程、动量方程与声速方程构成。连续性方程为

$$
\nabla(\rho\bar{v}) = 0
$$

$$
\frac{\partial}{\partial x}(\rho v_x) + \frac{\partial}{\partial y}(\rho v_y) = 0
\tag{7-43}
$$

动量方程为

$$
\rho\frac{\mathrm{D}\bar{v}}{\mathrm{D}t} + \nabla p = 0
\tag{7-44}
$$

能量方程为

$$
\frac{\mathrm{D}p}{\mathrm{D}t} - a^2\frac{\mathrm{D}\rho}{\mathrm{D}t} = 0
\tag{7-45}
$$

将上述公式化为坐标分量表示形式,即

$$\begin{cases} \rho u_x + \rho v_y + u\rho_x + v\rho_y + \dfrac{\delta \rho v}{y} = 0 \\ \rho u u_x + \rho v u_y + p_x = 0 \\ \rho u v_x + \rho v v_y + p_y = 0 \\ u p_x + v p_y - a^2 u\rho_x - a^2 v\rho_y = 0 \end{cases} \tag{7-46}$$

其中,$\delta = 0$ 时为二维平面流动,$\delta = 1$ 时为二维轴对称流动。利用上述流动控制方程,通过数学推导,求得特征线及相容关系方程如下。

特征线方程为

$$\begin{cases} \left(\dfrac{\mathrm{d}y}{\mathrm{d}x}\right)_{\pm} = \lambda_{\pm} = \tan(\theta \pm \alpha) \\ \left(\dfrac{\mathrm{d}y}{\mathrm{d}x}\right)_0 = \lambda_0 = \dfrac{v}{u} \end{cases} \tag{7-47}$$

其中下标 0 为流线特征线。下标为正负号分别为左行马赫线 C_+ 与右行马赫线 C_-。其对应特征线示意图见图 7-27。

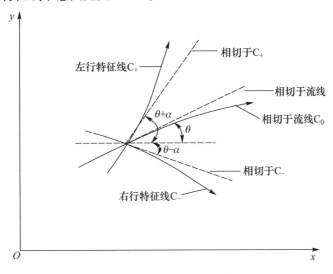

图 7-27　有旋特征线法示意图

相容关系:对于每族特征线,其对应相容关系为

$$\begin{cases} \dfrac{\sqrt{Ma^2-1}}{\rho v^2}\mathrm{d}p_{\pm} \pm \mathrm{d}\theta_{\pm} + \delta\left[\dfrac{\sin\theta \mathrm{d}x_{\pm}}{yMa\cos(\theta \pm \alpha)}\right] = 0 \\ \rho u\mathrm{d}u + \rho v\mathrm{d}v + \mathrm{d}p = 0 \\ \mathrm{d}p - a^2\mathrm{d}\rho = 0 \end{cases} \tag{7-48}$$

2. 有旋特征线法的离散方程

由于有旋特征线法有 3 族特征线,存在 4 个相容性方程,其单元网格的推进过程可分为直接法与间接法两种。

离散方程为

$$
\begin{cases}
\Delta y_0 = \lambda_0 \Delta x_0 \\
R_0 \Delta v_0 + \Delta p_0 = 0 \\
\Delta p_0 - A_0 \Delta \rho_0 = 0 \\
\Delta y_\pm = \lambda_\pm \Delta x_\pm \\
Q_\pm \Delta p_\pm \pm \Delta \theta_\pm + S_\pm \Delta x_\pm = 0 \\
A = a^2, Q = \dfrac{\sqrt{Ma^2 - 1}}{\rho v^2} \\
R = \rho v, S = \dfrac{\delta \sin\theta}{Ma v \cos(\theta \pm \alpha)}
\end{cases}
\tag{7-49}
$$

利用流线相容关系,可确定位置点 P、R,而利用其中一条马赫线可确定 θ。

3. 不同区域处理方法

1)内部点

对于内部点,采用直接法求解,其示意图如图 7-28 所示。其中点 1、2 为已知位置与流动参数已知点。在利用单元网格求解特征线点参数时,相邻点特征线可用直线代替。首先,假定连接 1、4 点右行特征线与点 2、4 左行特征线斜率由 1、2 处马赫线确定。4 点位置可由 1 点发出右行特征线与 2 点发出左行特征线求出。在求解特征线斜率时需知道两端点流动参数,根据热力参数关系求解 Ma 及对应马赫角,再由特征线关系确定斜率。计算时取两端点平均值来确定马赫线斜率。

对于流线 3、4,可初始假定 3 点位于点 1、2 中点,求 3 点处斜率,初始假定点 4 处斜率与点 3 处斜率相同。利用点 4 发出反向流线方程(斜率由点 3、4 参数确定)与线段 12 可确定点 3 位置并插值求解点 3 处流动参数。利用流线特征线相容关系,根据点 3 参数求解点 4 流动参数。利用点 4 处流动参数,结合点 1、2 处参数,对左行特征线 24 与右行特征线 14 进行校正,求出校正后点 4。重复上述步骤,求出点 4 参数。判断收敛性。经过多次迭代,求得最终结果。

2)直接壁面点

对于壁面处直接壁面点,其示意图如图 7-29 所示,点 3、2 为位置与参数已知点,且壁面型线已知,求壁面上点 4 位置与参数。其求解过程如下。

首先,利用点 2 发出左行特征线与壁面曲线求出点 4 位置。初始假定点 4 处

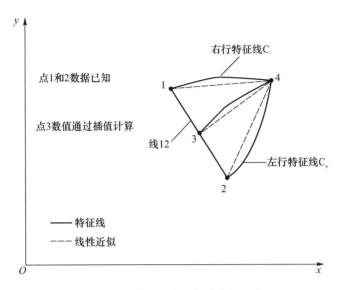

图 7 - 28　有旋特征线内部点求解示意图

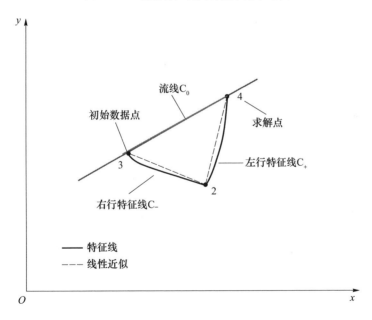

图 7 - 29　有旋特征线直接壁面点求解示意图

参数与点 3 处参数相同。求出流线特征线 3、4 斜率,并利用流线特征线相容关系求解点 4 参数。利用点 4 参数与点 2 参数校正左行特性线 2、4 求出点 4 校正位置。并根据校正流线特征线求解点 4 校正后参数。根据点 4 位置与流动参数检查收敛性,多次迭代直至收敛。

3)间接壁面点

求解过程如下。

对于壁面点反解过程,其示意图如图7-30所示,其中点2、3位置与参数已知,点4位置与壁面斜率已知。其求解过程如下。

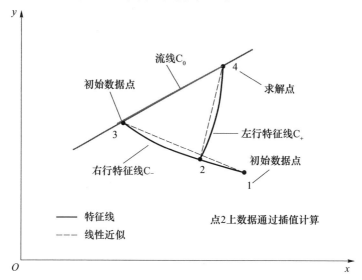

图7-30 有旋特征线间接壁面点求解示意图

(1)首先给定点4初始估计值,由点4发出反向左行特征线与右行特征线交于点2。

(2)根据点1、2处参数,插值求点2参数,并将该次计算值赋予点4。由点2参数与点4参数校正左行特征线24,并求出点2校正位置与流动参数。重复上述校正过程直至点2位置不变。计算此时右行特征线C_+,24备用。

(3)将点4重新赋予点3参数。利用流线特征线34相容关系,求解点4参数。利用所求解C_+,24参数值求解点2位置,并用点4参数重复第(2)步校正点2位置。再利用流线特征线34相容关系,求得点4参数校正值并判断收敛性。如此多次迭代取得最终解。

4)外部激波点

外部激波点求解中,激波为弯曲激波,其示意图如图7-31所示。其中点1、点2位置与参数均已知。点1为激波下游侧点,波前来流参数已知,激波点4位置及参数已知。在进行点4求解时采用割线法进行迭代。

(1)假定点4激波角与点1激波角相同,利用来流参数与斜激波关系求解点

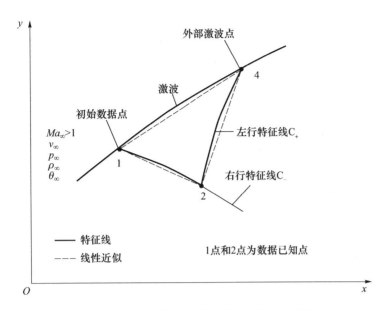

图 7 - 31　有旋特征线外部激波点求解示意图

4 流动参数。记点 4 压力值为 P_{4S}。

（2）根据点 2、点 4 流动参数,确定左行特征线 24 直线方程。结合激波线 14 确定点 4 位置。并利用左行特征线相容关系,求解点 4 压力值 $P_{4,\mathrm{LRC}}$。

（3）计算 P_{4S} 与 $P_{4,\mathrm{LRC}}$ 插值。对点 4 激波角进行校正。重复上述步骤,计算 $P_{4S} - P_{4,\mathrm{LRC}}$。令 $\Delta P = (P_{4S} - P_{4,\mathrm{LRC}})$。可认为 $\Delta P = F(\mathrm{EPS}_4)$,则可利用割线法求解函数与 x 轴交点位置。利用割线法进行迭代,求出点 4 处激波角,则可确定点 4 位置及流动参数。

7.2.3.2　特征线法在内转式进气道中的应用举例

1. 内转式进气道简介

Billig 和 Kothari[25]引入了径向偏移参数 RDP(Radical Deviation Parameter) 来界定进气道类型,将进气道分为 3 种类型,即内转式进气道、外压缩进气道和二维平面压缩进气道。内转式进气道的早期应用可以追溯到 20 世纪 70 年代,约翰霍普金斯大学应用物理实验室在开展名为 SCRAM(Supersonic Combustion RAmjet Missile)的舰载防空导弹计划[26]时就采用了模块化的 Busemann 进气道,风洞试验表明了该进气道具有较好的性能优势。限于当时的试验模型加工水平及三维复杂流场求解困难等因素的影响,三维内转式进气道在此后很长一段时间里都没有得到发展。但进入 2000 年左右,随着数值模拟能力的发展、制造工艺水平等的提高,和对更高流场品质的追求,使得一系列三维内转式进气道的研究如雨后春笋般涌现出来。目前国内外众多的高超声速研究计划均采用了内转式进气道设计,如HyShot[27,28]计划中英国 2006 年 3 月发射的带四模块内转式进气道的超燃冲压发动机,如图 7 - 32 所示。2007 年 6 月,美国和澳大利亚联合试射了 $Ma=10$ 的 HY-CAUSE(HYpersonic Collaborative Australia/United Stations Experiment)飞行器[29]验证了某三维内收缩进气道的工作特性,见图 7 - 33。2012 年,美国艾格林空军基地的空军研究实验室(AFRL)提出了高速打击武器验证项目 HSSW,其效果如图 7 - 34 所示,该飞行器拟采用双模态冲压发动机,采用内转式进气道与弹锥体融合外形设计。如图 7 - 35 所示,2013 年 11 月,美国《航空周刊》披露了洛克希德 - 马丁公司的高超声速无人侦查机 SR - 72 研究计划,该飞行器最大飞行马赫数为 6.0,采用了腹部进气的双发布局,冲压发动机进气道为三维内转式进气道。

图 7 - 32　HyShot 计划的试飞器[27]

图 7 - 33　HYCAUSE 进气道[29]

图 7 - 34　HSSW 效果

图 7 - 35　SR - 72 飞行器

　　Busemann 进气道是一种较早研究的内转式进气道,1942 年德国 Busemann 首先提出了这种由等熵压缩波和结尾锥形激波组成的内收缩轴对称流场,一种典型的 Busemann 流场压力云图如图 7 - 36 所示[30]。1967 年,加拿大的 Mölder 对Busemann 流场进行了研究,发现其流动满足 Taylor - Maccol 方程,研究发现,除了外锥流场和 Busemann 流场外,还有 ICFA(Internal Conical Flow"A")和 ICFB(Internal Conical Flow"B")流场满足该控制方程[31]。Busemann 进气道等熵压缩比例较大,总压恢复系数高,但是存在压缩面太长、黏性损失大、起动困难等缺陷。在基准 Busemann 流场研究的基础上,Billig 等[32]采用流线追踪技术设计了四模块扇形进口的高超声速进气道,如图 7-37 所示,在来流马赫数为 4~10 下验证了进气道良好的性能,在来流马赫数为 4.0 下,进气道仍然可以自起动。孙波等[33]对 Busemann 进气道流场进行了研究,并通过流线追踪截断的基准 Busemann 流场,设计出了具有内乘波特性的 Busemann 进气道。美国空军实验室的 Malo - Molina[34]等在 2005 年提出了四道平面斜激波的三维基准流场,其在竖直和水平方向上对气流进行双重压缩,两个方向的激波不会发生相交,而且出口气流方向和马赫数均相等,方向与来流方向一致,基于该基准流场设计的带“咽”式进气道的超燃冲压发动机如图 7-38 所示。

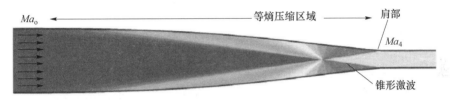

图 7 - 36　基准 Busemann 进气道示意图[30]

图 7 - 37　扇形进口的四模块 Busemann 进气道[32]

　　Smart[35]在 1998 年提出了一种类矩形进口转椭圆出口的内转式进气道设计方法,该进气道基于截断的带中心体倒置等熵喷管基准流场,采用截面渐变函数将两个流向追踪的进气道型面光滑过渡得到了矩形转椭圆截面的进气道无黏型面,在对进气道型面进行黏性修正以后,生成了著名的矩形转椭圆(REST)内转式进气道构型,如图 7-39 所示。此后,经过研究人员的发展与改进,基于流线追踪轴对称基准流场生成内转式进气道无黏型面,并结合截面渐变技术进行截面融合的设计方法逐渐成型,该方法能够兼顾前体匹配形状与近圆形燃烧室之间的过渡,具有很

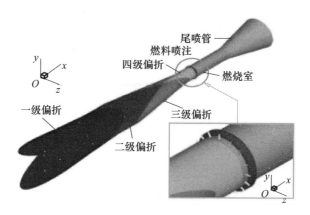

图 7-38　基于 Jaws 进气道的超燃冲压发动机[34]

大的设计灵活性。

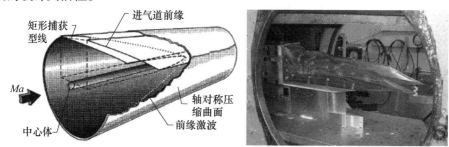

图 7-39　REST 进气道设计示意图与风洞试验模型[35]

内转式进气道流场通过流线追踪过程继承了基准流场的主要流动特征,为了提高进气道性能,更好地组织激波和等熵压缩波对气流进行压缩,我国研究人员对内转式进气道轴对称基准流场设计方向进行了广泛的探索。南航的尤延铖等[36,37]基于直/曲母线锥基准流场设计了内乘波进气道,该进气道在设计点几乎可以实现全流量的捕获。中国科学院力学所岳连捷等[38]通过 ICFA 流场使得前缘激波变直,优化下游样条曲线来获得出口总压恢复系数最大的基准流场。中国空气动力研究与发展中心的贺旭照等[39]提出了基于逆置等熵轴对称喷管的内转式进气道设计方法,并对设计出的进气道性能进行了初步评估。近年来,南航南向军等[40]提出了基于有旋特征线的设计方法,可以在指定流场压缩特性的前提下,反设计基准流场型面,丰富了基准流场的选择范围。

2. 给定壁面参数分布的内转式进气道反设计

南向军[40]通过有旋特征线法反设计了壁面等压力梯度的基准流场,基准流场三维波系结构如图 7-40 所示,此基准流场为典型的两波三区流场结构,前缘入射激波为轴对称曲面激波,前缘激波入射流场中心附近,为了消除前缘激波在流道中心位置汇聚形成的马赫反射,基准流场轴线附近采用中心体设计。特征线法反设计计算过程网格如图 7 – 41 所示,由于流线追踪方法生成的进气道构型内部流线大部分远离基准流场壁面,因此图 7 – 42 中对比了不同位置流线上的压力分布规律,可以发现,壁面附近流线压升规律符合设计条件,而由于轴对称激波的汇聚增强效应,远离壁面附近流线上压力梯度逐渐增大,可以预见这种设计方法对于压力梯度的严格控制基本局限于壁面附近,但这对控制外压缩面上壁面边界层的发展具有一定的意义。

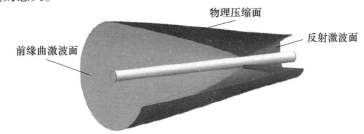

图 7 – 40　基准流场三维示意图[40]

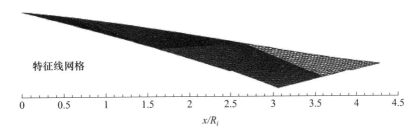

图 7 – 41　基准流场特征线网格[40]

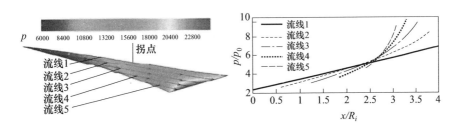

图 7 – 42　基准流场不同流线压力分布[40]

通过在基准流场中选取封闭的捕获型线进行流线追踪,即可生成进气道无黏型面,流线追踪技术示意图如图 7 – 43 所示,选取进气道进口捕获形状为圆形,确定圆形进口形状在来流方向投影的边界线,沿流向投影至基准流场的曲面激波上,在激波面上的投影线就是最终进气道的前缘线,取出经过进气道前缘线的所有流线构成的流管便是进气道的无黏型面。得到的无黏型面,采用位移边界层厚度进行修正后得到进气道最终的气动型面,如图7-44所示。

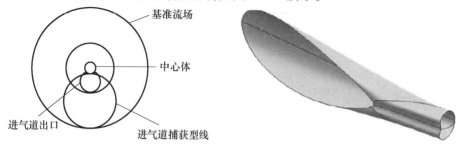

图7-43　流线追踪示意图[40]　　　　　　　图7-44　进气道型面[40]

在设计状态来流$Ma=6.0$的情况下,该进气道流场数值模拟结果如图7-45所示,前缘激波贴体,前体激波入射进气道溢流口,达到了较高的流量捕获。但由于设计过程中没有考虑激波-边界层干扰过程,因此黏性流场与无黏流场存在一定的差别,唇口激波入射进气道压缩面,形成了较大的分离区,隔离段内存在较大范围的涡流区域。图7-46所示为该进气道基准流场、无黏流场和黏性流场压缩面中心线的压力分布对比,可以看出3种情况下这条流线上的压力分布基本符合设计规律。但值得注意的是,虽然进气道压缩面一侧壁面压力分布与给定的设计值符合较好,但这是在进气道入口捕获型线投影与基准流场压缩面前缘投影曲线相切的条件下实现的,对进气道构型设计的多样性存在较大的限制。

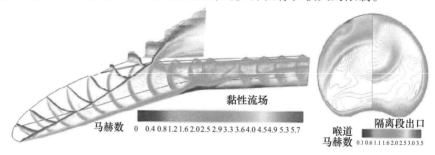

图7-45　进气道数值模拟流场结构[40]

李永洲[30]通过特征线法反设计了壁面马赫数分布规律为反正切函数的轴对称基准流场壁面型线,其流场马赫数云图如图7-47所示,入射激波为弯曲激波,激波强度随着逐渐靠近中心体位置而增强,激波波后存在等熵压缩区域,波后气流存在不均匀性。图7-48给出基准流场不同位置流线及其对应的沿程马赫数分布。可以看出,压缩面上第一条流线与给定的马赫数分布规律吻合,随着向中心体

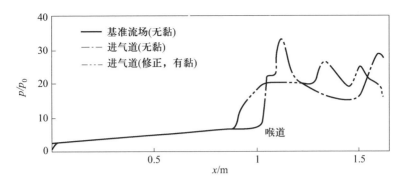

图 7-46　进气道压缩面中心线压力分布对比[40]

靠近,各流线上马赫数分布较好地保持了反正切规律,但是其梯度逐渐增大,这是由于轴对称流场的汇聚效应导致的。

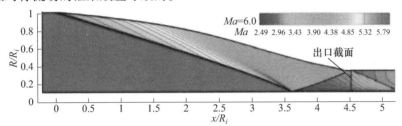

图 7-47　反正切马赫数分布基准流场马赫数云图[30]

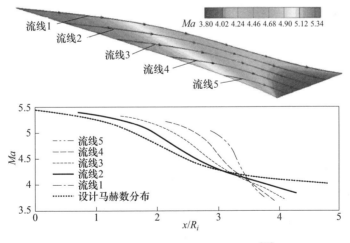

图 7-48　基准流场不同流线马赫数[30]

　　基于给定的进气道入口捕获型线,将捕获线向三维入射激波面上进行投影,通过流线追踪三维激波面与入口捕获型线交线上的流体质点,生成进气道无黏型面,再经过黏性边界层修正后生成进气道型面,如图 7 - 49 所示,无黏数值模拟表明该进气道型面较好地继承了基准流场的特征,在设计马赫数 $Ma = 6.0$ 下,喉道位置总压恢复系数达到 0.82,喉道以前压缩面一侧中心线上马赫数分布规律符合设计要求。黏性数值模拟结果如图 7 - 50 所示,由于进气道内部的激波与边界层相互作用,内部存在较为明显的横向流动区域和流向涡结构,导致进气道压缩性能较大幅度地下降,设计状态下进气道喉道位置总压恢复系数由无黏情况下的 0.82 降低到 0.47。

图 7 - 49 进气道流场追踪示意图及进气道型面[30]

图 7 - 50 进气道数值模拟流场结构[30]

3. 内转式进气道压缩波系控制设计方法

常规的内转式进气道轴对称基准流场是典型的两波三区域的流场结构,如截短的 Busemann 基准流场、内乘波基准流场、截短的倒置等熵锥基准流场和压升规律可控基准流场等,其压缩过程通过前缘弯曲激波入射中心体并反射实现,中心体一般采用等直设计。为了满足压缩量的需求,两波三区基准流场的前缘激波强度较大,而前缘激波在等直中心体上反射形成的反射激波强度也比较大,容易与壁面边界层发生干扰,导致流动分离等结构,使得进气道性能降低。为了控制内转式进气道内部压缩波系的强度,受到二元进气道多波系配置思想的启发,可以将基准流场的单道入射激波压缩改变为多道入射激波设计,同时改变中心体的形状,使得中心体上形成的反射激波变弱。

为了减弱前缘激波和反射激波的强度,李永洲[30]设计了一种新型的"四波四区"基准流场,该基准流场马赫数云图如图 7 - 51 所示,设计过程中主要通过减小基准流场前半段压缩面后部的马赫数梯度,使得前部的压缩波仍然与前缘激波相交形成弯曲激波,但是之后的压缩面更加平缓,此段发出的等熵压缩波不再与前缘弯曲激波相交叠加,而是形成反射压缩波束,从而减弱了靠近中心体的前缘激波强度以及反射激波强度。新型"四波四区"基准流场压缩效率明显提高,设计点时其增压比增加 9.8%,总压恢复系数提高了 8.6%,接力点的流量系数提高了 2.7%。

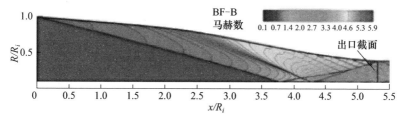

图 7-51　"四波四区"基准流场马赫数云图[30]

　　中国空气动力研究与发展中心的卫锋等[41]提出了一种内转式进气道双激波基准流场的设计方法,该方法一个突出的亮点在于通过变中心体设计减弱反射激波强度,并且通过合理的设计实现进气道隔离段内的消波。流场构型结构示意图如图 7-52 所示,前缘入射激波及 A 区流场由壁面型线 ab 确定,可以通过直接指定 ab 段型线或者指定 ab 段型线上的参数分布进行反设计,B 区流场由 A 区流场和 bc 段壁面型线确定,反射激波 dc 由 B 区流场和中心体 de 段形状决定,中心体 de 段发出的膨胀波系可以减弱反射激波的强度。图 7-53 所示为该基准流场的压力云图,通过流线追踪方法设计出糖勺形进气道,进气道流场的无黏模拟结果如图7-54所示,在无黏情况下,实现了隔离段内消波设计,喉道总压恢复系数达到0.88。

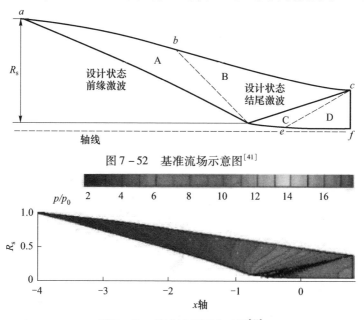

图 7-52　基准流场示意图[41]

图 7-53　基准流场压力云图[41]

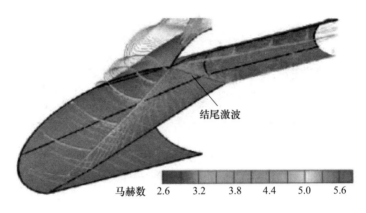

马赫数　2.6　　3.2　　3.8　　4.4　　5.0　　5.6

图 7 - 54　进气道无黏流场[41]

7.3　内外流耦合设计的典型案例——流线追踪方法

7.3.1　高超声速飞行器前体 – 进气道一体化设计概述

20 世纪 60 年代以来的大量研究[42]充分说明,在高超声速情况下,推进系统与机体流场存在强耦合作用,因此推进系统与机体的一体化设计是实现高超声速飞行的关键,而前体与进气道的一体化设计问题首当其冲。从设计的角度考虑,总体设计中对两种部件的设计要求存在差异[43]:对前体要求高升阻比和良好的前缘气动热防护性能;而对进气道的要求则是用最小的气流能量损失对来流进行压缩,为发动机燃烧室提供满足点火燃烧需求的气流。由于两者要求的不同,很长的一段时间里,人们大多着眼于将一体化作为两个高性能部件的组合。但对于高超声速飞行器而言,Lewis[44]指出,虽然根据乘波理论可以轻易地设计出升阻比为 7 ~ 8 的飞行器,但匹配上发动机后的高超声速飞行器升阻比最大也只有 3.8,制约总体性能的关键在于缺乏高效的一体化设计方法。

由于近似二维压缩的乘波前体可以提供均匀的流场,流场结构简单、安装性能良好以及容易实现一体化,因此高超验证飞行器[45,46]通常使用这种气动外形,如图 7 - 55 所示的 X – 43A 验证飞行器。与之相比,REST 进气道可以很容易与此类前体进行一体化匹配,并且可以通过几何型面渐变过渡到圆形/椭圆形燃烧室。美国高级研究计划局(DARPA)和美国空军实施的 FALCON 计划中的飞行器也是一种乘波前体与内转式进气道的一体化设计方案[47,48],如图 7 - 56 所示。公开资料显示,该飞行器前体使用了吻切锥乘波体,进气道为非对称的复杂进口转圆内转式进气道。这两种两侧进气布局的优势在于前体与进气道可以分别独立乘波,降低了两者的相互影响。

图 7 – 55 X – 43 系列高超验证飞行器[46]   图 7 – 56 FALCON 飞行器[47]

近来国内在内转式进气道与前体一体化设计方面也开展了不少工作。董昊[49]将"咽"式进气道直接作为飞行器前体进行一体化设计,得到的 HAHC – 2 飞行器如图 7 – 57 所示,其在满足设计要求的同时,其他工作状态下均具有良好的升阻力特性。中国空气动力发展与研究中心的贺旭照等[50]提出了一种乘波前体与进气道一体化设计方法,结合吻切轴对称理论和流线追踪技术,在内锥形基准流场基础上设计了一体化构型,如图 7 – 58 所示。该构型具有较高的流量捕获率和总压恢复特征。周淼等[51]在 ICFC 基准流场参数化研究的基础上完成了与飞行器柱状前体匹配的类半圆形进气的内乘波进气道设计。南向军等[52]初步研究了一种腹部进气的三维乘波前体与矩形转圆内转式进气道一体化构型,如图 7 – 59 所示。乘波前体下表面凸出部分进行了适当切除,同时在对称面沿展向加上了较窄的斜楔以实现与内转式进气道配合。设计点时乘波性能良好,但前体产生的三维流场导致进气道流场结构不对称。为了在一体化设计状态下充分发挥三维内乘波进气道和乘波前体的性能优势,尤延铖[53]提出了飞行器前体 – 进气道双乘波一体化设计概念,如图 7 – 60 所示,该构型既保证了进气道乘波在所需的内收缩激波上,又实现了下表面在外流中的乘波,两者的过渡采用平面激波。

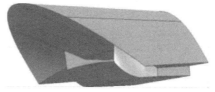

图 7 – 57 HAHC – 2 飞行器外形[49]   图 7 – 58 一体化乘波前体与进气道构型[50]

7.3.2 密切曲面内锥乘波前体进气道设计

贺旭照[50]基于密切轴对称理论和流线追踪理论设计了一种密切内锥乘波前

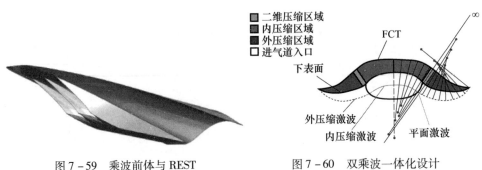

图 7 - 59　乘波前体与 REST　　　　图 7 - 60　双乘波一体化设计
进气道一体化构型[52]　　　　　　概念示意图[53]

体进气道一体化构型,该内锥基准流场通过特征线方法设计,流场结构示意图如图
7 - 61 所示。该基准内锥流场包括几个部分:①直线激波压缩区域 $E'HB$,该区域
是由部分 ICFA(Internal Conical Flow A)流场型面产生,用于生成具有直线激波形
状的内锥乘波体;②外压缩区域 HIB, HI 段由与 $E'H$ 型面相切的 3 次曲线构成,通
过调整 HI 型线来调整内外压缩比;③激波反射区域 IBJ,该区域由入射激波在一
定半径的内锥中心体反射后产生,反射激波 BI 与 HI 型线相交于 I 点;④消波控制
区域 $IJFG$,此区域通过在 IF 型线上给定锥面型线及对应马赫数分布,基于流量匹
配消波设计原理,获得消除壁面激波反射的中心体型线 JG。图 7 - 62 所示为采用
上述方法得到的一个基准内锥流场马赫数等值线图,设计来流马赫数为 6.0,初始
激波角为 17°,内锥中心体半径 $R_c = 0.55R_s$(R_s 为内锥前缘半径),给定的基准内
锥出口马赫数为 3.8。

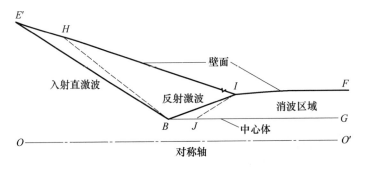

图 7 - 61　基准内锥流场结构[50]

在前体 - 进气道唇口截面上,设计原理如图 7 - 63 所示。首先定义下凹的前体进
气道唇口激波型线 ICC,ICC 曲线采用式(7 - 50)定义的超椭圆型线,L 为确定 ICC 曲线
宽度和高度的方法因子,在本例中选择 $\phi = 3$、$n = 2$、$\theta = 0.8$,ICC 曲线宽度为 300mm。

$$x = L\phi(\cos\theta)^{2/n} \quad y = L(\sin\theta)^{2/n} \quad\quad (7 - 50)$$

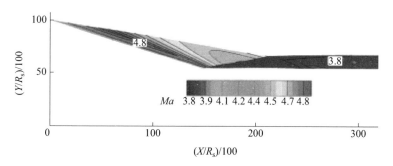

图 7 - 62　内锥流场马赫数等值线图[50]

前体 - 进气道前缘曲线 FCT 采用平直段加二次曲线构成,二次曲线和平直段光滑衔接。

沿着 ICC 曲线,确定 ICC 曲线的曲率中心。例如,在 ICC 曲线上的 B 点处,定出对应的曲率中心 A。ICC 曲线上的某点(B 点)和自身的曲率中心(A 点)就形成了密切面,在密切面内,A 点对应基准内锥的对称轴,B 点对应初始激波与中心体的交汇点,D 点对应前体进气道前缘 FCT 曲线与初始激波的水平交汇点。

在密切面 AB 内,一体化乘波前体进气道的上表面和进气道下压缩面通过以下方法获得。如图 7 - 64 密切面 AB 内流线追踪方法所示,在 AB 密切面上,找到对应的乘波前体前缘点 D,D 点与直线初始激波 EB 水平相交,沿着交点向后在基准内锥流场内进行流线追踪,就获得了一体化乘波前体进气道的上压缩面;唇口之后的进气道下压缩面由对应的中心体型线获得(在无黏设计中中心体型线实际上也是一条无黏流线)。在实际设计中,仅选择 ICC 曲线的一

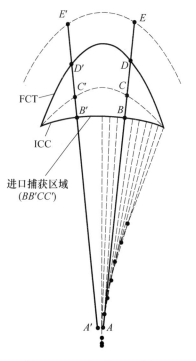

图 7 - 63　唇口截面上密切方法示意图[50]

部分(BB' 段)作为进气道捕获段,对应的进气道唇口捕获面为 $BB'CC'$。进气道的侧面由对应的密切面构成,在图 7 - 65 所示的密切曲面内锥乘波前体进气道三维视图中的投影即为 BC 和 $B'C'$。图 7 - 65 所示为采用上述方法所得到的一体化密切内锥乘波前体进气道(OICWI)。一体化乘波前体进气道宽 0.3m,乘波前体长 0.33m,总长 0.68m,流道捕获宽度 0.14m。进气道在 0° 迎角时的总收缩比为 4.47,进气道内收缩比为 1.85。

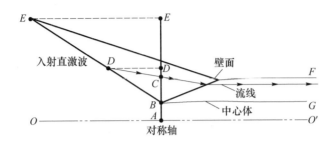

图 7 – 64　密切面 AB 内流线追踪方法[50]

图 7 – 65　密切曲面内锥乘波前体进气道三维视图

　　图 7 – 66(a)所示为前体 – 进气道对称面上的无黏马赫数和压力等值线云图,从图中可看出,流场结构和基准内锥流场具有很好的一致性,前体入射激波相交于进气道唇口,唇口的反射激波符合消波设计,未见在隔离段内产生激波反射。图 7 – 66(b)所示为前体 – 进气道对称面上的黏性数值模拟马赫数和压力等值线云图,从图中可看出,由于黏性的存在,进气道在内通道出现了一定强度的反射激波。图 7 – 67 所示为黏性和无黏模拟结果在前体 – 进气道唇口截面上的马赫数云图,从图中可看出,进气道唇口与无黏计算的前体激波完全贴合,表明在理论设计状态此类前体进气道可以完全捕获前体压缩空气;在黏性状态下,由于黏性边界层的排挤作用,进气道唇口包含在前体产生的激波面内,从流量系数上看,设计状态下无黏流量系数为 1,黏性情况下流量系数为 0.967。表 7 – 1 所列为设计工况下前体 –

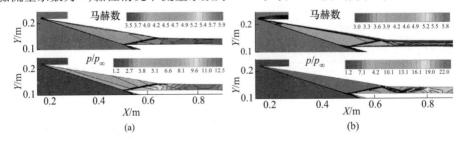

图 7 – 66　前体 – 进气道构型数值模拟马赫数和压力云图[50]

(a)无黏计算结果;(b)黏性计算结果。

进气道一体化模型进气道出口马赫数、总压恢复、压升系数、流量捕获等的理论设计值与无黏模拟和黏性模拟结果的参数对比。可以看出,无黏计算结果和理论设计结果符合较好,基本满足设计要求,但黏性情况下,总压恢复从设计值 0.756 降低到 0.484,说明黏性干扰对于前体进气道一体化飞行器性能具有较大的影响。

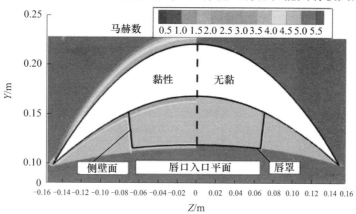

图 7-67　进气道唇口截面黏性和无黏马赫数等值线比较[50]

表 7-1　前体-进气道构型设计条件理论、无黏、黏性计算结果对比

条件	质量平均马赫数	总压恢复系数	压升系数	流量捕获率
理论结果	3.80	0.756	10.26	1.0
无黏结果	3.80	0.744	10.30	1.0
黏性结果	3.13	0.484	14.28	0.967

7.3.3　前体-内转式进气道双乘波一体化设计

流线追踪技术是一种巧妙的三维超声速气动外形设计方法,其设计关键在于选取合适的基准流场,可以是外锥流场,也可以是内压缩流场。将流线追踪方法直接应用于外锥基准流场中,对应于乘波体设计中的生成体理论,而将其应用到内压缩基准流场中,则是目前内转式进气道构型设计中最为常用的流线追踪内转式进气道设计方法。吻切锥理论可以直接给定乘波体横截面上的激波形状,相比于生成体设计方法,具有更大的设计自由度。吻切锥方法最早应用于乘波体外形的设计,其原理示意图如图 7-68(a) 所示。尤延铖[55] 等将吻切锥理论应用于内压缩流场设计,提出了内乘波进气道的概念,其示意图如图 7-68(b) 所示,相比于内转式进气道设计中常用的基于几何融合的截面渐变技术,内乘波进气道更加符合气体动力学理论。为了在一体化环境下充分发挥三维内乘波进气道和外乘波前体的性能优势,尤延铖[53] 提出飞行器前体-进气道双乘波一体化设计概念(图 7-69),这种设计既可

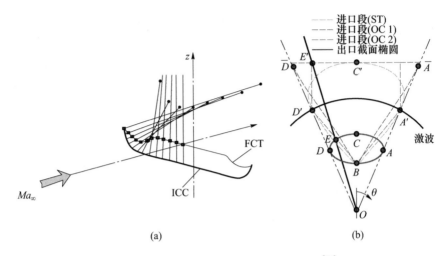

(a)　　　　　　　　　　　　　(b)

图7-68　双乘波一体化设计概念示意图[55]

(a)吻切锥乘波体设计示意图；(b)内乘波进气道示意图。

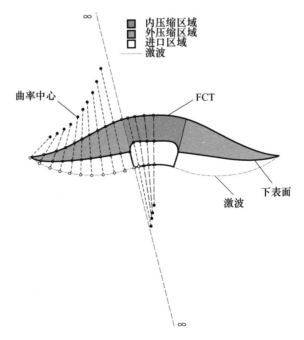

图7-69　双乘波一体化设计概念示意图[53]

以保证进气道内乘波在所需的内收缩激波上，又实现前体下表面在外流中同样也能乘波。吻切锥理论的应用范围并不局限于外压缩波或者内压缩波，但如何实现其光滑过渡是实现双乘波一体化设计的关键，可以利用平面激波具有无穷大的曲率半径的性质,使内外压缩激波在与平面激波衔接处逐渐过渡到平缓的大曲率半径。

在构造出三段激波型线后,双乘波一体化飞行器的设计过程与一般乘波体的做法是相似的,其三维视图如图 7 - 70 所示。大致的流程可以分为 3 步:①给定截面内内压缩激波、平面激波和外压缩激波组合形式,保持 3 种激波的激波角一致,在截面内激波曲率半径连续变化;②给出捕获流管(FCT)形状用于确定飞行器上表面,FCT 的形状决定了飞行器上表面,是影响飞行器容积率的主要因素之一;③给定进口捕获曲线(ICC),进口捕获型线决定了进气道的反射激波和进气道外压缩波系的末端曲线;④通过流线追踪生成包括进气道和前体双乘波体下表面;⑤拉伸进气道出口截面曲线,生成进气道隔离段。

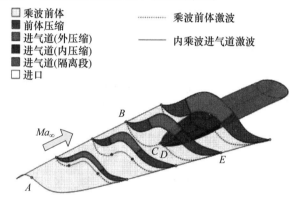

图 7 - 70　双乘波一体化设计三维视图[50]

在双乘波一体化构型的设计过程中,还需要克服的难题之一是如何保证外压缩激波、平面激波和内压缩激波的强度匹配。对于外压缩激波,很容易保证激波的平直性,但内压缩流道中的激波受到流动汇聚效应的影响,激波往往会发生弯曲。尤延铖[55]通过结合 Molder 提出的 ICFA 流场和截断的 Busemann 流场设计出满足前缘激波平直性的流场,即 ICFC 流场,其示意图如图 7 - 71 所示。对该流场进行了无黏数值模拟,数值模拟马赫数云图和压力云图如图 7 - 72 所示,该流场入口马赫数为 6.0,出口马赫数为 3.0,通过数值模拟发现,ICFC 流场可以提供满足要求

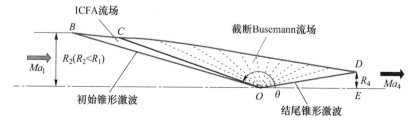

图 7 - 71　ICFC 基准流场[55]

的平直激波,同时,由于 ICFA 流场气流偏转角大于截断的 Busemann 流场气流偏转角,这种差异通过产生膨胀波可实现匹配过程,ICFC 流场具有较好的出口均匀性。通过上述过程设计的双乘波前体 - 进气道一体化构型如图 7 - 73 所示。李怡庆等[56]进一步将该方法应用于双通道的双乘波一体化构型设计中,得到的构型如图 7 - 74 所示,数值模拟显示该构型具有较好的乘波一体化特性,如图 7 - 75 所示。

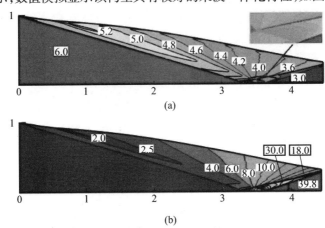

(a)

(b)

图 7 - 72　ICFC 基准流场无黏数值模拟[55]

(a)马赫数分布;(b)压力分布。

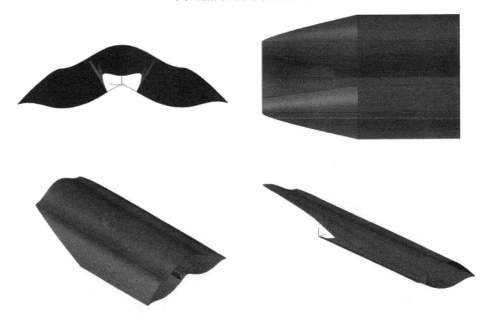

图 7 - 73　双乘波一体化构型[55]

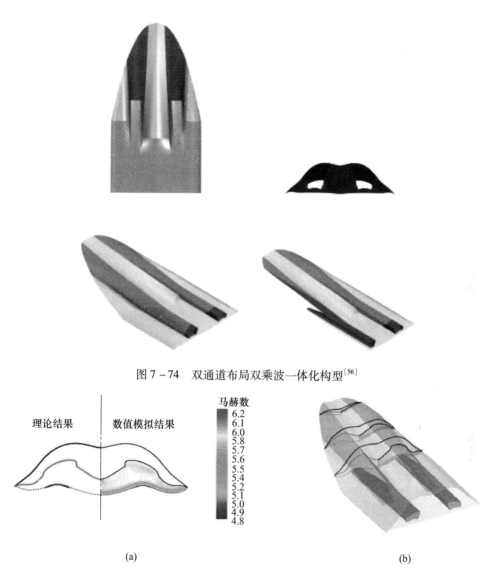

图 7 – 74　双通道布局双乘波一体化构型[56]

图 7 – 75　双通道双乘波一体化构型数值模拟[56]

7.3.4　锥导乘波前体 – 内转式进气道一体化设计

李永洲等[57]提出了一种曲面外锥锥导乘波体与内转式进气道的一体化设计方法,该曲面压缩外锥流场是在给定锥面马赫数分布规律的条件下,使用有旋特征线法反设计得到的,图 7 – 76 给出了具代表性的流场示意图。其基准流场与常规的圆锥基准流场相比,采用了更大比例的等熵压缩,具有更高的压缩效率。给定设计来流马赫数为6.0、前缘锥角为4°,选取激波面末端半径为0.25m的曲面外锥构型作为基准流场。基于这一基准流场,再给定前缘捕获型线,该型线为椭圆的一部分,椭圆长短半径之比为1.5,短半径为200mm。从前缘型线开始向下游流线追踪,生成流面构成乘波体下表面;上表面采用与来流方向呈4°的流面生成,最终得到的乘波体构型如图7-77所示,前体长度为850mm,无黏数值模拟显示该进气道在设计状态下具有较好的乘波特性,见图7-78。

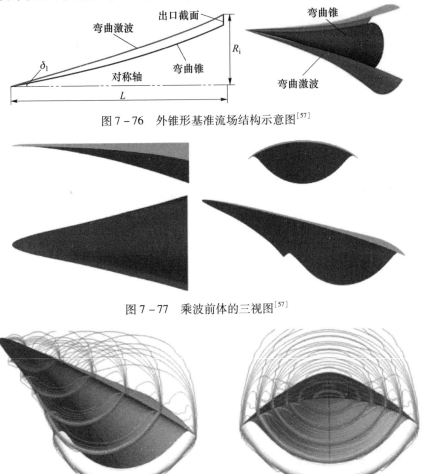

图7-76 外锥形基准流场结构示意图[57]

图7-77 乘波前体的三视图[57]

图7-78 无黏时前体沿程横截面的马赫数分布[57]

在得到乘波前体外形后,通过特征线法反设计壁面反正切马赫数分布的轴对称内收缩基准流场,中心体为"下凹圆弧"以弥散反射激波,中心体半径与进口半径之比为0.2。按照图7-79(a)所示的进口形状(捕获曲线下部位呈上凸圆弧)

设计出内转式进气道无黏型面,如图 7 – 79(b)所示,其总收缩比为 8.7,内收缩比为 2.21,等直隔离段长度为喉道直径的 7 倍。

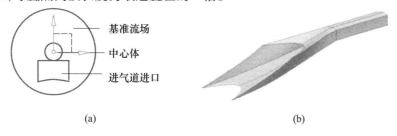

(a)　　　　　　　　　　　　　　　　(b)

图 7 – 79　进气道进口截面及无黏气动构型[57]

(a)进口截面形状;(b)无黏构型。

在乘波前体和类矩形进口内收缩进气道的基础上,给出了一种前体 – 进气道一体化并联设计方案,见图 7 – 80,将乘波前体沿对称面剖开,然后"贴"在内收缩进气道的两侧实现一体化,二者组合方式为进气道顶板的两侧前缘点与前体对称面和下表面交线的起始点重合,进气道外型面与前体下表面通过平面连接,上表面可以使用自由流面或者其他曲面。这种方案的特点是将乘波前体的优势和内收缩进气道的高性能结合起来,且容积率较高,削弱了进气道激波与前体激波的不利干扰,来流直接进入进气道,减少了前体边界层的影响。另外,进气道压缩线可以与前体的前缘线统一考虑,而且中间的进气道可以采用多模块。

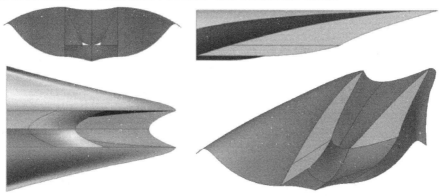

图 7 – 80　双乘波的前体 – 进气道一体化并联方案[57]

通过数值模拟,对比无黏和黏性情况下该前体 – 进气道一体化模型的流场特性,如图 7 – 81(a)所示。无黏情况下,前体的前缘激波紧贴前体前缘线,外乘波特性良好,提高了飞行器的升阻比,同时进气道的前缘激波也紧贴进气道的前缘线,实现了内乘波,流量全捕获。前体的前缘激波未超越连接侧板,前体与进气道流场具有较好的独立性,二者都保持了各自基准流场的特点,激波形状和马赫数等值线均为圆弧,只是二者凹凸性相反。从图7-81(b)可以看出,虽然黏性对前体和进气道的乘波特性有一定影响,但是二者仍保持了良好的乘波特性,进气道的前缘激波仅在唇口附近与前缘存在很小的距离,乘波前体下表面的激波与其前缘距离也很小。前体的前缘激波与进气道的前缘激波被连接侧板有效隔开,内外流动基本独立,只是在二者连接处的侧板上边界层发展较厚,对此处的前体激波产生了一定影响。

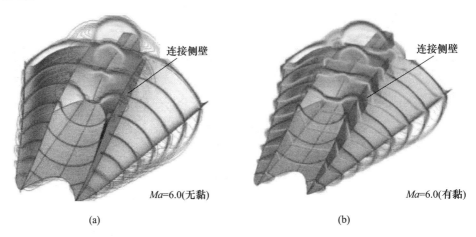

图7-81　前体-进气道构型流场马赫数分布[57]
(a)无黏计算结果;(b)黏性计算结果。

7.4　本章小结

在高超声速流动中,由于经历激波所产生的强不可逆热力过程并伴随着流动参数的剧烈变化,因此绝大部分情况下人们多致力于如何抑制激波所产生的流动损失以及诸多的不利影响。而本章相当多的内容则从另一角度,重点围绕如何利用激波来产生有利干扰,为飞行器设计所用进行了讨论。本章首先对乘波体外形的基本特征和概念进行了介绍,进而围绕乘波体设计的生成体方法和吻切设计理论加以描述,接着对近年来的国内外在乘波体研究方面所取得的成果也给予一定的阐述。另外,激波干扰问题在机体-推进一体化研究中更是起着举足轻重的作用。针对当前国内外研究较多的乘波前体与三维内转式进气道的一体化设计问题,本章着重围绕几种典型的内外流前体-进气道一体化设计方法进行了介绍。当然,出于本书以激波为主题的特点考虑,相关描述主要还是突出其设计思想中对激波的运用方面。

参考文献

[1] 尤延铖,梁德旺,郭荣伟,等. 高超声速三维内收缩式进气道/乘波前体一体化设计研究评述[J]. 力学进展,2009 (5)：513 – 525.

[2] Anderson Jr J D. Hypersonic and high temperature gas dynamics[R]. Reston：AIAA,2000.

[3] 蔡国飙,徐大军. 高超声速飞行器技术[M]. 北京：科学出版社,2012.

[4] Nonweiler T R F. Aerodynamic problems of manned space vehicles[J]. The Aeronautical Journal,1959,63 (585)：521 – 528.

[5] 徐勇勤. 高超声速飞行器总体概念研究[D]. 西安：西北工业大学,2005.

[6] 彭钧. 高超声速巡航飞行器乘波布局设计研究[D]. 南京：南京航空航天大学,2007.

[7] 吉康. 基于密切锥方法的高超声速乘波机一体化设计[D]. 南京：南京航空航天大学,2007.

[8] 李永洲,孙迪,张堃元. 前后缘型线同时可控的乘波体设计[J]. 航空学报,2017(1)：76 – 85.

[9] Sobieczky H,Dougherty F C. Hypersonic waverider design from given shock waves[D]. Maryland：University of Maryland,1990.

[10] Sobieczky H,Zores B,Wang Z,et al. High speed flow design using the theory of osculating cones and axisymmetric flows[J]. Chinese Journal of Aeronautics,1999,12(1)：3 – 10.

[11] Rodi E. The osculating flowfield method of waverider geometry generation[R]. AIAA Paper 2005 – 511,2005.

[12] 王庆文. 基于密切锥方法的高超声速乘波机一体化设计[D]. 长沙：国防科技大学,2015.

[13] 贺旭照,倪鸿礼. 密切曲面锥乘波体——设计方法与性能分析[J]. 力学学报,2011,43(6)：1077 – 82.

[14] 张堃元. 基于弯曲激波压缩系统的高超声速进气道反设计研究进展[J]. 航空学报,2015,36(1)：274 – 288.

[15] 潘瑾. 超声/高超声速非均匀来流下曲面压缩系统研究[D].南京：南京航空航天大学,2011.

[16] 范晓樯. 高超声速进气道的设计,计算与实验研究[D]. 长沙：国防科技大学,2006.

[17] 黎明,宋文艳,贺伟. 高超声速二维混压式前体/进气道设计方法研究[J]. 航空动力学报,2004,19 (4)：459 – 465.

[18] Yanta W J,Collier A S,Spring III W C,et al. Experimental measurements of the flow in a scramjet inlet at Mach 4[J]. Journal of Propulsion and Power,1990,6(6)：784 – 790.

[19] Shukla V,Gelsey A,Schwabacher M,et al. Automated design optimization for the P2 and P8 hypersonic inlets [J]. Journal of Aircraft,1997,34(2)：228 – 235.

[20] 余安远,乐嘉陵. 一种高超声速轴对称导弹用进气道的前体 – 喉道的设计与数值模拟[C]//2005 冲压发动机技术交流会论文集,北京,2005.

[21] 王磊. 高超声速二元弯曲激波压缩流场的分析、优化与应用[D]. 南京：南京航空航天大学,2016.

[22] Dalle D J,Fotia M L,Driscoll J F. Reduced – order modeling of two – dimensional supersonic flows with applications to scramjet inlets[J]. Journal of propulsion and power,2010,26(3)：545 – 555.

[23] Dalle D,Torrez S M,Driscoll J F. Rapid analysis of scramjet and linear plug nozzles[J]. Journal of Propulsion and Power,2012,28(3)：545 – 555.

[24] Zucrow M J,Hoffman J D. Gas dynamics[J]. New York：Wiley,1976.

[25] Billig F S,Kothari A P. Streamline tracing：technique for designing hypersonic vehicles[J]. Journal of Propul-

sion and Power,2000,16(3): 465 −471.

[26] Billig F S. CRAM—A supersonic combustion ramjet missile[C]//29th Joint Propulsion Conference and Exhibit, 1993: 2329.

[27] Boyce R,Gerard S,Paull A. The HyShot scramjet flight experiment − flight data and CFD calculations compared[C]. 12th AIAA International Space Planes and Hypersonic Systems and Technologies, Virginia, 2003: 7029.

[28] Karl S,Hannemann K,Steelant J,et al. CFD analysis of the HyShot supersonic combustion flight experiment configuration[C]. 14th AIAA/AHI Space Planes and Hypersonic Systems and Technologies Conference,Canberra,2006:8041.

[29] Walker S, Rodgers F. The hypersonic collaborative australia/united states experiment (HyCAUSE) [R]. AIAA Paper 2005 − 3254,2005.

[30] 李永洲. 马赫数分布可控的高超声速内收缩进气道及其一体化设计研究[D].南京:南京航空航天大学,2014.

[31] Mölder S. Internal,axisymmetric,conical flow[J]. AIAA Journal,1967,5(7): 1252 −1255.

[32] Billig F S. SCRAM − a supersonic combustion ramjet missile [R]. AIAA Paper 1993 −2329,1993.

[33] 孙波,张堃元. Busemann 进气道风洞实验及数值研究[J]. 推进技术,2006,27(1):58 −60.

[34] Malo − Molina F,Gaitonde D,Kutschenreuter P. Numerical investigation of an innovative inward turning inlet [C]. 17th AIAA Computational Fluid Dynamics Conference,2005: 4871.

[35] Smart M K. Design of three − dimensional hypersonic inlets with rectangular − to − elliptical shape transition [J]. AIAA Journal of Power and Propulsion,1999,15(3):408 −416.

[36] 尤延铖,梁德旺,黄国平. 一种新型内乘波式进气道初步研究[J]. 推进技术,2006,27(3): 252 −256.

[37] 郭军亮,黄国平,尤延铖,等. 改善内乘波式进气道出口均匀性的内收缩基本流场研究[J]. 宇航学报, 2009 (5): 1934 −1940.

[38] 岳连捷,肖雅彬,陈立红,等. 高超声速流线追踪进气道基准流场设计[C].第二届高超声速科技学术会议,黄山,2009.

[39] 贺旭照,乐嘉陵,宋文燕,等. 基于轴对称喷管的三维内收缩进气道的设计与初步评估[J]. 推进技术, 2010 (2): 147 −152.

[40] 南向军,张堃元,金志光,等. 压升规律可控的高超声速内收缩进气道设计[J]. 航空动力学报,2011, 26(3): 518 −523.

[41] 卫锋,贺旭照,贺元元,等. 三维内转式进气道双激波基准流场的设计方法[J]. 推进技术,2015,36 (3): 358 −364.

[42] Heiser W H,Pratt D T. Hypersonic airbreathing propulsion[M]. New York,AIAA,1994.

[43] 尤延铖,梁德旺,郭荣伟,等. 高超声速三维内收缩式进气道/乘波前体一体化设计研究评述[J]. 力学进展,2009 (5): 513 −525.

[44] Lewis M. A hypersonic propulsion airframe integration overview[C]. 39th AIAA/ASME/SAE/ASEE Joint Propulsion Conference and Exhibit,Alabama,2003:4405.

[45] McClinton C R,Rausch D R,Sitz J,et al. Hyper − X program status [R]. AIAA Paper 2001 −0802,2001.

[46] Paul L M. X −43C plans and status[R]. AIAA Paper 2003 −0784,2003.

[47] Walker S,Rodgers F. Falcon Hypersonic Technology Overview [R]. AIAA Paper 2005 −3253,2005.

[48] Walker S,Sherk J,Shell D,et al. The DARPA/AF falcon program:the hypersonic technology vehicle#2(HTV

－2）flight demonstration phase［R］. AIAA Paper 2008 － 2539,2008.

［49］董昊. 高超声速咽式进气道流场特性和设计方法研究［D］. 南京：南京航空航天大学,2010.

［50］贺旭照,周正,毛鹏飞,等. 密切曲面内锥乘波前体进气道设计和试验研究［J］. 实验流体力学,2014,28(3)：39 － 44.

［51］周淼,黄国平,朱呈祥,等. 弹用内乘波式进气道起动性能研究［J］. 航空学报,2012,05：818 － 827.

［52］南向军. 压升规律可控的高超声速内收缩进气道设计方法研究［D］. 南京：南京航空航天大学,2012.

［53］You Y,Zhu C,Guo J. Dual Waverider Concept for the Integration of Hypersonic Inward － Turning Inlet and Airframe Forebody［R］. AIAA Paper 2009 － 7421,2009.

［54］You Y,Zhu C,Guo J. Dual waverider concept for the integration of hypersonic inward － turning inlet and airframe forebody［C］. 16th AIAA/DLR/DGLR International Space Planes and Hypersonic Systems and Technologies Conference,Bremen,2009：7421.

［55］尤延铖,梁德旺. 基于内乘波概念的三维变截面高超声速进气道［J］. 中国科学：E 辑,2009 (8)：1483 － 1494.

［56］Li Y,An P,Pan C,et al. Integration methodology for waverider － derived hypersonic inlet and vehicle forebody［C］. 19th AIAA International! Space Planes and Hypersonic Systems and Technologies Conference,Atlanta,2014：3229.

［57］李永洲,张堃元. 基于马赫数分布可控曲面外/内锥形基准流场的前体/进气道一体化设计［J］. 航空学报,2015,36(1)：289 － 301.

第**8**章 超燃冲压发动机中的激波干扰问题

　　超燃冲压发动机技术是吸气式高超声速飞行器的核心技术。超燃冲压发动机一般由进气道、隔离段、燃烧室和尾喷管4个串行气动部件构成(图8-1(a))。进气道位于流道的最上游,其功能是将来流以尽可能小的损失引入发动机,并对来流进行减速增压;隔离段位于进气道和燃烧室之间,用于隔离燃烧室压力脉动对进气道的影响,并可承纳燃烧室高反压导致的预燃波系;燃烧室用于实现燃料化学能向流体内能的高效转变,室内发生复杂的燃料注入、混合和点火燃烧过程;燃烧后的高温高压气流通过尾喷管膨胀排出,产生推力。在超燃冲压发动机的整个工作循环中,气流相对机体始终维持超声速,因此,激波及激波干扰现象是上述各部流动中的普遍乃至特征性的存在,尤其是在以压缩为特征的进气道、以添质添热为特征的燃烧室以及两者之间的隔离段中。认识和掌握这些激波干扰现象,包括对它们的设计和利用,是实现超燃冲压发动机高效工作的关键之一。

　　进气道是实现超燃冲压发动机热力循环的第一环节,其工作特性将直接影响推进系统整体性能(图8-1(b))。进气道流动中含有丰富的激波干扰和激波-边界层干扰现象。这些现象对于进气道的起动特性和工作性能指标通常具有支配性的影响。紧接进气道的隔离段具有相对简单的构型,但来自上游的扰动波以及它们与当地边界和边界层的相互作用将诱发更为复杂的、以激波串为典型特征的隔离段流动。在进气道-隔离段一体化流动中,当隔离段激波串前缘越过进气道喉道位置,进气道极易进入不起动端振流态,导致进气道性能急剧下降和壁面压力脉动载荷急剧增大,继而使得发动机的推力特性严重恶化。认识这些流动的机理,并在此基础上提出可行的流动控制方法,以拓宽进气道工作范围,是进气道-隔离段研究的主要内容之一。

　　如何在极短的气流驻留时间内实现燃料化学能的充分释放,则是超燃冲压发动机燃烧室研究所关心的主要问题。为此,工程上发展出各种促混、促燃和稳焰措施。这些措施(包括燃料的注入、混合和燃烧本身)通常伴随激波的产生以及激波干扰的发生,同时引起气流的动量损失。研究激波和激波干扰在燃烧室流动中的参与,以及它们对于燃料混合、点火及燃烧组织的作用,是燃烧室流动研究的一个重要方面。

　　本章旨在让读者对超燃冲压发动机流动中的激波干扰现象有宏观的了解。内容如下:首先介绍几种典型高超声速进气道及其隔离段中以激波干扰为特征的一般流动现象,然后介绍进气道的起动问题及流动控制方法,最后简要概述燃烧室流动中激波参与的燃料注入混合和燃烧点火的问题。

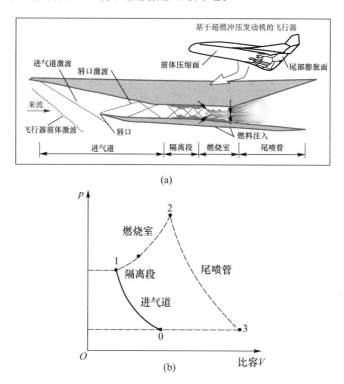

图 8 - 1　超燃冲压发动机及其热力循环示意图

8.1　高超声速进气道－隔离段典型流动特征

　　不同类型的进气道压缩形式,其波系配置的差异与型面几何特征不同,造成其激波干扰和激波－边界层干扰的流场特征存在显著差异。本节选取二元进气道、三维侧压式进气道和三维内转式进气道作为典型代表,对高超声速进气道－隔离段流动特征进行介绍,着重于突出其与第 5 章和第 6 章所讲述的基本构型激波干扰和激波－边界层干扰问题的区别与联系。

8.1.1 二元进气道流动特征

二元进气道是一种具有矩形截面的进气道,由于其流道的展向尺度近似恒定,其流场具有一定的二维特征。但在实际流动中,激波与侧壁发展的边界层发生相互干扰,会导致明显的三维流动。本小节介绍二元进气道流动中几种典型的激波-激波干扰和激波-边界层干扰问题,主要包括膨胀波干扰下的唇口激波与壁面边界层干扰、唇口激波与侧壁边界层和压缩面边界层干扰的耦合以及超额定工况下前体激波的反射问题。

8.1.1.1 肩部膨胀波作用下唇口激波与边界层干扰

二元进气道内部压缩波系与壁面发展的黏性边界层相互作用,可能会诱导出分离区等复杂流场结构,使得进气道性能下降[1]。目前的进气道设计方法大多基于无黏波系理论,在得到进气道无黏型面后,通过边界层理论计算边界层厚度,并通过激波-边界层干扰诱导分离的经验公式预测进气道内部分离情况[2]。由于现有预测激波-边界层干扰分离的经验公式是根据压缩拐角和斜激波入射平板边界层等简单干扰形式的试验数据得到的,其对于相对复杂的进气道构型的预测结果可能存在较大的偏差。

对于二元进气道,唇口激波与压缩面边界层的干扰是一种具有代表性的流动现象。如图8-2所示,由于进气道肩部膨胀扇的存在,该问题与经典的斜激波入射湍流边界层问题存在较大差别,且当唇口激波入射在进气道肩部不同位置时,激波干扰的流动特征也存在显著的差异。这一问题的复杂性在于两个方面:①前体上的湍流边界层在经过膨胀拐角导致的顺压梯度作用,其湍流度降低,边界层性质发生改变;②当唇口激波横穿肩部膨胀扇,其抵达壁面后的反射过程及其引起的压力变化规律较为复杂。

研究人员很早即对这类问题给予了充分的关注。Chew[3]研究了来流马赫数2.5条件下湍流边界层经过一个外凸拐角后与气流偏转角分别为4°、6°、8°的斜劈诱导的斜激波相互作用的流动特性。Chung和Lu[4]对来流马赫数为8时弱膨胀波影响下的激波-边界层相互作用进行了试验研究,并对获得的数据进行了统计分析。White等[5]同样采用试验手段,对来流马赫数为11.5时,膨胀波对激波-边界层相互作用的影响进行了研究,获得了不同激波位置下的模型壁面静压和传热系数。

近年来,张悦等[6,7]通过近壁面分析方法系统地研究了唇口激波入射进气道肩部不同位置时,肩部膨胀扇对激波-边界层干扰的影响规律。分析所采用的简化模型如图8-3所示。该模型对应于设计点为 $Ma_0 = 6.0$ 的高超声速进气道,其通道高度 $h = 15\text{mm}$,经前体预压缩后,通道进口的主流马赫数 $Ma_1 = 3.5$,静压

$p_1 = 21473.1\text{Pa}$,静温 $T_1 = 527.26\text{K}$,边界层厚度 $\delta_0 = 2.25\text{mm}$。进气道唇罩前缘可以绕 A 点转动,用以调节唇罩第一道激波的强度;通过沿流向前后移动唇罩位置,可改变入射激波和肩部膨胀扇产生点 O 的相对位置 d。

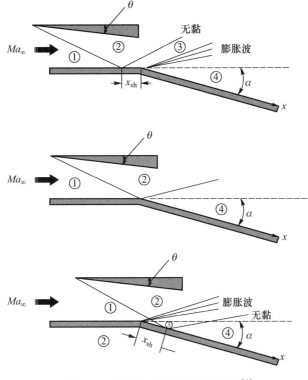

图 8 - 2 斜激波入射凸拐角示意图[4]

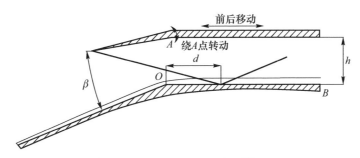

图 8 - 3 研究模型示意图[6]

1. 激波入射肩部上游

当激波入射肩部上游时,其流场示意图如图 8 - 4 所示。采用一维流动理论对此时近壁流线上的压强分布进行计算分析。图 8 - 5 给出了当入射点 D 位于 $d =$

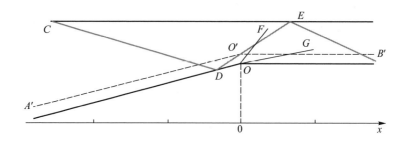

图 8-4　膨胀波与肩点前入射激波的干扰结构示意图[7]

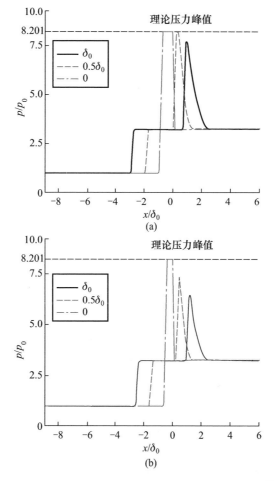

图 8-5　膨胀波与肩点前入射激波的干扰结构示意图[7]

(a) $d = -1.0\delta_0$；(b) $d = -0.5\delta_0$。

$-1.0\delta_0$ 和 $d = -0.5\delta_0$ 时不同离壁距离 $(\delta_0, 0.5\delta_0, 0)$ 发出流线上的压强分布。可以看出,在同一激波入射位置下,随着与壁面距离的增大,流线上由反射激波作用导致的压强升高不断减小,近壁面区间各流线上的压强峰值逐渐下降;对比不同入射点的压升曲线可知,如果激波作用点 D 与膨胀扇产生点 O 足够靠近,膨胀波能够有效缓解由激波 − 边界层干扰导致的不利影响。

2. 激波入射肩部下游

当激波入射点位于肩部折点 O 下游时,其无黏流动示意图如图 8 − 6 所示。经过前体压缩的①区气流在绕过进气道肩部时,受到了唇罩激波与膨胀波的共同影响。该流动可以分为两部分进行描述:上半部分气流在经过唇罩激波的压缩和偏转后进入②区,此时气流方向与唇罩上壁面 CA 平行,而后,受膨胀扇区(穿过唇罩激波后的肩部膨胀扇)的影响,气流向下壁面偏转,并在④区达到稳定;下半部分气流则首先受到了肩部膨胀扇的加速和偏转作用,在③区与下壁面平行,而后受④区高压气流的挤压作用,气流再次向下折转。这样,来自②区和③区的两股气流在④区汇合,并因起始速度不同而形成滑移边界。④区气流撞向下壁面,形成了反射激波 DF。

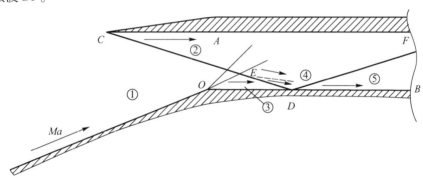

图 8 − 6　膨胀波干扰下激波入射点附近的流动结构示意图[7]

依据上述分析,则不同离壁距离的流线由下而上可能依次经历"膨胀波 − 激波 − 激波""膨胀波 − 激波 − 膨胀波 − 激波""激波 − 膨胀波 − 激波"3 类不同的干扰形式,分别称为膨胀波干扰机制 I 、机制 II 和机制 III 。其中,机制 I 和机制 II 会使入射激波、反射激波诱导的总压升比增加,而机制 III 则使之下降。在不同的激波入射位置下,近壁空间内存在的干扰机制类型及所占比例也有所不同。可将激波相对于膨胀波的入射位置分为肩点远下游入射、中间区域入射及肩点附近入射 3个阶段。当激波在肩点远下游入射时,近壁区间膨胀波 − 激波相干过程只包括机制 I ;而对于中间区域入射状态,则在该作用区域内包括机制 I 与机制 II ;若激波进一步向肩点靠近,则机制 III 开始出现。

根据上述不同入射区间的干扰特点,可以确定出两个分界点位置(图 8 - 7):当激波 CD_1 与结束膨胀波 OG 的交点正好位于离壁距离为 δ_0 的流线 $A'O'B'$ 上时,激波 CD_1 的作用位置便为上述肩点远下游区间与中间区域的分界位置,此时模型肩点 O 与激波作用点的距离为 d_1;同样,当激波 CD_2 与起始膨胀波 OF 的交点正好位于离壁距离为 δ_0 的流线 $A'O'B'$ 上时,激波作用位置便为中间区域同肩点附近区域的分界位置,此时激波作用点与模型肩点 O 距离为 d_2。令 Ma_1 为经过前体压缩后模型内通道的入口马赫数,Ma_3 为经肩部膨胀扇影响后的气流马赫数,φ 为模型内通道与压缩面间的夹角,α 为激波 CD 透射膨胀扇后波面与内通道下壁面的夹角,δ_0 为激波作用点附近的边界层厚度,则根据几何关系可得

$$\begin{cases} d_1 = \left[\sqrt{Ma_3^2 - 1} + \cot\alpha \right]\delta_0 \\ d_2 = \left\{ \cot\left[\arcsin\left(\dfrac{1}{Ma_1} \right) + \varphi \right] + \cot\alpha \right\}\delta_0 \end{cases} \qquad (8-1)$$

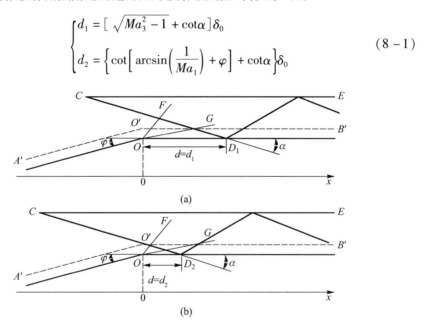

图 8 - 7　不同激波入射位置下激波反射区间的干扰结构示意图[7]

(a) $d = d_1$;(b) $d = d_2$。

选取典型案例对激波入射肩点下游的情况进行说明,其中 $Ma_1 = 3.5$,$\theta = 15°$,O 点附近气流外偏折角 $\varphi = 15°$,则根据式(8 - 1)可得 $d_1 = 6.65\delta_0$,$d_2 = 3.73\delta_0$。

1)激波入射肩点远下游($d > d_1$)

当激波入射在肩点远下游区间时,近壁区间内激波与膨胀扇互相分开,其内部的所有流线均经历了机制I(即膨胀波 - 激波 - 激波)的干扰。以激波作用点与肩点距离 $d = 8.50\delta_0$ 的模型条件为例,图 8 - 8 给出了不同离壁距离流线上的压强分布:气流首先在经历膨胀波干扰后出现明显的压强下降,而后依次经历透射过膨胀扇的

入射激波及其反射激波的干扰,出现明显的压强突升。从图中还可以看出,激波在透射过膨胀扇后,其强度会得到明显增强,经过膨胀波干扰后,入射激波及其反射激波导致的壁面压升比 p_{sh}/p_{ex} 高达 14.15,远大于无膨胀波干扰条件下的压升比 8.20(图 8 - 5)。因此,膨胀波的干扰增强了近壁区域内的逆压梯度,会促进边界层的分离。

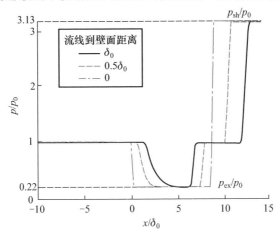

图 8 - 8　$d = 8.50\delta_0$ 时不同离壁距离流线上的压强分布[7]

2)激波入射肩点下游中间区域($d_2 < d < d_1$)

此时近壁区间内存在两种干扰机制,即机制 I 和机制 II。以 $d = 5.70\delta_0$ 状态为例,图 8 - 9 给出了不同离壁距离流线上的压强分布。在该状态下,离壁距离为 0、$0.5\delta_0$ 的流线均经历了机制 I 的干扰过程,而离壁距离为 δ_0 的流线则经历了机制 II 的干扰过程:流线上的气流首先受到膨胀波的作用,压强明显下降,随后激波作用该流线,流线上压强再次上升,此时由激波导致的该流线上压升比为 4.00,而后流线上的压强又在膨胀波的影响下略有下降,最后反射激波作用于该流线,使得其压强曲线在再次经历一个压升比为 3.21 的压强突升后仍保持不变。对比压升比值可以看出,在机制 II 干扰情况下,受膨胀波影响,入射激波及反射激波强度均得到增强(压升比增大)。因此,在该作用区间内,膨胀波整体上依旧增强了激波作用带来的逆压梯度。

3)激波入射肩点近下游区域($0 < d < d_2$)

该作用区间包括机制 I、II、III 3 种干扰。以状态 $d = 2.84\delta_0$ 为例,其对应的不同离壁距离流线上的压强分布情况如图 8 - 10 所示。从图中可以清楚地看出,在距壁面 δ_0 的流线上"激波 - 膨胀波 - 激波"作用过程的特点明显,由激波入射导致的边界上的压强升高被分为两次:首先,由于入射激波的作用使得边界上压强第一次升高,而后流线受到膨胀波的影响,压强迅速下降;随后,反射激波再次作用于

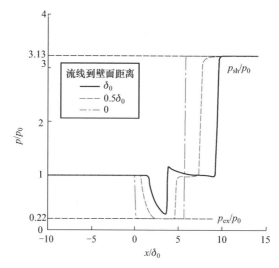

图 8-9　$d = 5.70\delta_0$ 时不同离壁距离流线上的压强分布[7]

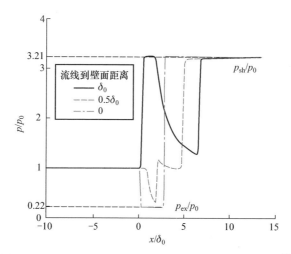

图 8-10　$d = 2.84\delta_0$ 时不同离壁距离流线上的压强分布[7]

边界,气流压强再次升高。整个过程中该边界上压升的最高值仅为入射激波导致的压升比 $p_{sh}/p_0 = 3.23$,明显小于无膨胀波干扰时的激波及其反射激波共同作用边界导致的压升比 8.20。这样,由激波入射导致的近壁区间内局部逆压强梯度明显减小。此时距壁面 $0.5\delta_0$ 的流线以及壁面上的压强分布则分别体现了机制 II 和机制 I 的作用特点。随着激波作用点逐渐向模型肩部靠近,干扰机制 III 在近壁区域内逐渐占主导,膨胀波削弱逆压梯度的影响范围不断扩大,直至最终当 $d = 0$ 时蜕化为反射激波与膨胀波相消的状态,激波的总压升比完全由入射激波贡献。若以 50% 厚度以上的近壁气流受到机制 III 类型的干扰作为膨胀波对激波 – 边界层作用产生有利影响(压制分离)的一个判据,可以推知其激波入射点与肩点的相对位置关系应该符合 $0 \leqslant d \leqslant 0.5d_2$。

张悦通过黏性数值模拟的方法对上述分析结果进行验证。数值模拟采用与上述分析相同的模型条件,在无激波干扰条件下进气道的肩部边界层厚度 $\delta_0 = 3.72\text{mm}$,其中亚声速气流厚度占边界层总厚度的 3.2%。入射点位置分别取 d 为 $-2.01\delta_0$、$-\delta_0$、$1.61\delta_0$、$2.84\delta_0$、$5.70\delta_0$、$8.50\delta_0$ 进行研究。

当唇罩激波作用位置位于进气道肩部上游时(即 $d < 0$),唇罩激波和前体边界层的干扰情况如图 8 – 11 所示,图中近壁面流线由黑色带箭头曲线标出。此时肩部膨胀扇位于激波 – 边界层干扰区间下游,其对上游唇罩激波 – 边界层相互作用的区域基本无影响。对比两工况($d = -2.01\delta_0$ 和 $d = -\delta_0$)的边界层分离包可以看出,随着激波作用点逐渐与进气道肩部靠近,由激波导致的边界层分离包尺度逐渐缩小,且分离包的再附点均位于模型肩部,这与简化分析预测结果定性一致。可从两方面解释这一现象:一方面,随着激波作用点与膨胀扇的靠近,膨胀扇对反射激波导致的压强升高抵消作用逐渐明显;另一方面,由于膨胀扇对边界层分离区内气流的加速作用,促使分离的边界层在进气道肩部再附。

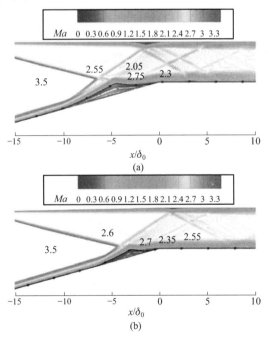

图 8 – 11　$d < 0$ 时模型内的流动结构[7]

(a)$d = -2.01\delta_0$；(b)$d = -\delta_0$。

唇罩激波入射点进一步后移至 O 点下游($d>0$),数值模拟结果如图 8 – 12 所示。此时,膨胀波对入射激波及其反射激波强度产生了较大影响。在 $d=1.61\delta_0$ 与 $d=2.84\delta_0$ 时(图 8 – 11(a)、(b)),与前文的预测一致:激波作用点位于膨胀波削弱激波强度的区间,由唇罩入射激波导致的边界层分离得到抑制,尤其在 $d=1.61\delta_0$ 时,由激波入射导致的边界层分离几乎完全消失。而随着激波作用点后移至远下游区域($d=5.07\delta_0$ 和 $d=8.50\delta_0$),膨胀波对激波的增强作用逐渐占据主导,由激波入射引入的边界层内逆压强梯度随之增强,故促使边界层分离包尺度再次增大。

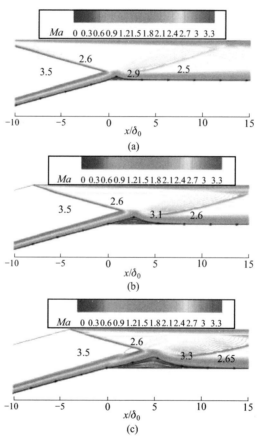

图 8 – 12　$d>0$ 时模型内的流动结构[12]

(a)$d=1.61\delta_0$;(b)$d=2.84\delta_0$;(c)$d=5.07\delta_0$。

综上,膨胀波与唇罩激波的干扰是一个在空间上逐渐变化的过程,存在 4 种不同的作用机制,即"激波 – 激波 – 膨胀波""膨胀波 – 激波 – 膨胀波""膨胀波 – 激波 – 膨胀波 – 激波""激波 – 膨胀波 – 激波"。当边界层内存在以"激波 – 激

波 – 膨胀波"干扰机制为主导时,肩部膨胀波可以对激波 – 边界层干扰起到有效的抑制作用,对于典型的二元高超声速进气道而言,这一结论可以具体化为:当唇罩激波入射点位于肩点下游 $x < \dfrac{1}{2}\left\{\cot\left[\arcsin\left(\dfrac{1}{Ma_1}\right)+\varphi\right]+\cot\alpha\right\}\delta_0$ 范围时,膨胀波可以对唇罩激波 – 边界层干扰起到抑制作用。

8.1.1.2　超额定工况下进气道局部不起动问题

随着来流条件的改变,冲压进气道的工作状态可分为 3 类,即额定工况、亚额定工况、超额定工况。这 3 种工作状态下的流场结构示意图如图 8 – 13 所示。一般而言,当实际来流马赫数超过设计马赫数时,前体激波角减小,进气道工作于超额定状态。在超额定工况下,前体激波入射到唇口壁面,引起唇口边界层分离,形成了包含边界层转捩、分离、再附以及激波干扰等基础物理现象的复杂相互作用流场。

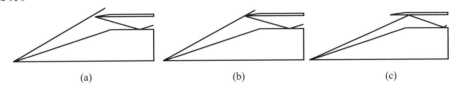

图 8 – 13　进气道不同工作状态示意图
(a)亚额定;(b)额定;(c)超额定。

Mahapatra 和 Jagadeesh[8] 在激波风洞中对来流马赫数为 8.0 时进气道前体激波与唇口激波的干扰问题进行了试验研究,获得了不同唇罩长度(图 8 – 14(a))和角度(图 8 – 14(b))下的激波干扰流场。其试验模型如图 8 – 14 所示,压缩面楔角恒为 27°,唇罩长度有 111mm、131mm、141mm 和 151mm 4 种,唇口角度有 0°、10° 和 20° 3 种。当唇口角度为 0°、唇罩长度为 111mm 时,由于构型收缩比过大,进气道不起动,流场纹影图片如图 8 – 15 所示,此时在压缩面上存在较大范围的分离区。而当唇罩长度增加到 131mm 时,如图 8 – 16 所示,前体激波入射到唇罩内壁面,进气道处于超额定状态。此时前体斜激波与唇口激波发生马赫干扰,在马赫杆后存在局部亚声速区域,导致进气道出现局部不起动。进一步增加唇罩长度至 151mm,如图 8 – 17 所示,此时唇口激波与前体斜激波发生规则干扰。Sriram 和 Jagadeesh 等进一步研究了尖前缘唇罩和钝前缘唇罩情况下,唇罩壁面上分离区尺度的变化规律。研究表明,尖前缘情况下,压缩面形成的前体激波入射唇罩壁面形成的分离区尺度与分离区再附位置距离唇罩前缘的距离为同一量级,并且其无量纲尺度与再附位置的气流参数存在确定的关系式。而对于钝前缘情况,随着前缘半径的增加,分离区尺度减小。

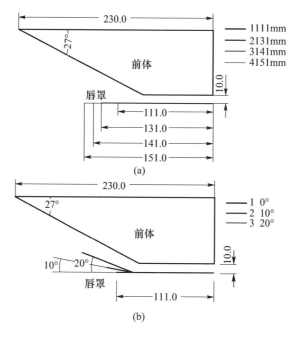

图 8 – 14　简化进气道模型示意图(所有长度尺寸单位均为毫米)[8]

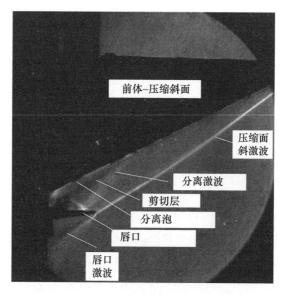

图 8 – 15　唇口板长度为 111mm 时的流场纹影[8]

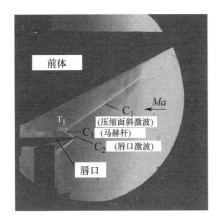
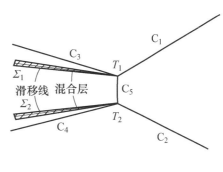

图 8-16　唇口板长度为 131mm 时的流场纹影[8]

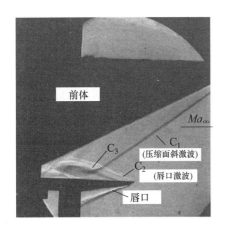
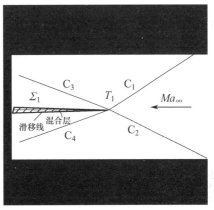

图 8-17　唇口板长度为 151mm 时的流场纹影[8]

吴子牛等[9]基于无黏数值模拟和理论分析,研究了存在前缘膨胀波干扰和下游激波作用下的前体激波反射的问题,揭示了 5 种类型的激波反射流场(图 8-18)及其相互转变的规律。研究发现,唇罩前缘膨胀波的存在使得激波反射类型转变边界发生了很大的改变。对于低来流马赫数,规则反射区域和双解区域增大,而马赫反射区域减小;而在高来流马赫数下,规则反射区域和双解区域减小,马赫反射区域增大。焦晓亮和常军涛等[10]通过数值模拟结合激波极线理论分析,探究了压缩面楔角及唇罩角度对激波干扰模式的影响规律。无黏分析和有黏分析的结果均表明,随着压缩面角度的逐渐增加,激波干扰类型将转变为马赫干扰,从而引起进气道局部不起动。而有黏和无黏分析中,关于唇罩角度对波系干扰类型转变的影响规律却不一致,对于无黏流动,随着唇罩角度的增加,唇口膨胀波逐渐增强,

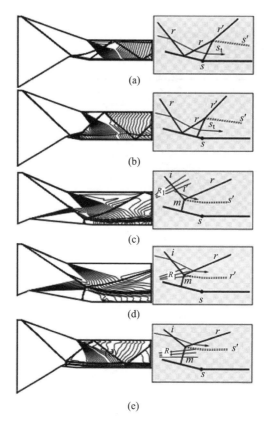

图 8 - 18　前体激波入射唇口内部不同反射类型[9]

(a)类型 A 规则反射；(b)类型 D 规则反射；(c)类型 1 马赫反射；

(d)类型 2 马赫反射；(e)类型 3 马赫反射。

其与进气道前体激波干扰的结果导致更容易发生马赫反射；而对于黏性流动，唇罩角度增加时，前体激波与唇罩壁面边界层的相互作用减弱，更容易出现规则反射。因此，对于实际进气道流动，在局部不起动机理的转变机制中，必须考虑黏性效应带来的激波边界层干扰问题。

陶渊和范晓樯[11,12]通过图 8 - 19 所示的简化构型对超额定问题进行了试验研究。其风洞来流马赫数为 3.0。试验过程中，通过调节激波发生器相对于来流的攻角来得到不同的前体激波强度，在不同的气流偏转角下，得到的不同的流场波系结构如图 8 - 20 所示。气流偏转角 θ_1 为 17°时，斜激波入射平板前缘附近，形成分离区和分离激波，分离激波与前体激波相互作用，发生规则反射。当气流偏转角 θ_1 增大到 23°时，分离激波与前体激波反射是马赫反射，形成三波点 T_1 和 T_2 及滑移层 SL_1 和 SL_2，此时马赫杆波后气流为亚声速。进一步增大气流偏转角为 27°

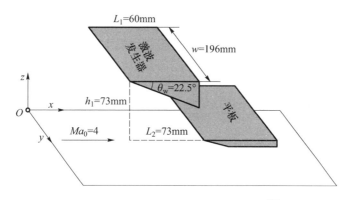

图 8 - 19　超额定问题简化构型示意图[11]

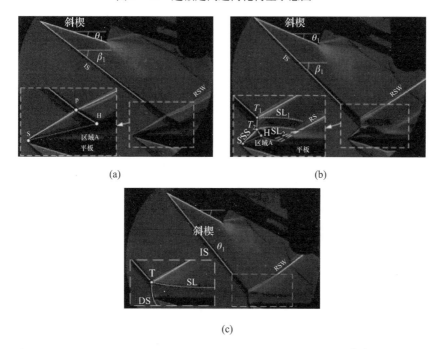

图 8 - 20　$Ma = 3.0$ 来流下不同气流偏转角下流场纹影[11]

(a) $\theta_1 = 17°$；(b) $\theta_1 = 23°$；(c) $\theta_1 = 27°$。

时,此时马赫杆后的高压使得气流从唇罩前缘溢流,并形成脱体激波 DS。进一步地,陶渊等[12]通过基于纳米示踪粒子的平面激光散射技术(NPLS)获得了典型状态下,前体激波与唇罩壁面边界层相互作用的流场精细结构,如图 8 - 21 所示,其中图 8 - 21(a)、(b)分别为规则干扰和马赫干扰状态流场的平面激光散射图像,从中可以清楚地分辨出分离区和剪切层等流动结构,以及马赫干扰工况下滑移层后段的 K – H 涡结构。

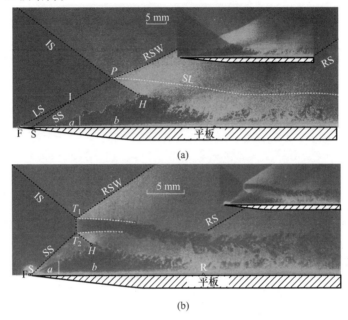

图 8 – 21 $Ma = 3.0$ 来流下不同干扰模式流场平面激光散射图片[12]
(a)规则干扰($\theta_w = 18.28°$,$Ma_0 = 3$); (b)马赫干扰($\theta_w = 20.70°$,$Ma_0 = 3$)。

8.1.1.3   唇口激波与侧壁边界层干扰的三维特性

由于进气道 – 隔离段通道侧壁的存在,唇口激波除与压缩面边界层发生入射型激波 – 边界层干扰外,还会和侧壁面边界层干扰。这种干扰属于扫掠激波 – 边界层干扰。黄河峡等[13]整理了目前已公开的一些文献中典型的进气道唇罩激波强度分布,如图 8 – 22 所示,可以看到进气道的唇罩激波强度 Ma_n 普遍大于 1.25。而根据 Alvi 等[14]提出的 $Ma_n \geqslant 1.2$ 的扫掠干扰判据,这些进气道中无一例外地存在显著的扫掠激波 – 边界层干扰现象,因此都会在激波根部形成主漩涡,甚至会形成二次分离或者超声速倒流。应当注意,无论进气道侧板的构型时前掠还是后掠,其前缘距离唇罩激波扫掠位置的距离均较小,侧板上的边界层极可能处于层流状态,而层流边界层抵抗逆压梯度的能力显著弱于湍流边界层,从而在唇口激波扫掠作用下更容易出现边界层分离。在实际的进气道流动中,唇口激波与压缩面边界层的入射型干扰及唇口激波与侧壁面边界层的扫掠干扰会发生互相耦合[15](图 8 – 23),这将显著破坏唇口激波与压缩面边界层干扰的二维性。这种三维组合干扰被认为是激波 – 边界层干扰现象研究的 3 个重点方向之一[16]。

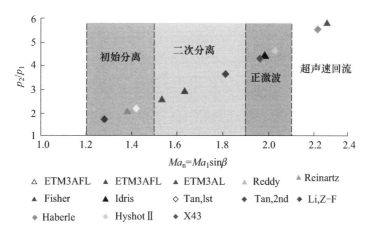

图 8 - 22　典型二元进气道唇口激波强度[13]

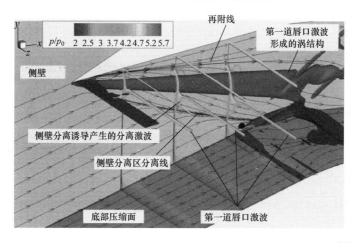

图 8 - 23　典型二元进气道内部唇口激波与侧壁和底板边界层干扰[15]

大量研究者[17-20]在激波-边界层干扰试验中观测到角区存在两个龙卷风式旋涡(Tornado-like vortices),且分离线和再附线沿着展向弯曲。英国剑桥大学 Babinsky[21]课题组对正激波和底板-侧壁边界层干扰进行研究,发现正激波和底板-侧壁边界层的干扰在角区形成新的分离,底板和侧壁附近的正激波形态演化成"λ型"(图 8-24)。此外,通过将底板和侧壁的边界层分别泄除,他们发现一个区域分离的减小,会导致另一个区域的分离增大,进一步分析显示,角区分离诱导产生的压缩波使得压力分布重构,将两个区域的分离联系到一起。对于高超声速进气道,其内部激波(无论是唇罩激波还是反射激波)一般为斜激波,组合干扰的流动则更为复杂。Helmer 等[22]采用平面 PIV 技术 测量了安装在直连风洞中的激波发生器不同展向位置的速度场,他们根据速度分量沿展向的非单调变化推测出存在显著的横向流动。

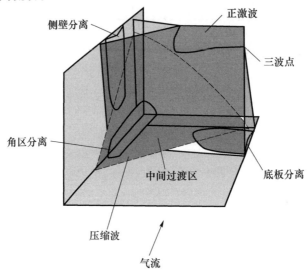

图 8 - 24　矩形截面管道内正激波与底板 - 侧壁边界层干扰示意图[21]

Ethan 等[23]分析认为侧壁 - 底板组合干扰流动主要受 4 个参数影响,即来流马赫数 Ma_∞、激波发生器的压缩角 δ、管道宽高比 AR、基于管道边界层厚度的雷诺数 Re_θ。为了得到矩形截面流道内侧壁面分离结构与底板分离区域之间的相互作用关系,他们采用三维 PIV 方法测量了 $Ma_0 = 2.75$,激波发生器压缩角 $\delta = 6°$,管道宽高比为 0.82 的模型的速度场。其试验模型流场结构示意图如图 8 - 25 所示,图中 A ~ D 分别代表不同的干扰区域,区域 A 位于底板壁面中心附近,区域 B 是反射

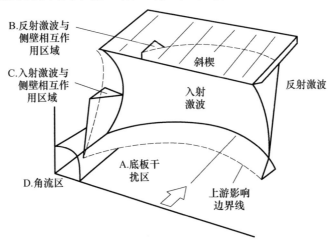

图 8 - 25　矩形截面管道内斜激波 - 边界层干扰示意图[23]

激波与侧壁的相互作用区域,区域 C 是入射激波与侧壁相互作用区域,区域 D 是存在反向旋转涡的角区。如图 8-26 所示,试验中共测量了 25 个截面(竖直截面 SV1~SV3,水平截面 SH1~SH4,横向截面 TV1~TV18)上的 PIV 数据,并在每个截面内采集 1700 张瞬时 PIV 原始图像。其中 Ethan 等通过多个流场正交截面的三维 PIV 数据测量,获得了流场内部包括横向速度分布和涡量分布在内的定量试验数据,这对揭示流场内部侧壁干扰与底板干扰之间的耦合作用起着至关重要的作用。试验数据表明,底板壁面上超过 45% 的区域受到了侧壁分离带来的横向速度影响。因此,对于宽高比较小的矩形截面内流道,侧壁面分离区的控制是很重要的。当流场中普遍存在横向速度分布,则不能用普通的二维分离理论对有关分离现象进行解释。综合流场的速度分布、涡量分布以及壁面油流的试验结果,可以重构出图 8-27(a)所示的三维流场示意图。流场中存在 5 个涡结构,分别是第一角涡、第二角涡、底板壁面涡、入射激波侧壁干扰涡和反射激波侧壁干扰涡。这些涡

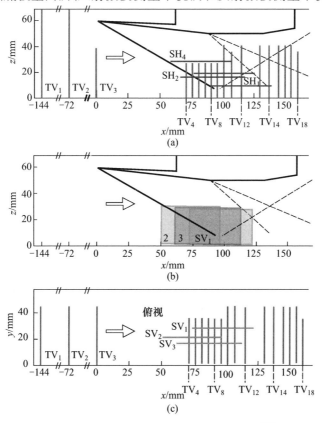

图 8-26　三维 PIV 速度场测量平面示意图[23]
(a)图像一;(b)图像二;(c)图像三。

结构都可以在图 8-27(b)所示的 TV₉ 截面上涡量分布中分辨出来。通过对流动的拓扑结构进行分析,发现侧壁面区域发生的分离为图 8-28(a)所示的第一类分离结构,其典型的流动特征为:分离前缘存在鞍点,流线在分离位置前缘上游发散,下游通过马蹄涡结构旋转诱导出下洗流动。而底板上的分离形态为图 8-28(b)所示的第二类分离结构,其典型特征是:分离前缘存在节点,流线在分离位置前缘上游聚集,下游流场中马蹄涡的旋转造成上洗流动。试验结果展示了流场中的横向流动和涡结构在协调空间中压力梯度分布中所发挥的重要作用,这与 Burton 和Babinsky[21]关于侧壁和角区通过产生压缩波使得空间中的压力梯度重新分布的观点一致。

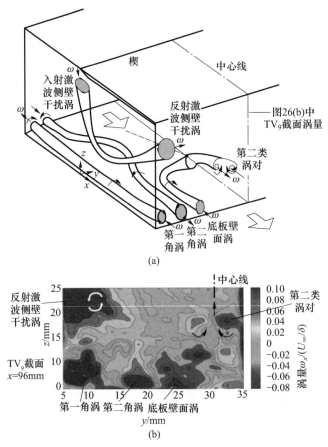

图 8-27　矩形截面管道内激波-边界层干扰涡结构[23]

Wang 等[24]采用大涡模拟方法研究了 $Ma_0 = 2.70$、$\delta = 9°$ 时,内通道宽高比对组合干扰流场结构的影响。研究发现,随着宽高比的减小,侧壁效应更加显著,对

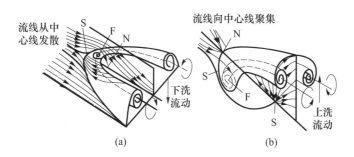

图 8 – 28　三维激波 – 边界层干扰中的两种分离模式[23]

称面上的分离更大,分离位置更加靠前,入射激波弯曲的愈加厉害。与理想化的二维入射激波 – 边界层干扰现象不同的是,受侧壁流动影响,入射激波诱导底板边界层所形成的分离包并没有贯穿整个展向宽度,而是在角区形成顺流区,顺流区进而和分离包内的逆流区搓出一个沿高度方向的漩涡,使得下游形成强剪切气流,如图 8 – 29所示。综上,组合干扰下的进气道内流存在各种形式的漩涡,流动极为复杂。

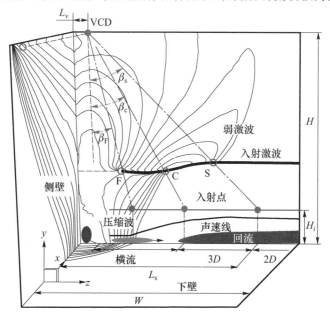

图 8 – 29　混合激波 – 边界层干扰下流场三维激波结构和涡结构[24]

8.1.2　三维侧压式进气道流场特征

三维侧压式进气道是一种具有三维压缩特性的进气道,最早由 NASA 的Car. A. Trexler[25] 提出。这种进气道一般由顶板、侧板、唇口板组成,其典型结构如

图 8 - 30 所示。与单向压缩的二元进气道相比较,三维侧压式进气道将侧板的侧向压缩和顶板的顶压相结合,可有效缩短进气道压缩面的长度,并可使得唇口激波强度减弱,从而有效抑制唇口激波与边界层的相互作用。它的问题则在于:进气道侧向压缩激波与顶板压缩激波的相互干扰可能带来复杂的角区流动,斜相交的侧压激波和顶压激波干扰,极易出现马赫反射现象,而干扰后的透射激波分别扫掠进气道底板和顶板,发生扫掠激波 - 边界层相互作用,容易引发二次流和横向流动。

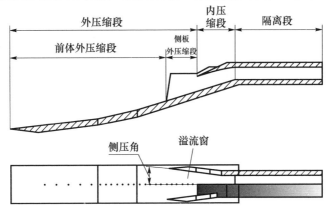

图 8 - 30　三维侧压式进气道结构示意图

Goonko 等[26]综合运用纹影、壁面油流和壁面压力测量等多种手段在风洞中对一种三维侧压式进气道进行了试验研究。研究采用的进气道构型如图 8 - 31 所示,该构型顶板的压缩角 δ_{rw} 为 12.5°,无后掠,而侧板的压缩角 δ_{sw} 为 10°,后掠角 χ_{sw} 为 45°。在超声速来流作用下,进气道顶板形成的顶压激波的激波角和波后参数可以通过斜激波关系算出,而侧板由于存在后掠角 χ_{sw},其激波角度和波后参数

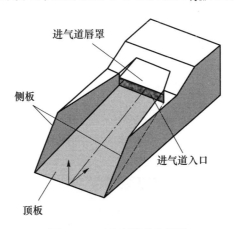

图 8 - 31　试验模型示意图

可以通过 Holland[27] 提出的气流速度分解方法进行求解。Holland 气流速度分解法的基本思想是将来流速度向垂直于侧壁前缘和平行于侧壁前缘两个方向进行分解,通过几何关系求出等效的几何压缩角,从而将三维后掠斜激波问题转化为二维斜激波问题。2015 年 Domel[28] 进一步将气流速度分解的思想进行了推广,得到了三维后掠楔面上斜激波的一般关系式。利用该关系式,可以在已知来流马赫数和楔面的压缩角及后掠角的情况下,通过求解一元三次方程得到波后的气流参数。

三维侧压式进气道的内部波系示意图如图 8 - 32(a)所示,其中斜激波 rws 由进气道顶板前缘 AA′发出,进气道侧板产生的后掠斜激波分别标记为 sws 和 sws′。顶板斜激波 rws 与侧板后掠激波 sws 相交并发生马赫反射,如图 8 - 32(b)所示,激波反射过程形成桥激波 bs 和反射激波 rms 和 sms。激波 rms、sms 和 bs 都是从角区位置顶点 A 发出的,具有锥形流特征。反射激波 rms 和激波 sms 分别扫掠进气道顶板和侧壁面,发生扫掠激波 - 边界层干扰。当激波 rms 和 rms′在流场对称面上相交以后,流场的干扰类型变得更加复杂。在流场对称面上,激波 rws、rms 和 bs 以及 rms′、sms′和 bs′相交于一点 E_s,E_s 是具有奇异性的多波系干扰点。在 E_s 点,

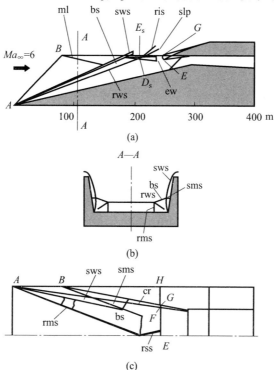

图 8 - 32 三维侧压式进气道流场波系结构[26]

激波 rms 和激波 rms′ 在对称面上相交,并发生反射,形成二次反射激波 rss 和 rss′,同时在 E_s 点上方桥激波 bs 和 bs′ 碰撞并发生相互作用(图 8 - 32(c))。干扰过程中在流场对称面上形成了新的激波 ris、膨胀波 ew 和滑移线 slp。流场对称面上的波系结构示意图如图 8 - 32(a)所示,膨胀波 ew 会部分($Ma_\infty = 6$ 工况)或者完全($Ma_\infty = 4$ 工况)进入进气道内流道。发生在 E_s 点的激波干扰过程可能会受到从顶点 B 和点 $B′$ 发出的马赫锥的影响,马赫锥影响区域分别沿着侧板的前缘 BG 和 $B′G′$ 发展,其在侧板壁面上的影响界限在图 8 - 32(a)中由 ml 表示。基于以上描述,可以看到三维侧压式进气道内部波系结构较为复杂,顶板斜激波与侧板激波之间的干扰使得进气道内通道入口截面的流场参数分布很不均匀。Goonko 等[26] 获得的进气道典型试验纹影图如图 8 - 33 所示(来流马赫数为 4.0),可以看到,进气道唇罩前缘和唇罩拐折位置分别产生了一道激波,拐折位置形成的激波入射进气道顶板形成了分离激波。从图 8 - 34 所示的壁面油流图案中可以清晰地分辨出进气道侧板和顶板上的分离与再附结构。这些区域扫掠干扰形成的流向涡结构在往下游传播的过程中,将逐渐往顶板中心线附近聚集,形成二次流低速区域。

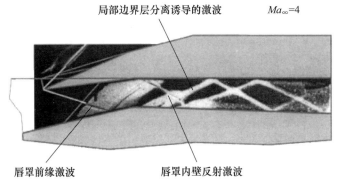

局部边界层分离诱导的激波　　　　　$Ma_\infty = 4$

唇罩前缘激波　　　　　唇罩内壁反射激波

图 8 - 33　三维侧压式进气道结构示意图[26]

8.1.3　内转式进气道流场特征

内转式进气道的曲面构型容易产生三维激波 - 激波干扰、三维激波 - 曲面边界层干扰等复杂流动现象。这些流动有其独特性。Smart[2] 指出,内转式进气道内部的激波 - 边界层干扰既不属于入射型激波 - 边界层干扰,也和三维扫掠型激波 - 边界层干扰问题存在差别,它是三维曲面激波在三维曲面边界层上更为复杂的反射现象。其中,三维曲面上的边界层发展问题本身即较为复杂,它涉及压力梯度、流线弯曲及横流效应等,而这些因素都会对边界层转捩及其后续的发展产生重要影响,并进一步影响到进气道的性能。由于内转式进气道三维流动问题的极度复杂性,因此很难有针对性地提出某种简化构型来展开机理探讨。

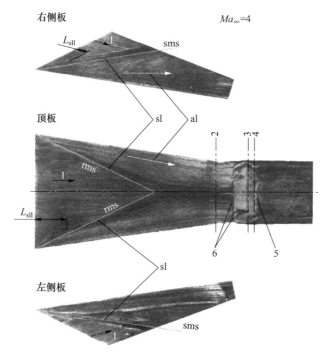

图 8 - 34　三维侧压式进气道壁面油流图像[26]

目前,对内转式进气道内流场进行试验观察和测量仍是学术界和工程界一个
很大的挑战。包括纹影法、阴影法在内的常规光学流动显示方法,一般仅能观察到
内转式进气道外流中无遮挡部位的波系结构[29],这对判断进气道工作状态可能有
一定帮助,但却无助于了解进气道内部流动细节。壁面沿程静压测量和壁面油流
显示[30]可以获取内流道部分流动信息,但它们的分辨率有限,而且难以获得流场
中远离壁面部位的流动信息。这些问题客观上使得目前对内转式进气道流动机理
的认识远远不如其他类型的进气道。

由于有效试验诊测技术的匮乏,目前有关内转式进气道内流机理的研究主要
集中为数值模拟研究。研究揭示一些普遍的现象[31-33]:在多种形式的内转式进气
道中,顶板一侧均存在较厚的高温低密度低能流区域,而唇口一侧流场则存在反向
旋转的涡对结构;进气道高速流区域呈腰子状,流场均匀性变差,抵抗燃烧室高反
压的能力降低。一些代表性的研究如下。

Barth[34]对采用矩形转椭圆(REST)内转式进气道的一体化超燃冲压发动机内
流道进行了研究,流道结构如图 8 - 35 所示。其数值模拟采用 RANS 方法(k - ω
湍流模型)。来流马赫数为9.61,攻角为1.6°,用于模拟实际飞行中马赫数12、来
流经过6°前体压缩后的气流条件。图 8 - 36 所示为进气道内压缩段一典型流场

图 8-35　采用 REST 进气道的超燃冲压发动机一体化流道[34]

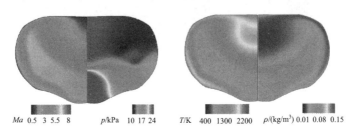

图 8-36　REST 典型截面参数分布云图[35]

截面上的气流参数分布,可以看到进气道压缩面一侧(上侧)对称面附近存在大范围呈泡状分布的高温、低密度、低速区域,这与 Gollan 和 Ferlemann[32]展示的流场结构类似。该泡状区域内压力沿展向几乎不变,而密度和温度反比增减。通过流场沿程各流向截面的速度散度云图给出流场的波系结构演变情况,并在截面云图上同时给出了流向涡量分布和截面内流线,如图 8-37 所示。从图 8-37(a)所示截面到图 8-37(b)所示截面,随着前缘壁面的逐渐收缩,由压缩面造成的前体激波逐渐向展向对称面附近收缩,并从波面大折转区域衍生出反射激波。从图 8-37(d)中可以看出,在进入进气道内压缩段后,前体激波波后气流受到唇口壁面限制,开始形成往进气道压缩面传播的唇口激波,而展向对称面附近的流体逐渐卷起,并形成涡结构。该涡结构区域受到进气道反射波系造成的压力梯度驱动,逐渐往远离展向对称面的方向运动,在图 8-37(e)所示截面上,该涡结构区域已经到达进气道侧壁面位置。激波在进气道压缩面一侧的反射过程极为复杂,在图 8-37(f)中,当激波入射到压缩面一侧的泡状低速区域时,该截面上几乎看不到反射波系的存在,仅仅在侧壁面附近存在较强的激波反射点。但在图 8-37(g)所示的截面上,反射波系逐渐汇聚成了单道的激波,继续在隔离段内存在,而流场中的涡结构也继续沿着侧壁面往压缩面一侧迁移。

　　图 8-38 中给出的进气道壁面极限摩擦力线分布较为直观地反映了进气道壁面边界层内部流体的迁移过程。壁面摩擦力线的汇聚,代表着流动分离的形成,图 8-38 显示,进气道唇口激波扫掠进气道壁面边界层形成的分离区域是造成流

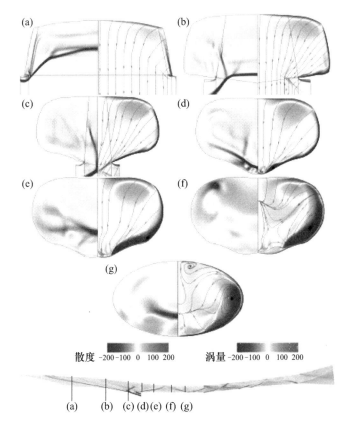

散度　-200 -100　0　100　200　　　涡量　-200 -100　0　100　200

图 8 - 37　REST 进气道典型流向截面波系结构及横向流动[34]

图 8 - 38　REST 进气道壁面摩擦力线分布[34]

向截面上涡结构区域的主要因素。从图 8 - 39 所示的流场三维流线分布可以进一步看出,唇口激波扫掠唇口壁面边界层形成的分离结构逐渐往下游压缩面对称面附近运动,逐渐堆积形成了压缩面一侧的低速区。由以上解析可知,内转式进气道的流场中虽然存在复杂的三维激波反射过程,但其流动特征的主要形成机制仍然是三维扫掠 – 激波边界层干扰;与此同时,内转式进气道三维曲面外形使得扫掠分离中的低速流体更容易在中心线附近聚集,从而形成大范围的泡状低能流区域。

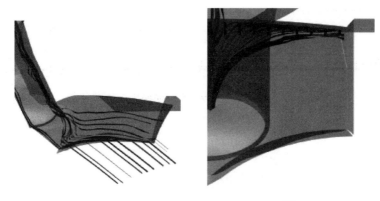

图 8-39　REST 进气道内部三维流线[34]

Bisek 等[35]通过大涡模拟对 HIFiRE-6 飞行器进行了数值模拟研究。HIFiRE-6 为采用糖勺形进气道设计的高超声速飞行试验飞行器,其气动外形如图 8-40(a)所示。图 8-40(b)中通过 Q 准则展示了流场的涡量分布,其中涡结构以流场的流向速度进行着色。可以看到,在流道中心线附近中的进气道-隔离段交界面处,存在由唇口激波-边界层干扰造成的分离区,而且进气道外压缩面上的层流边界层,在经过唇口激波作用后,很快转变为全湍流结构。图 8-40(c)给出了流场的各横截面瞬时密度云图分布,其中紫色区域为流向速度为零的回流区,主要分布在激波-边界层干扰区域;隔离段内流场截面密度分布极不均匀,压缩面一侧存在大范围的低密度区域分布,这与前面所述 RANS 模拟所得到的结果基本一致。

近年来,李一鸣和李祝飞等[36]通过平面激光散射(PLS)技术实现了内转式进气道-隔离段内流场的试验观察。他们对一种典型内转式进气道的隔离段流动进行试验研究,获得了该进气道多个流向截面的 PLS 图像,结果如图 8-41 所示。研究显示,该进气道的流场非定常性较强,而流动特征则与前人数值模拟结果极为类似,即在压缩面一侧存在较厚的低速流体区域,而唇口壁面一侧存在流向涡结构。

8.1.4　进气道-隔离段一体化流动特征

经过冲压进气道增压减速处理后的超声速气流(包括波系的延续)首先进入隔离段,而燃烧室的高压扰动在一定情况下可前传至隔离段中。对于进气道有限的增压过程,只有当来流马赫数较低时(一般低于 1.2)才能在隔离段中观察到较平直的正激波。实际上,在冲压进气道正常的工作范围内,正激波和壁面边界层相互干扰形成激波串(或者斜激波串)。激波串属于一种多激波-边界层干扰(Multiple Shock Waves/Turbulent Boundary Layer Interactions, MSTBLIs)现象,它构成了进气道-隔离段一体化流动的基本特征。和简单的正激波以及单道激波与边界层

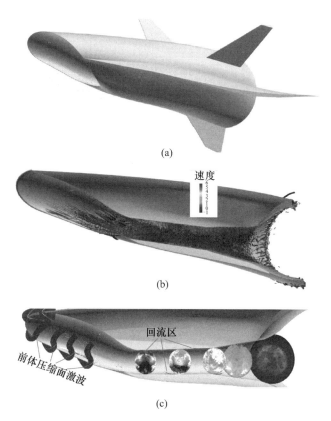

(a)

(b)

(c)

图 8 - 40 HIFiRE - 6 的 LES 流场[35]

（a）采用内转式进气道的 HIFiRE - 6 飞行器模型；（b）流向速度染色的 Q 准则等值面；

（c）前体激波和横截面瞬态密度。

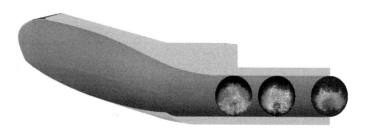

图 8 - 41 内转式进气道 PLS 流场[36]

的干扰不同的是，气流在激波串区域经历了减速—加速—再减速的数次反复，因此即使在最简单的对称平直通道内激波串的流动特性也是相当复杂的[37]。

对于高超声速进气道 - 隔离段一体化流动，激波串的关键性主要体现在以下几个方面。

（1）激波串是隔离段内的主要流动特征。

（2）激波串可隔离燃烧室对进气道的气动热、力干扰。当超燃冲压发动机点火工作时,燃烧所导致的高压扰动可前传至隔离段内形成预燃激波串。该激波串客观上成为燃烧室高温高压和进气道来流之间的气动缓冲和隔离。一方面,它使进气道内的流动免受燃烧室的干扰而发生不起动,从而保证进气道有一个较宽的稳定工作范围;另一方面,它还起到将来流进一步减速、增压、升温以满足燃烧需求的作用。

（3）激波串直接影响着发动机的工作特性。有研究表明,隔离段的压缩效率每增加1%,发动机的比冲将增加 1.5% ~ 2.0%[37],因此隔离段激波串的存在可以改善整个发动机的经济性能和飞行器的续航能力。

（4）激波串对下游的燃烧组织存在显著影响。激波串下游的马赫数、温度特征对燃烧室的燃烧组织方案(如燃料注入位置、注入方式等)有着显著影响。另外,激波串内一定程度的气流脉动有助于燃料掺混,但过于剧烈的振荡却可能导致燃烧室熄火。

（5）激波串所引起的气动载荷是发动机结构强度设计的基础。激波串内的时均压强分布规律,以及自激振荡导致的壁面压强波动特性,决定了作用在隔离段固壁面上的稳态和动态气动载荷,因此是进行隔离段结构强度设计的主要依据之一。

自 1949 年 Neumann 等[38]在研究超声速风洞扩压器时首次发现激波串现象以来,对于激波串现象的研究一直在不断深入。至今关于激波串的形成机制、流动结构、压升规律预测以及激波串的自激振荡等方面都已经取得了大量研究成果。1999 年 Matsuo 等[39]详细总结了 20 世纪对于激波串流动研究所取得的成果。2016 年 Gnani 等[40]对超声速进气道中的激波串现象进行了综述。由于激波串本身具有高度的动态特性,开展激波串试验研究对试验设备和手段(如风洞试验台、纹影设备、压力采集系统等)有着极高的要求。国防科技大学的易仕和等[41]特别针对激波串试验方面的成果进行了综述。

对于巡航马赫数在 6 及以上的高超声速飞行器,为了避免过强的激波 – 边界层干扰问题,并获得较好的内流性能,一般要求隔离段入口马赫数降至来流马赫数的一半。因此隔离段入口马赫数一般在 3.0 及以上。根据现有关于激波串的理论[37],高超声速进气道内的激波串形态一般为斜激波串。以下主要介绍激波串在高超声速进气道 – 隔离段内的形态、流动特征以及出现的一些新的问题。

在实际的高超声速飞行器中,压缩面前体较长,当压缩后的气流抵达进气道内通道入口截面时,边界层厚度将占到入口高度的 20% ~ 30% 左右[42];而唇罩一侧的边界层发展距离较短,边界层相对较薄。如此导致隔离段内上下壁面边界层的厚度有显著差异。根据 Huang 等[15]对来流马赫数 $Ma_0 = 5.0$ 的进气道研究,隔离段下壁面的厚度可占到整个隔离段高度的 20%，而上壁面的边界层厚度仅占 7% 左右。南京航空航天大学张堃元教授课题组针对非对称边界层厚度入口条件对隔离段内激波串的影响开展了系统的研究[43,44]。王成鹏等[45]以试验方法研究了来流马赫数为 2.0 情况下的激波串特性，他们发现非对称来流将使得激波串上下不对称，激波串总是偏向于边界层较薄的一侧，且激波串的增压能力较对称入口条件下明显减弱。此外，随着入口非对称程度的加剧，流动可发生严重的自激振荡，同时导致隔离段耐反压能力下降而隔离段出口参数分布畸变增加。基于大量的非对称来流风洞试验结果，王成鹏[43]将入口边界层动量损失厚度非对称因素 D_θ 引入到 Waltrup – Billig 公式，即

$$s = \frac{(1 + D_\theta)\sqrt[\alpha]{h\theta}}{(Ma_2^2 - 1)Re_\theta^{0.2}}\left[50\left(\frac{p_3}{p_1} - 1\right) + 170\left(\frac{p_3}{p_2} - 1\right)^2\right] \tag{8-2}$$

式中 $D_\theta = (\theta_{\max} - \theta_{\min})/\theta_{\max} \times 100\%$，$\alpha$ 则根据试验结果确定为 0.3。经过上述修正之后的 Waltrup – Billig 公式可以较好地预测来流非对称条件下的激波串区域内的压升。

高超声速进气道 – 隔离段一体化流动一个重要特征是背景波系的存在，它对激波串的形态和发展有着十分显著的影响。背景波系的存在不仅增加了激波串上游气流的不均匀程度[46,47]、在流向和横向形成多次参数间断[48]，还改变了近壁低能流的流动特性。Sajben 等[49]在开展超声速外压式进气道研究中拍摄到背景激波干扰下的激波串结构，发现激波串在前移过程中先后经历了唇罩侧大尺度分离、机身侧大尺度分离、侧壁面分离 3 种流态（图 8 – 42）。同时，他们发现激波串以跳跃的方式（Abrupt flow transition）完成流态间的切换，这些特征在直连台试验中未被观测到。Wagner 等[50]注意到激波串的形态和管道里面的反射斜激波直接相关：当激波串穿越不同的反射斜激波时会发生上下壁面分离包的切换。张航等[51]则在他们的数值模拟结果中发现了激波串内高速区的横向切换现象。

激波串分离包上下不对称的现象在无前体进气道的直连台隔离段流动中也曾被观测到[52-54]，但这需要与存在显著背景波系的进气道/一体化流动相区别。前者的发生通常具有很大的随机性，即在多次重复试验中某次发生上壁面分离包偏大，再次试验则可能变成下壁面分离包偏大，而在同次试验中并不会出现上下壁面分离包尺度的切换。有研究认为，直连风洞喉道截面上下壁面粗糙度的不同导致隔离段上下壁面边界层特性改变，进而引起激波边界层干扰的不对称[55]；但 Johnson 等[54]对这一解释持否定意见。关于直连风洞试验条件下激波串分离包随机性不对称的物理机制仍然有待进一步研究。

Tan 等[56]通过试验发现，激波串和背景激波呈现出 X 形相干状态，在背景激波入射一侧，分离包始终是偏大的，如图 8 – 43 所示。激波串内本身的逆压梯度叠

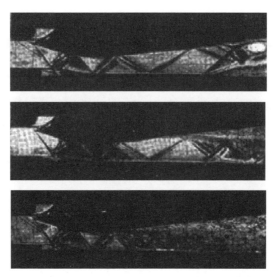

图 8 – 42　来流马赫数 $Ma_0 = 1.84$ 时超声速进气道内激波串

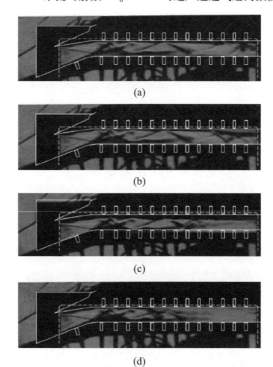

图 8 – 43　激波串与进气道背景波系稳定干扰模式纹影图片[56]

（a）$t = 5475.5\text{ms}$，$AR = 0.956$；（b）$t = 6114.5\text{ms}$，$AR = 0.897$；

（c）$t = 6903\text{ms}$，$AR = 0.824$；（d）$t = 7399\text{ms}$，$AR = 0.779$。

加背景激波入射侧的逆压梯度,是引起上述不对称趋势的主要原因。此外,他们还研究了不同入口马赫数下的激波串特性,发现在低马赫数状态下,背景波系较弱,激波串不对称的主导因素为上游上下壁面边界层的非对称,激波串始终偏向于边界层较薄的一侧,这和王成鹏[43]的结论一致。结合 Sajben、Wagner 和 Tan 的结果,可以明确一点,隔离段激波串的特性主要和背景激波和壁面边界层特性有关;在背景激波这种强干扰作用下,直连风洞试验中激波串内分离包的随机横向不对称是不会出现的。

除几种"稳定"的相干模式外,Tan 等[56]发现激波串在两种不同模式间切换时会出现剧烈的低频振荡。振荡过程中,激波串不仅沿流向大幅振荡,还沿横向摆动。这种剧烈低频振荡可能会对下游燃烧产生非常不利的影响。图 8 - 44 所示为其试验获得的低频振荡纹影图(一个周期)。分析表明,背景激波干扰下激波串的低频振荡驱动机制并非声学共振,其机制可以概括如下:当激波串从下游抵近背景

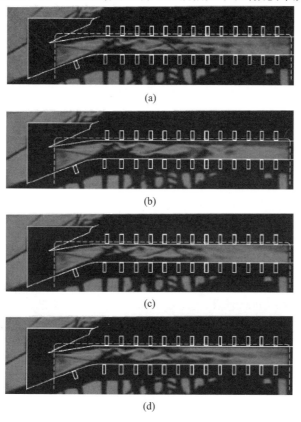

(a)

(b)

(c)

(d)

图 8 - 44　激波串低频振荡纹影图片[56]

(a)$t = 7015\text{ms}$;　(b)$t = 7021\text{ms}$;　(c)$t = 7025\text{ms}$;　(d)$t = 7029\text{ms}$。

激波反射点时,上游湍流边界层内或者激波串下游的小扰动可诱使激波串前移,激波串内的分离区和背景激波诱导形成的分离区合并,分离包显著增大,激波串快速前移。在激波串前移过程中,其内部逆压梯度不断降低,这使得分离区开始逐渐趋于再附,激波串转而后移。在激波串后移过程中,其内部的流体不断积蓄,逆压梯度逐渐增加,当激波串退回到其初始位置时,边界层再次分离,迫使激波串前移,至此完成一个完整的振荡周期。可见,在激波串的周期性振荡过程中,背景激波入射点附近的边界层起到了扰动放大器的作用。Su 等[57]在数值模拟研究中也发现这种激波串在特定区域呈现的周期性振荡。

上述激波串分离包的上下跳跃切换以及激波串振荡现象均体现了激波串在隔离段运动的强非线性。这种非线性在进气道–隔离段流动中实际上具有很大的普遍性[58]。徐珂靖等[59]通过二维数值模拟研究了背景波系作用下隔离段出口反压变化引起的激波串运动,发现激波串在流向上的运动也存在突跳现象。分析发现,激波串的运动规律与隔离段内背景波系造成的压力梯度分布有关。在主流的顺压力梯度区,从激波串前移的方向看,表现为逆压力梯度,激波串运动特征表现为缓慢移动;在主流区的逆压力梯度区,从激波串前移方向看,表现为顺压力梯度区域,激波串运动特性表现为快速前移。除了隔离段出口压力变化会造成激波串前缘位置的突跃、攻角变化[60]带来的进气道背景波系改变,也会引起激波串的突然移动。

以上研究均凸显了背景波系对于隔离段流动的重要影响。从这个意义上来讲,如果要获得更加真实的隔离段激波串特性,完全脱离背景波系而单独研究隔离段流动(如直连风洞试验)无疑具有很大的局限性。

8.2 高超声速进气道起动问题及其控制方法

8.2.1 高超声速进气道起动问题概述

1. 起动、自起动和脉冲起动

为了描述方便,研究人员依据特定的流动现象和过程,将高超声速进气道的起动进一步划分为起动(Starting)、自起动(Self – starting) 和脉冲起动(Pulse starting)[61,62]。"起动"一般用来描述进气道的目标流动状态(图 8 – 45)。Holland[61]从流动现象的角度出发,认为当进气道内部建立了比较稳定的斜激波波系时,唇口外侧的斜激波稳定地附着在唇罩壁面上,可以认定进气道起动。Van Wie[62]则从进气道性能的角度出发,认为当进气道内部的流动现象没有改变进气道的流量捕获特性时,进气道是起动的(在评定进气道是否起动时,不考虑通过抽吸孔或气流旁路减小捕获流量的情况)。总之,处于起动状态的进气道,一般在进气道入口处没有大范围的流动分离,唇口上方也没有形成溢流,捕获流量系数较高,进气道喉道为超声速流动。

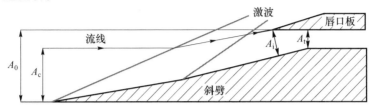

图 8 - 45　进气道流动示意图

A_0—进气道的迎风几何面积; A_c—捕获面积; A_t—几何喉道面积。

与起动的进气道相比,不起动的进气道流量系数较低,存在较大的流动分离现象,并且流动状态往往是不稳定的。能够导致进气道不起动的因素较多[63]。例如,在给定的来流马赫数下,进气道的收缩比过大,以至于进气道的喉道壅塞;进气道的出口反压升高到进气道无法"忍受"的程度;严重的激波 - 边界层干扰导致喉道出现大的流动分离。在进气道的实际工作状态下,这些因素往往不是单独出现的,而是复合在一起,这就增加了进气道不起动流动的复杂程度,也给对进气道起动性能的预测带来挑战。

"自起动"对应于进气道流动状态的一种变化过程。对于给定几何构型的进气道,在导致进气道不起动的因素消除后,进气道能够再起动,是认定进气道在类似条件下具有自起动能力的直接证据[64-66]。"脉冲起动"的概念主要来自于在地面脉冲型风洞中进行的进气道试验[62],它是指进气道突然进入高超声速流场后,不需要改变进气道的几何构型(如调节喉道面积),在来流的"冲击"作用下,进气道就能够起动的现象[61]。在这种情况下,进气道的流场建立过程具有强烈的非定常性。

自起动能力是进气道起动性能的重要指标,它决定了在特定的来流条件下,是否需要额外的变几何机构或是抽吸装置等帮助进气道起动。脉冲起动也是进气道起动性能的重要指标,它表明定几何进气道是否可能在给定的来流条件下正常工作。

进气道的起动性能受很多因素的影响。Van Wie[63]对进气道起动能力的影响因素进行了较为全面的概述。近年来,利用数值模拟的便捷性和经济性,研究人员在更广的参数变化范围探讨了进气道的起动能力。考虑的影响因素包括进气道几何折转角[67]、飞行攻角[68]、壁面温度[69]、进气道面积收缩比[70]、飞行高度[70]以及攻角动态变化时的角速度[71]和俯仰振荡频率[72]等。

2. 进气道起动极限判据

进气道的起动问题本质上是一个定常可压缩管流问题。通过建立从自由来流到进气进喉道的流管,采用一维准定常流动理论,可以获得在遵守某种判据(如壅塞极限)的情况下进气道入口面积和喉道面积的几何收缩比与来流马赫数的关系式,进而预测进气道的起动能力。

假设超声速气流在喉道之前经过一系列等熵压缩波减速增压,在喉道处恰好达到声速,整个流动通道内无激波产生,这种情况下,可以由进口截面与喉道截面之间的质量和能量守恒,外加等熵条件,得到进气道收缩比,即等熵起动极限,即

$$\frac{A_0}{A_{t,Isentropic}} = \frac{1}{Ma_\infty} \cdot \left(\frac{2}{\gamma+1} + \frac{\gamma-1}{\gamma+1} Ma_\infty^2 \right)^{\frac{\gamma+1}{2(\gamma-1)}} \qquad (8-3)$$

式中 Ma_∞——来流马赫数;

　　　γ——比热比;

　　　A_0——进气道迎风几何面积;

　　$A_{t,Isentropic}$——等熵起动极限下声速喉道面积。

如果假定进气道入口前存在一道正激波,将超声速来流首先降为亚声速,然后波后亚声速气流在入口截面和喉道截面之间等熵加速,在喉道恰好到达声速,此时得到的进气道收缩比称为 Kantrowitz 极限[73],即

$$\frac{A_0}{A_{t,Kantrowitz}} = \sqrt{\frac{\gamma+1}{2+(\gamma-1)Ma_\infty^2}} \cdot Ma_\infty^{\frac{\gamma+1}{\gamma-1}} \left(\frac{2\gamma}{\gamma+1} Ma_\infty^2 - \frac{\gamma-1}{\gamma+1} \right)^{\frac{1}{1-\gamma}} \qquad (8-4)$$

式中 $A_{t,Kantrowitz}$——Kantrowitz 极限下声速喉道面积[73]。

图 8-46 给出了内压式进气道的等熵起动极限收缩比和 Kantrowitz 极限收缩比随设计马赫数变化的曲线。两条极限收缩比曲线将坐标平面分成 3 个区域:等熵起动极限以下的 A 区,进气道入口前有脱体激波,进气道不能自起动;Kantrowitz

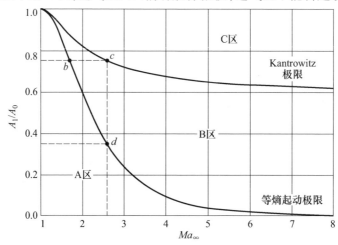

图 8-46　进气道起动性能示意图

极限以上的 C 区,进气道能够自起动;介于两条曲线之间的 B 区,进气道起动与否取决于是加速过程还是减速过程。如果飞行器沿着 b→c 从马赫数 Ma_b 加速到 Ma_c,则激波一直在进气道唇口外,直到加速至 Ma_c 时进气道才能够起动;反之,如果沿 c→b 减速,则进气道一直起动,直至减速到 Ma_b 激波才脱体,进气道不起动。

对于混压式进气道,由于必须考虑外压缩部分的激波和边界层的影响,问题比较复杂。一般来讲,在相同收缩比下,混压式进气道的起动临界马赫数要比内压式进气道高;同时,混压式进气道不起动时,往往产生脱体的斜激波,而非正激波,总压损失相对于正激波情况要小,这使得混压式进气道的实际起动收缩比往往要比 Kantrowitz 极限宽松。

3. 进气道起动迟滞问题

在高超声速风洞设备中模拟飞行器助推段加速过程以及下降段减速过程的马赫数变化存在困难;相比而言,数值模拟很容易实现对来流参数的调节。因此,到目前为止,对飞行器加速过程进气道的自起动以及减速过程进气道的不起动进行检测和预报主要依靠数值模拟方法。具体操作上,一般采用进气道低马赫数下的不起动流场作为初场,依次增大来流马赫数直至进气道起动,获得进气道自起动马赫数的上临界[74,75]。来流马赫数高于该上临界马赫数时,进气道是具有自起动能力的。反过来,以进气道的起动流场作为初场,逐步降低来流马赫数直到进气道不起动,以此获得进气道不起动马赫数的下临界。来流马赫数低于该下临界马赫数时,进气道是不起动的。大量研究显示进气道起动存在迟滞现象[74,76]——进气道自起动的上临界马赫数与进气道不起动的下临界马赫数并不相同;从低马赫数到高马赫数和从高马赫数到低马赫数两种路径下,进气道性能参数的变化曲线并不重合[77](参见图 8 - 47)。Cui[78-81]采用动力系统的突变理论对进气道起动迟滞现象进行了研究。

关于变马赫数过程对进气道起动性能的影响,Tahir[82]的数值模拟表明,只有当全流场的流向加速度达到几千倍重力加速度时,非定常效应的影响才会显现。而吸气式高超声速飞行器在实际飞行过程中的极限加速度一般低于 200 倍的重力加速度,不足以改变进气道的起动特性[76]。从这点来看,采用计算代价相对较低的准定常方法求解进气道的自起动过程是合适的。

8.2.2　高超声速进气道不起动喘振流动机理

1. 进气道不起动喘振流态

喘振是进气道不起动时的一种不稳定的工作状态,主要表现为:激波波系做周期性运动,唇口处的波系在进气道入口内外反复运动。当高超声速进气道处于不起动喘振状态时,其总压恢复系数和流量系数显著下降,且极易出现剧烈的波系运

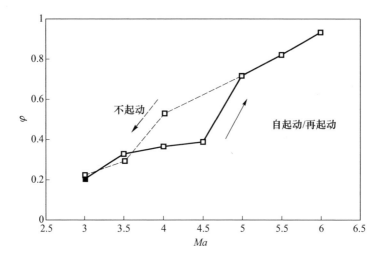

图 8 - 47   高超声速进气道的再起动回路迟滞现象

动和壁面压强振荡,这不仅使得发动机的推力特性严重恶化,其伴随的周期性力载荷和热载荷还可能导致发动机的结构破坏,并使得飞行器变得难以控制[83]。因此,高超声速进气道的不起动状态具有相当大的危害,在理论设计和工程实际中应该尽量避免。

自 Oswatitsch[84]观测到喘振现象开始,国内外研究人员开展了大量的研究,获得了关于喘振的流动特征及振荡机理的基本认知。

Ferri[85]发现当进气道处于亚临界状态时,进气道入口前的正激波与外压缩面的斜激波干扰产生剪切层,一旦剪切层进入进气道则可能引发喘振,即剪切层准则。如图 8 -48(a)所示,Ferri 的喘振理论认为,锥形激波与被推出外罩的正激波相交,形成了一个涡面,其与唇罩内侧边界层相互作用,产生了分离,迫使溢流增加,故亚临界结尾激波继续上移变强,并在进气道进口内侧又形成一个涡面;新形成的涡面与内侧边界层相互作用,并诱导出剧烈的压力脉动,使得进气道进入喘振阶段。Fisher[86]通过试验对 Ferri[85]的喘振理论进行了补充,指出并非任意涡面进入进气口内侧都会引起进气道的不稳定工作,主要有 3 个因素决定了其是否能激发起进气道的不稳定工作:①过涡面的总压变化,或称滑流层的强度;②过涡面的总压恢复梯度;③涡面至罩唇部内侧的距离。此外,Fisher[86]还通过动态传感器检测并区分出"小喘"和"大喘"两类不稳定工作状态,其振荡频率均和声学振荡频率有关,但是两者振幅差距较大。

Dailey[87]发现当激波导致进气道外压缩面出现流动分离时,分离区堵塞了进气道进口通道,从而引发振荡,即流动分离准则,如图 8 -48(b)所示。通过分析典型测点的压力振荡频率,Dailey 发现其振荡频率和管道的高阶声学振荡频率接近。

Herrmann[88]发现超声速进气道的喘振频率不仅与管道声学振荡频率相关,还与管道出口的堵塞度相关。喘振频率随堵塞度的增加而增大,这是由于堵塞度的增大会使喘振周期中的口部波系吐出时间缩短,从而使得喘振周期缩短。

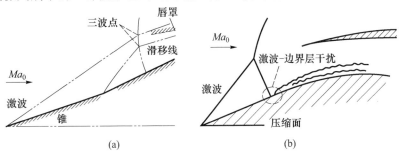

图 8 - 48　超声速进气道的典型喘振机理示意图[99]

(a)Ferri 的涡面喘振理论; (b)Dailey 的分离喘振理论。

　　Trapier[89]对下游壅塞导致的二元混压式超声速进气道不起动流态进行了风洞试验研究,发现不起动流态极易表现为振荡流态。在整个不起动过程中,首先出现的是振荡相对温和但频率较高的"小喘",随后是振荡剧烈而频率相对偏低的"大喘"。从振荡机理上,前者可归为 Ferri 的涡面喘振理论[85],后者可归为 Dailey 的分离喘振理论[87]。而从激波振荡频率来看,这两类振荡均与管道的声学振荡频率相关。而在这之后开展的相关研究[90,91]也佐证了这一结论。

2. 高超声速进气道喘振流态典型流动特征

　　高超声速进气道结构特征及流场特性与超声速进气道存在明显的差异。文献[92]指出高超声速进气道的不起动流场特征与超声速进气道间存在显著差异,前者为超声速溢流,后者为亚声速溢流(图 8 - 49)。谭慧俊[93,94]设计了专门的广义二元高超声速进气道模型,并借助瞬态压强测量技术和高速纹影摄像对其下游堵塞导致的不起动现象进行了细致的研究。研究结果表明,高超声速进气道的不起动流态极易表现为振荡流态(图 8 - 50),且根据振幅大小可同样分为相对温和的"小喘"和剧烈的"大喘"两种。它相较超声速进气道喘振流态最大的不同是,在高超声速进气道喘振过程中通道内将周期性地出现超声速流动,而这将阻隔声波在通道内的前传,因此常规超声速进气道中的声学反馈喘振模式在这里并不再适用,而喘振频率也不能使用盲腔声学振荡频率公式进行估算。对此,Tan[93]提出了以进口溢流量为扰动源,对流、激波串运动和声波 3 种扰动传播方式相互接力构成的扰动信号闭环模式,并将不起动喘振过程分为口部不起动波系的运动和通道内流体积蓄两个独立的过程,结合试验数据分别对其进行估算求和,可得到完整的喘振频率。Wagner[95]和 Li[96]在试验中也发现高超声速进气道的喘振频率要低于相应的声学振荡频率,其喘振机理不同于常规的超声速进气道;且随着进气道堵塞程度的增加,喘振周期中激波向上游传播的时间将缩短,进而导致激波振荡的频率增大;而通过分析相邻测点间压强变化的时间间隔,得到了喘振过程中激波的传播速度及其沿程变化,为喘振频率的预测提供了依据。

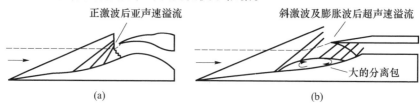

图 8-49 不起动瞬时流场

(a)超声速进气道;(b)高超声速进气道。

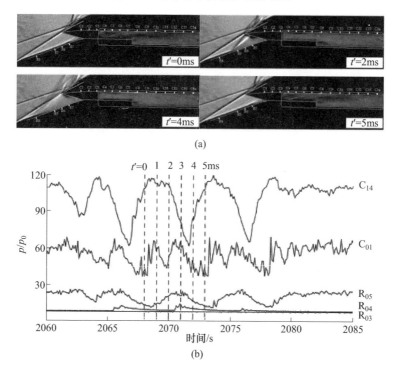

图 8-50 二元高超声速进气道不起动振荡周期内瞬态流动结构和壁面静压[93]

(a)纹影照片;(b)典型测点静压的时间历程。

上面提到的"大喘"与"小喘"状态均为常规喘振形态,由于进气道模型自身的结构、试验状态以及进气道工作状态的不同,会产生与上述两种不起动喘振流态相异的流动形态。常军涛[97]在试验中发现了高超声速进气道不起动喘振状态中两种新的流动形态。一种为"大喘"与"小喘"混合的振荡模式(图 8 – 51(a)),该振荡形式的周期性不明显;另一种为无振荡形式(图 8 – 51(b)),即在振荡过程中随机出现的一些间歇。

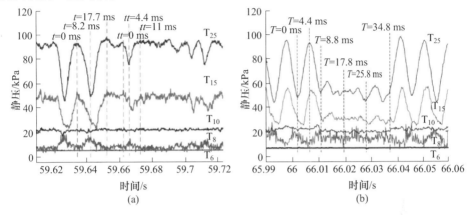

图 8 – 51　高超进气道不起动两种新的流动形式[97]

(a)"大喘"和"小喘"混合振荡模式;(b)无振荡模式。

高超声速进气道在亚额定、额定和超额定工况下,其喘振流场特征可能存在差异。张启帆等[98,99]对不同来流马赫数下一种典型二元进气道的不起动喘振流态进行了详细的研究,该进气道设计马赫数为 6.0,最低工作马赫数为 4.0,采用两级外压缩,压缩角分别为 10°、11°,唇罩处气流偏转角为 13°(图 8 – 52)。试验中通过步进电机带动进气道出口处的二元堵锥连续前进,以模拟隔离段下游燃烧室内

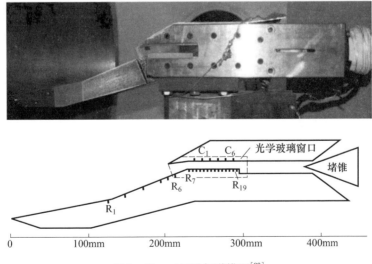

图 8 – 52　二元进气道模型[98]

释热拥塞导致的进气道不起动过程,并通过高速纹影和动态压力传感器记录了试验时间内的流场图片和沿程压力变化。

图 8 - 53 所示为亚额定工况下进气道不起动喘振过程中典型测点的压力—时间变化曲线,可以看到测点压力随时间发生大幅度的振荡,且位于进气道肩部的 R_7 测点压力值一直高于其通流时的压力($19.2p_0$),也就是说,在喘振过程中此处的分离包一直存在,未能被完全吞入通道。图 8 - 53 给出了亚额定和额定两个状态下唇罩最下游 C_6 测点静压信号脉动能量的时频联合分布特征。在信号处理中使用了 Morlet 小波以提高对频率的分辨能力,所采用的波数为 20。由图 8 - 54 可见,当喘振出现后,两个状态下均出现了明显的振荡能量集中频带,且两者的频率接近,均略低于 300 Hz。

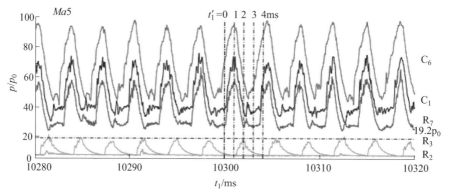

图 8 - 53 亚额定状态下喘振阶段典型测点的压力 - 时间变化曲线

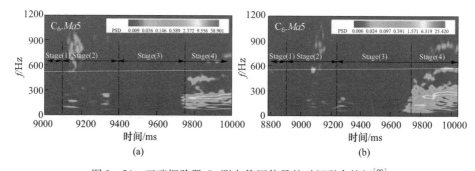

图 8 - 54 亚喘振阶段 C_6 测点静压信号的时频联合特征[99]

(a)亚额定;(b)额定状态。

Stage(1)—通流段;Stage(2)—隔离段激波串阶段;

Stage(3)—进口段口部分离包阶段;Stage(4)—进气道喘振阶段。

当来流马赫数进一步提高,进气道进入到超额定工作状态后,试验发现其喘振特性发生了突变。图 8 - 55 和图 8 - 56 分别给出了超额定状态下喘振阶段典型测点的压力—时间变化曲线以及静压信号的脉动能量时频联合分布特征。可以看到,脉动能量在频率域分布较为分散,且 C_1 测点的脉动能量相对较大,分散在700Hz 以内;而其他测点的脉动能量则明显较小,分散在 300Hz 以内。对纹影录像的观察结果表明,受进气道下游高压的影响,此时进气道唇罩脱体激波①连同其与前体激波②相交形成的剪切层③、剪切层诱导斜激波④一起前移,进一步远离进气道唇口。但在整个喘振周期中,进气道的口部波系结构随时间并无显著变化,只是其唇罩脱体激波沿流向存在一定幅度的振荡,图 8 – 57 给出了唇罩脱体激波位于最上游和最下游位置时的纹影照片。从图中诱导斜激波④在压缩面上的入射点来看,其位置在 R_5 和 R_6 测点之间,故流向位置振荡幅度较小。

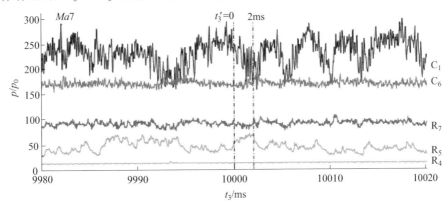

图 8 – 55　超额定状态下喘振阶段典型测点的压力 – 时间变化曲线[99]

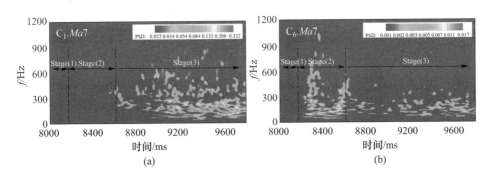

(a)　　　　　　　　　　　　(b)

图 8 – 56　超额定状态下喘振阶段 C_1 和 C_6 静压信号的时频联合特征[99]

依照图 8 – 57 中的纹影照片,图 8 – 58 绘制了其对应的流场结构示意图。可以看到,由于此时的唇罩脱体激波显著前移,其与前体激波依次相交,形成了两道剪切层,并且此时的剪切层诱导激波呈弯曲形,略微下凸。在剪切层的下侧,诱导激波后流动的主体为超声速,在高反压的作用下,演化为连续的激波串列。激波串

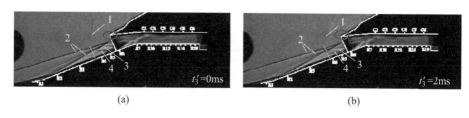

(a)   (b)

图 8-57　超额定状态不起动振荡过程中典型时刻的纹影照片[99]

(a)最上游位置；(b)最下游位置。

1—脱体激波；2—前体激波；3—滑流层；4—滑流层诱导斜激波。

列的尾部最终撞击在唇罩内侧,撞击点位于 C_1 测点附近,而后激波串紧贴唇罩内侧壁面与当地边界层融合,并向下游传播。在剪切层的上侧,来流经过唇罩脱体激波的正激波部分后被直接减速为亚声速。多道前体斜激波和激波串组合增压的效果要明显优于单道正激波的增压效果,因此,C_1 测点附近的增压比达到了 228 倍,而在紧接脱体激波正激波部分的下游,其增压比仅为 58 倍。如此,在进气道进口段剪切层上方与唇罩内侧的三角形流动区间,形成了强的逆压强梯度。这使得剪切层上方的一部分亚声速气流在该区域发生剧烈的流向偏转,形成倒流。由于该区间的压差较大,倒流局部甚至被加速至超声速,并在绕过唇罩前缘尖点时形成了明显的膨胀扇(图 8-57 中的圆圈标记部位)。该股倒流还与脱体激波波后更上层的亚声速气流(也在捕获高度范围内)在唇罩前相撞,形成空间滞止点,并致使气流向上偏折出进气道外。

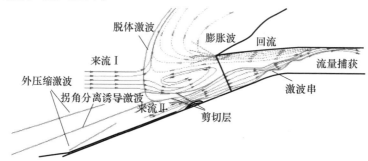

图 8-58　超额定状态下进气道不起动时的口部流场结构示意图[99]

通过分析亚额定状态、超额定状态下的进气道不起动振荡流场特征,张启帆等将不起动现象分为进口压缩面分离包及诱导激波主导和唇罩前缘脱体激波及局部倒流主导两类机制。两类机制的示意图如图 8-59 所示。

对于亚额定状态下的喘振现象,其形成机理如下:若压缩面分离包受通道内瞬时高压影响而长大并前移,其必然会导致分离诱导激波倾角加大和位置前移,进而使得唇罩上方发生的溢流瞬时增加,进入进气道内的空气流量下降,下游节流喉道

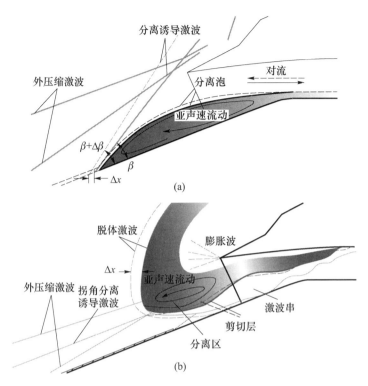

图 8 - 59　两类不起动喘振现象的形成机制示意图[99]

(a)进口压缩面分离包及诱导激波主导机制;(b)唇罩前缘脱体激波及局部倒流主导机制。

的壅塞程度下降。于是,通道内形成低压波并前传,使得口部分离包缩小并回撤,分离诱导激波回撤,唇罩上方的溢流减小,通道内又因流量积累而形成高压。如此周而复始,形成振荡。由于其扰动源在进气道进口段,而扰动放大区域在流道出口喉道处,故形成的是全流道振荡。由于进气道隔离段存在瞬时的超声速区,下游扰动只能依靠激波串前传,其传播速度显著地低于声波,故形成的是一种低频的大幅振荡。

而对于超额定状态下的喘振现象,其扰动来源于进口段下半部激波串自身的不稳定及激波串与唇罩内壁面的撞击。若扰动造成撞击处附近的压强升高,则会使进口段上半层的倒流流量和倒流区域增加,并迅速将唇罩上游的脱体激波前推。前推的弓形激波又会增大来流和下游倒流的滞止范围(图 8 - 58),进而降低了进气道的进气量,使得进口段下半部的激波串压力降低,倒流速度和区域随之减小,进气流量增加,唇罩内侧激波串撞击处压强又重新开始升高,从而开始下一个振荡周期。

8.2.3　高超声速进气道流动控制方法

进气道是吸气式高超声速推进系统的关键气动部件之一,具有捕获来流、对来流进行减速、增压、整流、隔离燃烧室压力波动等多项功能,因而其设计形式与工作特性(流量捕获特性、总压恢复特性以及阻力特性等)相当关键,显著影响着整个推进系统乃至飞行器的总体性能[100]。大量研究工作致力于各种形式的高超声速进气道设计点的性能提升。而在实际应用中,超燃冲压发动机需要工作在较宽的飞行包线内,这就要求高超声速进气道能够在宽马赫数范围内正常、高效地工作。对高超声速进气道设计和非设计点综合性能的改善被认为是超燃冲压发动机急需突破的关键技术之一。进气道流动控制则是实现上述目标的主要技术途径。

在进气道流动控制方法中,变几何技术是其中的一大类。变几何技术一般通过调节进气道唇口角度和位置以改变不同来流马赫数下进气道的收缩比,使进气道在宽范围内可以正常工作。在实际应用中,变几何技术存在结构复杂和响应时间慢等固有缺陷。另一大类流动控制方法是在固定几何的条件下,利用流体力学原理控制进气道内部的激波-边界层干扰,以实现对进气道流动的控制,提高进气道的性能。这类方法可以分为激波控制方法和边界层控制方法。前者典型的代表如张悦[101]提出的基于二维鼓包的激波-边界层控制方法,其控制原理是降低激波-边界层干扰区域的压力梯度;而后者主要包括边界层抽吸控制方法和涡流发生器等,其原理是增强边界层流体的抗逆压梯度能力。

1. 基于二维鼓包的激波-边界层干扰控制方法

为了实现对二元进气道唇口激波-边界层干扰的有效控制,张悦[7,101]提出了基于可变形壁面鼓包的激波边界层干扰控制方法。具体工作机理如图 8-60 所示。在激波入射点附近铺设可变形壁面鼓包装置,该装置可根据不同的飞行马赫数调节壁面鼓包的外轮廓,当进气道在低马赫数工作时,曲面鼓包内缩,使壁面保持平坦,避免形成通道堵塞,便于进气道起动;而在高马赫数状态下,曲面鼓包外凸,通过先导弱压缩波束的预增压效应、膨胀波束的消波效应等来减小激波入射点附近的逆压强梯度,从而缓解甚至抑制边界层分离。由于鼓包高度小于当地边界层厚度,其迎风面积占进气道总迎风面积的比例很小,预计带来的附加阻力很小。

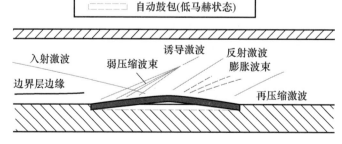

图 8-60　基于可变形壁面鼓包的激波-边界层干扰控制方法[7]

具体到可变形鼓包的实现,在目前的技术条件下可以考虑采用柔性壁或记忆合金
板等方案。

张悦提出的二维鼓包型线表达式为

$$f(x) = \begin{cases} h_{b}\left[A\left(\dfrac{x}{R\cdot l_{b}}\right)^{4} - 2(1+A)\left(\dfrac{x}{Rl_{b}}\right)^{3} + (A+3)\left(\dfrac{x}{Rl_{b}}\right)^{2}\right], 0 \leq x \leq Rl_{b} \\ h_{b}\left\{ \left[B\dfrac{x-l_{b}R}{(1-R)}\right]^{4} + (2-2B)\left[\dfrac{x-l_{b}R}{(1-R)}\right]^{3} + \\ \qquad\qquad (B-3)\left[\dfrac{x-l_{b}R}{(1-R)}\right]^{2} + 1\right\}, Rl_{b} \leq x \leq l_{b} \end{cases}$$

$$(8-5)$$

式中　h_{b}——鼓包高度;

　　　l_{b}——鼓包长度;

　　　R——鼓包迎风侧型线占鼓包总长度的比例;

A,B——分别为鼓包迎风面与背风面型线轮廓控制参数。

图 8 - 61 给出了在 $R=0.6$,A、B 取不同值时鼓包轮廓线的变化情况,鼓包型
线在两端可与 x 轴相切,并在 $x=Rl_{b}$ 位置处达到最高点。当形状参数 A、B 取值较
小时,鼓包型线变化表现为两端变化平缓,靠近鼓包最高点变化较为剧烈,而当 A、
B 取值较大时,型线变化表现出相反的趋势。

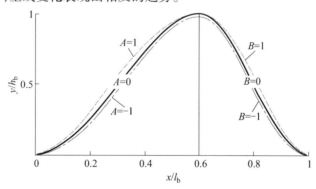

图 8 - 61　形状控制参数取不同值时的鼓包轮廓型线($R=0.6$)[7]

二元进气道唇口激波 - 边界层干扰,本质上是存在侧壁面限制条件下有限宽
度矩形截面流道内的入射斜激波 - 边界层干扰。为了检验上述的二维鼓包在有限
宽度矩形截面通道内的激波 - 边界层干扰控制效果,通过图 8 - 62 所示的试验模
型在马赫数 3.5 来流下进行了试验研究。模型下平板可以根据需要更换为普通平
板或带鼓包的平板,平板宽度为 90mm,长度 350mm,壁面鼓包起点距平板前缘

131mm,鼓包长45mm,高3mm,其截面轮廓线根据通用表达式(8-5)得到,式中取参数 $R=0.5$、$A=1$、$B=1$。平板两侧的侧板上安装有光学玻璃,以便于流场观测。平板上方安装有步进电机驱动的可调角度激波发生器(倾斜平板),其位置可以沿流向前后移动,以改变激波入射点与鼓包间的相对位置。

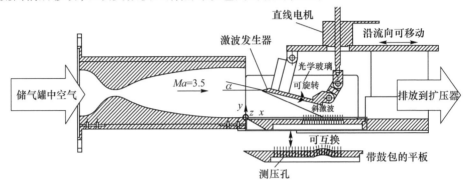

图 8-62   试验模型结构示意图[7]

图 8-63 所示为试验获得无鼓包情况下的流场纹影图片。可以发现,边界层在激波的作用下出现了明显的分离。由于大尺度分离包的出现,在分离区间内出现一个明显的压力台阶(图 8-64),并且在其起始和结束位置出现了分离激波和再附激波,其中分离激波在纹影照片中体现出明显的厚度。图 8-63(b)由模型对称面和 $z=0.25W$ 截面上的数值纹影叠加而获得。可以看出,在这两个截面上分离激波位置相差较大,说明在整个通道内由激波作用导致的边界层分离具有很强的三维性。

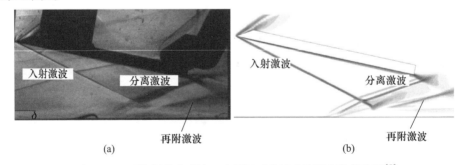

图 8-63   无控制状态激波-边界层干扰试验纹影和数值纹影[7]
(a)试验纹影;(b)数值纹影。

为了进一步揭示在有限宽度通道内激波-边界层干扰现象的三维特性,图 8-65给出了试验获得平板表面的油流照片和数值模拟的壁面摩擦力线分布情况。可以看到,数值模拟与实验室定性吻合,两者均显示出大尺寸的分离包结构。分离

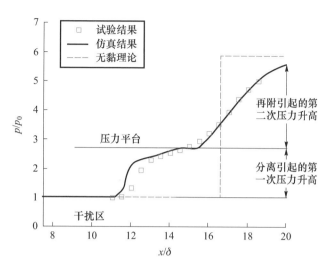

图 8 - 64　激波 - 边界层干扰区平板对称面上的壁面静压分布($\beta = 12°$, $Ma_0 = 3.5$)[7]

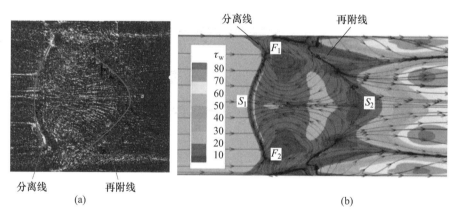

图 8 - 65　无控制状态下的模型表面流动情况($\beta = 12°$, $Ma_0 = 3.5$)[7]

(a)油流试验结果；(b)壁面摩擦力线。

区间内存在两个鞍点和两个螺旋点。分离线穿过平板对称线上的鞍点 S_1 并连接靠近侧板的螺旋点 F_1 和 F_2,而再附线则穿越位于对面的另一个鞍点 S_2。从形态上来看,试验中分离线和再附线均出现了明显的弯曲,并导致整个分离区间呈现出类似于纺锤的形态。这与发生在侧板附近的扫掠激波 - 侧板边界层干扰有很大关系,如图 8 - 66 所示,在激波的作用下,侧板边界层内大量低能流流向底部平板,充入位于底板的边界层分离包,并在靠近侧板位置处形成两个强漩涡,促使低能流向平板对称面流动,这使得分离包尺度在对称面附近迅速增大。

图 8 - 67(a)给出了在鼓包的控制下通道内激波 - 边界层相互干扰的纹影图

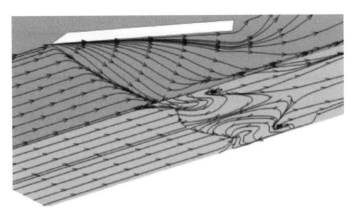

图 8 - 66　无控制状态仿真获得的平板与侧板表面摩擦力线分布($\beta = 12°, Ma_0 = 3.5$)[7]

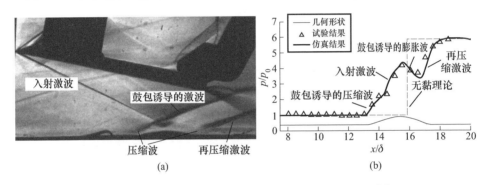

(a)　　　　　　　　　　　　　　　　　　　(b)

图 8 - 67　鼓包控制下流场纹影图片和中心线压力分布[7]

(a)纹影图片；(b)中心线压力分布。

片。激波作用点位于鼓包起点下游 $0.6l_b$ 处。与无鼓包时相比,此时激波作用导致的边界层分离被有效抑制,分离包尺度明显减小。并且,从图中还可以发现,此时分离激波和再附激波也变得更加清晰锐利,说明此时流动的三维效应有所减弱。图 8 - 67(b)给出了平板中心线上压力分布情况,从图中可以看出,原先无鼓包状态下在激波作用点附近出现的压力平台消失,取而代之的是两次压力升高和一次压力下降。在鼓包迎风面上,压力呈现出连续的升高;而后在鼓包外凸面诱导的膨胀波的作用下,壁面压力开始下降;最后,在鼓包尾部内凹面诱导的压缩波作用下,壁面压力再次上升。其中,鼓包迎风面上的压力升高过程又可分为两次连续的压力升高。造成这两次压力升高的原因各不相同,第一次压力升高主要由鼓包自身诱导的压缩波产生,而第二次压力升高则由激波入射导致。相比而言,鼓包控制状态下的压力升高明显温和许多,这使得在激波入射点附近的压升比显著下降,从而有助于抑制边界层的分离。此外,在激波作用点下游,受紧随而来的鼓包外凸面诱导的膨胀波作用,边界层内的气流得到有效的加速充能,这又促进了边界层分离气流的再附。综合以上鼓包迎风面弱压缩波的预增压作用、外凸面膨胀波的消波作用及其对边界层内低能流的充能作用,原先大尺度的边界层分离得到了有效的控制。

图 8 - 68 给出了鼓包控制下模型的壁面油流及摩擦力线分布情况,与图 8 - 65 所示的无鼓包控制状态相比,此时的边界层分离区域明显减小,分离区内存在 4 个明显的奇点和两个鞍点。在鼓包迎风面靠近侧板处出现了两个源点 N_1、N_2,而在无鼓包控制条件下这个部位本来存在的是两个螺旋点。在位于平板对称线附近的分离线上存在一个汇点 N_3,而在再附线上则对应地存在源点 N_4,以及在 N_4 两侧的分离线上对称地存在两个鞍点 S_1 和 S_2。在平板对称面上,分离线和再附线相距很近;而越靠近侧板,分离线与再附线逐渐向上游移动,二者之间的距离也越大。由此形成了一个燕尾状的分离区域。图 8 - 69 展示了位于侧板和平板上的壁面摩擦力线分布,与无鼓包时相似,在入射激波的扫掠作用下,侧板边界层下扫至下平板,并在角区堆积,但是由于鼓包的分流效应,低能流在鼓包表面被分为两部分,分别向鼓包的上游和下游流动。因此,角区的低能流堆积现象得以缓解,从而使得角区内边界层分离包减小。

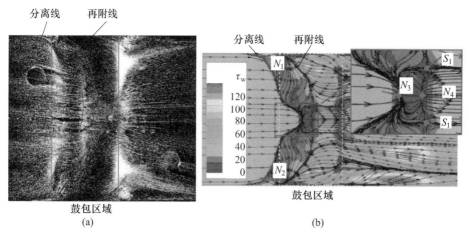

图 8 - 68 鼓包控制状态下的模型表面流动情况($\beta = 12°$,$Ma_0 = 3.5$)[7]

(a)油流试验结果; (b)壁面摩擦力线。

2. 基于回流通道的二元进气道流动控制方法

对于高超声速进气道而言,当来流马赫数较低、进气道不起动时,进气道进口处往往形成大的分离包,并于进气道进口前诱导产生一道斜激波,如图 8 - 70 所示。进气道不起动时,进口前诱导激波使气流的静压值显著升高(图 8 - 71);而当进气道起

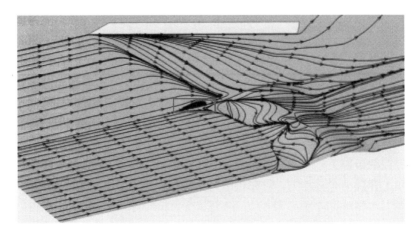

图 8 - 69　鼓包控制状态仿真获得的平板与侧板表面摩擦力线分布($\beta = 12°, Ma_0 = 3.5$)[7]

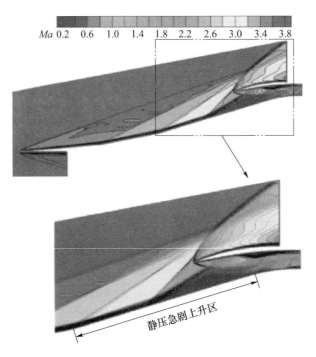

图 8 - 70　进气道不起动时流场马赫数等值线图[102]

动后,分离包与诱导激波均消失,进口前等直段内近似形成等压区(图 8 - 72)。

　　根据进气道不起动与起动时进口前等直段内不同的静压分布规律,王建勇和谢旅荣等[102,103]提出了一种在进气道内开设回流通道的流场控制概念,如图 8 - 73所示。当进气道不起动时,利用诱导激波前后的静压差将此时分离区内低能流引

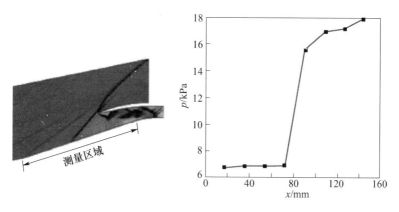

图 8 - 71　进气道不起动时壁面沿程静压分布[102]

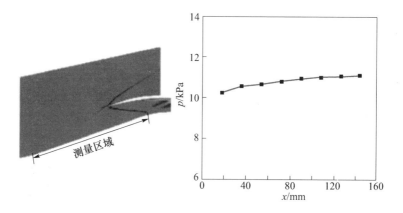

图 8 - 72　进气道起动时壁面沿程静压分布[102]

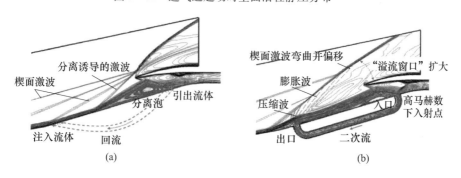

图 8 - 73　回流通道控制方法概念和结构示意图[102]

(a)回流通道流场控制概念；(b)带回流通道的进气道结构示意图。

出并注入到进气道前体同一压缩楔面内,形成封闭式流动循环,使分离包减小乃至消失,从而达到改善低马赫数下的起动性能、降低自起动马赫数的目的。而当高马赫数下进气道处于起动状态时,进口前基本无静压差,回流通道内近似处于平衡(无回流),进气道流场特性(流量系数、总压恢复系数等)几乎不受影响,从而保证进气道在高马赫数下的性能和满足发动机高马赫数下所需的推力要求。

以低马赫数下进气道不起动流场作为初始流场,而后在此流场基础上,逐步增加来流马赫数,并针对不同来流马赫数状态逐一进行数值仿真至进气道起动(其中马赫数间隔选取为 0.1~0.3)。图 8-74 给出了原型面进气道与带回流通道进气道在来流马赫数 $Ma = 3.0$、3.5、3.6、4.0、4.6 和 4.7 时马赫数等值图。从图 8-74(a) 中可以看出,低马赫数下原型面进气道进口处有大分离泡存在,随着来流马赫数的增大,分离包一直存在直至 $Ma = 4.7$ 时才消失,进气道实现自起动。

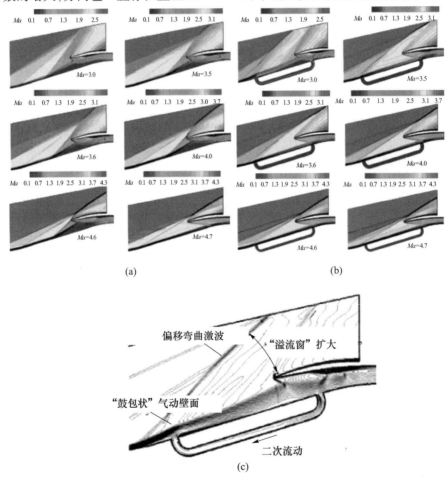

(a)   (b)

(c)

图 8-74　原型面进气道与带回流通道进气道自起动过程分析[102]
(a)原型面进气道;(b)带回流通道的进气道;(c)回流通道影响下进气道波系结构。

而带回流通道进气道利用不起动时诱导激波前后静压差,"驱使"分离区中低能流在回流通道进口处引出,经管道引回进气道前体,经回流通道出口重新注入进气道,并在此处形成"鼓包状"气动壁面,如图 8 - 74(c)所示。高速外流流经该凸状气动壁面,诱发产生一系列弱压缩、膨胀波系对楔面压缩波系进行"修饰",使第三道楔面压缩波有明显弯曲并往外偏移,致使溢流窗口变大,前体超声速溢流增加,进气道捕获流量减小,这显然有利于进气道低马赫数下的起动。随着引流的开始,如图 8 - 74(b)所示,分离包逐渐减小,诱导激波强度随之减弱,导致回流通道进、出口间静压差下降。驱动压差的减小使回流量下降,进气道前体楔面压缩波系减弱,如此形成"负反馈响应"直至分离包及诱导激波消失,$Ma = 3.6$ 时进气道顺利实现自起动。与原型面进气道自起动特性对比,开设回流通道使得进气道自起动马赫数由 $Ma = 4.7$ 降低至 $Ma = 3.6$,进气道工作马赫数范围显著拓宽。

进一步对回流通道的进出口位置变化及回流通道宽度对进气道自起动马赫数的影响进行研究。研究发现,回流通道出口位置几乎不影响进气道自起动性能,而回流通道的进口位置对进气道自起动马赫数影响较大,且存在一个最佳位置点;在回流通道宽度 $b \geqslant 8mm$ 范围内,进气道自起动马赫数几乎不随通道宽度变化。在低马赫数下,回流通道对改善进气道不起动流场效果明显;而在高马赫数下,回流通道对进气道性能几乎不产生影响,从而保证了进气道高马赫数下的性能。在全部测试马赫数范围内,回流通道对进气道外流场几乎无干扰。

采用图 8 - 75 所示的二元进气道模型(内压缩比为 2.0)在来流马赫数为 5.0 的高超声速风洞对回流通道的辅助起动效果进行验证。数值模拟结果显示:该进气道的起动性能较差,自起动马赫数高达 6.1;而当采用回流隔道设计进行辅助流动控制后,该进气道的自起动马赫数降低到了 4.3。在风洞试验中(马赫数 5.0 来流),无回流隔道设计的进气道流场纹影图片和中心线沿程压力分布如图 8 - 76 所示,可以看出此时进气道前体压缩面上出现了较大的分离区,分离激波入射进气道唇口外,形成严重的溢流,进气道不起动;而采用回流通道进行流动控制的进气道试验纹影图片和中心线沿程静压分布如图 8 - 77 所示,此时进气道起动。显然,采用回流通道在提高进气道起动能力方面具有较明显的效果。这里需要指出的

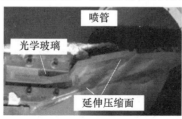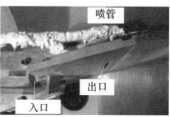

图 8 - 75　带回流通道控制的进气道模型[103]

是,采用回流通道所带来的热防护和冷却问题仍亟待解决。

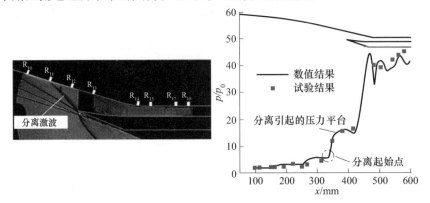

图 8 – 76　无控制状态 $Ma = 5.0$、$\alpha = 0°$来流下流场波系和沿程压力分布[103]

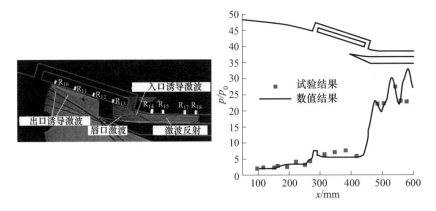

图 8 – 77　回流通道控制下 $Ma = 5.0$、$\alpha = 0°$来流下流场波系和沿程压力分布[103]

8.3　激波与燃料混合

　　来流空气经过进气道/隔离段的减速增压后进入燃烧室,并在燃烧室内供给燃料组织燃烧,将燃料的化学能转化为气体热能以提高来流的做功能力[104]。超燃冲压发动机燃烧室内涵盖了燃料与空气的混合、点火和稳定燃烧等多个物理、化学、气动过程。在众多关键技术中,燃料与空气的充分混合是影响超燃冲压发动机性能的一个重要因素[105]。由于燃烧是发生在反应物分子水平的接触之上,均匀的掺混可以最大化地增加燃料与氧分子间的接触概率,从而提升燃烧效率。图 8 – 78所示为燃烧效率随掺混均匀度的变化趋势。相对于亚燃冲压发动机,超燃冲压发动机的燃料混合和燃烧要困难得多,这主要是因为:①燃烧室进口气流是超声速的,在燃烧室内的驻留时间仅为毫秒量级。在极短的驻留时间内,要完成燃料喷射、燃料与空气充分混合、燃烧,难度较大;②超声速剪切层的稳定性较强,剪切层的扩散率仅有不可压剪切层的 1/4 ~ 1/3,这极大地限制了混合效率;③目前相对成熟的航空推进剂一般为碳氢燃料,而碳氢燃料点火延迟时间长、反应速度慢,液态燃料更是存在破碎和气化的过程,因此在超声速燃烧室内采用传统的燃料喷注方法,较难实现碳氢燃料的充分混合和点火。

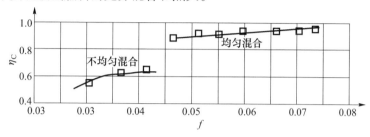

图 8 - 78　掺混对燃烧效率的影响[105]

目前已经发展出许多用于增强燃料混合的技术,这些技术大都基于以下思想:扰动激励在流场中产生周期性的振荡,从而加快剪切层的发展,以增强燃料的混合效果。一些被动与主动的混合增强技术应运而生:气动斜坡、气泡雾化和射流穿透度增强等都属于被动混合增强技术;凹腔和支板等也属于被动混合增强技术;主动的流场控制、声波激励和引入压力扰动源等则属于主动混合增强技术[106]。以下介绍几种常见的增强燃料混合的方法。

马静[106]研究了一种后缘角度为 45°的凹腔式燃烧室内冷态流场流动结构。试验和数值模拟所得典型的流场图像(纹影)及波系结构如图 8 - 79 所示。可以看到,隔离段中的超声速气流在燃烧室进口形成了膨胀波扇(图 8 - 79 中①),超声速气流在燃烧室进口通过膨胀波扇向外偏折,直到主流撞击等直段燃烧室壁面,产生两道斜激波(图 8 - 79 中②),斜激波而后相互干扰,在干扰点下游形成两道透射斜激波(图 8 - 79 中③)。由于上、下壁面均存在突扩台阶,隔断了燃烧室表面的附面层,可防止下游扰动向隔离段传播进而影响进气道的起动。燃烧室来流在凹槽前缘分离,并在凹槽内形成有利于燃料混合的回流区。凹槽内低速回流与上层高速主气流形成了强剪切层。剪切层向下游发展直至凹槽后缘处,部分剪切层冲击至凹槽后壁,形成冲击激波(图 8 - 79 中④);但是波后气流紧接着经过后缘膨胀,在后缘处形成了膨胀波(图 8 - 79 中⑤)。随着反压的扰动沿附面层向上游传播,相交后的斜激波(图 8 - 79 中③)与上壁面附面层相互作用,在燃烧室扩张段开始的地方形成了附面层分离激波(图 8 - 79 中⑥)。扩张段燃烧室上下壁面附面层也发生了严重分离,在下壁面,由于凹槽后缘膨胀波⑤对相交后斜激波③的弱化作用,没有出现附面层分离激波。从图8-79中还可以看出,激波串(图8-79中⑦)中波节处会产生高压平台,且沿气流方向,气流不断地经过激波串的压缩,使得燃烧室内静压逐渐升高,而气流马赫数逐渐降低。马赫数的降低同样有利于燃料的充分掺混。

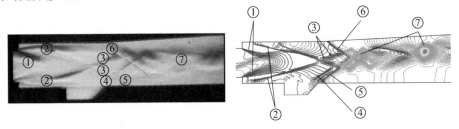

图8-79　试验纹影图及数值模拟结果[106]

①—后台阶膨胀波扇;②—等直段斜激波;③—相交后斜激波;④—凹槽后壁冲击激波;

⑤—凹槽后缘膨胀波;⑥—附面层分离激波;⑦—激波串。

支板构型是另一种常用的燃料混合增强方式。一方面,支板布置在主流中间,可以直接将燃料喷入超声速主流中,从而形成较大的混合接触面积。尤其是当燃烧室尺寸较大时,支板喷注的优势更为明显。另一方面,经过特殊设计的支板能在支板后诱导产生涡流,进一步促进燃料的混合。此外,与凹腔作用类似,支板同样可诱导产生回流区,回流区不仅可以稳定火焰,也能极大地减小来流速度,从而达到增强混合的目的。

Tomioka[107]等比较了壁面喷注与支板喷注的混合效果。图8-80所示为他们所采用的试验模型。试验结果表明,仅有壁面喷注时,燃料的渗透和混合效果较差;而当加入支板喷注时,混合增强,燃烧效率提高。这是因为支板可诱导产生涡流,进而促进混合。

除燃烧室构型外,采用优化设计的燃料喷注器也能起到促进燃料混合的作用。在壁面喷注方式中,圆形喷嘴垂直喷射是最常见的形式,它能提供较强的燃料穿透能力和较好的燃料混合效果,喷嘴附近所形成的回流区也能在一定程度上促进掺混。但垂直喷流会产生较强的激波,这会导致来流较大的总压损失;同时,压缩性效应不利于燃料与空气的混合层中涡旋的产生和脱落,抑制了卷吸作用,其远场混合效果较差。

对于气体燃料射流,主要通过在尽可能减少总压损失的前提下提高燃料穿透度来增强射流和主流的混合。Mai[108]采用PLIF技术研究了超声速流中横向射流的基本流场结构,典型结果如图8-81所示。这种经典的射流结构受剪切层和逆时针涡对的影响,表现出较强的三维性[109](图8-82)。Billig[110]对射流穿透度在燃料混合方面的作用进行了大量分析;Gruber[111]采用PLS技术对喷嘴构型进行了研究。

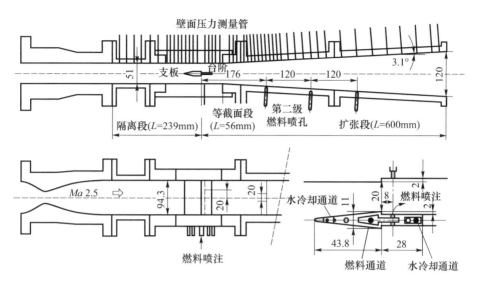

图 8-80　Tomioka 试验模型及支板喷注示意图[107]

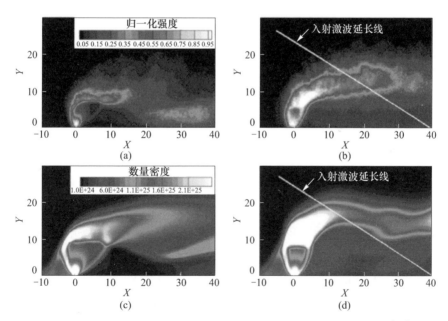

图 8-81　Toru Mai 横向射流流场结构 PLIF 试验结果和数值模拟结果[108]
(a)、(b)PLIF；(c)、(d)数值模拟。

　　对于液体燃料,其喷射和混合过程更加复杂。液体燃料在燃烧室内将经历射流破碎、液体雾化、蒸发、混合、燃烧等一系列过程。超声速流中激波的存在可促进射流液滴的快速破碎、雾化和混合。Kush[112]研究了超声速流中液体横向射流,给

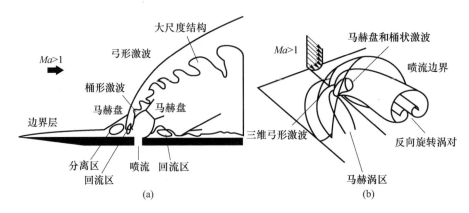

图 8-82　超声速流中横向射流的基本流场结构示意图[109]

(a)喷孔中心的轴向截面上流场瞬态结构；(b)流场的三维结构。

出了横向射流穿透性的预估模型。Sallam[113]的研究显示超声速流中横向射流液滴破碎过程相比亚声速流更为迅速,雾化混合效果也有所增强。

采用气泡雾化增强射流混合在液态燃料的超燃冲压发动机里应用广泛。图 8-83所示为采用气泡雾化技术的液体垂直射流流场结构。Lin[114]对气泡雾化射流进行了研究,结果表明,气泡雾化具有交叉分布区域大、液滴直径小、速度高、羽流分布规整等优点。

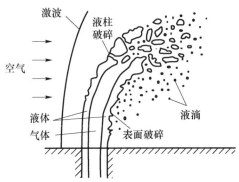

图 8-83　超声速流中气泡雾化后垂直射流流场结构示意图[109]

虽然凹腔、支板装置和壁面喷注等都可以在一定条件下促进燃料混合或点火,但通常这些方法都只能在一定的适用范围内发挥最佳效能。为了更好地解决混合燃烧问题,研究者们提出了行之有效的节流方法。该方法主要通过空气节流形成临时的喉道,影响燃烧室区域流场的流动特征,以促进燃料的混合。田野等[115-117]对此进行了大量的研究。图 8-84 所示为有空气节流情况下燃烧室内的涡量分布。研究结果显示,节流可以依靠其自身产生的激波串有效地辅助燃料掺混的实现,其主要机制是:节流在上游主流道内诱导产生激波串,形成了速度低、静温高、静压高的主流区域,节流位置前部边界层分离,涡旋向主流道内扩散;同时,激波串不断向上游延伸,扩展至燃烧室凹槽下部,凹槽下部的剪切层被抬升进入主流道,从而有效地促进了燃料的混合。

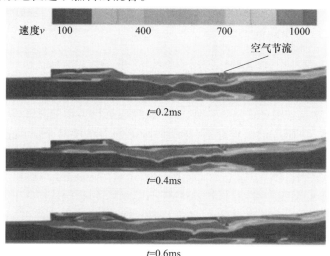

图8-84 有节流情况下燃烧室内涡量分布[116]

8.4 激波与点火

　　高效的燃料掺混为超燃冲压发动机燃烧室内的点火和稳定燃烧奠定了基础。实现成功点火,一般还要满足4个方面的要求,即温度、压力、燃料当量比、混气驻留时间。合适的温度、压力由进气道设计决定,当量比和驻留时间则取决于燃烧室的设计。在燃烧室内,当飞行马赫数较高时,来流总焓较高,燃料可以发生自点火;而来流总焓较低时,就需要外加点火源,如引导火焰(值班火焰)[118]、等离子体火炬[119]、支板、火花塞、空气节流装置、火药点火器等。这些方法的基本思想是为混合可燃气体提供一个高静温静压、低流速、富含活化分子的环境,寻求突破或降低混合燃气的点火能垒。本节简介几种与激波相关的点火技术。

　　燃烧室凹腔技术集燃料喷注、混合增强、促进点火和火焰稳定于一身,得到了极为广泛的应用。耿辉[120]利用PLIF方法研究了上游燃料喷注情况下凹腔内冷态流场及燃烧流场的结构。研究表明(图8-85):凹腔内燃料浓度最高的区域位于燃料与凹腔底壁碰撞的位置;由于来流撞击凹腔后缘发生滞止,导致凹腔后缘附近形成了局部高静压区以及后缘激波。一方面,均匀的掺混为点火做准备;另一方

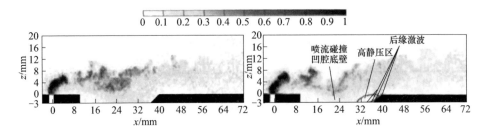

图 8 – 85　冷态流场丙酮 PLIF 图像[120]

面高静压区提供合适的点火环境。如果具有足够高的来流马赫数,点火最有可能在高静压区开始发生。从图 8 – 86 所示的燃烧流场的 OH 基分布来看,火焰基本稳定在凹腔内。该研究进一步显示,在横向喷注氢气的喷口下游布置凹腔有利于氢气的自燃点火,并可扩大贫燃熄火范围;凹腔结构对贫燃熄火范围影响较大,加长凹腔有利于氢气自燃点火;对于有凹腔的燃烧室,氢气喷注总压对贫燃熄火范围影响不大;而在壁面无凹腔时,采用高总压小喷孔喷注较采用低总压大喷孔喷注更易发生自燃点火。

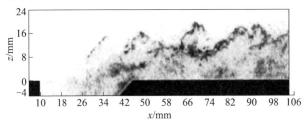

图 8 – 86　燃烧流场 OH 基 PLIF 图像[120]

　　在凹腔式超燃冲压发动机燃烧室内激波 – 边界层相互干扰区域,特别是在发生流动分离的区域,热流增加,点火往往也发生在这些区域。Ben – Yakar[121]、丁猛[122]、潘余[123]、孙明波[124]等都曾对相关研究进行过综述。吴海燕[125]利用壁面测压试验和数值模拟相结合的方法研究了凹腔内激波与剪切层的相互作用及其振荡机理。如图 8 – 87 所示,凹腔剪切层不断发展,在凹腔后半段失稳并上下起伏。流道的收缩使得在剪切层凸起部分形成激波。随着剪切层的振荡,这些激波也不停地摆动。尽管这些激波的强度有限,但其与剪切层的相互作用过程也有效地促进了喷流剪切层的破碎,进而促进了燃料的混合和点火。

　　燃烧室支板同样可以起到促进点火的作用。Sunami 等[126,127]研究了一种交替楔形支板模型和多孔喷射支板的混合增强作用,如图 8 – 88 所示。研究结果显示,在超声速流动中,这种支板构型可以非常容易地产生流动涡且几乎没有额外的总压损失,极大地促进了掺混。点火试验表明(图 8 – 89(a)所示为交替楔形支板模

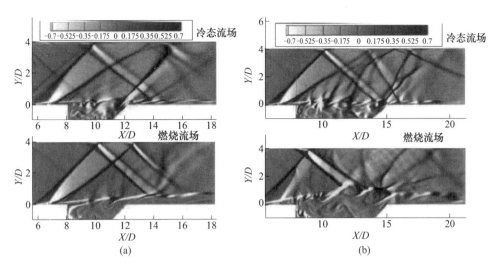

图 8 - 87　冷流及燃烧流场结构[125]

(a)$L/D=4$ 凹腔数值纹影结果; (b)$L/D=7$ 凹腔数值纹影结果。

型,图 8 - 89(b)所示为多孔喷射支板),支板诱导产生的波系结构与流动涡旋之间的作用可以促进点火,并有利于稳定火焰。

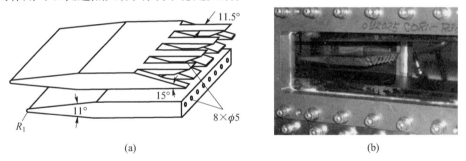

图 8 - 88　Sunami 支板模型和安装实物[126,127]

(a)模型; (b)实物。

范周琴等[128]研究了在高总焓超声速来流中支板厚度和燃料喷注当量比对点火和火焰结构的影响。图 8 - 90 所示的 PLIF 图像(—OH 浓度)显示:瞬态火焰位于支板尾部下游区域,且火焰厚度与支板厚度相当,呈现典型的扩散火焰结构,火焰边缘呈现明显的不规则大尺度结构;支板厚度较大时,火焰基底较厚,整体火焰较宽、较短;燃料喷注当量比较大时,火焰整体宽度和长度增加,燃烧增强。

空气节流[129]是另一种简单、高效的实现燃烧室起动点火和火焰稳定的方法。尤其当来流马赫数较低时,来流总温和总压较低,空气节流的优势更为明显。其方

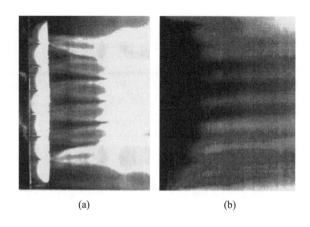

(a)   (b)

图 8 - 89　燃烧流场俯视图直接拍摄结果[126]

(a)交替楔形支板模型;(b)多孔喷射支板。

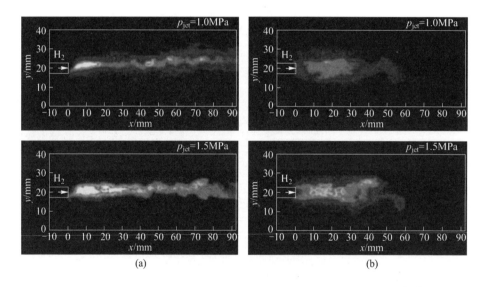

(a)   (b)

图 8 - 90　不同支板厚度和燃料当量比下燃烧流场 OH 基 PLIF 图像[128]

(a)支板厚度 5mm;(b)支板厚度 8mm。

法是:经发动机壁面向内部超声速流中喷入空气,通过空气节流促使发动机内形成前传的激波串结构。在激波串的作用下,燃烧室内部分区域气流的马赫数降低,静温和静压升高,从而有效地促进了燃烧室起动点火的实现。

　　空气节流起动点火的时序比较重要。一般情况下,当冷流流场建立后,燃料首先开始喷注,随后空气节流开始实施,流道内形成激波串,通过激波串的压缩作用改善燃烧室流场的热力学状态,并促进燃料的混合,为点火做准备。一段时间后点火器开始工作,待燃料实现起动点火后,点火器关闭。待燃烧释热可以维持激波串的存在时,撤掉空气节流,实现燃料的稳定燃烧。

图8-91显示了空气节流起动点火的全过程。$t=2.0s$时,煤油由凹槽台阶上游的喷口喷出。在$t=2.031s$时,高速气流流经凹槽后斜坡处产生的斜激波与下壁面边界层相互作用产生了分离区,促使了分离激波的产生。在$t=2.067s$时,可以看到煤油已经充满了整个凹槽。随后点燃氢气值班火焰,在$t=2.1s$时,由于预先进入流场内的煤油已经与空气充分混合,火焰很快传播至主流区域。燃烧释热导致凹槽内压力升高,迫使剪切层向主流抬升,超声速气流的通道变小促使斜激波的产生。从$t=2.1s$到$t=2.202s$时较高的燃烧反压促使了激波迅速向前移动。在$t=2.202s$时,激波已经被完全推进隔离段内。但是在$t=2.2038s$时,激波串从隔离段内振荡到了凹槽区域,同时燃烧区域逐渐缩小,最终仅仅存在于凹槽后缘斜坡的高温高压低速区域内。在$t=2.35s$时,实施空气节流,促使激波串产生,激波串不断地向前移动传播至隔离段内。在激波串作用下,煤油的二次燃烧开始,且越来越剧烈,在$t=2.38s$时,凹槽内已经充满了火焰,煤油最终稳定燃烧。空气节流的优势在于实现起动点火并维持燃烧一段时间后可以撤除,对发动机性能的影响很小,避免了偏离设计状态带来较大阻力等问题。此外,空气节流技术适应性很强,实际应用中可以根据不同来流条件实施不同强度的空气节流。

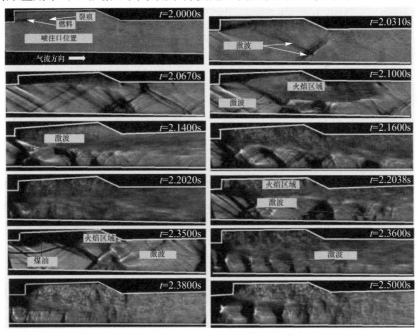

图8-91 空气节流起动点火过程[129]

8.5 本章小结

本章对超燃冲压发动机进气道－隔离段内与激波相关的典型流动现象进行了介绍。首先介绍了不同类型的超燃冲压发动机进气道内的典型流动现象及其物理机制,进而对进气道－隔离段一体化流动特性进行了阐述。起动问题是高超声速进气道的研究重点,其中激波和激波干扰在其中起到至关重要的作用,书中着重介绍了进气道的不起动喘振流态,以及一些常用的流动控制方法。本章最后对超燃冲压发动机燃烧室内的燃料混合和激波点火相关研究进行简要介绍。

参考文献

[1] Van Wie D M. Scramjet inlets[J]. Scramjet propulsion,2000,189: 447－511.

[2] Smart M K. Design of three－dimensional hypersonic inlets with rectangular－to－elliptical shape transition [J]. Journal of Propulsion and Power,1999,15(3): 408－416.

[3] Chew Y T. Shockwave and boundary layer interaction in the presence of an expansion corner[J]. The Aeronautical Quarterly,1979,30(3): 506－527.

[4] Chung K M,Lu F K. Hypersonic turbulent expansion－corner flow with shock impingement[J]. Journal of Propulsion and Power,1995,11(3): 441－447.

[5] White M E,Ault D A. Expansion corner effects on hypersonic shock wave/turbulent boundary－layer interactions[J]. Journal of propulsion and power,1996,12(6): 1169－1173.

[6] Zhang Y,Tan H,Zhuang Y,et al. Influence of expansion waves on cowl shock/boundary layer interaction in hypersonic inlets[J]. Journal of Propulsion and Power,2014,30(5): 1183－1191.

[7] 张悦. 基于记忆合金的高超声速进气道流动控制方法及验证[D].南京:南京航空航天大学,2015.

[8] Mahapatra D,Jagadeesh G. Studies on unsteady shock interactions near a generic scramjet inlet[J]. AIAA Journal,2009,47(9): 2223－2232.

[9] Yao Y,Li S G,Wu Z N. Shock reflection in the presence of an upstream expansion wave and a downstream shock wave[J]. J. Fluid Mech. ,2013,735: 61.

[10] Jiao X,Chang J,Wang Z,et al. Mechanism study on local unstart of hypersonic inlet at high Mach number[J]. AIAA Journal,2015,53(10): 3102－3112.

[11] Tao Y,Liu W D,Fan X Q. Investigation of shock－induced boundary layer separation extended to the flat plate leading－edge[J]. Acta Mechanica,2016,227(6): 1791－1797.

[12] Tao Y,Liu W,Fan X. Flow visualization for shock－induced boundary－layer separation extended to the flat－plate－leading edge[J]. Journal of Visualization,2017,20(2): 231－235.

[13] 黄河峡,谭慧俊,庄逸. 高超声速进气道/隔离段内流特性研究进展[J]. 推进技术,2018,39(10): 2252－2273.

[14] Alvi F S,Settles G S. Physical model of the swept shock wave/boundary－layer interaction flowfield[J]. AIAA Journal,1992,30(9): 2252－2258.

［15］Huang H X,Tan H J,Sun S,et al. Evolution of supersonic corner vortex in a hypersonic inlet/isolator model ［J］. Physics of Fluids,2016,28(12)：126101.

［16］Dolling D S. Fifty years of shock – wave/boundary – layer interaction research：what next? ［J］. AIAA Journal,2001,39(8)：1517 – 1531.

［17］Reda D C,Murphy J D. Shock wave/turbulent boundary – layer interactions in rectangular channels［J］. AIAA Journal,1973,11(2)：139 – 140.

［18］Dussauge J P,Piponniau S. Shock/boundary – layer interactions：possible sources of unsteadiness［J］. Journal of Fluids and Structures,2008,24(8)：1166 – 1175.

［19］Dupont P,Haddad C,Ardissone J P,et al. Space and time organisation of a shock wave/turbulent boundary layer interaction［J］. Aerospace Science and Technology,2005,9(7)：561 – 572.

［20］Bookey P,Wyckham C,Smits A. Experimental investigations of Mach 3 shock – wave turbulent boundary layer interactions［C］. 35th AIAA Fluid Dynamics Conference and Exhibit,2005：4899.

［21］Burton D M F,Babinsky H. Corner separation effects for normal shock wave/turbulent boundary layer interactions in rectangular channels［J］. J. Fluid Mech. ,2012,707：287 – 306.

［22］Helmer D B,Campo L M,Eaton J K. Three – dimensional features of a Mach 2. 1 shock/boundary layer interaction［J］. Experiments in fluids,2012,53(5)：1347 – 1368.

［23］Eagle W E,Driscoll J F. Shock wave – boundary layer interactions in rectangular inlets：three – dimensional separation topology and critical points［J］. J. Fluid Mech. ,2014,756：328 – 353.

［24］Wang B,Sandham N D,Hu Z,et al. Numerical study of oblique shock – wave/boundary – layer interaction considering sidewall effects［J］. J. Fluid Mech. ,2015,767：526 – 561.

［25］Trexler C A. Performance of an inlet for an integrated scramjet concept［J］. Journal of Aircraft,1974,11(9)：589 – 591.

［26］Goonko Y P,Latypov A F,Mazhul I I,et al. Structure of flow over a hypersonic inlet with side compression wedges［J］. AIAA Journal,2003,41(3)：436 – 447.

［27］Holland S,Perkins J. Internal shock interactions in propulsion/airframe integrated three – dimensional sidewall compression scramjet inlets［C］. 28th Joint Propulsion Conference and Exhibit, 1992：3099.

［28］Domel N D. General three – dimensional relation for oblique shocks on swept ramps［J］. AIAA Journal,2015,54(1)：310 – 319.

［29］Smart M K,Trexler C A. Mach 4 performance of hypersonic inlet with rectangular – to – elliptical shape transition［J］. Journal of Propulsion and Power,2004,20(2)：288 – 293.

［30］李祝飞,黄蓉,郭帅涛,等. 高超声速内转式进气道流动的壁面丝线显示［J］. 推进技术, 2017,38(7)：1475 – 1482.

［31］Bisek N J. High – fidelity simulations of the HIFiRE – 6 flow path ［R］. AIAA Paper 2016 – 1115,2016.

［32］Ferlemann P G,Gollan R J. Parametric geometry, structured grid generation, and initial design study for REST – Class hypersonic inlets［R］,NASA, 2010.

［33］王卫星,郭荣伟. 圆形出口内转式进气道流动特征［J］. 航空学报,2016,37(2)：533 – 544.

［34］Barth J,Wheatley V,Smart M,et al. Flow physics inside a shape – transitioning scramjet engine［C］. 18th AIAA/3AF International Space Planes and Hypersonic Systems and Technologies Conference, 2012：5888.

［35］Bisek N J. High – fidelity simulations of the HIFiRE – 6 flow path at angle of attack［C］.46th AIAA Fluid Dynamics Conference, 2016：4276.

［36］李一鸣,李祝飞,杨基明,等. 典型高超声速内转式进气道激光散射流场显示[J]. 航空学报,2017,12：013.

［37］Curran E T,Murthy S N B. Scramjet propulsion[M]. New York：American Institute of Aeronautics and Astronautics,2000.

［38］Neumann E P. Supersonic diffusers for wind tunnels[J]. J. appl. Mech. ,1949,16：195 – 202.

［39］Matsuo K,Miyazato Y,Kim H D. Shock train and pseudo – shock phenomena in internal gas flows[J]. Progress in aerospace sciences,1999,35(1)：33 – 100.

［40］Gnani F,Zare – Behtash H,Kontis K. Pseudo – shock waves and their interactions in high – speed intakes[J]. Progress in Aerospace Sciences,2016,82：36 – 56.

［41］Shi – He Y,Zhi C. Review of recent experimental studies of the shock train flow field in the isolator[J]. Acta Physica Sinica,2015,64(19)：199.

［42］Kumar A,Singh D J,Trexler C A. Numerical study of the effects of reverse sweep on scramjet inlet performance [J]. Journal of Propulsion and Power,1992,8(3)：714 – 719.

［43］王成鹏. 非对称来流条件下超燃冲压发动机隔离段气动特性研究[D]. 南京：南京航空航天大学,2005.

［44］曹学斌. 矩形隔离段流动特性及控制规律研究[D]. 南京：南京航空航天大学,2011.

［45］王成鹏,张堃元,金志光,等. 非均匀超声来流矩形隔离段内流场实验[J]. 推进技术,2004,25(4)：349 – 353.

［46］张堃元,王成鹏,杨建军,等. 带高超进气道的隔离段流动特性[J]. 推进技术,2002,23(4)：311 – 314.

［47］Wang C P,Zhang K Y,Yang J J. Analysis of flows in scramjet isolator combined with hypersonic inlet[R]. AIAA Paper 2005 – 24,2005.

［48］Huang H,Sun S,Tan H,et al. Characterization of two typical unthrottled flows in hypersonic inlet/isolator models[J]. Journal of Aircraft,2015,52(5)：1715 – 1721.

［49］Sajben M,Bogar T J,Kroutil J C. Experimental study of flows in a two – dimensional inlet model[J]. Journal of Propulsion and Power,1985,1(2)：109 – 117.

［50］Wagner J L,Yuceil K B,Clemens N T. Velocimetry measurements of unstart of an inlet – isolator model in Mach 5 flow[J]. AIAA Journal,2010,48(9)：1875 – 1888.

［51］张航,谭慧俊,孙姝. 进口斜激波、膨胀波干扰下等直隔离段内的激波串特性[J]. 航空学报,2010,31(9)：1733 – 1739.

［52］Papamoschou D,Johnson A. Unsteady phenomena in supersonic nozzle flow separation[C]. 36th AIAA Fluid Dynamics Conference and Exhibit, 2006：3360.

［53］Reijasse P,Corbel B,Soulevant D. Unsteadiness and asymmetry of shock – induced separation in a planar two – dimensional nozzle—A flow description[C]. 30th Fluid Dynamics Conference, 1999：3694.

［54］Johnson A D,Papamoschou D. Instability of shock – induced nozzle flow separation[J]. Physics of Fluids, 2010,22(1)：016102.

［55］Bourgoing A,Reijasse P. Experimental analysis of unsteady separated flows in a supersonic planar nozzle[J]. Shock Waves,2005,14(4)：251 – 258.

［56］Tan H J,Sun S,Huang H X. Behavior of shock trains in a hypersonic inlet/isolator model with complex background waves[J]. Experiments in Fluids,2012,53(6)：1647 – 1661.

［57］Su W Y,Zhang K Y. Back – pressure effects on the hypersonic inlet – isolator pseudoshock motions[J]. Journal of Propulsion and Power,2013,29(6):1391－1399.

[58] 田旭昂,王成鹏,程克明. Ma5 斜激波串动态特性实验研究[J]. 推进技术,2014,35(8):1030－1039.

[59] Xu K,Chang J,Zhou W,et al. Mechanism and prediction for occurrence of shock－train sharp forward movement[J],AIAA Journal 2016,54(1):1403－1412.

[60] Xu K,Chang J,Zhou W,et al. Mechanism of shock train rapid motion induced by variation of attack angle[J]. Acta Astronautica,2017,140:18－26.

[61] Holland S D. Two－dimensional scramjet inlet unstart model:Wind－tunnel blockage and actuation systems test[R]. NASA Sti/recon Technical Report N,1994.

[62] Van Wie D,Kwok F,Walsh R. Starting characteristics of supersonic inlets[C]//32nd Joint Propulsion Conference and Exhibit,1996:2914.

[63] Van Wie D M. Scramjet inlets[J]. Scramjet Propulsion,2000,189:447－511.

[64] Smart M K. Experimental testing of a hypersonic inlet with rectangular－to－elliptical shape transition[J]. Journal of Propulsion & Power,2001,17(2):276－283.

[65] Smart M K,Trexler C A. Mach 4 performance of hypersonic inlet with rectangular－to－elliptical shape transition[J]. Journal of Propulsion & Power,2004,20(2):288－293.

[66] Sun B,Zhang K Y. Empirical equation for self－starting limit of supersonic inlets[J]. Journal of Propulsion & Power,2010,26(4):874－875.

[67] 常军涛,于达仁,鲍文. 攻角引起的高超声速进气道不起动/再起动特性分析[J]. 航空动力学报, 2008,23(5):816－821.

[68] 常军涛,于达仁,鲍文,等. 楔面转折角对高超声速进气道不起动/再起动特性的影响[J]. 固体火箭技术,2009,32(2):135－140.

[69] 范轶,常军涛,鲍文. 壁面温度对高超声速进气道不起动/再起动特性的影响[J]. 固体火箭技术, 2009,32(3):266－270.

[70] 梁德旺,袁化成,张晓嘉. 影响高超声速进气道起动能力的因素分析[J]. 宇航学报,2006,27(4): 714－719.

[71] 郭斌,张堃元. 攻角动态变化对侧压式进气道起动特性影响的风洞试验[J]. 航空动力学报,2009,24 (10):2221－2227.

[72] 刘凯礼,张堃元. 俯仰振荡引起的二元高超声速进气道不起动/再起动特性[J]. 推进技术,2010,31 (6):676－680＋720.

[73] Kantrowitz A,Donaldson C D. Preliminary investigation of supersonic diffusers[J],1945,72(2):289－295.

[74] 丁海河,王发民. 高超声速进气道起动特性数值研究[J]. 宇航学报,2007,28(6):1482－1487.

[75] 李璞,郭荣伟. 一种高超声速进气道起动/再起动的数值研究[J]. 航空动力学报,2010,25(5):1049－ 1055.

[76] 游进,夏智勋,王登攀,等. 高超声速进气道再起动特性及其影响因素数值模拟[J]. 固体火箭技术, 2011,(02):161－166.

[77] 袁化成,梁德旺. 高超声速进气道再起动特性分析[J]. 推进技术,2006,27(5):390－393＋398.

[78] Cui T,Yu D,Chang J,et al. Topological geometry interpretation of supersonic inlet start/unstart based on catastrophe theory[J]. Journal of Aircraft,2008,45(4):1464－1468.

[79] Cui T,Yu D,Chang J,et al. Catastrophe model for supersonic inlet start/unstart[J]. Journal of Aircraft,2009, 46(4):1160－1166.

[80] Cui T,Lv Z,Yu D. Multistability and complex routes of supersonic inlet start/unstart[J]. Journal of Propulsion and Power,2011,27(6): 1204 – 1217.

[81] Cui T,He X,Yu D,et al. Multistability and loops – coupled hysteresis: flight – test analysis on error detection of inlet start/unstart[J]. Journal of Propulsion and Power,2012,28(3): 496 – 503.

[82] Tahir R,Molder S,Timofeev E. Unsteady starting of high mach number air inlets – A CFD study[C]. 39th AIAA/ASME/SAE/ASEE Joint Propulsion Conference and Exhibit,2003: 5191.

[83] McClinton C R,Hunt J L. Airbreathing hypersonic technology vision vehicles and development dreams[R]. AIAA Paper 1999 – 4987,1999.

[84] Oswatitsch K. Pressure recovery for missiles with reaction propulsion at high supersonic speeds[R]. NASA TM 1140,1944.

[85] Ferri A, Nucci L M. The origin of aerodynamic instability of supersonic inlets at subcritical conditions [R]. NACA RM L50K30,1951.

[86] Fisher S A,Neale M C,Brooks A J. On the sub – critical stability of variable ramp intakes at Mach numbers a-round 2[R]. National Gas Turbine Establishment Report No. ARC – R/M – 3711,England,1970.

[87] Dailey C L. Supersonic diffuser instability[D]. California:California Inst. of Technology Pasadena,CA,1954.

[88] Herrmann D,Siebe F, Gülhan A. Pressure fluctuations (buzzing) and inlet performance of an airbreathing missile[J]. Journal of Propulsion & Power,2013,29(4):839 – 848.

[89] Trapier S,Duveau P, Deck S. Experimental study of supersonic inlet buzz[J]. AIAA Journal,2006,44(10): 2354 – 2365.

[90] Lee H J,Lee B J,Kim S D,et al. Flow characteristics of small – sized supersonic inlets[J]. Journal of Propulsion and Power,2011,27(2): 306 – 318.

[91] Soltani M R,Farahani M. Effects of angle of attack on inlet buzz[J]. Journal of Propulsion and Power,2012, 28(4): 747 – 757.

[92] Curran E T,Murthy S N B. Scramjet propulsion,progress in astronautics and aeronautics[M]. New York: AIAA,2000.

[93] Tan H,Guo R. Experimental study of the unstable – unstarted condition of a hypersonic inlet at Mach 6[J]. Journal of Propulsion and Power,2007,23(4): 783 – 788.

[94] Tan H,Sun S,Yin Z L. Oscillatory flows of rectangular hypersonic inlet unstart caused by downstream mass – flow choking[J]. Journal of Propulsion and Power,2009,25(1): 138 – 147.

[95] Wagner J L,Yuceil K B,Clemens N T. Velocimetry measurements of unstart of an inlet – isolator model in Mach 5 flow[J]. AIAA Journal,2010,48(9): 1875 – 1888.

[96] Li Z,Gao W,Jiang H,et al. Unsteady behaviors of a hypersonic inlet caused by throttling in shock tunnel[J]. AIAA Journal,2013,51(10): 2485 – 2492.

[97] Chang J,Wang L,Bao W,et al. Novel oscillatory patterns of hypersonic inlet buzz[J]. Journal of Propulsion and Power,2012,28(6): 1214 – 1221.

[98] Zhang Q F,Tan H J,Chen H,et al. Unstart process of a rectangular hypersonic inlet at different Mach numbers [J]. AIAA Journal,2016: 3681 – 3691.

[99] 张启帆. 二维/三维压缩高超声速进气道不起动机理及控制研究[D]. 南京:南京航空航天大学,2016.

[100] William H H,David T P. Hypersonic airbreathing propulsion[M]. New York:AIAA,1994.

[101] Zhang Y,Tan H,Tian F C,et al. Control of incident shock/boundary – layer interaction by a two – dimension-

al bump[J]. AIAA Journal,2014,52(4):767 - 776.

[102] 王建勇,谢旅荣,赵昊,等. 一种改善高超声速进气道自起动能力的流场控制研究[J]. 航空学报,2015,36(5):1401 - 1410.

[103] Wang J Y,Xie L R,Zhao H,et al. Fluidic control method for improving the self - starting ability of hypersonic inlets[J]. Journal of Propulsion and Power,2015,32(1):153 - 160.

[104] 廉筱纯,吴虎. 航空发动机原理[M].西安:西北工业大学出版社,2005.

[105] 徐旭. 冲压发动机原理及技术[M].北京:北京航空航天大学出版社,2014.

[106] 马静. 超燃冲压发动机内流通道冷态流场的 PIV 试验研究[D].南京:南京航空航天大学,2010.

[107] Tomioka S,Murakami A,Kudo K,et al. Combustion tests of a staged supersonic combustor with a strut[J]. Journal of Propulsion and Power,2001,17(2):293 - 300.

[108] Mai T,Sakimitsu Y,Nakamura H,et al. Effect of the incident shock wave interacting with transversal jet flow on the mixing and combustion[J]. Proceedings of the Combustion Institute,2011,33(2):2335 - 2342.

[109] Benyakar A. Experimental investigation of mixing and ignition of transverse jets in supersonic crossflows[D]. Yakar:Stanford University,2000.

[110] Billig R C B,Lig R C,Lasky M. A unified analysis of gaseous jet penetration[J]. AIAA Journal,1971,9(6):1048 - 1058.

[111] Gruber M R,Nejad A S,Chen T H,et al. Transverse injection from circular and elliptic nozzles into a supersonic crossflow[J]. Journal of Propulsion & Power,2015,16(3):449 - 457.

[112] Kush E A,Schetz J A. Liquid jet injection into a supersonic flow[J]. AIAA Journal,1973,11(9):1223 - 1224.

[113] Sallam K,Aalburg C,Faeth G,et al. Breakup of aerated - liquid jets in supersonic crossflows[C]. 42nd AIAA aerospace sciences meeting and exhibit,2004:970.

[114] Lin K C,Kirkendall K,Kennedy P,et al. Spray structures of aerated liquid fuel jets in supersonic crossflows[C].35th Joint Propulsion Conference and Exhibit, 1999:2374.

[115] 田野,杨顺华,邓维鑫,等. 超燃冲压发动机燃烧室空气节流技术研究[J]. 推进技术,2014,35(4):499 - 506.

[116] 田野,乐嘉陵,杨顺华,等. 空气节流对超燃冲压发动机燃烧室起动点火影响的数值研究[J]. 航空动力学报,2013,28(7):1495 - 1502.

[117] 田野,乐嘉陵,杨顺华,等. 空气节流对乙烯燃料超燃冲压发动机流场结构影响研究[J]. 推进技术,2015,36(4):481 - 487.

[118] Masuya G,Komuro T,Murakami A,et al. Ignition and combustion performance of scramjet combustors with fuel injection struts[J]. Journal of Propulsion and Power,1995,11(2):301 - 307.

[119] Harrison A J,Weinberg F J. Flame stabilization by plasma jets[J]. Proc. R. Soc. Lond. A,1971,321(1544):95 - 103.

[120] 耿辉. 超声速燃烧室中凹腔上游横向喷注燃料的流动、混合与燃烧特性研究[D].长沙:国防科技大学,2007.

[121] Ben - Yakar A,Hanson R K. Cavity flame - holders for ignition and flame stabilization in scramjets:an overview[J]. Journal of propulsion and power,2001,17(4):869 - 877.

[122] 丁猛. 基于凹腔的超声速燃烧火焰稳定技术研究[D].长沙:国防科技大学,2005.

[123] 潘余. 超燃冲压发动机多凹腔燃烧室燃烧与流动过程研究[D].长沙:国防科技大学,2007.

[124] 孙明波,耿辉,梁剑寒,等. 超声速来流稳焰凹腔上游气体燃料横向喷注的流动混合特征[J]. 推进技术,2008,29(3):306-311.

[125] 吴海燕. 超燃冲压发动机燃烧室两相流混合燃烧过程仿真及实验研究[D]. 长沙:国防科技大学,2009.

[126] Sunami T, Wendt M, Nishioka M. Supersonic mixing and combustion control using streamwise vortices[C]. AIAA/ASME/SAE/ASEE Joint Propulsion Conference and Exhibit,1998.

[127] Sunami T, Magre P, Bresson A, et al. Experimental study of strut injectors in a supersonic combustor using OH-PLIF[C]. International Space Planes and Hypersonic Systems and Technologies Conference, 2013.

[128] 范周琴,刘卫东,林志勇,等. 支板喷射超声速燃烧火焰结构实验[J]. 推进技术,2012,33(6):923-927.

[129] 田野. 基于脉冲燃烧风洞的超燃冲压发动机空气节流技术研究[D]. 绵阳:中国空气动力研究与发展中心,2016.

第9章 一维非定常激波理论在脉冲型试验设备中的应用

以激波管为代表的脉冲型试验设备的发展非常之快,尤其是随着高超声速研究的发展越来越受到广泛的重视,其原因在于这类设备本身具有许多优点。作为一种试验设备来说,脉冲型设备具有将能量高度集中且原理上可控的独到优势,能几乎在瞬间将气体加热、加压和加速至很高的参数值,且在一定的时间、空间范围内保持参数基本均匀。这就使得它成为高效模拟高超声速飞行环境参数最好的地面试验设备之一,尤其是马赫10以上的流动,可以说是目前开展相关试验研究的主流设备。另外,由于设备受热时间短,一般不需要一套冷却系统,也不需要持续的大功率能源系统,所以,相对而言,设备比较简单,费用少,而且每一次试验花费的代价也较低。

但需要指出的是,脉冲型设备的运行原理、概念的把握以及相关的参数预测方法等理论描述与常规超/高超声速风洞有着显著不同的特点。正因为如此,这也给创新型设备的不断涌现提供了机遇和挑战。本章首先以典型的激波管和激波风洞为对象,较为系统地阐述相关的理论和分析方法,进而选取目前国际上广受关注的几座代表性的脉冲试验设备进行有侧重地介绍。这些案例很好地体现了对激波及其干扰概念的把握与灵活运用,为创新型设备的诞生提供了值得借鉴的智慧源泉。

9.1 激波管 – 激波风洞相关理论

9.1.1 理想激波管流动的物理图像

理想化的激波管是一根一端封闭,另一端开口或者封闭的等截面管子。中间用一膜片将管子分为两段。在膜片的两侧初始分别充以不同压力的气体。具有较低压力的那一段称为"被驱动段",具有较高压力的那一段称为"驱动段"。为了阐明激波管流动的物理图像,我们来研究一根两端封闭的等截面激波管,在膜片破裂以后的流动,见图 9 – 1。

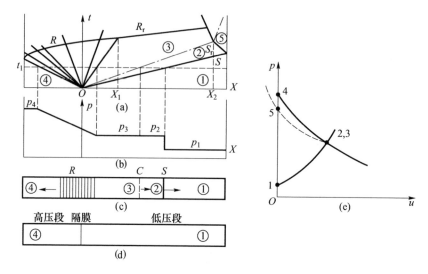

图 9 - 1　理想激波管流动

激波管内的实际流动是十分复杂的,为了便于分析研究,先作一些合理的假定。

（1）管内流动是一维流。

（2）忽略流体黏性和热传导作用。

（3）膜片破裂是瞬时完成的,接触面本身突然加速至均匀速,而且接触面两边的气体无热量交换。

（4）在中心稀疏波区域内,流动是等熵的。

（5）在运动激波前后的区域中,热力学过程是绝热的,因此,相对于激波波面参考系而言,气流的能量是守恒的。

（6）高、低压段的气体均为量热完全气体。

通常把符合上述假定的激波管流动称为"理想激波管流动"。尽管这种理想化的流动模型与实际流动有一定偏离,但是,它却使理论分析工作大大简化。

初始时刻,激波管的高、低压段气体存在压力差,一旦膜片瞬时破裂,在隔膜处便立即产生一道激波、一个接触面和一束中心稀疏波。其中,激波以 W 的速度在①区的气体中传播,该区的气体通过激波压缩成为②区（均匀区）,具有伴随速度 u_2。接触面一开始几乎与激波重合,由于其运动速度 u_2 小于激波传播速度 W,所以随着通过距离的增加,它与激波之间的间隔距离不断增大。中心稀疏波往驱动段方向传播,其波头以声速 a_4 在④区的气体中传播,波头与波尾之间的区域,称为简单波区,高压气体通过该区时,被膨胀加速至③区（均匀区）。根据接触面相容条件,$u_3 = u_2$,$p_3 = p_2$。激波管内各个区域的压力变化和各种波运行,见图 9 - 1(a)～(d)。

从一维激波干扰的角度,通过采用 $u-p$ 图的激波极线分析非常有助于对激波管流动的理解和认识。参见图 9-1(e),膜片破裂后,驱动段④区和被驱动段①区的压力不能维持平衡。其结果是,①区经历右行激波压缩扰动,④区经历左行稀疏扰动,①、④区分别经过激波压缩和稀疏波膨胀扰动之后,形成压力、速度都相等的②、③区流动,尽管这两区参数在 $u-p$ 图上为同一点(亦即达到力学平衡),但温度、密度、熵等参数却可以不同,也可以为不同种类的气体(分别与初始被驱动段和驱动段气体对应)。

随着时间的推移,运动激波传播到被驱动段末端,遇到固壁发生反射,反射激波以 W_t 的速度在②区逆气流方向传播,波后是一个再一次受到压缩的区域(⑤区),为了满足边界条件,该区域的气体速度被滞止,$u_5=0$。需要稍加说明的是,⑤区压力既可能比④区压力低(图 9-1(e)),也可能比④区压力高。当反射激波遇到接触面时,也就意味着②区流动的终结。

往驱动段方向传播的中心稀疏波,首先是波头遇到驱动段末端,也要发生反射,为了满足固壁边界条件,反射波仍为稀疏波,并向着被驱动段方向传播,相对于它所通过的气体,以当地声速传播。因此,在一定条件下,它依次可以赶上稀疏波尾、接触面和激波。

综上所述,若在被驱动段离开膜片一定距离 X 处,观察该处的流动时,可以见到以下流动图像。

(1) 速度为 W 向右运动的激波通过。

(2) 速度 u_2 向右运动的②区均匀流动区域通过。

(3) 速度 u_2 向右运动的接触面通过。

(4) 速度 u_3(等于 u_2)向右运动的③区均匀流动区域通过。

(5) 速度 $u+a$ 向右运动的反射稀疏波头通过。

(6) 速度 u_3-W_t 向左运动的透射激波通过。

应当指出,在 X 处所观察到的流动图像的顺序与该处距离膜片的远近、驱动段长度以及 $\dfrac{p_4}{p_1}$ 的幅值等有关。若 $\dfrac{p_4}{p_1}$ 比较大,则中心稀疏波尾可以先于反射稀疏波头通过 X 处;若 X 很靠近被驱动段末端,则反射激波可以先于接触面通过 X 处。因此,对于给定的 $\dfrac{p_4}{p_1}$ 和激波管尺寸,可以在被驱动段中选择这样一个特殊位置,使接触面、反射激波和反射稀疏波头同时到达此位置。显然,在此位置上对应的激波与接触面之间的准定常流动持续时间最长,见图 9-1(a)中的 X_2 点。与此类似,如果要求接触面和稀疏波之间的准定常持续时间最长,那就应当选择反射稀疏波头与入射稀疏波尾相遇的位置 X_1。

上述所提到的入射激波与接触面直接交接的②区气流,由于受到激波压缩影响,气体的温度和压力升高,且具有一定的伴随速度,因此,该区气流可用于进行各种试验研究,气体动力学试验特别是气动加热试验是在该区完成的。反射激波后面的⑤区,由于受到再次压缩,气体处于滞止状态,其压力和温度可以达到很高,因此,它特别适用于进行各种高温物理、化学方面的试验研究。另外,②区和⑤区的气体还常常用于进行动压标定试验。接触面和稀疏波尾之间的③区,是由高压气体通过稀疏波等熵膨胀而形成的,在理论上,该区的气流马赫数可以无限大,但是,实际上,由于过度膨胀降温可能引起气流凝结,因而,气流马赫数总是有限的。由于该区气流温度一般较低,加上隔膜碎片也可能干扰该区流场均匀性,因此,它不宜用于进行气体动力学试验。

接触面的概念,实际上是③区气体和②区气体的分界面。在接触面两侧气体的压力和速度分别相等。但是,密度、温度和熵等参数可以不等。还应指出,在实际流动中,两种气体的交接处不可能是一个面,而是一个区域,称为接触区,或者称为等压混合区。

9.1.2 理想激波管流动参数的计算

在研究激波管流动时,往往都是从已知高、低压段初始参数(如压力和温度等)出发,首先计算膜片破裂以后所形成的激波传播速度(或马赫数),然后将其他参量表示为激波马赫数 Ma_s 的函数。这一节将利用理想激波管流动的 6 个基本假定,推导出高、低压段初始压力比 $\frac{p_4}{p_1}(p_{41})$ 与 Ma_s 的关系式,以及②区和③区气流参数的计算公式。

9.1.2.1 p_{41} 与 Ma_s 的关系式

高、低压段初始压力比 p_{41} 与入射激波马赫数 Ma_s 的关系是激波管流动的基本关系。由图 9-1 可见,中心稀疏波属左行波,④区的高压气体通过它等熵膨胀加速至③区,两个区域气流参数之间的关系可表示为

$$u_3 + \frac{2}{\gamma_4-1}a_3 = \frac{2}{\gamma_4-1}a_4, (u_4=0) \qquad (9-1)$$

由等熵关系式

$$p_{43} = (a_{43})^{\frac{2\gamma_4}{\gamma_4-1}} \qquad (9-2)$$

从①区到②区,通过一道右行激波,根据第 2 章运动激波的压比和诱导速度关系可知,波后压力和速度可表示为

$$p_{21} = 1 + \frac{2\gamma_1}{\gamma_1 + 1}(Ma_s^2 - 1) \qquad (9-3)$$

$$\frac{u_2}{a_1} = \frac{2}{\gamma_1 + 1}\left(Ma_s - \frac{1}{Ma_s}\right) \qquad (9-4)$$

接触面上相容关系有

$$u_2 = u_3 \qquad p_2 = p_3 \qquad (9-5)$$

则

$$p_{41} = p_{43}p_{31} = p_{43}p_{21} \qquad (9-6)$$

由式(9-1)得到

$$a_{43} = 1 + \frac{\gamma_4 - 1}{2}\frac{u_3}{a_3} = 1 + \frac{\gamma_4 - 1}{2}\frac{u_2}{a_1}\cdot a_{14}a_{43}$$

则有

$$a_{43} = \left(1 - \frac{\gamma_4 - 1}{2}\frac{u_2}{a_1}a_{14}\right)^{-1} \qquad (9-7)$$

利用式(9-2)至式(9-7),不难导出

$$p_{41} = \left[1 + \frac{2\gamma_1}{\gamma_1 + 1}(Ma_s^2 - 1)\right]\left[1 - \frac{\gamma_4 - 1}{\gamma_1 + 1}a_{14}\left(Ma_s - \frac{1}{Ma_s}\right)\right]^{-\frac{2\gamma_4}{\gamma_4 - 1}} \qquad (9-8)$$

这就是描述激波管运行参数最为核心的 $p_{41} - Ma_s$ 的关系式。虽然该关系式只是基于理想激波管流动假设条件下才能得到的解析表达式,但借助它,不仅可以掌握影响激波强度的关键因素,而且还能根据初始充气条件快速预测破膜后所产生激波的理论强度,或根据所期望得到的激波强度反过来设计破膜时的初始充气状态参数。因此,既具有概念指导意义,又有着试验参数设计和调控的实用价值。下面再通过一些展开讨论加深读者印象。

由于 $a = \sqrt{\dfrac{\gamma R_0 T}{M}}$,声速比 a_{14} 可表示为

$$a_{14} = \sqrt{\frac{\gamma_1 M_4 T_1}{\gamma_4 M_1 T_4}} \qquad (9-9)$$

其中,M_1、M_4、γ_1、γ_4、T_1、T_4 分别表示①区和④区气体的分子量、比热比和初始温度,对于某一个特定的试验而言,这些参数是预先知道的,下面给出几种驱动方法相应的参数值。

(1) 室温下空气驱动空气,即

$$\gamma_1 = \gamma_4 = 1.4, M_1 = M_4 = 29, T_1 = T_4 = 288\text{K}(\text{即 }15\text{℃})$$

（2）室温下氢气驱动空气，即
$$\gamma_1 = \gamma_4 = 1.4, M_1 = 29, M_4 = 2, T_1 = T_4 = 288\text{K}$$

（3）室温下氦气驱动空气，即
$$\gamma_1 = 1.4, \gamma_4 = 1.67, M_1 = 29, M_4 = 4, T_1 = T_4 = 288\text{K}$$

（4）室温下氢气驱动氮气，即
$$\gamma_1 = \gamma_4 = 1.4, M_1 = 28, M_4 = 2, T_1 = T_4 = 288\text{K}$$

（5）热氢气驱动空气
$$\gamma_1 = \gamma_4 = 1.4, M_1 = 29, M_4 = 2, T_1 = 288\text{K}(T_4 \text{ 为热氢气温度})$$

（6）氢氧燃烧驱动空气，有

$\gamma_1 = 1.4, M_1 = 29, T_1 = 288\text{K}, \overline{\gamma_4}, M_4, T_4$ 分别为燃烧完毕驱动气体的平均比热比、平均分子量和燃烧后温度。

当 $p_{41} \to \infty$ 时 $Ma_s \to (Ma_s)_{max}$，时，由式（9-8）可得到
$$1 - \left(\frac{\gamma_4 - 1}{\gamma_1 + 1}\right) a_{14} \left(Ma_s - \frac{1}{Ma_s}\right) = 0$$

解上述二次代数方程，取合理解

$$(Ma_s)_{max} \approx \frac{1}{2} a_{41} \left(\frac{\gamma_1 + 1}{\gamma_4 - 1}\right) \left[1 + \sqrt{1 + 4\left(a_{14}\frac{\gamma_4 - 1}{\gamma_1 + 1}\right)^2}\right] \qquad (9-10)$$

对于上述第一种驱动方法，$(Ma_s)_{max} \approx 6.16$，第二种驱动方法，$a_{41} = 3.8$，$(Ma_s)_{max} \approx 23$。

如果 $\left(a_{14}\frac{\gamma_4 - 1}{\gamma_1 + 1}\right)^2 \ll 1$，这相当于 a_4 很大，γ_4 很小的情况，则式（9-10）可进一步简化为

$$(Ma_s)max \approx a_{41}\frac{\gamma_1 + 1}{\gamma_4 - 1} \qquad (9-11)$$

p_{41} 和 Ma_s 关系见图 9-2。

应当指出，在有些场合，入射激波强度往往用压比 p_{21} 比用 Ma_s 更方便，下面给出 p_{41} 与 p_{21} 的函数关系。

由式（9-2）和式（9-7），可以得到

$$p_{43} = \left[1 - \frac{\gamma_4 - 1}{2} a_{14}\frac{u_2}{a_1}\right]^{-\frac{2\gamma_4}{\gamma_4 - 1}} \qquad (9-12)$$

由公式（9-3）和（9-4），可以得到

$$\frac{u_2}{a_1} = (p_{21} - 1)\left\{\frac{2}{\gamma_1[(\gamma_1 + 1)p_{21} + (\gamma_1 - 1)]}\right\}^{1/2}$$

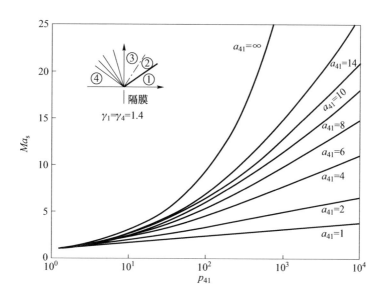

图 9 – 2　p_{41} 和 Ma_s 关系

或者

$$\frac{u_2}{a_1} = (p_{21} - 1)\frac{2}{\gamma_1 - 1}\left(\frac{\beta_1}{\alpha_1 p_{21} + 1}\right)^{1/2} \qquad (9-13)$$

其中，$\alpha = \dfrac{\gamma + 1}{\gamma - 1}$；$\beta = \dfrac{\gamma - 1}{2\gamma}$。

由式(9–6)、式(9–12)和式(9–13)，可以得到

$$p_{41} = p_{21}\left[1 - (p_{21} - 1)\left(\frac{\gamma_4 - 1}{\gamma_1 - 1}\right)a_{14}\left(\frac{\beta_1}{\alpha_1 p_{21} + 1}\right)^{1/2}\right]^{-\frac{2\gamma_4}{\gamma_4 - 1}} \qquad (9-14)$$

如果利用高、低压段气体的内能比 $e_{14} = \dfrac{e_1}{e_4}$，则式(9–9)可以写成

$$a_{14} = \frac{\gamma_1}{\gamma_4}\sqrt{\frac{\beta_1}{\beta_4}e_{14}} \qquad (9-15)$$

则式(9–14)可以改写为

$$p_{41} = p_{21}\left[1 - (p_{21} - 1)\left(\frac{\beta_4 e_{14}}{\alpha_1 p_{21} + 1}\right)^{1/2}\right]^{-\frac{1}{\beta_4}} \qquad (9-16)$$

对于空气驱动空气，高、低压段等截面情况，p_{41} 和 p_{21} 的关系见图 9 – 3。

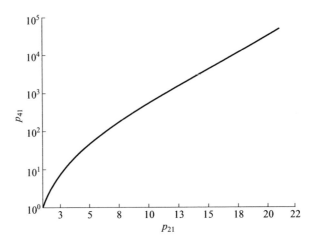

图9-3 p_{41} 和 p_{21} 的关系

当 $p_{41} \to \infty$ 时，$p_{21} \to (p_{21})_{max}$，则由式(9-16)得到

$$(p_{21})_{max} \approx 1 + \frac{\alpha_1}{2\beta_4 e_{14}} + \sqrt{\frac{1}{\beta_1 \beta_4 e_{14}} + \left(\frac{\alpha_1}{2\beta_4 e_{14}}\right)^2} \qquad (9-17)$$

对于上述第一种驱动方法，$e_{14} = 1$，则 $(p_{21})_{max} \approx 44$；第三种驱动方法，$e_{14} = 0.231$ 则 $(p_{21})_{max} \approx 132$；第四种驱动方法，$e_{14} = 0.069$，则 $(p_{21})_{max} \approx 610$。由此可见，适当选择激波管中的气体组合是获得强激波的关键之一。

值得注意的是，当 $e_{14} \ll 1$ 相当于 a_4 很大，γ_4 很小，则式(9-17)可简化为

$$(p_{21})_{max} \approx 1 + \frac{\alpha_1}{\beta_4 e_{14}} \qquad (9-18)$$

由式(9-18)不难看出，当 $e_{14} \to 0$ 时，$(p_{21})_{max} \to \infty$，当 $e_{14} \to \infty$ 时，$(p_{21})_{max} \to 1$，上述两种数学极限，在物理上是不可能实现的，因为它们意味着 T_1 或者 T_4 为零或者无穷大。然而，由此可以得到产生激波的条件：①隔膜压力比很大，极限情况，$p_{41} \to \infty$；②隔膜两边气体组合的能量比很小，极限情况，$e_{14} \to 0$。有关产生强激波的其他驱动方法本章后文中还会有所涉及。

9.1.2.2 激波管中②区的气流参数

在激波管中，一般均用②区的气流进行试验，所以必须计算该区气流参数。我们知道，②区是入射激波后面的区域，因此，可以直接利用第2章运动激波的有关公式。

1. 气流的压力、密度、温度和马赫数

压力比、密度比和温度比可表示成激波马赫数的函数，即

$$p_{21} = 1 + \frac{2\gamma_1}{\gamma_1 + 1}(Ma_s^2 - 1) \qquad (9-19)$$

$$\rho_{21} = \frac{(\gamma_1 + 1)Ma_s^2}{(\gamma_1 - 1)Ma_s^2 + 2} \qquad (9-20)$$

$$T_{21} = (a_{21})^2 = \frac{[2\gamma_1 Ma_s^2 - (\gamma_1 - 1)][(\gamma_1 - 1)Ma_s^2 + 2]}{(\gamma_1 + 1)^2 Ma_s^2} \qquad (9-21)$$

右行入射激波在气体静止的①区中传播,波后气体伴随速度为

$$\frac{u_2}{a_1} = \frac{2}{\gamma_1 + 1}\left(Ma_s - \frac{1}{Ma_s}\right) \qquad (9-22)$$

波后②区的气流马赫数定义为

$$Ma_2 = \frac{u_2}{a_2} = \frac{u_2}{a_1} \cdot a_{12}$$

将式(9-21)和式(9-22)代入上式,得到

$$Ma_2 = 2(Ma_s^2 - 1)\{[2\gamma_1 Ma_s^2 - (\gamma_1 - 1)][(\gamma_1 - 1)Ma_s^2 + 2]\}^{-1/2} \quad (9-23)$$

由式(9-23)可知,当 $Ma_s \to \infty$ 时,有

$$(Ma_2)_{max} \approx \sqrt{\frac{2}{\gamma_1(\gamma_1 - 1)}} \qquad (9-24)$$

若被驱动段的气体为空气,且 $\gamma_1 = 1.4$,则上述公式可以简化为

$$p_{21} = 1 + \frac{7}{6}(Ma_s^2 - 1) \qquad (9-19a)$$

$$\rho_{21} = \frac{6Ma_s^2}{Ma_s^2 + 5} \qquad (9-20a)$$

$$T_{21} = (a_{21})^2 = \frac{(7Ma_s^2 - 1)(Ma_s^2 + 5)}{36Ma_s^2} \qquad (9-21a)$$

$$\frac{u_2}{a_1} = \frac{5}{6}\left(Ma_s - \frac{1}{Ma_s}\right) \qquad (9-22a)$$

$$Ma_2 = 5(Ma_s^2 - 1)[(7Ma_s^2 - 1)(Ma_s^2 + 5)]^{-1/2} \qquad (9-23a)$$

$$(Ma_2)_{max} \approx 1.89 \qquad (9-24a)$$

当然,也可以激波强度 p_{21} 作为参变量,把②区气流的其他参量比表示 p_{21} 的函数。由式(9-19)可以得到

$$Ma_s^2 = \beta_1(1 + \alpha_1 p_{21}) \qquad (9-25)$$

将式(9-25)分别代入式(9-20)至式(9-23),则有

$$\rho_{21} = \frac{1 + \alpha_1 p_{21}}{\alpha_1 + p_{21}} \tag{9-26}$$

$$T_{21} = (a_{21})^2 = \frac{p_{21}(\alpha_1 + p_{21})}{\alpha_1 p_{21} + 1} \tag{9-27}$$

$$\frac{u_2}{a_1} = \frac{p_{21} - 1}{\gamma_1 [\beta_1(\alpha_1 p_{21} + 1)]^{1/2}} \tag{9-28}$$

$$Ma_2 = \frac{p_{21} - 1}{\gamma_1 [\beta_1 p_{21}(\alpha_1 + p_{21})]^{1/2}} \tag{9-29}$$

当 $p_{21} \to \infty$ 时,可以分别得到 $\rho_{21} \to \alpha_1$, $T_{21} \to \infty$, $u_2/a_1 \to \infty$,

$$(Ma_2)_{max} \to \sqrt{\frac{2}{\gamma_1(\gamma_1 - 1)}}$$

对于 $\gamma_1 = 1.4$,则有 $\alpha_1 = 6$, $\beta_1 = 1/7$,上述公式可简化为

$$Ma_s^2 = \frac{1}{7}(6p_{21} + 1) \tag{9-25a}$$

$$\rho_{21} = \frac{6p_{21} + 1}{p_{21} + 6} \tag{9-26a}$$

$$T_{21} = (a_{21})^2 = \frac{p_{21}(6 + p_{21})}{6p_{21} + 1} \tag{9-27a}$$

$$\frac{u_2}{a_1} = \frac{5(p_{21} - 1)}{7\left[\frac{1}{7}(6p_{21} + 1)\right]^{1/2}} \tag{9-28a}$$

$$Ma_2 = \frac{5(p_{21} - 1)}{7\left[\frac{1}{7}p_{21}(p_{21} + 6)\right]^{1/2}} \tag{9-29a}$$

2. 气流的总温

在激波管中,②区气流的总温可以根据能量方程得到

$$c_p T_2 + \frac{1}{2}u_2^2 = c_p T_{02} \tag{9-30}$$

式中 T_{02}——气流的绝对总温。

当 $\gamma_1 = 1.4$ 时,由式(9-30)可得到

$$\frac{T_{02}}{T_2} = 1 + \frac{\gamma_1 - 1}{2}Ma_2^2 = 1 + \frac{1}{5}Ma_2^2 \tag{9-31}$$

由

$$\frac{T_{02}}{T_1} = \frac{T_{02}}{T_2} \cdot \frac{T_2}{T_1} = \left(1 + \frac{1}{5}Ma_2^2\right) \cdot \frac{T_2}{T_1} \qquad (9-32)$$

将式(9-21a)和(9-23a)代入式(9-32),得到

$$\frac{T_{02}}{T_1} = 1 + \frac{1}{3}(Ma_s^2 - 1) \qquad (9-33)$$

假如激波前①区的气体是静止的,$u_1 = 0$,那么 T_1 就等于波前的绝对总温 T_{01},由式(9-33)不难看出,对于运动激波来说,$(Ma_s \neq 1)$激波前后气流的绝对总温是不相等的,即 $T_{01} \neq T_{02}$。

如果将坐标系取在运动激波上,从定常流动的观点出发,驻激波前后气流的总温相等。

绝热减速引起的驻点温度(总温)由式(9-34)给出,即

$$c_p T_1 + \frac{1}{2}W^2 = c_p T_2 + \frac{1}{2}(W - u_2)^2 = c_p T_0 \qquad (9-34)$$

由式(9-34)不难得到

$$\frac{T_0}{T_2} = 1 + \frac{1}{2c_p T_2}(W - u_2)^2 = 1 + \frac{\gamma_1 - 1}{2}\frac{(W - u_2)^2}{a_2^2} \qquad (9-35)$$

式中　T_0——运动激波后面②区气流的相对总量;

　　　W——激波的传播速度。

式(9-35)可改写成

$$\frac{T_0}{T_2} = 1 + \frac{\gamma_1 - 1}{2}Ma_2^2\left(\frac{W}{u_2} - 1\right)^2 \qquad (9-36)$$

由式(9-31)式(9-36)可以得到波后绝对总温和相对总温之比,即

$$\frac{T_{02}}{T_0} = \frac{1 + \dfrac{\gamma_1 - 1}{2}Ma_2^2}{1 + \dfrac{\gamma_1 - 1}{2}Ma_2^2\left(\dfrac{W}{u_2} - 1\right)^2} \qquad (9-37)$$

利用式(9-22),有

$$\frac{W}{u_2} = \frac{(\gamma_1 + 1)Ma_s^2}{2(Ma_s^2 - 1)} \qquad (9-38)$$

当 $Ma_s \rightarrow \infty$ 时,有

$$Ma_2 \rightarrow \sqrt{\frac{2}{\gamma_1(\gamma_1 - 1)}}, \frac{W}{u_2} \rightarrow \frac{\gamma_1 + 1}{2}$$

则有

$$\frac{T_{02}}{T_0} \to \frac{4}{\gamma_1 + 1}$$

对于 $\gamma_1 = 1.4$，$\frac{T_{02}}{T_0} \to 1.66$。由此也可以看出，虽然激波前后的热力参数关系在绝大多数情况下对运动激波(以 Ma_s 表示)和驻激波(以 Ma_1 表示)具有完全相同的表达式(可参见第 2 章的相关讨论)，主要是针对静参数，而对总参数来说，一般是完全不同的。

3. 气流的总压(皮托压力)

在第 2 章中已经讲过，运动激波后面的气流可以是亚声速的，也可以是超声速的。因此激波管②区的气流马赫数可能有两种情况：$Ma_2 < 1$ 或者 $Ma_2 > 1$。由此，测量②区气流总压 p_{02} 的皮托管则需要考虑进口处是否经历驻激波的问题。

对于 $Ma_2 < 1$ 的情况，有

$$\frac{p_{02}}{p_1} = \frac{p_{02}}{p_2} \cdot \frac{p_2}{p_1} = \left(1 + \frac{\gamma_2 - 1}{2}Ma_2^2\right)^{\frac{\gamma_1}{\gamma_1 - 1}} \cdot p_{21} \tag{9-39}$$

对于 $Ma_2 > 1$ 的情况，利用瑞利公式，有

$$\frac{p_{02}}{p_1} = \frac{p_{02}}{p_2} \cdot \frac{p_2}{p_1} = \left(\frac{\gamma_1 + 1}{2}Ma_2^2\right)^{\frac{\gamma_1}{\gamma_1 - 1}} \left(\frac{2\gamma_1}{\gamma_1 + 1}Ma_2^2 - \frac{\gamma_1 - 1}{\gamma_1 + 1}\right)^{-\frac{1}{\gamma_1 - 1}} \tag{9-40}$$

9.1.2.3　激波管③区的气流参数

激波管中③区的气流是驱动段驱动气体通过一束左行中心稀疏波膨胀加速而形成的。因此一般可以利用该区的气流马赫 $Ma_3\left(\dfrac{u_3}{a_3}\right)$ 表示其他参数。根据第 2 章一维非定常特征线和等熵关系，可以得到以下关系式。

(1) 声速比，即

$$\frac{a_3}{a_4} = 1 - \frac{\gamma_4 - 1}{2}\frac{u_3}{a_4} = \left(1 + \frac{\gamma_4 - 1}{2}Ma_3\right)^{-1} \tag{9-41}$$

(2) 静温比，即

$$\frac{T_3}{T_4} = \left(1 + \frac{\gamma_4 - 1}{2}Ma_3\right)^{-2} \tag{9-42}$$

(3) 密度比，即

$$\frac{\rho_3}{\rho_4} = \left(1 + \frac{\gamma_4 - 1}{2}Ma_3\right)^{-\frac{2}{\gamma_4 - 1}} \tag{9-43}$$

（4）静压比，即

$$\frac{p_3}{p_4} = \left(1 + \frac{\gamma_4 - 1}{2} Ma_3 \right)^{-\frac{2\gamma_4}{\gamma_4 - 1}} \tag{9-44}$$

（5）气流马赫数，即

$$Ma_3 = \frac{u_3}{a_3} = \frac{u_2}{a_2} \cdot \frac{a_2}{a_4} \cdot \frac{a_4}{a_3} \tag{9-45}$$

将式（9-22）和式（9-41）代入式（9-45），得到

$$Ma_3 = \left[\frac{a_{41}(\gamma_1 + 1) Ma_s}{2(Ma_s^2 - 1)} - \frac{\gamma_4 - 1}{2} \right]^{-1} \tag{9-46}$$

9.1.3　激波管向高气流马赫数的拓展——激波风洞

从激波管的出现到它应用于气动试验研究，整整经历了半个世纪，正如前面所述，激波管只能产生高温低马赫数的气流，在量热完全气体条件（$\gamma = 1.4$）下，$(Ma_2)_{\max} \approx 1.89$，考虑到非完全气体效应以后，$Ma_2$ 也超不过 3，为了克服这一缺点，在 20 世纪 50 年代初期，赫兹伯格（Hertzberg）在激波管的被驱动段末端加了一个扩散喷管和试验段，将激波管②区的气流等熵膨胀加速至试验段，获得高马赫数的气流，经过这样改装以后的激波管装置，称为直通型激波风洞，其结构示意图见图 9-4。

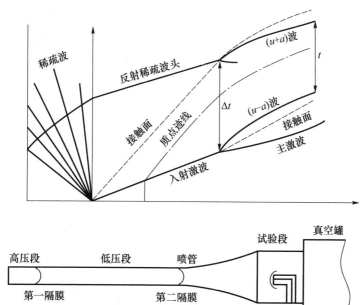

图 9-4　直通型激波风洞结构示意图

20 世纪 50 年代以后,随着宇航事业的发展,飞行速度越来越高,提出了大量的飞行器绕流和气动加热等课题,大大推动了高超声速激波风洞的发展。但是,高焓运行的直通型激波风洞有效试验时间,一般均很短,给测试技术带来了很多困难,而且气流参数值也不高,因此,曾一度有人认为激波风洞的发展前途有限。

针对直通型激波风洞所存在的缺点,人们花了将近 10 年的时间研究延长激波风洞试验时间和提高气流参数的办法,按照前面理想激波管理论的计算结果,若要延长试验时间只有加长被驱动段。例如,美国的卡尔斯本(Calspan)公司(原为康奈尔航空实验室)的激波风洞,为了获得马赫数 10,试验时间为 1ms 的气流,被驱动段长度不得不加长至 15m,如此长的被驱动段,激波衰减得十分严重,既要延长时间又不使被驱动段过长。后来,随着反射型的激波风洞的诞生,大幅拓展了激波风洞的能力范围。这种风洞的工作原理是在激波管的被驱动段末端加一收缩扩散喷管,其喉道面积非常小,一般仅为被驱动段面积的几十分之一,以至于入射激波在喉道处几乎达到完全反射,反射激波将②区的气流再一次压缩,从而使波后⑤区的气体处于高温高压滞止状态,接着这一部分气体通过喷管膨胀加速,在试验阶段获得高马赫数的气流,其结构示意图参见图 9 - 5,如果通过调整控制初始参数,使反射激波遇到接触面不反射任何非定常波,即满足接触面缝合,则可使试验时间延长一个数量级。

由于激波风洞兼有等截面管非定常流和变截面管定常流的特点,加之决定流动状态的部段初始参数具有良好的可调裕度,这就给激波风洞运行参数的合理设计和灵活改变提供了丰富的空间。下面就以激波风洞的 3 个典型运行模式为例展开介绍。

9.1.3.1 缝合接触面运行

反射型激波风洞只要驱动段足够长,保证反射稀疏波头不至于干扰⑤区流场,那么试验气流的定常持续时间将取决于两个因素:一是全部的高温高压气体消耗完了;二是由于反射激波从接触面上再次反射的非定常波(激波或者稀疏波)传入⑤区,破坏气流定常性。在一般情况下,第二个因素是主要的。这样一来,不但高温高压气体不能被充分利用,而且实际的试验时间比直通型激波风洞延长不多。如果采用"缝合接触面"运行方式,将可消除从接触面上反射的非定常波,使试验时间大大延长。

1. 缝合方程

运动激波遇到接触面以后,一方面,将产生一道透射激波,通过接触面;另一方面,在接触面上或者反射非定常波(激波或稀疏波)或者不发生任何反射,取决于接触面两边气体的初始参数和入射激波的强度,为了使激波在接触面上不发生任何反射,接触面两边的物理条件必须相互"缝合"(或者相互"匹配")。具有这种条件的接触面称为"缝合接触面"。因此,"缝合接触面"的确切定义是:在激波管流动中,反射激波和接触面互相作用的结果,仅仅使反射激波强度不变地穿过接触面,往高压段方向传播,而在接触面上不产生任何反射波,在此情况下,图9-5中的二次反射波就不存在了。

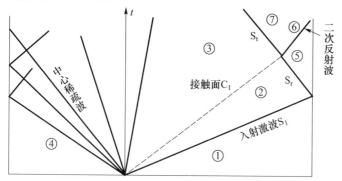

图9-5　"反射型"的激波风洞示意图

1) 非缝合情况

在非缝合状态下,反射激波 S_r 遇到接触面会再次经历二次反射(假定反射一道激波),利用第2章中运动激波的速度－压力关系,可以对反射激波与接触面的作用过程进行分析。

反射激波 S_r 属于在②区气体中传播的左行波,有

$$\frac{u_5 - u_2}{a_2} = -\frac{\delta_2(p_{52} - 1)}{(\alpha_2 p_{52} + 1)^{0.5}} \qquad (9-47)$$

透射激波 S_t 属于在③区气体中传播的左行波,有

$$\frac{u_7 - u_3}{a_3} = -\frac{\delta_3(p_{73} - 1)}{(\alpha_3 p_{73} + 1)^{0.5}} \qquad (9-48)$$

而二次反射激波属于在⑤区气体中传播的右行波,有

$$\frac{u_6 - u_5}{a_5} = \frac{\delta_5(p_{65} - 1)}{(\alpha_5 p_{65} + 1)^{0.5}} \qquad (9-49)$$

其中，$\alpha = \dfrac{\gamma+1}{\gamma-1}$，$\delta = \sqrt{\dfrac{2}{\gamma(\gamma-1)}}$，它们的下标随 γ 的变化而变化。

在激波管中，入射激波后面的接触面两边的气体必须满足相容关系，即 $p_2 = p_3$、$u_2 = u_3$，接触面与反射激波相互作用以后，接触面继续存在，只不过运动速度变慢，故仍然满足相容关系，即 $p_6 = p_7$、$u_6 = u_7$。另外，假定入射激波在喷管末端完全反射，则 $u_5 = 0$。由式（9-47）可得到

$$\frac{u_2}{a_2} = \frac{\delta_{53}(p_{53}-1)}{(\alpha_2 p_{52}+1)^{0.5}} \qquad (9-50)$$

式（9-48）和式（9-49）分别可写成

$$\frac{u_7}{a_5} = \left[\frac{u_3}{a_3} - \frac{\delta_3(p_{73}-1)}{(\alpha_3 p_{73}+1)^{0.5}}\right]a_{35} \qquad (9-51)$$

$$\frac{u_6}{a_5} = \frac{\delta_5(p_{65}-1)}{(\alpha_5 p_{65}+1)^{0.5}} \qquad (9-52)$$

由上述两式导出

$$\left[\frac{u_3}{a_3} - \frac{\delta_3(p_{73}-1)}{(\alpha_3 p_{73}+1)^{0.5}}\right]a_{35} = \frac{\delta_5(p_{65}-1)}{(\alpha_5 p_{65}+1)^{0.5}} \qquad (9-53)$$

若在接触面上二次元反射波为稀疏波，不难证明

$$\left[\frac{u_3}{a_3} - \frac{\delta_3(p_{73}-1)}{(\alpha_3 p_{73}+1)^{0.5}}\right]a_{35} = \frac{1}{\gamma_5 \beta_5}(p_{65}^{\beta_5}-1) \qquad (9-54)$$

其中，

$$\beta_5 = \frac{\gamma_5-1}{2\gamma_5}; p_{73} = p_{75}p_{53} = p_{65}p_{52} \qquad (9-55)$$

2）缝合情况

如前所述，在缝合情况下，反射激波等强度地穿过接触面，在接触面上不产生任何反射波，图9-5中二次反射波不存在。也就是说，$p_6 = p_5$ 或者 $p_{65} = 1°$ 利用式（9-55）和上述条件，式（9-53）和式（9-54）得到

$$\frac{u_3}{a_3} = \frac{\delta_3(p_{52}+1)}{(a_3 p_{52}+1)^{0.5}} \qquad (9-56)$$

式（9-50）和式（9-56）联立，注意到 $u_2 = u_3$，则有

$$a_{23} = \left[\frac{\delta_2(a_2 p_{52}+1)}{\delta_3(a_3 p_{52}+1)}\right]^{0.5} \qquad (9-57)$$

或者

$$(a_{23})^2 = \frac{\gamma_2^2}{\gamma_3^2}\left[\frac{1 + \dfrac{\gamma_2 + 1}{2\gamma_2}(p_{52} - 1)}{1 + \dfrac{\gamma_3 + 1}{2\gamma_3}(p_{52} - 1)}\right] \qquad (9-58)$$

注意,式(9-58)表示反射型激波风洞实现接触面缝合所应满足的方程。

假定高、低压段气体的比热比不等但均为常数,则 $\gamma_2 = \gamma_1$, $\gamma_3 = \gamma_4$,式(9-58)可写成

$$(a_{23})^2 = \frac{\gamma_1^2}{\gamma_4^2}\left[\frac{1 + \dfrac{\gamma_1 + 1}{2\gamma_1}(p_{52} - 1)}{1 + \dfrac{\gamma_4 + 1}{2\gamma_4}(p_{52} - 1)}\right] \qquad (9-59)$$

由式(9-14)和式(9-17),并注意到下标由3改为5得到反射激波 S_r 的强度为

$$p_{52} = \frac{(3\gamma_1 - 1)Ma_s^2 - 2(\gamma_1 - 1)}{(\gamma_1 - 1)Ma_s^2 + 2} \qquad (9-60)$$

由于

$$a_{23} = a_{21}a_{14}a_{43} \qquad (9-61)$$

根据式(9-7),有

$$a_{43} = \left[1 - \frac{\gamma_4 - 1}{2}\left(\frac{u_2}{a_1}\right)a_{14}\right]^{-1} \qquad (9-62)$$

将式(9-62)代入式(9-61)得到

$$a_{41} = \frac{a_{21}}{a_{23}} + \frac{\gamma_4 - 1}{2}\left(\frac{u_2}{u_1}\right) \qquad (9-63)$$

根据前面公式(9-21)和式(9-22),有

$$a_{21}^2 = \frac{\left[2\gamma_1 Ma_s^2 - (\gamma_1 - 1)\right]\left[(\gamma_1 - 1)Ma_s^2 + 2\right]}{(\gamma_1 + 1)^2 Ma_s^2} \qquad (9-64)$$

$$\frac{u_2}{a_1} = \frac{2}{\gamma_1 + 1}\left[Ma_s - \frac{1}{Ma_s}\right] \qquad (9-65)$$

将式(9-61)、式(9-62)、式(9-64)和式(9-65)代入式(9-63),经整理后得到

$$a_{41} = \frac{2}{\gamma_1 + 1}\left(Ma_s - \frac{1}{Ma_s}\right)\left\{\left[\frac{(\gamma_2 - 1)Ma_s^2 + 2}{2\gamma_1(Ma_s^2 - 1)}\right]\right. \cdot$$

$$\left[\gamma_4^2 + \frac{\gamma_1 \gamma_4 (\gamma_4 + 1)(Ma_s^2 - 1)}{(\gamma_1 - 1)Ma_s^2 + 2} \right]^{0.5} + \frac{\gamma_4 - 1}{2} \Bigg\} \qquad (9-66)$$

2. 缝合条件计算

利用式(9-66)计算缝合条件可采用试凑法。高、低压段气体初始条件确认以后, γ_1 和 γ_4 便是给定的。由式(9-9)给出

$$a_{41} = \sqrt{\frac{\gamma_4 M_1 T_4}{\gamma_1 M_4 T_1}} \qquad (9-67)$$

则 a_{41} 也可唯一确定。注意:这里 M_1、M_4 分别表示驱动段和被驱动段气体分子量。

若给定一个激波马赫数 Ma_s,代入式(9-66)计算,可得到一个新的 $(a_{41})'$,改变 Ma_s,可得到一系列的 $(a_{41})'$。一定可以从其中找到一个 Ma_s,使得 a_{41} 的计算值与由式(9-67)给定值相等。此时的 Ma_s 便是 a_{41} 和 γ_4、γ_1 所对应的缝合激波马赫数 Ma_{sr}。由此可见,一种驱动状态只能有一个缝合激波马赫数。

一般情况下被驱动段气体的 γ_1 和 a_1 是一定的,例如, $\gamma_1 = 1.4$, $a_1 = 340 \mathrm{m/s}$ ($T_1 = 288\mathrm{K}$)。那么,可以通过改变 γ_4 和 a_4,得到一系列的 Ma_{sr}。由式(9-67)可以看出,改变 a_4 可通过改变驱动段气体(驱动气体)的分子量 M_4 和温度 T_4 来实现。

应当指出,如果高、低压段气体的比热比相同,即 $\gamma_1 = \gamma_4$,则缝合方程式(9-59)可简化为

$$a_2 = a_3 \qquad (9-68)$$

式(9-63)可写成

$$a_{41} = a_{21} + \frac{\gamma_4 - 1}{\gamma_1 + 1}\left(Ma_s - \frac{1}{Ma_s}\right) \qquad (9-69)$$

综上所述,式(9-66)适用于计算 $\gamma_1 \neq \gamma_4$ 情况下的缝合激波马赫数。例如,氦气驱动空气,氢氧燃烧(加氮或者加氦)驱动空气等。而式(9-69)则仅适用于计算 $\gamma_1 = \gamma_4$ 情况下的缝合激波马赫数。例如,纯氢驱动空气或氮气,氮气驱动空气等,对于等截面激波管,加热氢气或者氦驱动空气情况所计算的缝合激波马赫数 Ma_{sr} 随 T_4 的变化见图9-6。

9.1.3.2 平衡接触面运行

上一小节详细讨论了缝合接触面运行的有关问题。这种运行的最大优点是试验时间在理论上可以比直通型激波风洞增长一个量级。然而,这是需要付出代价的。第一,缝合条件的要求相当苛刻,如果高、低压段气体的初始参数选定,那么,在理论上仅有一个入射激波马赫数能达到缝合。从图9-6中可以看出,室温下的

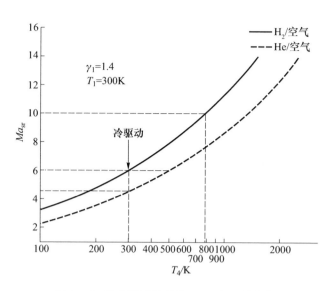

图 9 - 6　缝合激波马赫数 Ma_{sT} 随 T_4 的变化

氢气驱动空气,Ma_{sT} 大约仅为 3.75,若要求在更高马赫数下实现缝合,则氢气必须加热。第二,在一般情况下,缝合运行所提供的⑤区驻室焓值是不高的。

　　"平衡接触面"的概念认为,入射激波在接触面和被驱动段末端之间来回反射许多次以后便变得很弱,一直到接触面处于静止,从而使喷管前室处于平衡状态。从这个角度来看,"缝合接触面"运行是"平衡接触面"运行的特殊情况,即一次激波反射之后便达到平衡。而"平衡接触面"运行由于在接触面上反射二次激波,所以有时也称为"超缝合"运行。与缝合接触面运行相比,平衡接触面运行的入射激波马赫数可以较大,并且由于多次激波反射,故驻室的参数可以比缝合接触面运行情况下大得多。

1. 平衡接触面参数计算

　　平衡接触面运行的方式见图 9 - 7。假定喷管前室在经过激波多次反射以后达到平衡状态。其温度和压力 T_e、p_e 以达到平衡状态的时间 $(t_E - t_A)$ 便可利用激波关系式进行精确计算。在量热完全气体条件下,利用上一小节激波管流动参数关系,从②区开始,逐个区域地算下去。计算结果表明,通常激波经过 4~5 次反射以后已经变得很弱,可以忽略不计,也就是达到平衡状态。虽然利用这种方法可以算出所需的全部气流参数。但是,整个计算过程是相当繁杂的。而且对于所需要的每一种气体组合和每一个入射激波马赫数均必须重复这种计算。

　　根据波系图进行精确计算表明,激波从接触面上反射回来,其强度衰减很快。因此,作为一种近似,可以假定接触面经过一次激波反射以后便趋于静止,则

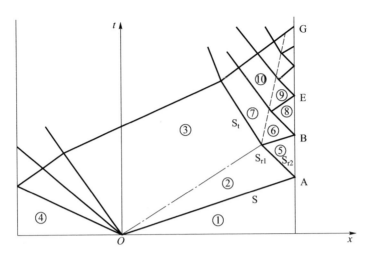

图 9 - 7　平衡接触面运行示意图

图 9 - 7 中,⑥区的压力可以近似认为等于平衡压力,即 $p_6 \approx p_e$,根据接触面上相容关系,有

$$p_2 = p_3 , p_6 = p_7 \tag{9-70}$$

$$\frac{p_e}{p_5} \approx \frac{p_6}{p_5} = \frac{p_2}{p_5} \cdot \frac{p_7}{p_3} = p_{25}p_{73} \tag{9-71}$$

由式(9 - 60),有

$$p_{25} = \frac{(\gamma_1 - 1)Ma_s^2 + 2}{(3\gamma_1 - 1)Ma_s^2 - 2(\gamma_1 - 1)} \tag{9-72}$$

对于左行透射激波 S_t 来说,有

$$p_{73} = 1 + \frac{2\gamma_4}{\gamma_4 + 1}(Ma_{st}^2 - 1) \tag{9-73}$$

式中　Ma_{st}——透射激波的马赫数。

利用运动激波公式(2 - 120),将 Ma_s 换成 Ma_{st},并注意到 $u_7 = 0$,则有

$$\frac{u_3}{a_3} = \frac{2}{\gamma_4 + 1} \frac{Ma_{st}^2 - 1}{Ma_{st}} \tag{9-74}$$

③区气流马赫数 $Ma_3 = \frac{u_3}{a_3}$,则有

$$Ma_{st} = \frac{\gamma_4 + 1}{4}Ma_3 + \left[\left(\frac{\gamma_4 + 1}{4} \right)^2 Ma_3^2 + 1 \right]^{0.5} \tag{9-75}$$

根据式(9 - 46),有

$$Ma_3 = \left[\frac{a_{41}(\gamma_2+1)Ma_s}{2(Ma_3^2-1)} - \frac{\gamma_4-1}{2} \right]^{-1} \qquad (9-76)$$

若给定高、低压段初始参数,则对于每一个 Ma_s,可由式(9-71)和式(9-73)计算 $\frac{p_e}{p_5}$。平衡压力 p_e 还可采用下面的办法计算,透射激波属于左行波,有

$$\frac{u_7-u_s}{a_5} = -\frac{\delta_4(p_{73}-1)}{(\alpha_4 p_{73}+1)^{0.5}} \qquad (9-77)$$

由于 $p_7=p_6 \approx p_6, p_2=p_3, u_7=0$,则式(9-77)可写成

$$\delta_4(p_{e2}-1)(\alpha_4 p_{e2}+1)^{-0.5} = Ma_3 \qquad (9-78)$$

把平衡压力与驱动压力之比表示为 p_{e4},则有

$$p_{e4} = p_{e2}\left(\frac{p_{21}}{p_{41}}\right) \qquad (9-79)$$

在给定 a_{41}、γ_4 和 γ_2 的情况下,对于每一个 Ma_s,由式(9-76)和式(9-78)可算出 p_{e2},并进而得到 p_{21} 和 p_{41}。最后,由式(9-79)算出 p_{e4}。

由于激波从接触面上反射回来时强度衰减很快,所以可以近似地认为激波和接触面第一次相互干扰以后所出现的压缩是等熵的。为此,平衡温度可按照式(9-80)计算,即

$$\frac{T_6}{T_5} = \left(\frac{p_6}{p_5}\right)^{\frac{\gamma_1-2}{\gamma_1}} \qquad (9-80)$$

计算结果表明,平衡接触面运行方式可以使焓值大大提高。例如,若用氢驱动空气,当 $Ma_s = 7.26$ 时,⑤区的温度 $T_5 = 4415K$,平衡温度 $T_5 = 6300K$,即 $\frac{h_e}{RT_0} = 138.5$。而缝合接触面运行只能在 $Ma_s = 3.75$ 的情况下实现,相应地⑤区焓值仅为 $\frac{h_5}{RT_0} = 22.7$。这就是说,平衡状态比缝合状态喷管前室焓值可提高将近 6 倍。

9.1.3.3 高 p_5 状态运行

前面两小节分别讨论了反射型激波风洞的运行方式。缝合接触面运行,在理论上能够使试验时间延长一个数量级,但在实际运行中要真正达到缝合状态是不太容易的,平衡接触面运行希望在保证一定试验时间前提下,尽量提高其气流焓值。这两种运行方式的驻室压力 p_5(或 p_0)与驱动压力之比小于1。在 20 世纪 70 年代以前,人们更多地关心高焓高马赫数的气动模拟问题,因此,多数激波风洞均

采用上述两种运行方式。

随着宇航事业的发展,为了模拟低空高速的飞行环境,提出了同时模拟高马赫数和高雷诺数的气动试验研究的新课题,因此,激波风洞除继续作为高马赫数和高焓试验工具以外,近来已逐渐实行高马赫数和高雷诺数运行。

众所周知,对于激波风洞来说,为了提高驻室焓值,必须尽量提高入射激波马赫数,这可通过增大驱动压力比和采用声速值大的驱动气体,为了提高雷诺数,一种方法靠增大驱动压力和适当降低驱动气体声速值,如美国 AEDC – VKF 实验室的 J 风洞。另一种方法则是利用中等驱动力,提高被驱动段初始压力,采用强驱动 ($a_{41} > 1$),在一定程度上也能达到提高雷诺数的目的。例如,德国亚琛技术大学的 Ⅱ 号激波风洞。把等截面激波管中,反射激波后面⑤区压力与驱动力之比 p_{54} 称为压力恢复系数,而把 $p_{54} > 1$ 的状态称为"高 p_5 状态"。下面将简单讨论高 p_5 状态运动的理论依据、参数计算以及某些限制条件。

1. 试验段自由流雷诺数与驻室参数的关系

按照雷诺数的定义,试验段自由流单位长度雷诺数可表示为

$$(Re_\infty)_L = \frac{Re_\infty}{L} = \frac{\rho_\infty u_\infty}{\mu_\infty} \tag{9-81}$$

式中　L——参考长度;

$\rho_\infty, u_\infty, \mu_\infty$——分别为试验段自由流的密度、速度和黏性系数。

$$\rho_\infty = \frac{p_\infty}{RT_\infty} \tag{9-82}$$

$$u_\infty = Ma_\infty \sqrt{\gamma RT_\infty} \tag{9-83}$$

则

$$(Re_\infty)_L = \frac{1}{\mu_\infty} \sqrt{\frac{\gamma}{R}} Ma_\infty p_\infty T_\infty^{-1/2} \tag{9-84}$$

利用一维等熵定常流关系式,即

$$p_\infty = p_5 \left(1 + \frac{\gamma-1}{2} Ma_\infty^2\right)^{-\frac{\gamma}{\gamma-1}} \tag{9-85}$$

$$T_\infty = T_5 \left(1 + \frac{\gamma-1}{2} Ma_\infty^2\right)^{-1} \tag{9-86}$$

则式(9-84)可写成

$$(Re_\infty)_L = \frac{1}{\mu_\infty} \sqrt{\frac{\gamma}{R} \frac{p_5}{T^{1/2}}} Ma_\infty \left(1 + \frac{\gamma-1}{2} Ma_\infty^2\right)^{-\frac{\gamma-1}{2(\gamma-1)}} \tag{9-87}$$

在试验中,当气流温度不高时,可采用黏性系数与温度的线性关系式,即

$$\mu_\infty \approx CT_\infty = CT_5 \left(1 + \frac{\gamma - 1}{2} Ma_\infty^2 \right)^{-1} \tag{9-88}$$

C 为经验常数,式(9-87)可改写为

$$(Re_\infty)_L = \frac{1}{C} \sqrt{\frac{\gamma}{R}} \frac{p_5}{T_5^{3/2}} Ma_\infty \left(1 + \frac{\gamma - 1}{2} Ma_\infty^2 \right)^{-\frac{\gamma-1}{2(\gamma-1)}} \tag{9-89}$$

对于 $\frac{\gamma - 1}{2} Ma_\infty^2 \gg 1$ 的情况,式(9-89)可化简为

$$(Re_\infty)_L = \frac{1}{C} \left(\frac{\gamma}{R} \right)^{1/2} \left(\frac{2}{\gamma - 1} \right)^{-\frac{3-\gamma}{2(\gamma-1)}} \frac{p_5}{T_5^{3/2}} Ma_\infty^{-\frac{2(2-\gamma)}{\gamma-1}} \tag{9-90}$$

令常数 $K = \frac{1}{C} \left(\frac{\gamma}{R} \right)^{1/2} \left(\frac{2}{\gamma - 1} \right)^{-\frac{3-\gamma}{2(\gamma-1)}}$ 并且 $\gamma = 1.4$ 则

$$(Re_\infty)_L = K \frac{p_5}{T_5^{3/2}} Ma_\infty^{-3} \tag{9-91}$$

　　由式(9-91)不难看出,若要提高试验段自由流雷诺数,必须降低驻室温度 T_5,提高驻室压力 p_5,尽量降低自由流马赫数 Ma_∞。其中降低 Ma_∞ 不但对提高雷诺数有好处,而且还能防止气流冷凝。但是,在高马赫数的模拟试验中,Ma_∞ 通常不希望太低,因此,对于一定的 Ma_∞,提高 p_5 和降低 T_5,从而提高试验段自由雷诺数,正是高 p_5 状态运行所要达到的根本目的。以后将会看到,提高 p_5 受到试验时间限制,降低 T_5 受到试验段气流冷凝限制。

2. 高 p_5 状态参数的计算

　　如前所述,高 p_5 状态的主要标志是压力恢复系数 p_{54} 必须大于 1,由于

$$p_{54} = p_{52} p_{21} p_{14} \tag{9-92}$$

由激波反射关系可得

$$p_{52} = \frac{(3\gamma_1 - 1) Ma_s^2 - 2(\gamma_1 - 1)}{(\gamma_1 - 1) Ma_s^2 + 2} \tag{9-93}$$

由经典的激波管关系式(9-8)得到

$$p_{14} = \frac{1}{p_{21}} \left[1 - \frac{\gamma_4 - 1}{\gamma_1 + 1} a_{14} \left(Ma_s - \frac{1}{Ma_s} \right) \right]^{\frac{2\gamma_4}{\gamma_4 - 1}} \tag{9-94}$$

将上述二式代入式(9-94),得到

$$p_{14} = \left[\frac{(3\gamma_1 - 1)Ma_s^2 - 2(\gamma_1 - 1)}{(\gamma_1 - 1)Ma_s^2 + 2} \right] \left[1 - \frac{\gamma_4 - 1}{\gamma_1 + 1} a_{14} \left(Ma_s - \frac{1}{Ma_s} \right) \right]^{\frac{2\gamma_4}{\gamma_4 - 1}} \quad (9-95)$$

若给定 a_{14}、γ_4 和 γ_1，对于每一个 Ma_s，由式(9-92)可算出对应的 p_{54}，在 $p_{54} \sim Ma_s$ 的关系曲线中，不难发现存在着一个 Ma_s，使其对应的 p_{54} 取极大值，即有

$$\frac{\mathrm{d}}{\mathrm{d}Ma_s}(p_{54}) = 0 \quad (9-96)$$

由此可得到 $(p_{54})_{\max}$ 所对应的入射激波马赫数 Ma_{sp} 满足的方程。

$$a_{41} = \frac{\gamma_4 - 1}{\gamma_1 + 1} \left(Ma_{sp} - \frac{1}{Ma_{sp}} \right) + \frac{\gamma_4 \left[(3\gamma_1 - 1)Ma_{sp}^2 - 2(\gamma_1 - 1) \right] \left[(\gamma_1 - 1)Ma_{sp}^2 + 2 \right] (Ma_{sp}^2 + 1)}{2\gamma_1 (\gamma_1 + 1)^2 Ma_{sp}^3}$$

$$(9-97)$$

当 $\gamma_1 = 1.4$ 时，有

$$p_{54} = \left[\frac{8Ma_s^2 - 2}{Ma_s^2 + 5} \right] \left[1 - a_{14}(\gamma_4 - 1) \frac{Ma_s^2 - 1}{2.4Ma_s} \right]^{\frac{3\gamma_4}{\gamma_4 - 1}} \quad (9-98)$$

$$a_{41} = \frac{\gamma_4 - 1}{2.4} \left(Ma_{sp} - \frac{1}{Ma_{sp}} \right) + \frac{\gamma_4 (4Ma_{sp}^2 - 1)(Ma_{sp}^2 + 5)(Ma_{sp}^2 + 1)}{52.8Ma_{sp}^3} \quad (9-99)$$

当 $\gamma_1 = \gamma_4 = 1.4$ 时，有

$$p_{54} = \left[\frac{8Ma_s^2 - 2}{Ma_s^2 + 5} \right] \left[1 - a_{14} \left(\frac{Ma_s^2 - 1}{6Ma_s} \right) \right]^7 \quad (9-100)$$

$$a_{41} = \frac{1}{6} \left(Ma_{sp} - \frac{1}{Ma_{sp}} \right) + \frac{(4Ma_{sp}^2 - 1)(Ma_{sp}^2 + 5)(Ma_{sp}^2 + 1)}{36Ma_{sp}^3} \quad (9-101)$$

由式(9-97)或者式(9-100)可以看出，当采用强驱动时，a_{41} 很大，故 p_{54} 可以达到最大值，并且 $(p_{54})_{\max}$ 有可能大于3，p_{54} 随 Ma_s 和 a_{41} 的变化见图9-8。由图可知，在一定的驱动条件下，p_{54} 随 Ma_s 的变化却有一个极大值存在。a_{41} 越大，$(p_{54})_{\max}$ 所对应的 Ma_{sp} 越大。如果通过调整控制激波管初始参数，使其在 Ma_{sp} 或者 Ma_{sp} 的附近运行，则激波风洞便可实现 $p_{54} > 1$ 的运行状态。应当指出，为了降低 T_5，高 p_5 状态所对应的入射激波马赫数 Ma_{sp} 通常均较低，(如 $Ma_{sp} < 4$)；否则，提高雷诺数的目的不易实现。

综上所述，高 p_5 状态确实能够实现 $p_{54} > 1$ 的运行，乍一看，似乎难以理解，其实从能量转换的角度来看，提高⑤区压力的代价是降低气体的焓值。

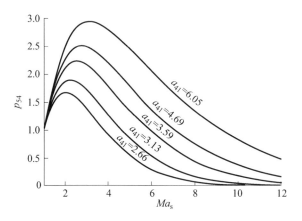

图 9 - 8　p_{54} 随 Ma_s 和 a_{41} 的变化规律

9.2　典型脉冲高超声速地面模拟设备简介

地面试验是先进高超声速飞行器研制的主要手段,获得满足高超声速气动试验研究的高焓气流是发展地面模拟设备的关键难题之一。

9.2.1　JF12 高超声速复现激波风洞[1]

中国科学院力学所姜宗林等提出了一种新型的 JF12 激波风洞,获得了长达100ms 以上的试验时间,具有复现高超声速飞行条件的能力,为高超声速关键技术与高温气体动力学基础科学问题研究提供了先进的试验条件,受到了国内外同行的广泛关注。下面对该设备的原理和特点作一介绍。

9.2.1.1　激波风洞爆轰驱动原理

如前所述,激波风洞的基本原理是应用高压气体压缩试验气体,获得试验气流。高压气体的压力越高驱动能力就越强。爆轰驱动是利用爆轰波后的高温、高压气体作为高压气源的一种驱动方式,其运行原理和波系传播过程与常规高压气体驱动略有不同。为了说明激波风洞爆轰驱动原理,图 9 - 9 给出了典型爆轰波传播特性。

爆轰驱动原理可应用 Chapman – Jouguet 爆轰理论(CJ 理论)和 Taylor 相似定理来阐述。若在一个封闭的爆轰管内充满了静止的可爆混合气体,爆轰波在封闭端形成并向另一端传播,根据 CJ 理论和 Taylor 相似定理所述的爆轰波后气流状态参数的变化如图 9 - 9 所示。可爆混合气在前导激波的压缩下瞬时释放出大量

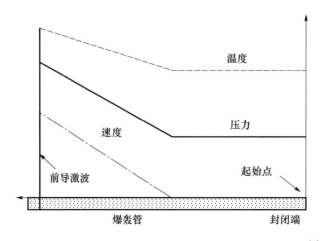

图 9 - 9   基于 Taylor 相似定理描述的爆轰波传播特性示意图[1]

化学能量,使燃气的压力、温度和速度升高至 CJ 值。同时由于封闭端边界条件的限制,爆轰波后形成一束稀疏波(Taylor 稀疏波),在该稀疏波的作用下,气流速度逐渐减小,最终达到静止状态。处于静止状态下的气流长度大约是爆轰波传播距离的一半,依然具有很高的温度与压力。如果将充入试验气体的被驱动段串接于爆轰管的右端,并用膜片将两者隔开,即可构成反向爆轰驱动激波管,如图 9 - 10所示。对于反向爆轰驱动,实际的驱动气体并非未爆的初始混合气,而是爆轰波后通过 Taylor 稀疏波滞止的、状态参数均匀的高温高压气体。这部分静止气体状态参数,即爆轰驱动的等效驱动压力 p_e 和等效声速 a_e 可通过 CJ 爆轰理论和简单波关系式确定

$$a_e = \frac{|v_D|}{2} \tag{9-102}$$

$$p_e = p_{CJ}\left(\frac{a_e}{a_{CJ}}\right)^{\frac{2\gamma_D}{\gamma_D-1}} \tag{9-103}$$

$$p_e = p_{CJ}\left(\frac{a_e}{a_{CJ}}\right)^{\frac{2\gamma_D}{\gamma_D-1}} \tag{9-104}$$

式中   下标 CJ——C - J 状态;

   v_D——爆轰波速;

   γ_D——爆轰后驱动气体比热比。

由于驱动段内存在着爆轰波,爆轰驱动激波管内的波过程较常规高压气体驱动更复杂,如图 9 - 10 所示。爆轰波在主膜处起始,并向驱动段上游传播,同时主

膜片在高压气体的作用下破开,高温、高压驱动气体进入被驱动段,并形成入射激波。由于主膜破裂时形成的中心稀疏波波头速度与爆轰波后 Taylor 波尾的速度相同,皆为等效驱动声速 a_e;所以爆轰驱动的等效驱动气体始终为静止状态的高温高压驱动气体,且状态参数恒定,入射激波的传播特性与常规高压气体驱动时完全一致。当爆轰波传播至驱动段上游端时,若其端壁封闭,爆轰波会在此反射产生高压,对设备的结构带来严重损害,因此一般需在驱动段上游串接卸爆段,此时驱动段上游端的反射激波被稀疏波所取代。稀疏波的传播速度较激波慢,所以卸爆段还起到了延缓驱动段内波系对试验气流干扰的作用。

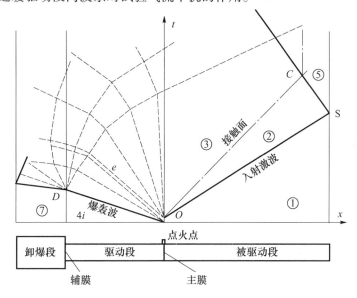

图 9-10 反向爆轰驱动激波管结构及波系传播示意图[1]

从上述波传播过程可以看出,反向爆轰驱动技术驱动能力的品质与高压气体驱动相当,但由于爆轰驱动利用爆轰瞬时释放出的化学能作为驱动能量的来源,因此其驱动能力远高于高压气体驱动。一般来说,产生相同强度的入射激波,氢氧爆轰驱动所需的初始压力约为高压氢气驱动的 1/6,这不仅给试验操作带来诸多便利,而且显著减少了驱动气体的消耗量。此外,爆轰后的驱动气体可直接排放,不需要采用回收措施,这大大简化了试验流程,进一步节约风洞试验成本。

9.2.1.2 延长激波风洞试验时间的关键技术

1. 激波风洞缝合运行状态

虽然反向爆轰驱动技术为发展大尺度的激波风洞提供了可行的驱动方式,但为了获得长试验时间,在一定的风洞长度条件下,还需考虑诸多气体动力学和设备设计方面的因素,其中激波风洞中的波传播与反射过程和反射激波 – 边界层作用现象导致试验时间缩短的影响尤为显著。

激波风洞提供的平稳试验气流所持续的时间与其中的波传播过程密切相关,而波传播过程取决于运行状态,其中最重要的一个波传播过程是入射激波在被驱动段端面和试验 – 驱动气体界面的往复反射。为了获得最长的试验时间,激波风洞需采用缝合运行状态。由于缝合运行状态消除了接触面处反射波对试验气流状态的干扰,一般可将试验时间提高数倍以上。为了获得该运行状态,需合理匹配被激波压缩后的试验气体和膨胀后的驱动气体的状态参数,需满足以下条件,即

$$\frac{a_3}{\sqrt{\gamma_3[\gamma_3-1+(\gamma_3+1)p_{52}]}}=\frac{a_2}{\sqrt{\gamma_2[\gamma_2-1+(\gamma_2+1)p_{52}]}} \quad (9-105)$$

$$p_{52}=\frac{(3\sqrt{\gamma_1-1})Ma_s^2-2(\sqrt{\gamma_1-1})}{(\gamma_1-1)Ma_s^2+2} \quad (9-106)$$

式中　a——声速;

　　　γ——比热比;

　Ma_s——入射激波马赫数。

下标 1、2 和 3 分别表示激波管波系图(图 9 – 10)中的 1 区、2 区和 3 区。若假设驱动气体和试验气体均为理想气体,根据激波管的理论可得

$$\frac{a_4}{a_1}=\frac{2}{\gamma_1+1}\left(Ma_s-\frac{1}{Ma_s}\right)\left\{\left[\frac{(\gamma_1-1)Ma_s^2+2}{2\gamma_1(Ma_s^2-1)}\right]\left[\gamma_4^2+\frac{\gamma_1\gamma_4(\gamma_4+1)(Ma_s^2-1)}{(\gamma_1+1)Ma_s^2+2}\right]^{1/2}+\frac{\gamma_4-1}{2}\right\}$$

$$(9-107)$$

式中　a_4——驱动气体声速。

由式(9 – 107)可见,缝合激波马赫数取决于驱动气体和试验气体的初始声速和比热比。

激波风洞产生的试验气流总焓取决于入射激波的强度,通常被驱动段内试验气体为室温空气,因此若驱动气体的状态参数给定,缝合激波马赫数也随之确定,也即试验气体的总焓确定。对于常规高压气体驱动,为了获得总焓不同的试验气流,并保持风洞运行于缝合状态,需通过调整驱动气体的状态参数来实现。比如为了提高试验气体的总焓,驱动气体除了采用轻气体(氢、氦等)外,还需加热以提高其声速,进而提高缝合激波马赫数,而降低试验气体的总焓可采用声速较低的驱动气体,如氮、氩等。

爆轰驱动和常规高压气体驱动一样,可通过调整驱动气体的初始组分获得不同强度的缝合激波马赫数(即总焓不同的试验气体)。基于理论分析的计算结果

如图 9 - 11 所示。

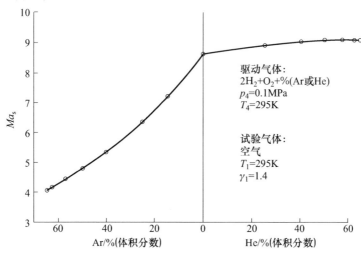

图 9 - 11　爆轰驱动缝合激波马赫数与驱动气体初始组分的关系[1]

爆轰驱动缝合激波马赫数随着初始驱动气体氦气含量的增加而增加,随氩气增加而减小。在驱动气体中增加氢气和氮气也可起到类似的作用。但需要指出的是,爆轰驱动缝合激波马赫数的可调整范围受直接起始爆轰极限的限制。一般来说,爆轰驱动适用于高缝合激波马赫数的运行条件,即产生高焓试验气流。为了使爆轰驱动在较低入射激波强度下仍能运行于缝合状态,满足试验气流具有较低焓值的状态,由式 $\dfrac{a_3}{\sqrt{\gamma_3[\gamma_3-1+(\gamma_3+1)p_{52}]}}=\dfrac{a_2}{\sqrt{\gamma_2[\gamma_2-1+(\gamma_2+1)p_{52}]}}$ 可见,需降低③区(图 9 - 10)声速。为了降低③区气体声速,除了采用改变驱动气体成分的方法外,还可采用定常膨胀代替稀疏波膨胀的方法。即应用"小"驱动段驱动"大"被驱动段的驱动方式,如图 9 - 12 所示。该图中同时给出了该驱动方式下的激波管波系图。采用"小"驱"大"的驱动方式后,激波管内的流动变得颇为复杂,这里仅做简单讨论。

在采用"小"驱"大"的激波风洞的运行模式下,驱动段与被驱动段截面积比 A_4/A_1 对缝合激波马赫数的影响如图 9 - 13 所示。从图中可见,在驱动气体声速和试验气体初始声速比 a_4/a_1 不变的条件下,缝合激波马赫数随着驱动段与被驱动段截面积比的减小,这有利于爆轰驱动激波风洞在较低入射激波强度下仍能运行于缝合状态。

图 9 - 14 所示为缝合激波马赫数和驱动段与被驱动压力比 p_4/p_1 的变化关系。驱动段与被驱动段截面积比 A_4/A_1 的减小导致压力比 p_4/p_1 增加,但要求的压

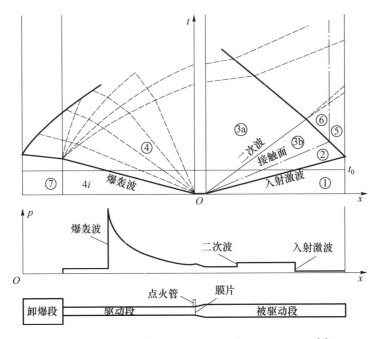

图 9-12 变截面爆轰驱动激波管结构及波系示意图[1]

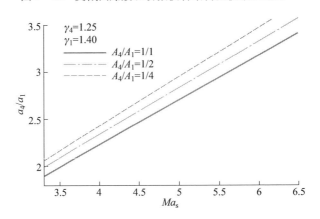

图 9-13 缝合激波马赫数与声速比 a_4/a_1 的变化关系[1]

力比的增加不如面积比的减小显著,这意味着采用变截面驱动段可降低驱动气体的消耗量,还可以向下拓延爆轰驱动激波风洞的运行马赫数。比如:缝合激波马赫数为 5 时,当 $A_4/A_1 = 1$,则 $p_4/p_1 = 226$;当 $A_4/A_1 = 1/4$,则 $p_4/p_1 = 578$,即 $A_4/A_1 = 1/4$ 时所需驱动气体量为等截面时的 63% 。

当然,采用"小"驱"大"的驱动方式也给激波风洞的运行带来了不利的影响,其中最为显著的就是有可能出现在③区气流中的二次波,如图 9-12 所示。为了

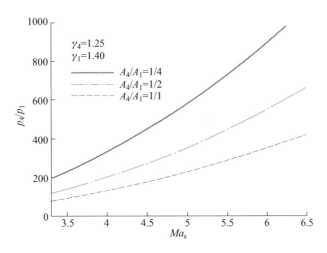

图 9 - 14　缝合激波马赫数与压力比 p_4/p_1 的变化关系[1]

削弱二次波对⑤区试验气流的影响,需对其进行合理的控制,使其尽可能弱化为一系列压缩波。试验结果表明,如果应用适当的膨胀过程控制二次波的强度,那么由于黏性和激波 - 边界层相互作用等耗散作用的影响,二次波的强度将随着传播距离的增加而逐渐减弱,最终发展成为一系列压缩波,使其对⑤区试验气流状态影响达到可以忽略的程度。

2. 喷管起动激波干扰

喷管启动激波是指高压试验气体破膜片后在喷管内形成的先行激波。该激波达到真空段末端后形成的反射激波,并向上传播,可能对试验流场产生干扰,减少风洞的有效试验时间。为了消除这种干扰,可在试验段下游串接长度足够长的真空段,尺度较小的激波风洞一般都采用这种方法,对于大型激波风洞,由于高超声速喷管出口直径比较大,气流速度较高,将在试验段内产生长距离的高超声速射流,并在真空段的末端产生反射。如果需要较长的试验时间,必须设计相应长度的真空段。但对于大尺度、长时间的激波风洞,这种设计方法不仅会使真空段的长度和容积达到难以承受的程度,而且需要配备庞大的真空泵。因此,合理设计真空段的结构是非常必要的。

图 9 - 15 给出了真空段的两种设计方案,具有同样的真空容积,它们都优于直通型真空段。这两种设计方案计算结果的压力分布如图 9 - 15 所示。从数值结果来看,虽然两种方案的长度和容积相当,但 A 方案(图 9 - 15(a))的反射波向上游传播的距离小于 B 方案(图 9 - 15(b)),因此 A 方案的 E 型布置能够提供更长的试验时间。此外,在真空段内部增加绕流和回流等装置可进一步延缓反射波的干扰,从而节约真空段的容积,降低真空泵系统的功率需求。

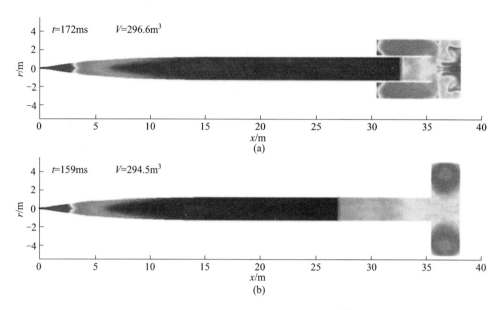

图 9 - 15 风洞喷管及真空段流动特性[1]

9.2.1.3 长试验时间爆轰驱动激波风洞

35km 高空、飞行马赫数 7 是 JF12 激波风洞(图 9 - 16)的典型试验状态之一。表 9 - 1 给出了实现该状态时爆轰驱动激波风洞所设定的初始运行条件。为了参照对比,表中同时给出了采用高压氢氮混合气驱动时所需的初始运行条件。两者对比可以看出,由于爆轰驱动段的初始压力远小于常规高压轻气体驱动的压力,而且氢气的消耗量仅为氢氮驱动的 1/20 左右。这个对比结果表明,相当于加热轻气体驱动技术,爆轰驱动方法不仅降低了试验操作的难度,而且也使试验运行成本大大降低。

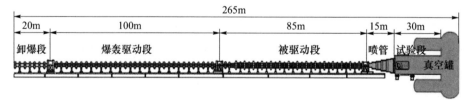

图 9 - 16 JF12 激波风洞示意图[1]

在 35km 高空、飞行马赫数 7 条件下的状态调试的试验结果如图 9 - 17 所示。JF12 激波风洞的实测入射激波马赫数为 $Ma_s = 4.57$,试验气流总温为 $T_0 = 2850K$,⑤区气体压力为 3.1MPa,维持恒定的时间约为 130ms。这个试验状态,配合马赫数 7 的喷管,产生的试验来流条件与 35km 高空、马赫数 7 的飞行状态是一致的。

表 9 - 1　激波风洞初始运行条件

驱动段				被驱动段		试验段	
驱动方式	气体成分	初始压力	氢气消耗①	气体成分	初始压力	气体成分	初始压力
爆轰驱动	$2H_2 + O_2 + 4N_2$	2.5MPa	18 瓶	空气	16kPa	空气	50Pa
高压气体	$9.5H_2 + N_2$	14.2MPa	380 瓶				

注　①氢气瓶参数,容积 $V = 0.04m^3$;压力 $p = 12MPa$。

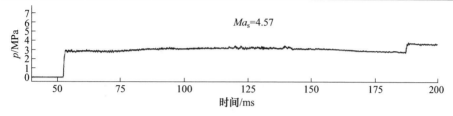

图 9 - 17　JF12 激波风洞驻室压力 p_5 随时间的变化[1]

在该试验状态下,同时还测量了出口直径为 2.5m、设计马赫数为 7 的喷管出口界面处的试验气流皮托压力。试验数据表明,皮托压力与驻室总压的跟随性良好,而且都在试验过程中维持恒定。喷管出口截面皮托压力和马赫数如图 9 - 18 所示。由图可见,除了边界层内,整个喷管出口截面皮托压力和马赫数分布均匀,马赫数分布为 6.98 ± 0.12。上述试验结果验证了本书提出的长试验时间激波风洞技术,获得的试验时间长达到 100ms 以上,这在世界上是绝无仅有的。试验结果还表明,JF12 激波风洞复现了 35km 高空、马赫数 7 的飞行状态。

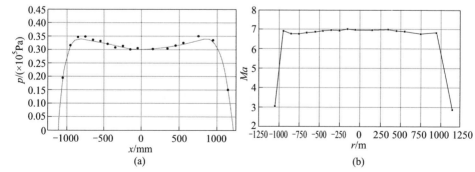

图 9 - 18　喷管出口截面处皮托压力(a)与马赫数(b)分布[1]

综上所述,提出的长试验时间激波风洞技术是成功的,它优化了大型激波风洞的运行条件、波系传播过程与风洞结构配置。

9.2.2 脉冲燃烧加热风洞

中国空气动力研究与发展中心(CARDC)乐嘉陵院士等为了满足我国高超声速试验研究急需,利用路德维希管在脉冲型设备中试验时间长的优势,提出了进一步在该型设备上进行燃烧加热,来模拟实际飞行的焓值,以便开展带动力的一体化试验的新思路[2,3]。目前,脉冲燃烧风洞已成为我国高超声速飞行器带动一体化地面试验的主力设备。这里就以早期设备研制的相关文献为例进行简要介绍。

9.2.2.1 路德维希管风洞原理[4]

路德维希管风洞在脉冲型试验设备中具有试验时间长的优点,不过,通常来说这类设备不经过加热,焓值较低。如图 9 - 19 所示,路德维希管风洞主体主要由一根等直径长管构成,一端封闭,一端装有膜片或快速阀接上喷管、试验段和真空罐,其有效试验时间取决于管子的长度和内径。破膜后,等直管中高压气体将向喷管下游真空球膨胀,产生一束膨胀波,在膨胀波之后会有一段均匀气流,可供试验测量用。

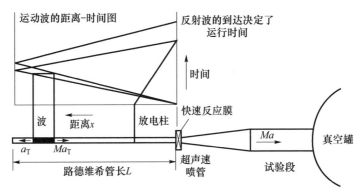

图 9 - 19 路德维希管风洞原理[4]

路德维希管风洞核心设计参数之一为驱动段内的流动马赫数 Ma_1,考虑管壁附面层的影响,通常要求其值介于 $0.02 \sim 0.2$ 之间。根据一维非定常流理论,管内实际流速、试验段参数可由 Ma_1 唯一确定

$$u_1 + \frac{2a_1}{\gamma - 1} = \frac{2a_0}{\gamma - 1} \tag{9-108}$$

$$\frac{u_1}{a_0} = \frac{Ma_1}{\left(1 + \dfrac{\gamma - 1}{2} Ma_1\right)} \tag{9-109}$$

$$\frac{T_{t1}}{T_0} = \frac{1 + \dfrac{\gamma - 1}{2} Ma_1^2}{\left(1 + \dfrac{\gamma - 1}{2} Ma_1\right)^2} \qquad (9-110)$$

$$\frac{p_{t1}}{p_0} = \left(\frac{1 + \dfrac{\gamma - 1}{2} Ma_1^2}{\left(1 + \dfrac{\gamma - 1}{2} Ma_1\right)^2}\right)^{\frac{r}{r-1}} \qquad (9-111)$$

式中　u——绝对速度；

　　　a——声速；

　　　T_{t1}——总温；

　　　p_{t1}——总压。

下标 0 表示驱动段内起始状态,下标 1 表示非定常膨胀波后参数。

管风洞的有效运行时间与管体长度存在以下关系,即

$$\frac{a_0 t_1}{L} = \frac{2}{1 + Ma_1}\left(1 + \frac{\gamma - 1}{2} Ma_1\right)^{\frac{\gamma+1}{2(\gamma-1)}} \qquad (9-112)$$

上述计算公式适用于整个驱动段预热情况,对于仅存在部分管加热时,实际运行时间要比上述计算值长。加热段长度可采用以下公式估算,即

$$\Delta L = Ma_1 \frac{a_1 - u_1}{a_0} 2L \qquad (9-113)$$

式中　L——管体总长；

　　　ΔL——部分加热段管长。

9.2.2.2　脉冲式燃烧风洞[2,3]

CARDC 基于路德维希原理,提出了研制脉冲式(试验时间为 0.1～0.5s)燃烧加热风洞的构想并取得了成功。可以利用这种设备,经济、高效地开展超燃发动机的基本性能试验研究。例如,可以在该种风洞上进行不带冷却系统和热流测量的模型发动机试验。试验结果显示,连续式风洞和脉冲式风洞得到的壁面压强分布是一致的。

图 9-20 给出了脉冲燃烧加热设备的基本原理。气体燃料($H_2 + N_2$)和氧化剂($O_2 + N_2$)通过快速阀事先被封存在一对路德维希管内,当快速阀打开后,路德维西管内的气体迅速充入不带冷却的加热器内,依靠大功率点火器点火燃烧,获得试验所需的高焓和高压试验气体。

CARDC 已建成 3 座工作时间为 100～300ms 的脉冲燃烧加热风洞,包括一座

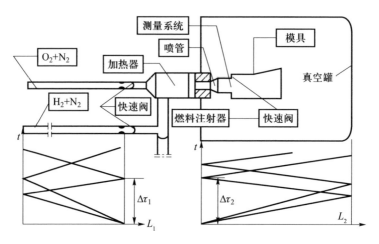

图 9-20　脉冲燃烧加热风洞[3]

流量约为 1kg/s 的直连式设备和两座自由射流式风洞,流量分别为 25kg/s 和 45kg/s(图 9-21(a)),喷管出口直径分别为 0.45m 和 0.6m。2009 年,CARDC 又建成了一座喷管出口直径大于 2m、流量大于 240kg/s 的脉冲燃烧加热风洞,可以开展全尺寸发动机等一些工程性项目试验。

　　为了提高设备的安全性和运行效率,近年来又对原有的加热器燃料供应系统进行了提升改造,采用等压供氢装置替换掉原来的氢气 + 氮气路德维西管,改造后的风洞运行图如图 9-21(b)所示。

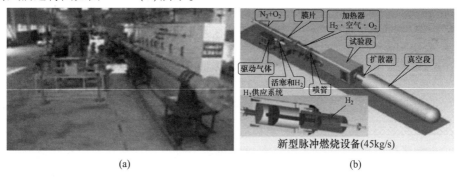

(a)　　　　　　　　　　　　　　(b)

图 9-21　改造后的脉冲燃烧加热风洞[3]

1. 单管和挤压结合的脉冲燃烧风洞的原理与参数

1)工作原理

为了适应大口径脉冲燃烧风洞发展的需要,达到对加热器燃料的定量供应,实现用多少供多少,使设备工作完后无残余燃料流入试验段,确保设备的安全运行,将双管中供燃料的路德维希管改为以活塞挤压;同时为提高排气效率,采用扩压器削波,大大减小按原有扰动波传播原理设计所需真空箱容积,上述这两方面的技术措施,使研制较长试验时间、大口径的脉冲风洞成为可能。具体方案如图 9 – 22 所示。

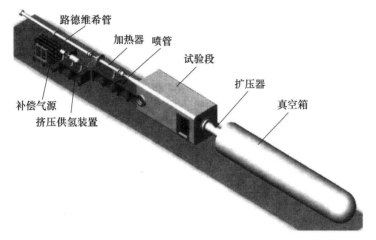

图 9 – 22　脉冲燃烧风洞立体图[3]

其运行原理是,试验前按要求将一定配比的富氧空气和氢气分别用气动快速阀封闭在富氧空气管(图 9 – 22)和挤压供氢装置的燃料容器内,其模型放置于试验段喷管出口附近的均匀区内。试验时,按要求的时序打开封闭富氧空气和氢气燃料的快速阀。氢与富氧空气通过各自流量限流喉道向加热器提供所设定的气体流量,这些气体在加热器内混合燃烧,并经喷管膨胀加速到所需流动状态,为发动机和飞行器模型提供所需的试验气流,直到挤压供氢装置提供的氢气耗尽。

2）风洞总体参数

根据航空航天技术发展的要求,兼顾大口径脉冲风洞关键技术的要求,研制试验时间不少于 0.2s,喷管直径为 600mm 脉冲燃烧风洞,其总体参数见表 9 – 2。

表 9 – 2　脉冲燃烧风洞总体参数

马赫数	总压 /MPa	总温/K	驻室热力学参数					总流量 /(kg/s)	喷管喉道直径 /mm
			水	氧	氮	比热比	分子量		
4	1.5	900	0.12	0.21	0.67	1.33	27.6	45.3	172
5	4	1250	0.183	0.21	0.607	1.28	27.00	34.6	103.4
6	5.5	1650	0.252	0.21	0.538	1.26	26.32	16.3	64.4

2. 需突破的关键技术

要使单管和挤压并用的脉冲燃烧风洞安全、方便、高效地运行,并获得足够的运行时间,风洞应突破以下三大关键技术:①挤压燃料供应技术;②大口径可重复使用快速阀技术;③高效排气技术。

1) 挤压料供应技术

随着设备口径加大和工作时间的加长,确保设备安全运行是设计中必须解决的一个重要问题。采用燃烧加热方式,必然涉及易燃易爆燃料,如何使加热器所用燃料可控、用多少供多少,使设备工作完后无残余燃料排入真空系统,是确保这类设备安全可靠运行所必须解决的问题。为此采用挤压方式替代原有路德维希管方式向加热器供应燃料。具体工作原理如图9-23所示。

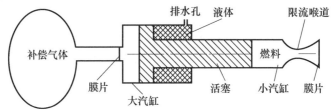

图9-23 等压供气装置原理[3]

试验前按要求充好燃料和补偿气体,活塞位于汽缸底端。试验时,喉道下游快速阀开启,补偿气体推动活塞向汽缸的另一端运动,挤压小汽缸内的燃料直到燃料用完为止。大汽缸上面设若干排水孔,活塞运动时水向外排出,可以起到消除小汽缸内燃料压强振荡的作用。该装置设计关键有两点,一是如何使系统能快速启动,二是如何消除由于快速启动引起的气流振荡。该装置的特点在于活塞与大汽缸间使用了液体(一般采用不可燃的水);汽缸上面设若干排水孔,活塞运动时,由于活塞两端的面积不等,通过控制液体流速可抑制住小汽缸内气体的压强振荡。通过喉道直径、补偿气体体积、汽缸尺寸等几何参数适当匹配,可使系统按设计精度快速、稳定地向加热器供应燃料。

2) 大口径可重复使用快速阀技术

气动中心原有1.0kg/s脉冲燃烧直连式设备和300mm脉冲燃烧风洞,由于流量较小,储存氢气、氧气和空气的高压路德维希管的口径也较小(<30mm),其氢气和氧气的同步控制采用的是双膜腔结构,膜片采用的是含电爆丝的聚酯膜(图9-24)。

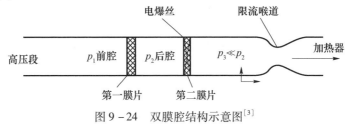

图9-24 双膜腔结构示意图[3]

通过高压瞬间放电,使电爆丝爆炸放热,导致聚酯膜瞬时破裂实现快速开启。开启时间小于2ms,同步控制误差不超过±5ms。这种利用聚酯膜片的快速同步阀结构用在小流量、小口径设备的同步控制技术中已经非常成熟,而且运用十分广泛,但存在以下3个方面的缺陷,限制了设备的尺寸和试验能力。

(1) 通径不能做大。按照目前的技术,这种电破膜的最大口径不超过25mm。

(2) 不能承受太高的压强。

(3) 破膜需要使用高压(2000～4000V)放电,对现场测试仪器的干扰很难消除。

普通工业用高压阀门通径较小、结构复杂,大口径的阀门则造价高,不易维护,开启时间(基本都是秒级)和承压能力一般都不能满足所研制的设备要求,在工业和民用上,基本都是根据不同的需求,设计专用快速阀。为了满足设备设计需要,在前期工作的基础上,提出了压力释放机构的快速阀装置,其结构原理如图9-25所示。

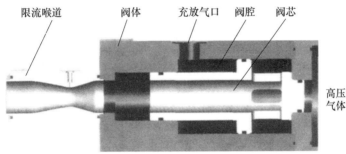

图9-25　快速阀结构原理示意图[3]

工作时高压气体从充放气口进入阀腔,推动阀芯向右移动并将阀门出口密封,然后在阀门上游容器中充入所要求的高压工作气体;当要打开阀门时,充放气口的电磁阀迅速打开,将阀腔中的高压气体迅速排出,阀芯两端在很短时间内形成巨大的压差推动阀芯迅速运动,从而实现阀门的快速打开。目前,这种结构阀门的最快打开时间达到了2ms。只要做到阀腔内高压气体泄放过程的重复,就可以用于大流量氢氧脉冲燃烧加热器的同步控制。为此在这种阀的原理基础上,引进阻尼油缸,配置合适活塞、阀芯和阻尼油缸尺寸,通过控制充气腔和阻尼油压力可使阀达到快开以及可重复使用。

3)高效排气技术

众所周知,像激波风洞这样的脉冲风洞中一般不用扩压器,运行时间取决于风洞启动激波从真空箱末端返回到气流菱形区的时间,即取决于真空箱的容积和长度。可适合于小口径短时间风洞,但对于试验时间长达200ms以上的大尺寸风洞,如果要通过加大真空箱的容积和长度来满足试验时间的需求,真空箱的长度将长达百米,对建设成本和场地等都提出了很高的要求。为此在真空箱与试验段之间配置适当几何尺寸的扩压器,其目的是在一定范围内消除扰动波对流场的干扰,减小真空箱的几何尺寸,使设计长试验时间的脉冲风洞成为可能。

3. 调试结果

1)风洞快速同步调试结果

在富氧空气高压管中充入11MPa的富氧空气,在挤压供氢装置中充入11MPa的氢气,启动气动快速阀,通过测量富氧空气和氢在加热器注入口压力的时间历程判断氢气与富氧空气注入加热器的同步时间,根据测试结果,通过调节两个快速阀各自开启时序,使它们在注入口到达时序达到同步,保证其同步误差不超过±5ms。图9-26所示为风洞注入口典型同步调试结果。

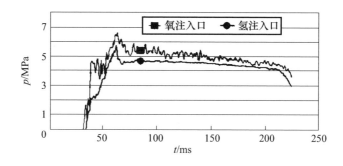

图 9-26 风洞同步调试曲线[3]

从图中可以看出,两者注入口不同步时间为5ms,富氧空气比氢气早注入,达到了氧化剂比燃料先到达的目的,可以保证在加热器内不发生爆燃。由于本风洞富氧空气高压管和挤压供氢装置都采用了气动快速阀,快速阀中放气装置采用了重复性良好的电磁阀,电磁阀与气动快速阀的充放气口相连,开启由计算机控制,减少了聚酯膜开启时间的不确定性,大大提高了风洞运行的控制精度,运行的可靠性和重复性比用电破膜脉冲燃烧风洞都有较大改善。

2)加热器典型调试结果

在风洞完成各种预调工作后,风洞进入联调状态,典型加热器调试曲线如图9-27所示。风洞流场总压和总温典型曲线见图9-28。

从图9-27中可以看出,挤压供氢装置氢气供应时间在300ms以上。由图9-28可以看出,在燃料供应时间内,加热器后室压力平稳,压力持续了200ms以上。风洞在各状态工作时加热器参数见表9-3。

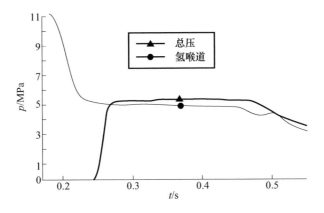

图 9 - 27　加热器调试时序[3]

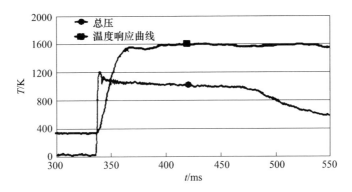

图 9 - 28　典型热电偶测量时间历程曲线[3]

表 9 - 3　脉冲燃烧风洞加热器调试实际总体参数

马赫数	总压/MPa	总温/K	驻室热力学参数					总流量/(kg/s)
			水	氧	氮	比热比	分子量	
4	1.5	900	0.11	0.21	0.68	1.33	27.8	45.4
5	3.8	1250	0.18	0.21	0.61	1.29	27	33
6	3.0	1650	0.23	0.21	0.56	1.276	26.5	9.6
6	5.5	1650	0.23	0.21	0.56	1.276	26.5	17.6

3）风洞流场调试

加热器调试完成后,对发动机试验所需的状态进行了流场校测。流场校测采用图 9 - 29 所示十字排架。十字排架一个方向布置压力传感器(0.2MPa 量程),另一方向布置测量总温的热电偶(铂铑 30、铂铑 6)。测试结果如图 9 - 30 至图 9 - 35所示。

图 9-29　风洞流场校测排架[3]

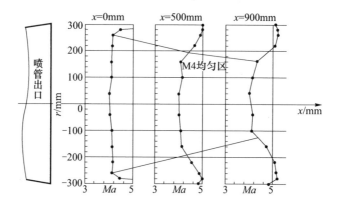

图 9-30　M4 状态喷管出口附近马赫数分布[3]

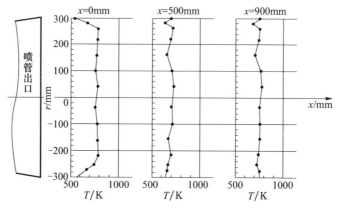

图 9-31　M4 状态喷管出口附近总温分布[3]

从图 9-30 和图 9-31 可知,喷管 M4 状态时,在喷管出口、500mm 截面和 900mm 截面流场均匀区直径分别为 520mm、440mm 和 320mm,各截面马赫数在 4.06~4.12 之间波动。

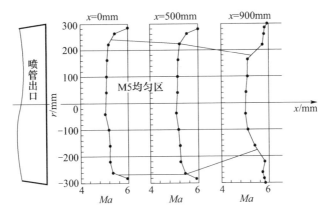

图9-32　M5状态喷管出口附近马赫数分布[3]

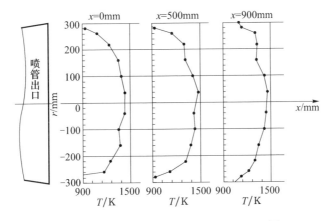

图9-33　M5状态喷管出口附近总温分布[3]

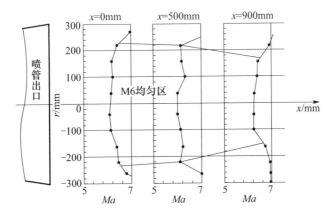

图9-34　M6状态喷管出口附近马赫数分布[3]

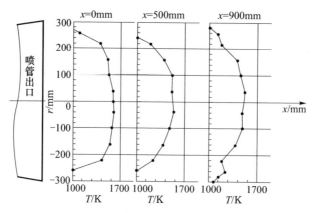

图 9-35　M6 状态喷管出口附近总温分布[3]

由图 9-32 和图 9-33 可知,喷管 M5 状态时,在喷管出口、500mm 截面和 900mm 截面流场均匀区直径分别为 520mm、440mm 和 320mm,各截面马赫数在 5.08～5.14 之间波动。

从图 9-34 和图 9-35 可知,喷管为 M6 状态时,在喷管出口、500mm 截面和 900mm 截面流场均匀区直径分别为 440mm、440mm 和 320mm,各截面马赫数在 6.06～6.07 之间波动。

以上流场校测中总温测量采用自行研制的高响应铂铑热电偶,上升前沿时间小于 30ms。为了检验所测结果的有效性,通过测量风洞驻室总压(风洞流量已知),可推出风洞驻室总温,通过比较两种方法所测值,可判断出所测结果是可行的。

4) 风洞带模型调试结果

在完成上述试验后,对风洞带有模型超燃发动机(迎风面尺寸为 380mm × 250mm、长约为 4m)工作状态下风洞试验时间进行了测试,通过测量发动机进气道外压缩面压力、扩压器出口后真空箱内压力和风洞总压(图 9-36)判断风洞试验

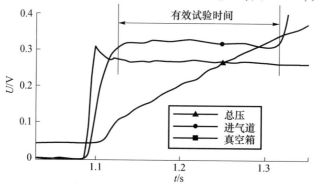

图 9-36　M6 状态下真空箱压力对试验时间的影响[3]

时间的长短。从图 9 - 36 可知,由于设置了合理的扩压器,进气道外压缩面压力一直非常稳定,从而保证了在现试验条件下风洞有效试验时间大于 200ms,达到了设计要求。

9.2.3　国际其他相关代表性设备

9.2.3.1　NASA 的 HYPULSE 设备 GASL 的双运行模式、双驱动发射激波 - 膨胀风洞[5]

1. HYPULSE 设备简介

NASA 位于 GASL 的 HYPULSE 设备是一座大型、多用途激波加热地面模拟设备,可用于开展冲压发动机 - 超燃冲压发动机研究、高超声速燃烧技术研究以及再入气体动力学中真实气体效应研究等。它能够实现马赫数 5 ~ 25 的飞行条件,这是其他类型激波加热试验设备所不能及的,它们往往只能实现较小范围的流动条件。此外,HYPULSE 是一座能够实现双模式运行的设备,具有反射激波风洞(RST)和激波膨胀风洞(SET)特性,这是全世界独一无二的。反射激波风洞运行模式,HYPULSE 可获得马赫数 5 ~ 12 范围内 3 ~ 7ms 的稳态气流;在马赫数 12 ~ 25 范围内激波膨胀风洞运行模式,HYPULSE 可获得极大的驻点压力和驻点焓,且流动不会发生严重污染。除了具有双运行模式特性外,在驱动方式方面,HYPULSE 可实现常规的轻气体驱动和爆轰驱动。

HYPULSE 的前身是 NASA 兰利研究中心的膨胀管,于 20 世纪 60 年代设计建造,最初用于开展辐射气体动力学研究和真实气体效应研究,1983 年封存。1989 年,HYPULSE 设备迁至 GASL 后重新启用,主要为 NASP 开展高超声速超燃冲压发动机研究提供技术支撑,之后用于 Hyper - X 系列的研究任务。在脉冲设备中,首先需要考虑的问题是产生驱动激波的方法,因为这决定了在试验段所能达到的总焓和总压水平。不同的驱动技术都是基于简单的激波管而发展起来的。在超高速条件下,激波风洞获得的试验气流总焓与入射激波速度的平方成正比。因而,通过增大入射激波强度可获得更高气流总焓。众所周知,仅仅依靠增加驱动压力的方法无法实现对激波强度的有效增强,必须同时提高驱动气体的声速。对于当前的脉冲试验设备,大多数脉冲设备的驱动技术是为了实现加热驱动气体。采用高超声速驱动气体,低驱动段与被驱动段压比驱动,可实现与低声速驱动气体高压比驱动时相同的激波速度。因而,在一定焓值条件下,可获得更高的试验气体压力。为了增强 HYPULSE 设备性能,针对不同高性能驱动方式的选择展开了全面研究。其中考虑过的驱动方式有:增大驱动气体声速技术,包括轻气体驱动、电加热轻气体驱动、燃烧加热轻气体驱动;压缩加热轻气体技术,包括自由活塞驱动。考虑到性能提高、驱动段需求、安全性及运行方面的因素,爆轰驱动技术的效费比最大。实际上,HYPULSE 采用了正向爆轰驱动技术。这一技术易于实现,且无需改造驱动段,仅仅增加了一个适当的燃烧气体处理系统。为了避免在驱动中出现爆轰驱动现象,需要考虑爆燃驱动设计问题。爆轰驱动能够将爆轰波后的高压有效地转变为有用的增压压力。

GASL 对 HYPULSE 进行改造时,最初的想法只是改造为常规非加热轻气体驱动的膨胀管,并且恢复在 NASA 时得到广泛标定的马赫数 17 的高品质流场。为支撑 NASP 的燃料喷射性能研究项目,飞行模拟范围由马赫数 12 扩展到马赫数 19。后来,为适应 X－43A 超燃冲压发动机研究和 X－37 再入气动热力学研究需要,HYPULSE 进一步进行了改进和性能提升。爆轰驱动方式的实现,使得设备所能达到的总压和总焓得到大幅度提升,能够为完整的超燃冲压发动机模型自由射流试验提供足够的压力,同时能够模拟飞行马赫数 14 及以上的流动。在 NASA 的 Hyper－X 飞行器超燃冲压发动机试验研究中,需要实现马赫数分别为 5、7、10 情况下的飞行流场条件。为了能够实现如此低的飞行条件,对 HYPULSE 进行了改造,进而可实现反射激波风洞运行模式。后来,在激波膨胀管结构基础上,设计、安装了一副喷管,实现了膨胀风洞运行模式。如今的 HYPULSE 风洞(图 9－37)可实现反射激波风洞运行模式以及膨胀管或膨胀风洞运行模式,驱动方式可以采用常规非加热轻气体驱动和爆轰驱动,模拟飞行包络线连续地覆盖马赫数 5～25 的飞行条件。对于飞行马赫数 7 以下的流动,采用爆轰驱动膨胀管或膨胀风洞运行模式。对于飞行马赫数 7～12 的流动,采用爆轰驱动反射激波风洞运行模式。对于飞行

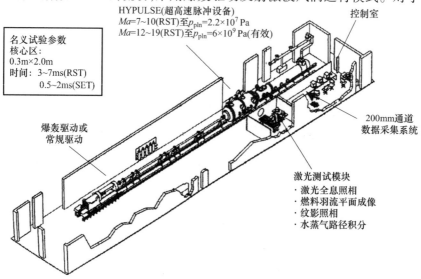

名义试验参数
核心区:
0.3m×2.0m
时间:3～7ms(RST)
0.5～2ms(SET)

HYPULSE(超高速脉冲设备)
$Ma=7～10(RST)$ 至 $p_{pln}=2.2×10^7$ Pa
$Ma=12～19(RST)$ 至 $p_{pln}=6×10^9$ Pa(有效)

控制室

爆轰驱动或
常规驱动

200mm通道
数据采集系统

激光测试模块
·激光全息照相
·燃料羽流平面成像
·纹影照相
·水蒸气路径积分

图 9－37　NASA HYPULSE 风洞[3]

马赫数 13~25 的流动,采用爆轰驱动膨胀管或膨胀风洞运行模式。HYPULSE 设备见图 9-38,其运行性能包络线如图 9-39 所示。

激波膨胀风洞运行模式-SET;马赫数12~25,试验段直径4英尺

反射激波风洞运行模式-RST;马赫数5~10,试验段直径4英尺

激波膨胀风洞或反射激波风洞运行模式-SET/RST;马赫数5~25,试验段直径7英尺

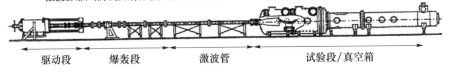

图 9-38　HYPULSE 风洞简图[13]

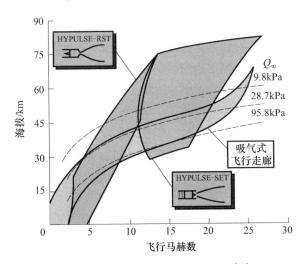

图 9-39　HYPULSE 风洞性能包络[13]

RST—反射激波风洞运行模式;SET—激波膨胀风洞运行模式。

2. 反射型激波风洞运行模式

当前,通过激波迅速加热试验气体是开展高焓流动研究的主要地面试验技术。应用这一技术的地面风洞设备,可再现飞行器飞行速度及高温真实气体效应。在

激波管的反射激波区域内,气体经过两次稳定的激波作用过程后温度急剧升高。因而,反射激波区域的气体总温高,可用于超高速试验。在激波管末端安装一喷管,就形成了反射激波风洞。这样,反射激波区域的高总温气体便可通过喷管膨胀达到试验所需的速度。HYPULSE 爆轰驱动激波风洞的运行波系如图 9 – 40 所示。

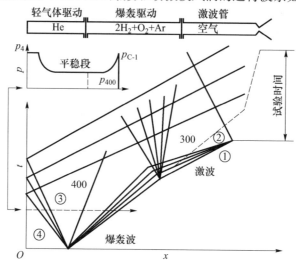

图 9 – 40　HYPULSE 爆轰驱动反射激波风洞运行波系图[13]

通常,反射型激波风洞具有较长的试验时间。在高焓条件下其试验时间通常在 1 ms 左右,风洞在设计时要保证由驱动段反射回来的膨胀波不会影响到试验段气体流动。因而,理想情况下的试验时间是激波管内反射激波区域(⑤区)内试验气体全部用完的时间。试验时间 τ 的近似表达式为

$$\tau = \frac{4m}{\pi D_{th}^2} \frac{1}{\rho_5 a_5} \left(\frac{\gamma_4 + 1}{2}\right)^{\frac{\gamma_4 + 1}{2(\gamma_4 - 1)}} f$$

式中　m——激波管中试验气体的质量;

　　　D_{th}——喷管喉道直径;

　　　f——由于黏性及其他因素造成的时间损失。

两种黏性边界层效应使得试验时间缩短。一种是由于入射激波沿激波管传播使得试验气体流入壁面边界层;另一种是反射激波与入射激波建立的非均匀流场的相互作用。导致驱动气体与试验气体在接触面存在混合现象。第一种效应造成反射激波区域试验气体质量少于激波管内初始试验气体质量;第二种效应造成驱动气体泄漏并且过早地到达喷管而进入试验段。对于大型激波风洞来说,总想抑制黏性效应以获得最长的试验时间。入射激波后形成的边界层效应造成大约一半

的试验气体损失,驱动气体混合进一步造成余下试验时间中一半甚至更多的试验
时间损失,于是得到一个经验系数 $f=0.25$。在高滞止焓($>10\mathrm{MJ/kg}$)情况下,反
射激波与边界层干扰将变得极其严重,污染使得试验时间减小到 1ms 以下。然
而,对于低焓到中等程度焓值的模拟,激波风洞具有相当长的试验时间。

　　反射型激波风洞也存在缺点,在高焓条件下气流滞止而产生巨大温升,导致喷
管喉道熔化和侵蚀,金属气化造成流动污染,同时对喉道区域流动产生干扰。而
且,反射型激波风洞的滞止温度通常可以超过试验气体的离解温度,甚至达到电离
温度。喷管内流体的迅速膨胀导致化学反应流动变为冻结流。于是,当离解气体
沿高超声速喷管向下游流动时,其复合过程被终止。结果导致试验气体到达试验
段时处于热化学平衡状态,而不是想要的流动状态。在真实气体效应研究方面,试
验气体的非平衡状态将对试验结果产生影响,这也是在超燃冲压发动机燃烧室试
验中所不希望的,因为试验流体将改变试验过程中的化学反应特性。驱动气体污
染具有相同的效应,这是因为试验气体中的部分氧气将被驱动气体转移,因而减少
了试验气体的反应,改变了试验气体的热力学特性。

3. 激波-膨胀管运行模式

　　反射激波区域气体滞止而产生高温现象,这是激波风洞的主要缺点。同时,受
管道强度限制,所能达到的总压有限。激波-膨胀管不存在激波反射,是产生超高
速气流的选择。正如名字所表述的一样,激波-膨胀管在运行时,设备内的试验气
体部分被入射激波加热,部分被非定常膨胀波作用。入射激波作用后,空气流入一
段低压管道,膜片破裂形成的左行膨胀波扇作用于空气,使得空气流动速度和能量
增加。膨胀管可认为是串联的两个激波管,第二个激波管(称为加速管)位于第一
个激波管(称为中间段或激波管)的下游。在试验前,两管之间由一薄的膜片(第
二道膜片)分隔。激波管内充满试验气体,加速管内充气压力小于激波管充气压
力。在一段规则的激波管内,入射激波加速、加热试验气体。当激波作用使得第二
道膜片破裂后,被加热的快速流动的试验气体作为驱动气体产生第二道入射激波,
这道激波在加速管内传播。第二道膜片破裂时产生的非定常膨胀波使得试验气体速
度、总焓和总压迅速增加。这一技术实现了气体在膨胀过程没有造成动能(源于入
射激波)到热能的转换(源于激波风洞内反射激波区域气体静止过程)。于是在一定
程度上避免了离解-复合过程产生离解度低的试验气流。相比于激波风洞,激波-
膨胀过程能够给单位质量试验气体增加更多的能力,因而更适合于高焓模拟。另外,
试验时间却大大减少。HYPULSE 爆轰驱动激波-膨胀管内波系如图 9-41 所示。

　　试验模型安装在膨胀管加速管内或加速管末端,因此核心区流动及模型尺寸
受到管道直径的限制,然而,正如非反射型激波风洞和反射型激波风洞一样,在膨
胀管末端可增加一副喷管,这样可将流动均匀区尺寸扩大。在膨胀管末端增加喷

管后称为激波 – 膨胀风洞。反射型激波风洞与激波 – 膨胀风洞之间的不同之处在于,膨胀风洞的喷管是纯粹扩张的,没有喉道。非反射型激波风洞与激波 – 膨胀风洞之间的不同在于,进入扩张喷管的流动能级不同(低超声速 – 高超声速)。膨胀风洞喷管设计必须使之能够接纳高超声速气流,并且能够使气流进一步膨胀。

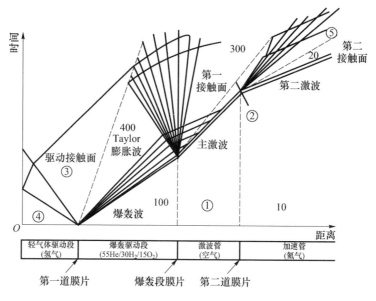

图 9 – 41　HYPULSE 爆轰驱动激波 – 膨胀管运行波系图[13]

　　HYPULSE 正向爆轰驱动技术中爆轰的实现方法是独特的,采用了由科茨(Coates)和盖登(Gaydon)以及巴尔卡扎克(Balcaerzak)和约翰逊(Johnson)首次提出的激波诱导爆轰(Shock – Induced Detonation,SID)。在 HYPULSE 中研究预混激波诱导燃烧问题时,意外发现了激波诱导爆轰驱动运行模式,进而采用激波诱导爆轰驱动装置进行了马赫数 25 飞行条件下的一系列校准试验。威尔逊(Wilson)和萨斯曼(Sussman)也向 GASL 提出了 HYPULSE 正向爆轰驱动技术的想法,同时采用计算流体动力学方法对这一技术性能进行了详细预测。

　　GASL 的运行经验证明,原来轻气体驱动方式下的激波强度不足以诱导产生爆轰波。通常,通过强点火(直接起爆)或 DDT 并发弱点火过程都可以产生爆轰波。尽管 DDT 在 C – J 爆燃速度(大约一半 C – J 爆轰速度时)时产生,直接起爆需要激波强度能够维持 C – J 爆轰波速度(大约马赫数 6)足够大的时间。HYPULSE 实际运行表明,在 SID 驱动技术中迅速实现爆轰所需的初始激波强度不仅比直接起爆所需的激波强度小,而且比 C – J 爆燃速度小。采用轻气体驱动的第二个好处是,由驱动器产生的诱导速度可以类似活塞一样去支撑爆轰波后的 Taylor 膨胀波,因而降低了膨胀区的压力衰减,减弱了激波管中流动的非均匀性。

4. HYPULSE 风洞应用案例——X–43 飞行器地面验证试验[5,6]

Hyper – X 计划中的 X –43 飞行器 2004 年 11 月实现了 10 马赫飞行,该飞行试验的成功预示着高超声速吸气推进进一步成为可能。而在该飞行试验前,X –43 飞行器的超燃冲压发动机模块曾在 NASA 的 HYPULSE 激波风洞中进行了马赫数 10 左右的来流条件下系统性试验研究评估,风洞试验中采用的试验模型高度与飞行试验中发动机模型相同,但模型宽度方向进行了缩比。具体地面模拟参数情况如图 9 –42 所示,图 9 –43 所示为 HYPULSE 设备运行的参数范围与 X –43 飞行器飞行走廊之间的关系,地面试验希望模拟的参数有超燃冲压发动机进气道入口截面马赫数 Ma、静压 p 和进气道喉道高度 H_t,风洞的焓值和马赫数可以通过调节风洞参数和喷管型面设计得到,但风洞的来流静压值限定了模拟飞行器实际飞行动压的能力。为了补偿来流静压过低的问题,通过适当增加模型安装的角度,使进气道入口截面压力值有所上升。

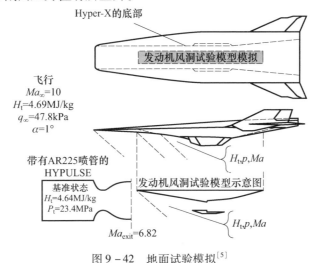

图 9 – 42 地面试验模拟[5]

在 X – 43 马赫数 10 的地面试验中,HYPULSE 设备运行于爆轰驱动反射激波风洞运行模式。激波管内初始试验气体由摩尔分数为 24% 的氧气、75% 的氮气和 1% 的氩气组成。风洞运行时,激波加热后的气体中氧气摩尔分数降低为期望值 21%,同时气流中还含有 6% 摩尔体积的一氧化氮。数值模拟结果显示,气流在喷管中膨胀后,可以在喉道下游不远处达到冻结流状态。风洞驻室条件通过入射激波在激波管和喷管连接界面上反射后得到,如图 9 –44 所示。当风洞开始运行时,高压的氢气驱动诱导爆轰波以 C – J 速度传播,并逐渐形成速度为 U_{s1} 的激波入射初始压力和初始温度分别为 p_1 和 T_1 的试验气体。当反射激波对试验气体作进一

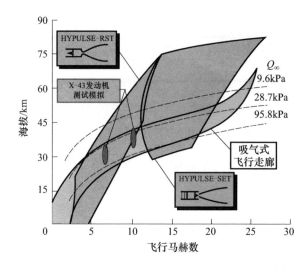

图 9 - 43　HYPULSE 运行包线与 X - 43 飞行走廊[5]

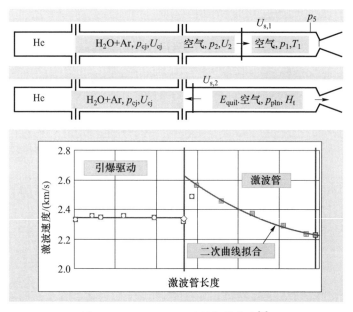

图 9 - 44　HYPULSE 运行条件获取[5]

步压缩,并达到平衡滞止状态后,气流开始进入喷管和试验段。

　　超燃冲压发动机模型安装于 HYPULSE 风洞试验段内,如图 9 - 45 所示,由于风洞试验模型长度较短,为了使超燃冲压发动机内部流动为湍流状态,在试验模型前体压缩面附近安装了转捩带,通过安装于前体上的皮托耙测量来流参数。发动机的隔离段和燃烧室位置安装了透明的玻璃观察窗,以便于采用纹影等光学手段

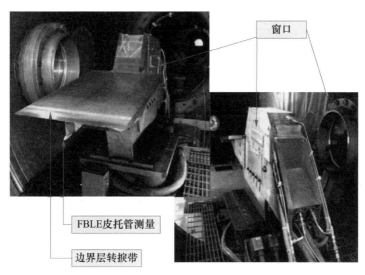

图 9 - 45　超燃冲压发动机模型 HYPULSE 风洞安装图片[5]

对流场进行诊断。在模型压缩面一侧壁面和唇口一侧壁面上都安装了压电传感器和热电耦。

　　由于试验模型仅仅模拟了 X - 43 飞行器的超燃冲压发动机内流道部分流动，而前体波系存在一定的差别，研究人员在试验过程中发现，通过将发动机唇口往后移动一定的位置可以使得这种差别带来的影响降低。2004 年 11 月进行的 X - 43 飞行试验，获得了马赫数 10 状态下，大约 10s 的试验数据。从飞行试验数据中筛选出与风洞试验可比的数据进行对比，图 9 - 46 所示为不喷注燃料时，超燃冲压发动机压缩面和唇口壁面上的无量纲压力对比，其中编号为 A 的试验中，唇口位置没有后移，而其他车次试验中，唇口位置均向后移动。可以看到，在无燃料喷注情况下，风洞试验数据与飞行试验数据符合较好。而图 9 - 47 是有燃料喷注情况下

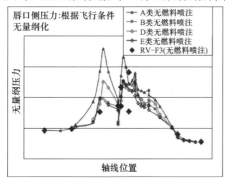
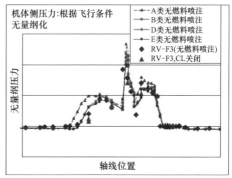

图 9 - 46　飞行试验与地面试验壁面压力分布对比(无燃料喷注)[5]

的飞行试验数据与风洞试验数据对比,可以发现进气道和隔离段压力分布均符合较好。但在燃烧室内,飞行试验中的壁面压力高于风洞试验,可能的影响因素是风洞试验时间的长度较短,导致环境温度低于飞行试验状态。总体来说,在有燃料喷注情况下,飞行试验结果与风洞试验结果也能够较好地吻合,充分说明了HYPULSE设备在超燃冲压发动机研究过程中具有重要作用。

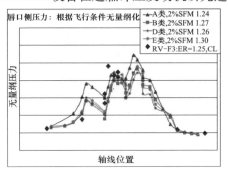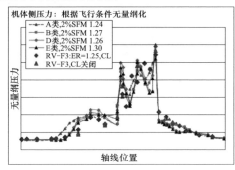

图9-47　飞行试验与地面试验壁面压力分布对比(有燃料喷注)[5]

9.2.3.2　高焓激波风洞 High Enthalpy Shock Tunnel (HIEST)[7]

1. 自由活塞风洞原理

澳大利亚昆士兰大学 Stalker 教授提出了一种提高激波风洞焓值的方法,在普通反射型激波风洞的基础上,将常规的激波管驱动段替代为自由活塞驱动段,依据这种思想设计的激波风洞叫自由活塞激波风洞或者 Stalker 管。其结构原理如图9-48所示,自由活塞风洞由高压气源、压缩管、激波管、喷管及试验段和真空罐组成,其中压缩管与激波管通过一道膜片分隔。风洞运行过程中,通过高压气源中储存的高压气体膨胀过程对活塞进行加速,运动的活塞对压缩管中的气流进行压缩。随着重活塞逐渐往下游运动,并对压缩管中的气体(一般为氦气或者氩气混合气体)进行准绝热过程压缩,使得重活塞逐渐加速到最大速度,典型的最大速度量级在300m/s左右。在压缩过程中,压缩管内驱动气体的温度随着体积压缩比的增加而增大。从原理上来说,采用重活塞驱动这种方式进行驱动,对于气流的压缩比是没有限制的,因此对于风洞气流的滞止焓值也是没有限制的。

图9-48中 x-t 图上不同的数字代表着不同的流动区域,区域①内的气流代表激波管内的初始气流,而区域④中的气流是压缩管内经过重活塞压缩产生的高温气流。区域②中的气流代表经过激波压缩后的气流,区域③中的气流是驱动段内被非定常膨胀波作用后的气流,试验气流与驱动段气流被接触面分隔。当主膜片前压力达到破膜压力时,主膜片发生破裂,随后的风洞运行过程与常规的反射型

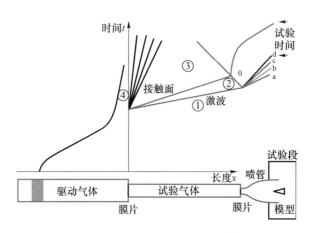

图 9 – 48　自由活塞风洞原理[15]

激波风洞运行过程一致,即膜片破裂产生激波,激波在激波管末端反射后获得试验气体的滞止状态。总焓和总压依赖于压缩比、驱动气体的组成、破膜压力和被驱动气体的初始压力。在压缩比达到 70 时,总焓可以高达 30MJ/kg。通过合理设计重活塞的运动轨迹可以保证在主膜片破裂后,驱动段的压力和温度基本保持不变。这种设计是通过控制膜片破裂时重活塞的运动速度来实现的,在膜片破裂后,重活塞的后续运动过程可以对气流从驱动段往激波管内的流动过程进行补偿。

在不同种类的该性能激波风洞驱动方式中,自由活塞技术似乎是发展最充分并且应用最广的一种。20 世纪 60 年代澳大利亚国立大学逐渐建成了 T1 ~ T3 风洞,昆士兰大学在 20 世纪 80 年代建成了 T4 风洞,随后世界各地的研究机构陆续建设了一系列的自由活塞风洞。其中较为大型的自由活塞风洞有美国加州理工学院的 T5 风洞、德国 DLR 的 HEG 高焓激波风洞以及日本角田航天中心的 HIEST 风洞。日本的 HIEST 风洞最大的喷管直径达到 1200mm,最大的气流滞止焓值达到 25MJ/kg,试验时间在 2ms 左右。

2. HIEST 风洞简介

20 世纪 80 年代末期,日本计划研制 H – Ⅱ火箭、H – Ⅱ轨道飞行器(H – ⅡOrbiting Plane,HOPE)以及高超声速冲压发动机,随之需要开展气动热和推进方面的研究,因此研制高焓风洞的计划在 1990 年提上日程。于是,一座大型自由活塞激波风洞在 1995 年开始在角田航天中心(Kakuda SPace Center,KSPC)建设,1997 年建成。HIEST 风洞采用自由活塞驱动方式运行,高压气体驱动一个质量很大的活塞以很高的速度运行,活塞动能逐渐转换为压缩管内气体的压力能和内能,破膜,然后是正常的激波风洞运行模式,图 9 – 49 所示为自由活塞风洞结构。该风洞由活塞发射装置、长约 42m 的压缩管、长约 17m 的激波管、喷管、试验舱、真空罐以及相关辅助系统组成。HIEST 的活塞质量根据风洞运行状态选择,有 220kg、290kg、440kg、580kg、780kg 等几种规格;风洞有两套喷管,分别为出口直径为 1.2m 的锥形喷管和出口直径为 0.8m 的型面喷管,通过换喉道方式可以实现马赫数 6~10;风洞的最高总压能够达到 150MPa,最高总焓达到 25MJ/kg。这台风洞运行初期出现的一个问题是喷管喉道的高温烧蚀,受此影响,运行数车次之后喷管出口皮托压力脉动强烈,后来改用石墨材料喉道,情况得到改善,图 9-50 所示为 HIEST 风洞的整体图片和试验段图片。

风洞主要参数如下。

- 马赫数:6~10。
- 运行时间:2ms。
- 总压:250MPa。
- 总焓:25MJ/kg(总温大于 10000K)。
- 试验段尺寸:直径 1.2m 或者直径 0.8m(由马赫数决定)。
- 雷诺数:$2.5 \times 10^5/m \sim 1.0 \times 10^7/m$。

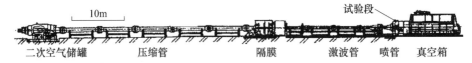

二次空气储罐　　压缩管　　隔膜　　激波管　喷管　真空箱

图 9-49　HIEST 风洞结构[15]

(a)　　　　　　　　　　　(b)

图 9-50　HIEST 风洞图片[15]

(a)整体结构图片;(b)试验段图片。

3. HIEST 风洞典型应用

1)气动力测量的风洞内自由下落试验

飞行器再入时,气动设计面临的主要问题是气体分子离解和伴随在机体周围产生的压力分布的变化,需要对气动力特性进行评估,并以此确定调整攻角的变化。由于小型有翼机体设计裕度小,包含机翼、襟翼的效力是估计机体周围的气动特性进而正确进行机体设计的。俯仰力矩系数 C_m 的测量精度最低为 2%～3%。HIEST 建设当初要求数毫秒的测量时间，要求在数毫秒内能够确保上述的高精度多分力测量顺利完成，但该测量方法目前尚未实现，为了实现 HIEST 在极短测量内获取气动参数。研究人员开发了模型完全呈无约束状态的独立测量法，即风洞内自由下降法，或者称为风洞内自由飞行法。该方法相比于传统的气动天平测力方法，具有没有支架气动干扰等特点。模型内部安装有小型加速度计和小型数字记录仪，试验后数据回收，用该方法 C_m 的测量精度逐步提高。在 HIEST 风洞中对长度为 316mm、重量为 19.75kg 的钝头锥模型进行了三分量气动力测量试验，通过该试验对风洞内自由下降法试验技术进行了展示。试验系统示意图如图 9 - 51 所示，在来流到达的同时，模型在试验气流中下落，在风洞底板上配备了软着陆系统，该技术方案能够实现持续时间内完全自由状态下的气动力测量。

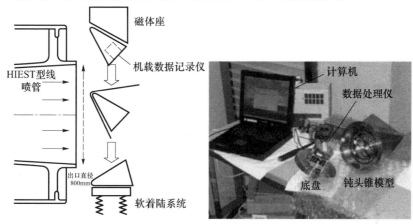

图 9 - 51   HIEST 风洞内钝头锥模型自由下落试验[15]

在试验过程中，在两种风洞来流条件下，攻角范围为 14°～32°变化状态下的模型轴向力、法向力和抬头力矩进行了测量。两种来流条件对应的具体来流参数见表 9 - 4，对于第一种低焓值条件，来流被认为理想气体状态，试验结果与常规的下吹式风洞（JAXA - HWT2）风洞试验数据进行了对比，以对自由下落试验测量精度进行评估。第二种来流条件为高焓来流工况，在这种来流状态下，80% 的氧气分子发生了离解，将这种来流条件下的试验数据与低焓来流条件下进行对比，可以评估高温气体效应对气动力的影响。图 9 - 52 所示为试验过程中，钝头锥模型下落过程的时序图片。图 9 - 53 中给出了攻角为 14°～32°情况下，试验结果给出的气动力系数随攻角的变化情况，其中空心符号表示的是 HIEST 风洞的试验结果，气动力系数为单次试验时间内平均的结果。在图 9 - 53 中，圆圈和三角形分别代表来流条件 1（低焓值来流）和来流条件 2（高焓值来流）下的气动力系数。同时在图

表 9 - 4   两种风洞试验状态参数

状态	滞止温度 T_0/K	滞止压力 p_0/MPa	滞止焓 $H_0/$ (MJ/kg)	静温 e/K	静压 /kPA	自由流密度 /(kg/m²)	自由流速度 /(m/s)	自由流马赫数	黏度	自由流单位雷诺数 $Re(L/m)$
状态 1	3.04×10^3	12.7	3.75	288	1.12	1.36×10^{-2}	2.58×10^3	7.57	1.79×10^{-5}	1.96×10^6
状态 2	7.63×10^3	15.3	15.8	1.33×10^3	2.06	4.77×10^{-3}	4.91×10^3	5.24	5.19×10^{-5}	4.51×10^5

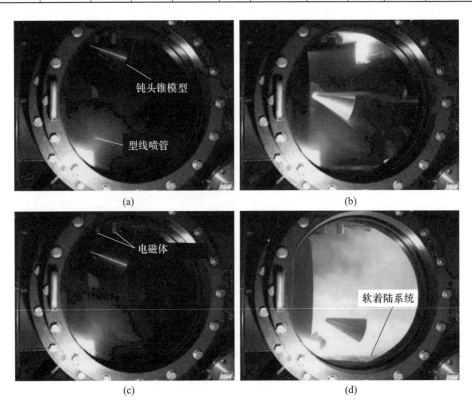

图 9 - 52   模型下落过程时序图片[15]

像中给出了下吹式风洞 JAXA – HWT2 中的气动力试验数据,与来流状态 1 中理想气体状态下得到的气动力数据进行对比,以评估 HIEST 风洞中试验数据的可靠性。从图中可以看出,风洞自由下降法获得的气动力数据与下吹式风洞中获得的气动力数据吻合度到达 95% 以上,可以确定 HIEST 风洞中的自由下落试验可以用

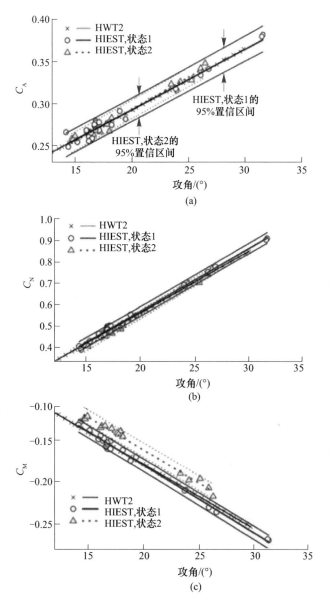

图 9 - 53　HIEST 风洞和 JAXA - HWT2 高超声速下吹风洞气动力数据对比[15]

于气动力试验研究。通过研究比较发现,高焓来流条件下,试验模型的抬头力矩系数 C_M 大于理想气体状态下的抬头力矩系数,但两种来流状态下的轴线力系数 C_A 和法向力系数 C_N 差别不大。因此,高焓来流条件下,高温真实气体效应对模型抬头力矩系数的影响主要是通过影响气动力压力中心的位置实现的,压力中心移动位置与攻角的关系如图 9 - 54 所示。

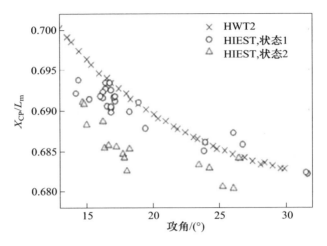

图 9-54　HIEST 风洞和 JAXA - HWT2 高超声速下吹风洞气动力数据对比[15]

2）高超声速边界层转捩试验

高超声速边界层转捩现象的研究，对高超声速巡航飞行器、大气层再入体或者是大气再入体行星的热气动设计，具有重要的指导意义。对于伴随化学反应的高焓气流条件下，高超声速边界层转捩现象的研究极少见报道。HIEST 风洞具有足够大的喷管尺寸和足够高的来流焓值，因此能够为高超声速边界层转捩现象的研究提供有利的条件。从 2008 年开始，研究人员便开始利用 HIEST 风洞进行圆锥模型（模型长度 1.1m、半锥角 7°）壁面边界层的转捩试验研究，模型示意图如图 9-55 所示。针对这个圆锥模型，研究人员通过地面试验和飞行试验研究对高超声速边界层转捩现象进行了系统性研究。以下部分对 HIEST 风洞中对边界层从层流向湍流转变过程中的第二模态不稳定性测量试验进行介绍。在高焓来流条件下，第二模态波的特征频率可达到数百千赫兹以上，为了降低壁面压力信号的噪声，通过图 9-56 所示的方法对传感器进行了安装固定。

图 9-55　半角为 7°的圆锥模型（安装了 17 个 PCB 压力传感器）[15]

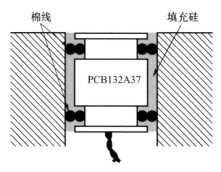

棉线　　　　　　　填充硅

PCB132A37

图 9 - 56　传感器安装示意图[15]

图 9 - 57(a) ~ (c)中分别给出了圆锥模型表面坐标 $x = 572\text{mm}$、$x = 892\text{mm}$ 和 $x = 1052\text{mm}$ 这 3 个位置处的壁面压力信号功率谱密度分布。可以明显地看出,在 $x = 572\text{mm}$ 位置处,可以成功地观察到第二模态波的频率在 600kHz 左右,而在 $x = 892\text{mm}$ 处,随着边界层厚度的增加,该频率降低到 500kHz。功率谱密度还有另一个峰值在 1MHz 左右,可能是第二模态波的高阶谐波分量。在 $x = 1052\text{mm}$ 处,所有的频率峰值都不再清晰,预示着边界层转捩的发生。因此,边界层转捩过程中的第二模态波频率特性变化可以通过当前的壁面压力测量方式识别到。

图 9 - 58 给出了编号为 1877 的试验车次中当地雷诺数与功率谱密度之间的分布规律。可以清楚地看出,第二模态波的不稳定性出现在雷诺数为 1×10^6 左右,而在雷诺数为 2×10^6 左右,第二模态波发生破坏,并伴随着边界层转捩现象的发生。

图 9 - 59 给出了单位雷诺数分别为 $2.0 \times 10^6\text{m}^{-1}$、$2.4 \times 10^6\text{m}^{-1}$ 和 $5.0 \times 10^6\text{m}^{-1}$ 的 3 次不同来流条件的试验中,壁面热流沿轴向的分布规律。在单位雷诺数 $Re_m = 2.0 \times 10^6$ 的试验中,模型末端壁面热流上升。模型末端壁面热流的上升趋势随着单位雷诺数的增加而更加明显,预示着边界层从完全层流状态转变为全湍流状态。因此,依据壁面热流测量得出的壁面边界层转捩结果与对边界层第二模态波的观察结果相一致,两组结果相互印证了试验结果的可靠性。

此外,卡尔斯潘公司后来又建造了两座世界级激波风洞(即 LENS Ⅰ 和 LENS Ⅱ)和两座膨胀管风洞(LENS X 和 LENS XX)[9];俄罗斯中央机械制造研究院通过多级压缩方法(Multicascade Compression Method,MCM)进一步提高了自由活塞风洞的驱动能力[10]。

上述几项典型设备从一定程度上体现了一维非定常激波理论在脉冲型试验设备中的应用状况。令人值得欣慰和鼓舞的是,在我国自由活塞驱动激波风洞也已步入世界先进行列。中国航天空气动力技术研究院所研制的 FD - 21 高能脉冲风洞目前取得了重要进展,预期将会为在后续相关试验研究中发挥重要作用[8]。

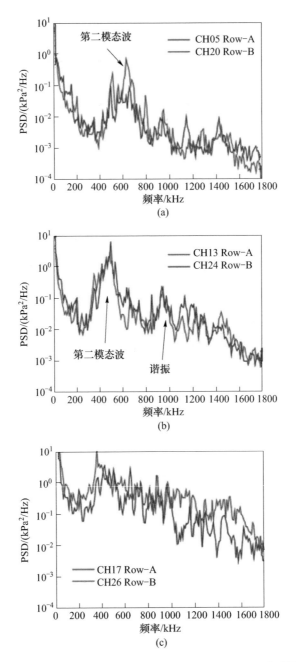

图 9 - 57　功率谱密度分布($h_0 = 7\text{MJ/kg}, Re = 2.1 \times 10^6$)[15]

（a） $x = 572\text{mm}$ ；（b） $x = 892\text{mm}$ ；（c） $x = 1052\text{mm}$ 。

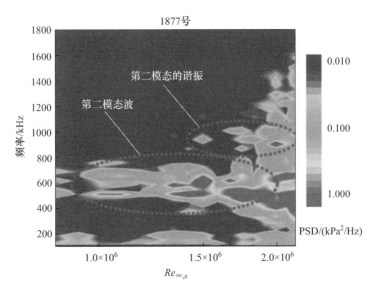

图 9 - 58　单位 $Re_m = 2.1 \times 10^6/m$ 时功率谱密度分布[15]

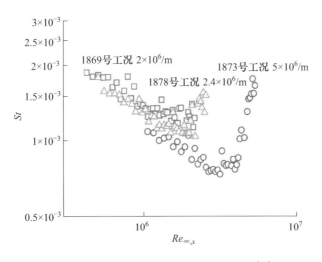

图 9 - 59　不同雷诺数下的斯坦顿数分布[15]

9.3　本章小结

　　本章首先给出了激波管 - 激波风洞的相关理论,进而有选择地对目前活跃在高超声速研究领域的几种具代表性的脉冲型试验设备进行了有侧重的介绍。从中不难发现,对以激波管为典型代表的脉冲型试验设备来说,不管是其运行原理,还是性能指标的优化,以及试验状态参数的设计与控制,激波及其相互作用理论几乎无一例外地作为灵魂而贯穿于各个环节之中,尤其是新型设备思想的提出,更是体现了对相关理论的透彻掌握和灵活运用。

从章节的内容布局来说,本章为了保持激波管 - 激波风洞理论描述的相对系统和完整性,有些有关运动激波、稀疏波等关系式与第 2 章基础部分可能存在些许重复。笔者主要考虑到目前国内公开发行的出版物中,尚未见到与之有关较为系统性的书籍,而笔者所在单位早期成文的《激波管流动的理论和实验技术》(陈强,1979 年出版)仅作为内部讲义资料进行了为数不多的印刷,目前已经绝版。因此,本章前部内容的编排实际上也是对早期讲义的部分继承和更新,期望在一定程度上弥补国内相关参考书籍的稀缺。当然,受全书主题所限,书中内容难以围绕试验设备作过渡展开,如在真实激波管流动影响等方面几无涉及,这里也提醒读者作有限度的参考。

此外,鉴于高超声速脉冲型试验设备种类繁多,本书所列举的寥寥数例只能算是冰山一角。其主要目的在于展示各具特色的试验设备在研制过程中的创新思想以及在开展高超声速试验研究中攻克关键难题的思路与技巧,而并不是介绍试验设备这个家族的成员本身。因此,这里需要特别说明,以免误导。更需要强调的是,随着高超声速飞行器研究的持续深入,新型的高超声速试验设备也必将不断涌现。

参考文献

[1] 姜宗林,李进平,赵伟,等. 长试验时间爆轰驱动激波风洞技术研究[J]. 力学学报,2012,44(5):824-831.

[2] 乐嘉陵. 吸气式高超声速技术研究进展[J]. 推进技术,2010,31(6):641-649.

[3] 刘伟雄,谭宇,毛雄兵,等. 一种新运行方式脉冲燃烧风洞研制及初步应用[J]. 实验流体力学,2007,21(4):59-64.

[4] 高亮杰,钱战森,王璐,等. 宽马赫数路德维希管风洞及其关键技术[J]. 南京航空航天大学学报,2017(S1):30-34.

[5] Rogers R,Shih A,Hass N. Scramjet development tests supporting the Mach 10 flight of the X-43[C]. AIAA/CIRA,International Space Planes and Hypersonics Systems and Technologies Conference, 2005.

[6] Erdos J,Calleja J,Tamagno J. Increase in the hypervelocity test envelope of the HYPULSE shock-expansion tube[C]. Plasmadynamics and Lasers Conference, 2013.

[7] 陈延辉. 日本自由活塞激波风洞 HIEST 概述[J]. 飞航导弹,2014(8):84-90.

[8] 张冰冰,毕志献,朱浩,等. FD-21 高能脉冲风洞重活塞压缩过程的计算及试验研究[C]//第 18 届全国激波与激波管学术会议论文,北京. 2018.

[9] 吕治国,李国君,赵荣娟,等. 卡尔斯潘公司高超声速脉冲设备建设历程分析[J]. 实验流体力学,2014,

28(5):1 - 6.

[10] Kislykh V V,Krapivnoi K V. Nonisentropic multistage compression in producing a dense hot gas[J]. Tvt, 1990(6):1195 - 1204.

[11] PATE S,SILER L,STALLINGS D,et al. Development of the AEDC - VKF tunnel J - a real gas high density, true velocity,hypersonic,aerodynamic test facility[C]. 7th Aerodynamic Testing Conference,1972.

[12] Gronig H. Utilization of advanced shock tube facilities[R]. Technische Hochschule Aachen(West Germany) Stosswellenlabor,1974.

[13] Dan M, Lu F. Advanced hypersonic test facilities[M]. Reston：AIAA ,2002.

[14] 弗兰克.K.陆,丹.E.马伦.先进高超声速试验设备[M].柳森,黄训铭,译.北京:航空工业出版社,2015.

[15] Ozer I, Seiler F, et al. Experimental methods of shock wave research[M]. New York：Springer, 2016.

 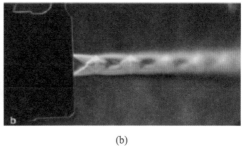

(a)   (b)

图 4 - 5　发动机尾喷管射流中波系结构[5]

(a)试验图片；(b)纹影图。

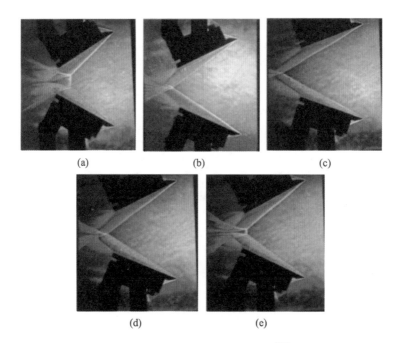

(a)   (b)   (c)

(d)   (e)

图 4 - 27　Chpoun 等的试验结果[28]

（a）MR, $\beta = 42°$；（b）MR, $\beta = 34.5°$；（c）RR, $\beta = 29.5°$；（d）RR, $\beta = 34.5°$；（e）MR, $\beta = 37.5°$。

图 5 – 1 高超声速飞行器复杂构型可能引起的激波干扰

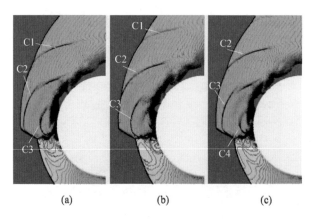

(a)　　　　　　　(b)　　　　　　　(c)

图 5 – 6 非定常算例不同时刻压力等值线图

(a)t 时刻；(b)$t + 10\mu s$；(c)$t + 20\mu s$。

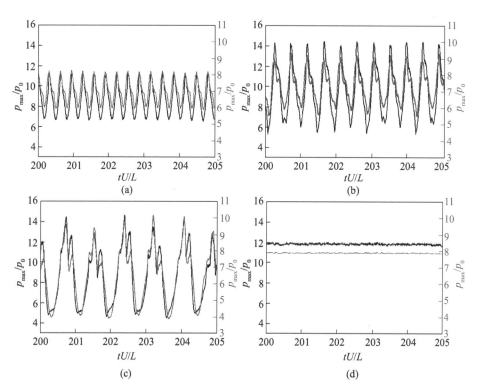

图 5 - 14　4 种不同外形钝头体壁面压力、热流峰值随时间变化规律[24]

（a）A 外形；（b）B 外形；（c）C 外形；（d）D 外形。

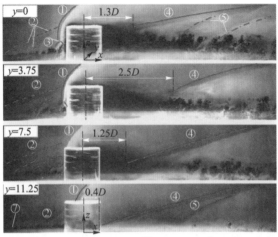

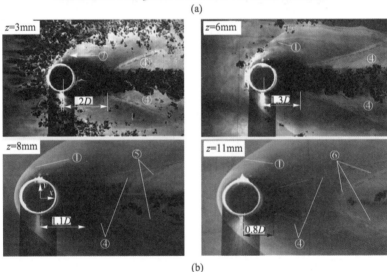

图 5-18　不同片光位置超声速层流圆柱绕流流向($x-z$平面)和
展向($x-y$平面)流场 NPLS 图像[41]

（a）不同片光位置 $x-z$ 平面流场的 NPLS 图像（y 值为片光所在平面，单位为 mm）；
（b）不同片光位置展向流场 NPLS 图像（z 值为片光所在平面，单位为 mm）。

①—超声速层流流场绕过圆柱体所形成的三维脱体弓形激波；

②—由于逆压梯度的作用导致超声速层流边界层增厚、转捩和分离所形成的激波；

③—三维弓形脱体激波与边界层接触点；

④—圆柱上方附近越过圆柱半圆形后向台阶所形成的再附激波；

⑤—在圆柱体流向对称面下游流场所形成的小激波结构 Shocklets；

⑥—圆柱两侧气流绕过柱体所形成马赫盘（$z=11$，Mach Disk）；

⑦—由三维弓形激波所引起的弓形转捩和分离区。

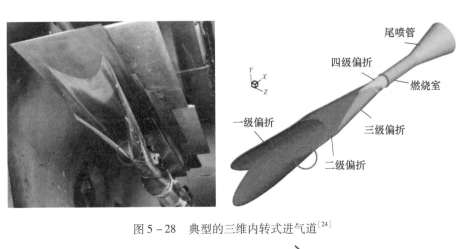

图 5 – 28　典型的三维内转式进气道[24]

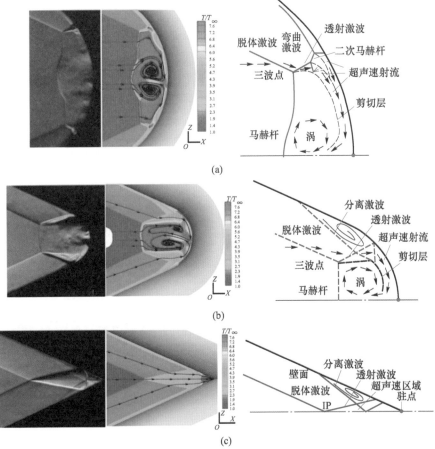

图 5 – 30　交叉位置不同倒圆半径试验、计算流场结构和波系示意图

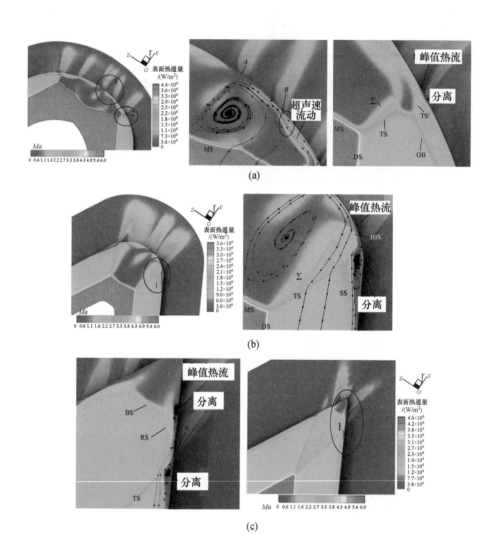

图 5 - 31 对称面马赫数云图和壁面热流分布

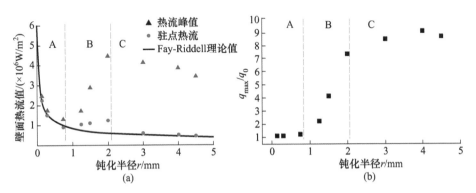

图 5-32　不同前缘钝化半径壁面热流结果

(a)热流峰值及驻点热流；(b)热流升高幅度。

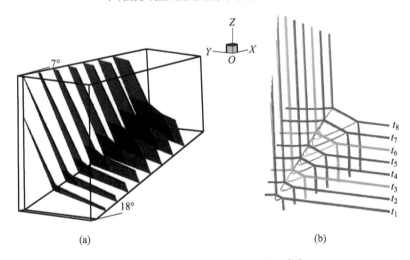

(a)　　　　　　　　　　　　　　(b)

图 5-50　二维运动激波相互作用[58]

(a)空间中三维定常波系；(b)二维运动激波干扰随时间演变。

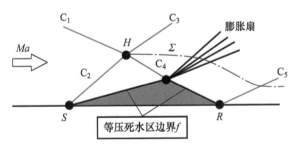

图 6-6　斜激波与入射湍流边界层诱导分离流动的无黏简化分析模型示意图

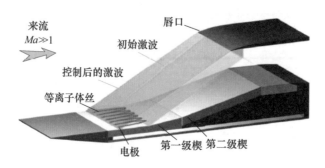

图 6-27　等离子体调整激波配置示意图[100]

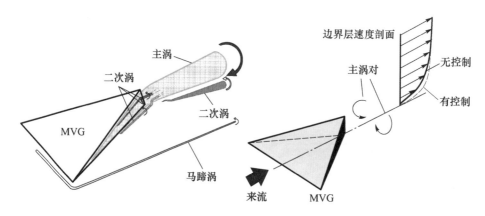

图 6-30　微型涡流发生器示意图[93,108]

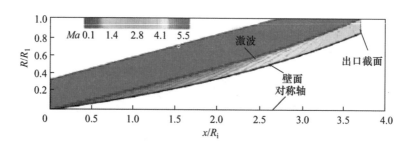

图 7-5　外锥流场马赫数云图[8]

图 7 - 6　前、后缘型线同时可控的乘波体[8]

图 7 - 11　OCC 乘波体流场三维激波结构[13]

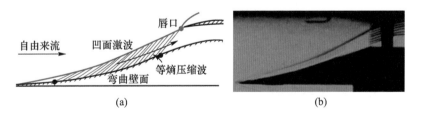

图 7 - 13　弯曲激波压缩流场波系结构示意图和风洞纹影照片[21]

(a)弯曲激波压缩流场结构示意图;(b)风洞纹影照片。

图 7 - 32　HyShot 计划的试飞器[27]

图 7 - 33　HYCAUSE 进气道[29]

图 7 - 34　HSSW 效果

图 7 - 35　SR - 72 飞行器

图 7 - 36　基准 Busemann 进气道示意图[30]

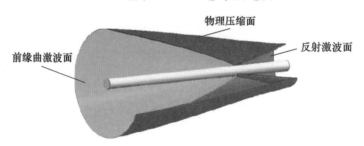

图 7 - 40　基准流场三维示意图[40]

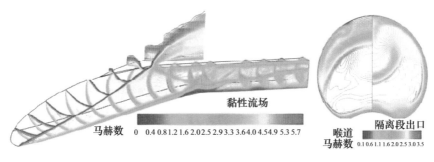

图 7 - 45　进气道数值模拟流场结构[40]

图 7 - 50　进气道数值模拟流场结构[30]

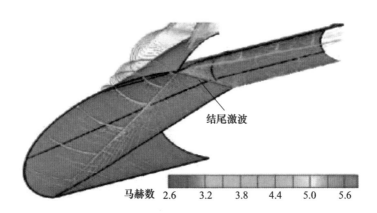

图 7 - 54　进气道无黏流场[41]

图 7 - 55　X - 43 系列高超验证飞行器[46]

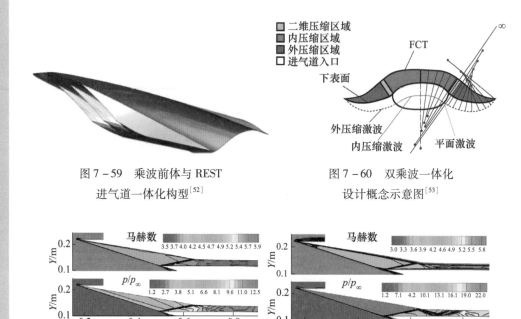

二维压缩区域
内压缩区域
外压缩区域
进气道入口

图 7 - 59　乘波前体与 REST
进气道一体化构型[52]

图 7 - 60　双乘波一体化
设计概念示意图[53]

图 7 - 66　前体 – 进气道构型数值模拟马赫数和压力云图[50]
(a)无黏计算结果; (b)黏性计算结果。

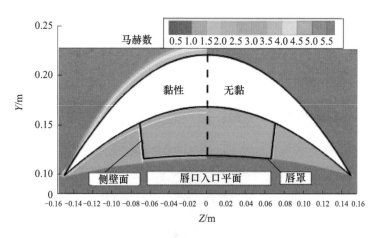

图 7 - 67　进气道唇口截面黏性和无黏马赫数等值线比较[50]

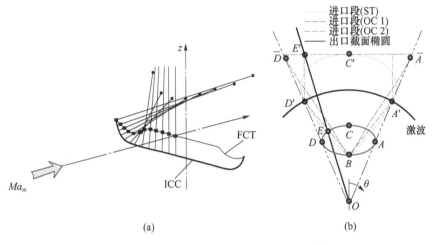

(a)   (b)

图 7 – 68　双乘波一体化设计概念示意图[55]

(a)吻切锥乘波体设计示意图;(b)内乘波进气道示意图。

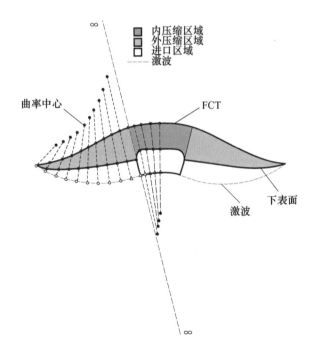

图 7 – 69　双乘波一体化设计概念示意图[53]

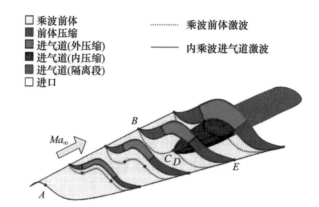

图 7 - 70　双乘波一体化设计三维视图[50]

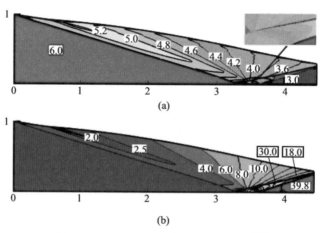

图 7 - 72　ICFC 基准流场无黏数值模拟[55]

（a）马赫数分布；（b）压力分布。

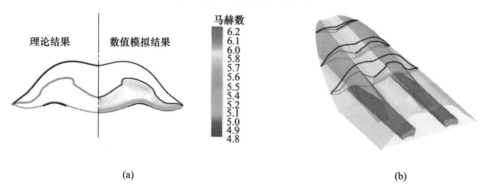

图 7 - 75　双通道双乘波一体化构型数值模拟[56]

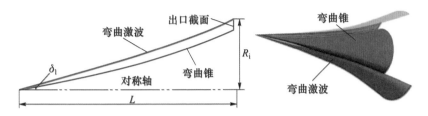

图 7 - 76　外锥形基准流场结构示意图[57]

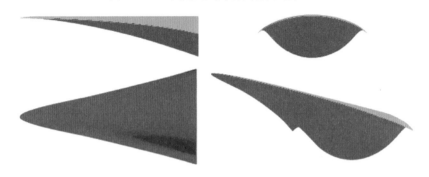

图 7 - 77　乘波前体的三视图[57]

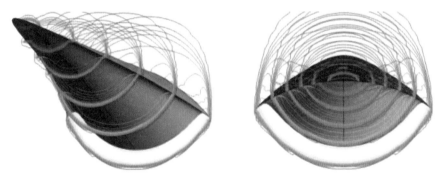

图 7 - 78　无黏时前体沿程横截面的马赫数分布[57]

(a) 　　　　　　　　　　　　　　(b)

图 7 - 79　进气道进口截面及无黏气动构型[57]

(a) 进口截面形状；(b) 无黏构型。

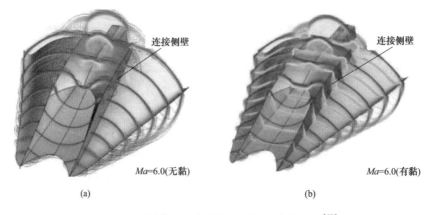

连接侧壁

连接侧壁

Ma=6.0(无黏)

Ma=6.0(有黏)

(a)

(b)

图7-81　前体-进气道构型流场马赫数分布[57]

(a)无黏计算结果；(b)黏性计算结果。

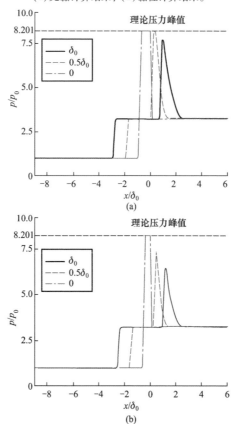

(a)

(b)

图8-5　膨胀波与肩点前入射激波的干扰结构示意图[7]

(a)$d = -1.0\delta_0$；(b)$d = -0.5\delta_0$。

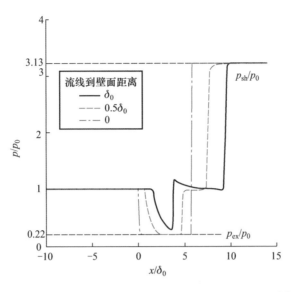

图 8 - 9 $d = 5.70\delta_0$ 时不同离壁距离流线上的压强分布[7]

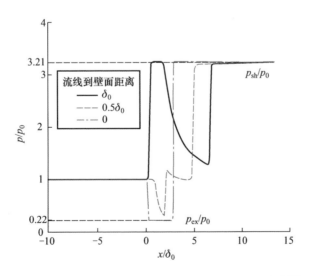

图 8 - 10 $d = 2.84\delta_0$ 时不同离壁距离流线上的压强分布[7]

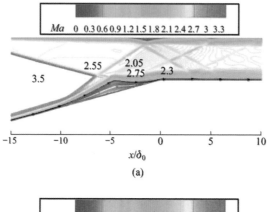

(a)

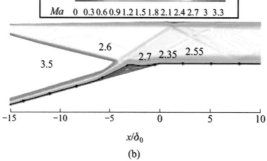

(b)

图 8 - 11　$d < 0$ 时模型内的流动结构[7]

(a)$d = - 2.01\delta_0$；(b)$d = -\delta_0$。

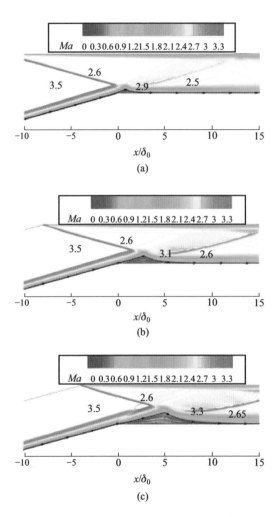

图 8 - 12 d > 0 时模型内的流动结构[7]

(a) $d = 1.61\delta_0$; (b) $d = 2.84\delta_0$; (c) $d = 5.07\delta_0$。

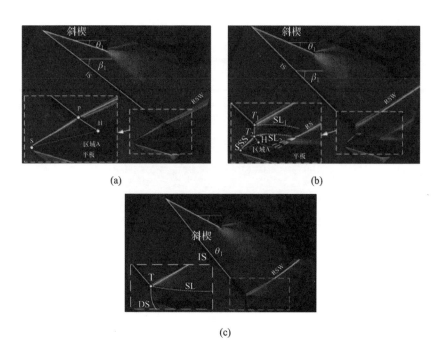

(a)　　　　　　　　　　　　　(b)

(c)

图 8 – 20　$Ma = 3.0$ 来流下不同气流偏转角下流场纹影[11]

(a) $\theta_1 = 17°$；(b) $\theta_1 = 23°$；(c) $\theta_1 = 27°$

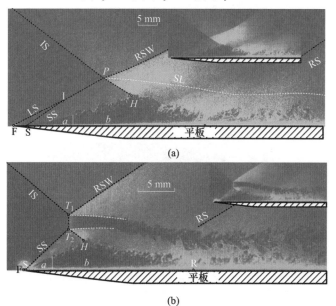

(a)

(b)

图 8 – 21　$Ma = 3.0$ 来流下不同干扰模式流场平面激光散射图片[12]

(a) 规则干扰 ($\theta_w = 18.28°$, $Ma_0 = 3$)；(b) 马赫干扰 ($\theta_w = 20.70°$, $Ma_0 = 3$)。

高超声速流动中的激波及相互作用

彩二十

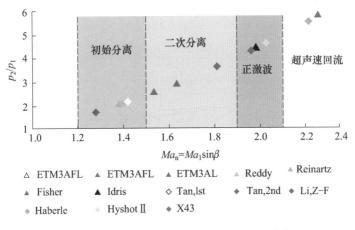

图 8 - 22 典型二元进气道唇口激波强度[13]

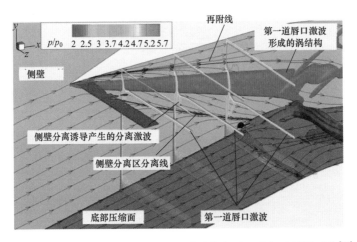

图 8 - 23 典型二元进气道内部唇口激波与侧壁和底板边界层干扰[15]

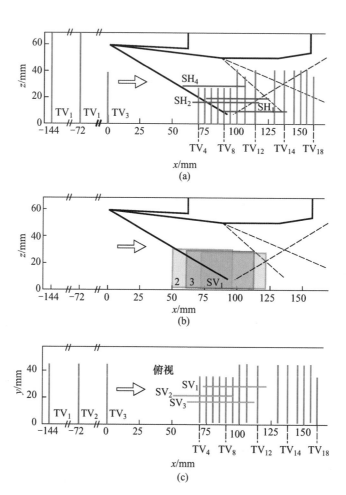

图 8 - 26　三维 PIV 速度场测量平面示意图[23]

(a)图像一；(b)图像二；(c)图像三。

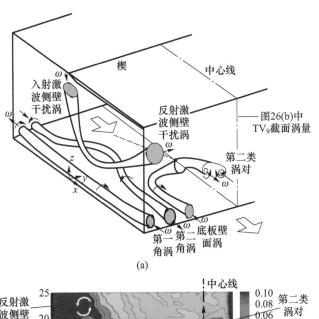

(a)

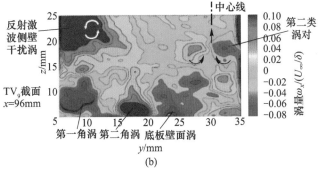

(b)

图 8-27 矩形截面管道内激波-边界层干扰涡结构[23]

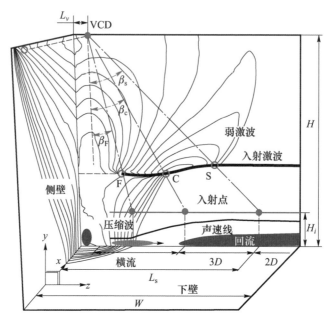

图 8 - 29　混合激波 - 边界层干扰下流场三维激波结构和涡结构[24]

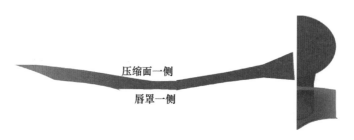

图 8 - 35　采用 REST 进气道的超燃冲压发动机一体化流道[34]

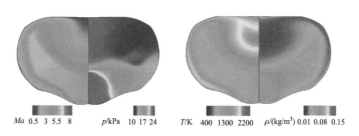

图 8 - 36　REST 典型截面参数分布云图[34]

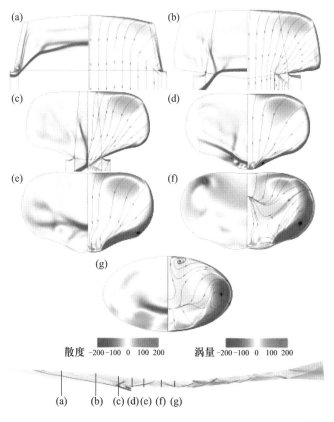

散度 -200 -100 0 100 200   涡量 -200 -100 0 100 200

(a)   (b)   (c) (d)(e) (f) (g)

图 8 – 37　REST 进气道典型流向截面波系结构及横向流动[34]

图 8 – 38　REST 进气道壁面摩擦力线分布[34]

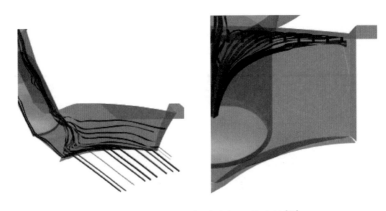

图 8 – 39 REST 进气道内部三维流线[34]

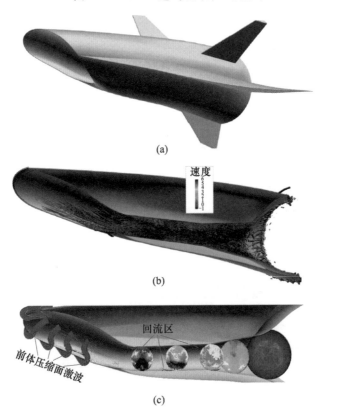

图 8 – 40 HIFiRE – 6 的 LES 流场[35]

(a)采用内转式进气道的 HIFiRE – 6 飞行器模型;(b)流向速度染色的 Q 准则等值面;
(c)前体激波和横截面瞬态密度。

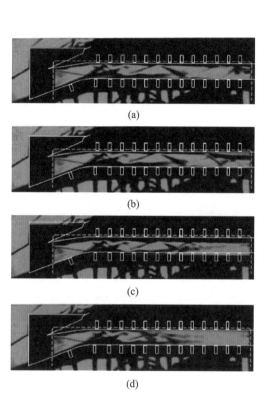

图 8 - 43　激波串与进气道背景波系稳定干扰模式纹影图片[56]

（a）$t = 5475.5\mathrm{ms}$，$\mathrm{AR} = 0.956$；（b）$t = 6114.5\mathrm{ms}$，$\mathrm{AR} = 0.897$；

（c）$t = 6903\mathrm{ms}$，$\mathrm{AR} = 0.824$；（d）$t = 7399\mathrm{ms}$，$\mathrm{AR} = 0.779$。

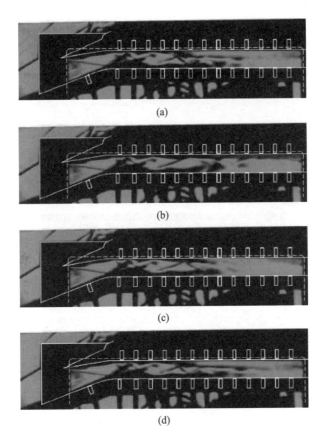

图 8 - 44　激波串低频振荡纹影图片[56]

（a）$t = 7015\,\mathrm{ms}$；（b）$t = 8021\,\mathrm{ms}$；（c）$t = 7025\,\mathrm{ms}$；（d）$t = 7029\,\mathrm{ms}$。

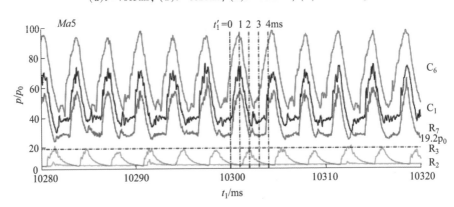

图 8 - 53　亚额定状态下喘振阶段典型测点的压力 – 时间变化曲线[99]

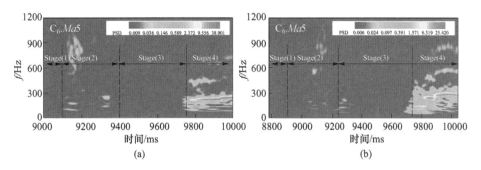

图 8 – 54　亚喘振阶段 C_6 测点静压信号的时频联合特征[99]

(a)亚额定；(b)额定状态。

Stage(1)—通流段；Stage(2)—隔离段激波串阶段；

Stage(3)—进口段口部分离包阶段；Stage(4)—进气道喘振阶段。

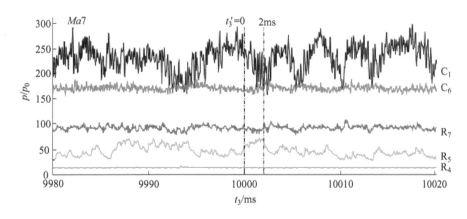

图 8 – 55　超额定状态下喘振阶段典型测点的压力 – 时间变化曲线[99]

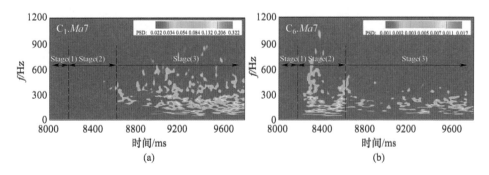

图 8 – 56　超额定状态下喘振阶段 C_1 和 C_6 静压信号的时频联合特征[99]

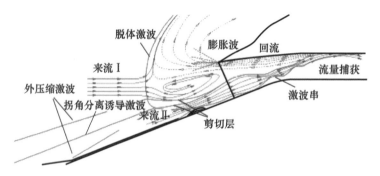

图 8 – 58　超额定状态下进气道不起动时的口部流场结构示意图[99]

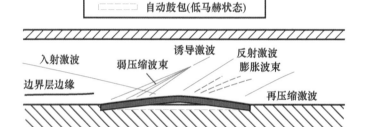

图 8 – 60　基于可变形壁面鼓包的激波 – 边界层干扰控制方法[7]

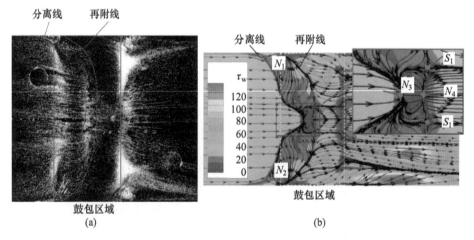

(a)　　　　　　　　　　　　　　(b)

图 8 – 68　鼓包控制状态下的模型表面流动情况（$\beta = 12°, Ma_0 = 3.5$）[7]

(a)油流试验结果；(b)壁面摩擦力线。

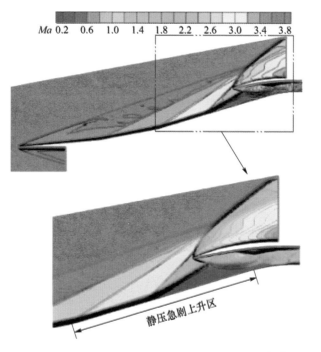

图 8-70　进气道不起动时流场马赫数等值线图[102]

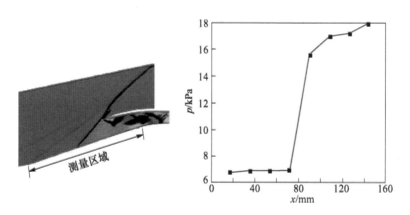

图 8-71　进气道不起动时壁面沿程静压分布[102]

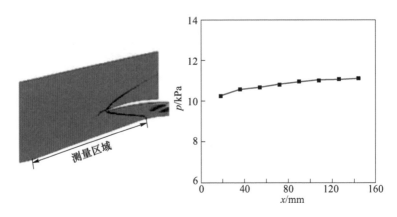

图 8-72　进气道起动时壁面沿程静压分布[102]

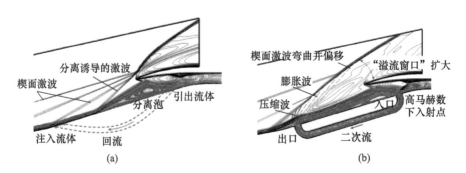

图 8-73　回流通道控制方法概念和结构示意图[102]

(a)回流通道流场控制概念；(b)带回流通道的进气道结构示意图。

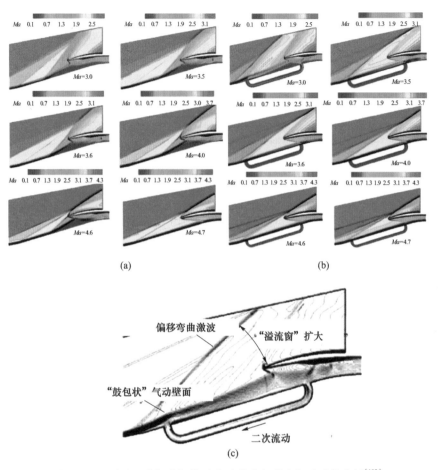

图 8 - 74　原型面进气道与带回流通道进气道自起动过程分析[102]

(a)原型面进气道；(b)带回流通道的进气道；(c)回流通道影响下进气道波系结构。

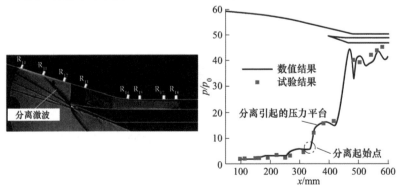

图 8 - 76　无控制状态 $Ma=5.0$、$\alpha=0°$来流下流场波系和沿程压力分布[103]

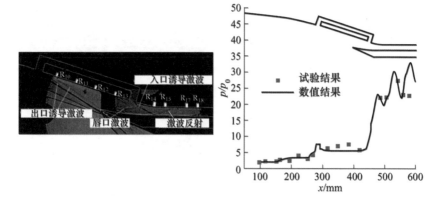

图 8 - 77　回流通道控制下 $Ma = 5.0$、$\alpha = 0°$ 来流下流场波系和沿程压力分布[103]

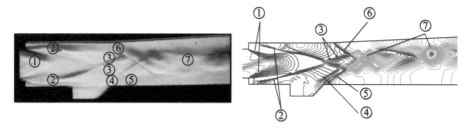

图 8 - 79　试验纹影图及数值模拟结果[106]

①—后台阶膨胀波扇；②—等直段斜激波；③—相交后斜激波；④—凹槽后壁冲击激波；
⑤—凹槽后缘膨胀波；⑥—附面层分离激波；⑦—激波串。

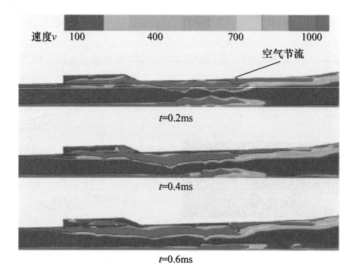

图 8 - 84　有节流情况下燃烧室内涡量分布[116]

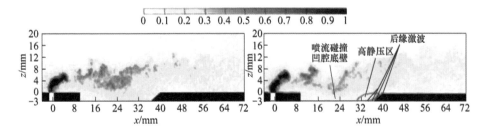

图 8 – 85　冷态流场丙酮 PLIF 图像[120]

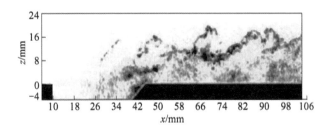

图 8 – 86　燃烧流场 OH 基 PLIF 图像[120]

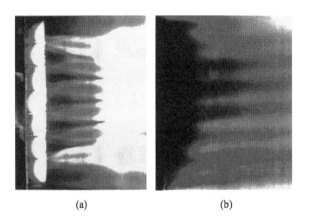

(a)　　　　　　　　　(b)

图 8 – 89　燃烧流场俯视图直接拍摄结果[126]

(a)交替楔形支板模型;(b)多孔喷射支板。

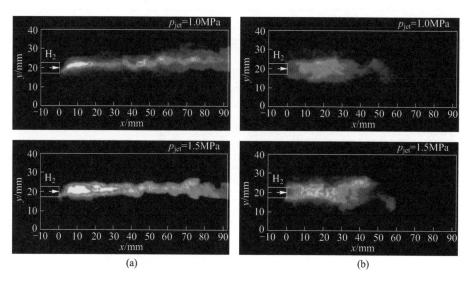

图 8-90 不同支板厚度和燃料当量比下燃烧流场 OH 基 PLIF 图像[128]

(a) 支板厚度 5mm; (b) 支板厚度 8mm。

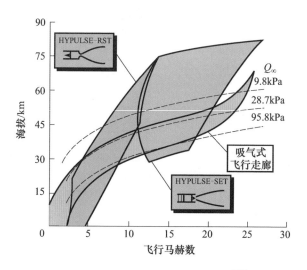

图 9-39 HYPULSE 风洞性能包络[13]

RST—反射激波风洞运行模式; SET—激波膨胀风洞运行模式。

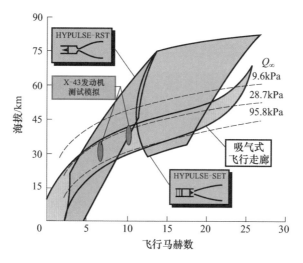

图 9 – 43　HYPULSE 运行包线与 X – 43 飞行走廊[5]

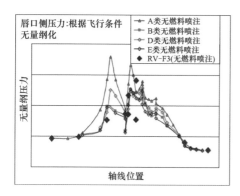
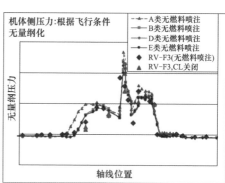

图 9 – 46　飞行试验与地面试验壁面压力分布对比(无燃料喷注)[5]

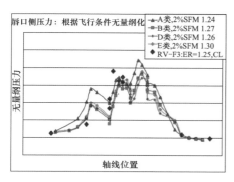
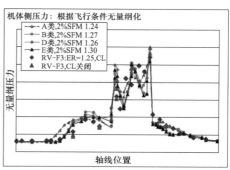

图 9 – 47　飞行试验与地面试验壁面压力分布对比(有燃料喷注)[5]

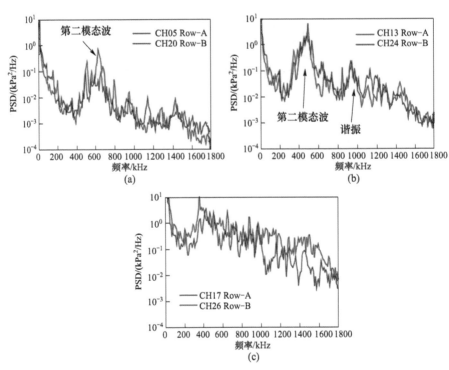

图 9 - 57　功率谱密度分布（$h_0 = 7\mathrm{MJ/kg}, Re = 2.1 \times 10^6$）[15]

（a）$x = 572\mathrm{mm}$；（b）$x = 892\mathrm{mm}$；（c）$x = 1052\mathrm{mm}$。

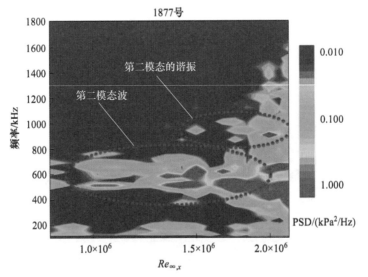

图 9 - 58　单位 $Re_m = 2.1 \times 10^6/\mathrm{m}$ 时功率谱密度分布[15]